飞行器系列丛书

飞行器非定常气动计算与优化技术

肖天航　支豪林　朱震浩　罗东明　等　著

科学出版社

北京

内 容 简 介

本书面向现代飞行器面临的非定常空气动力问题,主要介绍飞行器非定常空气动力数值计算、设计优化方法与技术。全书分为9章,第1章为绪论,主要介绍非定常空气动力计算与优化的概念和研究进展;第2章和第3章阐述非定常可压缩、不可压缩空气动力有限体积数值解算方法;第4章和第5章介绍非结构动态网格变形方法和非结构动态嵌套网格技术;第6章为飞行器非定常空气动力数值仿真应用;第7章推导和建立非定常离散伴随敏感性导数计算式,构建非定常流场离散伴随方程和网格离散伴随方程的求解策略;第8章阐述基于伴随误差分析的直角网格自适应加密技术及应用;第9章介绍基于非定常离散伴随的气动外形优化设计框架、参数化建模方法、优化算法和若干初步应用案例。

本书可供飞行器气动设计相关技术人员参考,也可作为高等院校高年级本科生和研究生的参考书籍。

图书在版编目(CIP)数据

飞行器非定常气动计算与优化技术 / 肖天航等著. —
北京:科学出版社,2022.11
(飞行器系列丛书)
ISBN 978 - 7 - 03 - 073471 - 6

Ⅰ. ①飞… Ⅱ. ①肖… Ⅲ. ①飞行器—非定常空气动力学 Ⅳ. ①V47

中国版本图书馆 CIP 数据核字(2022)第 193476 号

责任编辑:胡文治 / 责任校对:谭宏宇
责任印制:黄晓鸣 / 封面设计:殷 靓

科 学 出 版 社 出版
北京东黄城根北街 16 号
邮政编码:100717
http://www.sciencep.com

南京展望文化发展有限公司排版
江苏凤凰数码印务有限公司印刷
科学出版社发行 各地新华书店经销

*

2022 年 11 月第 一 版 开本:B5(720×1000)
2022 年 11 月第一次印刷 印张:20 1/4
字数:392 000
定价:150.00 元
(如有印装质量问题,我社负责调换)

丛 书 序

飞行器是指能在地球大气层内外空间飞行的器械,可分为航空器、航天器、火箭和导弹三类。航空器中,飞机通过固定于机身的机翼产生升力,是数量最大、使用最多的航空器;直升机通过旋转的旋翼产生升力,能垂直起降、空中悬停、向任意方向飞行,在航空器中具有独特的不可替代的作用。航天器可绕地球飞行,也可远离地球在外太空飞行。1903 年,美国的莱特兄弟研制成功了人类第一架飞机,实现了可持续、有动力、带操纵的飞行。1907 年,法国的科尔尼研制成功了人类第一架直升机,实现了有动力的垂直升空和连续飞行。1957 年,人类第一颗人造地球卫星由苏联发射成功,标志着人类由此进入了航天时代。1961 年,苏联宇航员加加林乘"东方 1 号"飞船进入太空,实现了人类遨游太空的梦想。1969 年,美国的阿姆斯特朗和奥尔德林乘"阿波罗 11 号"飞船登月成功,人类实现了涉足地球以外的另一个天体。这些飞行器的成功,实现了人类两千年以来的各种飞行梦想,推动了飞行器的不断进步。

目前,飞行器科学与技术快速发展,各种新构型、新概念飞行器层出不穷,反过来又催生了许多新的飞行器科学与技术,促使人们不断地去研究和探索新理论、新方法。出版"飞行器系列丛书",将为人们的研究和探索提供非常有益的参考和借鉴,也将有力促进飞行器科学与技术的进一步发展。

"飞行器系列丛书"将介绍飞行器科学与技术研究的最新成果与进展,主要由南京航空航天大学从事飞行器设计及相关研究的教授、专家撰写。南京航空航天大学已研制成功了 30 多种型号飞行器,包括我国第一架大型无人机、第一架通过适航审定的全复合材料轻型飞机、第一架直升机、第一架无人直升机、第一架微型飞行器等,参与了我国几乎所有重大飞行器型号的研制,拥有航空宇航科学与技术一级学科国家重点学科。在这样厚重的航空宇航学科基础上,撰写出"飞行器系列丛书"并由科学出版社出版,具有十分重要的学术价值,将为我国航空航天界献上一份厚重的礼物,为我国航空航天事业的发展作出一份重要的贡献。

祝"飞行器系列丛书"出版成功!

夏品奇

2017 年 12 月 1 日于南京

本 书 序

飞行器气动特性的计算是航空器设计的基础。目前大部分气动计算还是仿真飞行器的理想"定常"状态。但是，飞行器运动的本质是动态的、随时间变化的，因此，从运动的角度来看，要反映飞行器实际运动特征更需要非定常气动特性的计算。

传统的飞行器非定常气动特性计算，其需求来源于飞行器气动弹性分析的需要，多数用简化的线性非定常气动计算方法，来分析机翼高频振动状态下的气动力与固体结构弹性力之间的相互作用。从减重、减阻和气动力作用下的变形优化考虑，现代飞行器大量采用柔性结构设计，结构变形已不是简单的高频振动，具有较大几何变形。因而飞行器随时间变化的非定常气动特性计算，已是现代飞机设计不可缺少的任务。

另一方面，随着飞行器的机动性要求越来越高，对于飞行器不同运动状态之间的转换、过渡状态的非定常气动特性变化，也需要精确的计算、预测和分析。飞行器许多机动运动的机理、效益还有待人们去深入研究和探索。至于载体分离、空中投放，也都是剧烈的、动态的非定常变化过程。

除了固定翼飞行器，动翼飞行器的发展很快。直升机的旋翼空气动力学和气动弹性计算问题，历来是一个难题。由于旋翼复杂的非定常涡系，尤其是非定常尾涡之间以及与机身之间的干扰，给旋翼非定常气动特性的准确计算带来很大困难。这是飞行器非定常气动特性计算另一类需要发展的科学技术。动翼飞行器不仅是直升机，还包括大量发展的多旋翼飞行器、自旋翼飞行器、扇翼飞行器、扑翼飞行器等，它们都有其特殊的非定常气动问题需要研究。

本书作者在本世纪初就开展多方面的非定常气动特性计算方法与应用研究，是国内较早开展非定常数值计算方法和动态网格生成技术研究的实践者，是国内最早探索扑翼非定常气动特性数值计算方法的研究者之一。他较早用非定常流体力学方程数值求解方法，模拟出了扑翼"反卡门涡街"的非定常气动涡特性，揭示了鸟与昆虫扑翼产生推力与升力的机理。他随后还在微型飞行器、高马赫数、两相流、分离体等非定常气动特性计算方面作了大量深入研究，尤其在动态网格技术、非定常流体动力学方程数值求解、考虑非定常气动特性的气动外形优化等方面做出了创造性贡献。

本书的出版为现代航空器设计人员提供了一本十分有用的非定常气动计

算参考著作,也是有兴趣研究非定常气动问题的高校本科生和研究生的新教材。祝愿在各方技术人员的努力下,更多更加机动灵活的、智能飞行的航空器问世。

中国航空学会理事、国家级教学名师

昂海松

2022 年 6 月

前　言

"凄风淅沥飞严霜,苍鹰上击翻曙光",在表达冲出樊笼、展翅高飞、实现宏伟抱负愿望的同时,鹰击长空、翼搏云上的画面也让航空人很自然地联想起飞行器的非定常空气动力学问题。非定常空气动力学是研究物体相对于空气的运动随时间变化时,物体的空气动力变化规律的学科。在飞行器领域,非定常空气动力现象普遍存在,类别繁多,或因为空气流动本身不稳定、或因为结构振动、飞行器机体/部件的运动等,导致空气流动呈现出随时间变化的特性。随着飞行器飞行速域、空域和飞行包线的不断扩大,飞行器非定常空气动力问题越来越突出、作用越来越重要,非定常空气动力学成为现代航空航天工程极为重要的研究领域,面向复杂飞行器的非定常气动设计、分析与优化是当前空气动力学和现代飞行器设计领域的重要课题和关键技术。

因为复杂的空气流动现象和强烈的非线性动态时变特性,对很多的飞行器非定常空气动力学问题,理论分析预测变得极其困难;运用实验手段进行模拟也并不一定具有可行性和权威性。自由飞实验费用高、危险性大、难以测量;风洞实验同样存在成本高、周期长的问题,且难以计及耦合效应,有些状态甚至无法进行实验。随着计算机和数值计算技术的发展,数值模拟已经成为继理论、实验之外的研究空气动力学的重要手段。在诸多背景下,开展飞行器非定常空气动力数值计算与设计优化理论与方法研究,建立科学有效的非定常空气动力设计、分析与优化工具,开展非定常空气动力机理和设计优化研究,就显得十分必要和重要。近年来,国内外在飞行器非定常空气动力数值计算、设计优化技术与应用研究方面有了长足的进展,形成了较多的成果,有效帮助解决了航空航天领域的部分工程问题。但迄今,系统总结飞行器非定常空气动力计算和优化技术最新研究进展的专著仍较缺乏。

为此,作者以多年来的学术研究和教学实践为基础,通过总结国内外对飞行器非定常空气动力数值计算与优化的最新研究成果,以及作者团队近年在该领域的研究实践,撰写了本书。全书分为9章,第1章为绪论,主要介绍非定常空气动力学问题及计算空气动力学的概念和研究进展;第2章和第3章针对飞行器非定常空气动力,分别阐述非定常可压缩、不可压缩空气动力有限体积数值解算方法;第4章和第5章主要介绍面向动态非定常问题的动态网格变形方法和非结构动态嵌套网格技术;第6章为飞行器非定常空气动力数值仿真应用,介绍本书方法在实际工程中的验证与应用情况;第 7 章推导和建立非定常离散伴随敏感性导数计算式,构建非定常流场离散伴随方程和网格离散伴随方程的求解策略;第 8 章阐述基于离散伴随误差分析的直角网格自适应加密技术及在超声速民机声爆预测的近场计算中的应用;第 9 章介绍基于定常/非定常离散伴随的气动外形优化设计框架、参数化建模方法、优化算法和若干初步应用案例。本书可供从事飞行器气动设计分析技术及应用研究的科研人员、工程设计师参考,也可作为高等院校飞行器设计专业高年级本科生和研究生的参考书籍。

全书由肖天航统筹撰写并审定,参与本书撰写的有:支豪林、朱震浩、罗东明、邓双厚、肖济良、陆召严、吕凡熹、李正洲、陈子杰、樊田峥、徐雅楠、屠强等。本书撰写过程得到了昂海松教授、余雄庆教授、童明波教授的悉心指导和科学出版社的大力支持。在此,作者一并表示衷心感谢。

虽然作者在撰写本书时力求概念准确、逻辑严密、思路清晰,尽可能全面系统地展示飞行器非定常空气动力数值计算与设计优化精彩绝伦、引人入胜的一面,但由于作者水平有限,且该领域发展日新月异、技术十分复杂,书中难免存在疏漏、不足甚至谬误之处,恳请读者给予批评指正,作者将不胜感激。

肖天航

2022 年 5 月

目　　录

第1章 绪 论

　　非定常空气动力学是研究物体相对于空气的运动随时间变化时,物体的空气动力变化规律的学科[1]。自20世纪20年代人们注意到机翼颤振这一气动力、弹性力和惯性力耦合作用现象,非定常空气动力学的研究也随之开始。随着飞行器飞行速域、空域和飞行包线的不断扩大,飞行器非定常空气动力问题越来越突出,非定常空气动力学成为现代航空航天工程极为重要的研究领域,飞行器非定常气动设计、分析与优化是现代飞行器设计的重要课题和关键技术。

1.1 飞行器非定常空气动力问题

1.1.1 飞行器气动弹性动力学问题

　　人类对非定常空气动力学的认识起源于飞机气动弹性问题。自Collar[2]提出著名的气动弹性三角形对气弹问题进行完整归纳,气动弹性力学开始发展成一门独立的科学分支。长期以来,飞行器的气动弹性问题都是飞行器设计必须考虑的重要课题[3-5]。

　　气动弹性分为静气动弹性和动气动弹性两类。静气动弹性问题主要研究在气动载荷下的结构静变形及对飞行器性能的影响,包括结构变形对气动性能的影响、型架外形设计、扭转发散和操纵效率等,以及由此带来的载荷分布和操纵反效等。动气动弹性是结构振动条件下的动力学行为,是弹性结构体在惯性力、弹性力和气动力共同作用下的稳定性问题,整个过程流场结构和气动力呈现非定常动态变化。随着飞行器宽域化和高速化,大量的非线性气动弹性问题也相继出现,包括极限环震荡稳定性问题、阵风响应、抖振以及伴随电传操纵出现的伺服气弹等,特别是当机翼或操纵面振荡幅度较大时,机翼(或操纵面)上表面出现动态分离涡,更是增加这类问题的复杂性,这些典型的非定常空气动力问题给高速飞行器的研制带来较大的挑战,引起大量研究人员的关注[6]。

1.1.2 战机大迎角机动飞行

　　现代先进战机的飞行包线已经扩展到大迎角区域,优秀的机动能力,尤其是过失速机动能力,是现代先进战机的主要特征之一。一方面,先进气动力控制和推力矢量技术在实际中的应用,使现代战机的飞行包线得到极大扩展;另一方面,飞行控制、武器和雷达等系统的不断改进与升级,使得现代战机的机动性能达到新的水平,大迎角机动飞行已经成为攻击与防卫的重要手段。

在大迎角范围内,战机进行快速耦合机动飞行时,绕战机的气流流动会出现涡流和涡流破裂、流动分离、涡流迟滞效应等复杂流动现象,产生复杂的空间流场结构,如机翼、机身产生大范围流动分离,分流流场表现出强烈的非定常效应和涡结构,不同涡系之间相互干扰,且与不同部件相互作用,复杂流动干扰带来气动载荷的不对称、非线性、纵横向耦合和流场的时间迟滞等,使相应的气动力、力矩变化呈现强烈的非线性和非定常特性,由此引发一系列的大迎角飞行动力学问题,并可能产生一些失控的和危险的特殊飞行现象,如机翼摇滚、上仰、机头侧偏、过失速旋转和尾旋等,对战机的稳定性和可控性等产生不可忽视的影响,必须要对机动过程中的非定常气动特性有充分的认识。

1.1.3　多体分离非定常空气动力问题

多体分离是飞行器飞行过程中存在的多个部件在气流或其他外力作用下发生相对运动,并因此诱发的非定常气动干扰问题。飞行器涉及的多体分离问题种类较多,典型的例子有:武器/载荷投放分离、多级火箭级间分离、二级入轨飞行器级间分离、整流罩分离、座舱盖/座椅弹射、多弹头再入展开、子母弹抛撒、弹片飞散等。

多体分离过程一般具有复杂的流场拓扑结构和复杂的非定常气动干扰,特别是在分离初期,部件之间的相对运动和绕流特性具有显著的非定常、非线性特性。气动干扰使分离体和载机的气动力特性和飞行特性产生很大的变化,影响到安全分离,甚至可能造成分离体与载机相撞的飞行事故。对这类问题的研究,除了需要关注飞行器整体或部件的受力情况,还需要特别注意分离体在气动力、重力或其他外力作用下发生的姿态、位置的变化,分析部件之间的相互干扰情况及碰撞的可能性,评估分离过程的安全性;往往需要综合考虑气动、运动、控制、推进和结构等学科,是典型的多学科耦合问题。多体安全分离是目前航空航天飞行器发展和研制中急需解决的关键问题之一,研究载机与分离体的非定常流场,掌握多体分离过程流场拓扑结构、气动干扰机理和分离气动特性十分必要。

1.1.4　旋翼/螺旋桨等非定常空气动力问题

直升机因为独特的悬停、垂直起降能力和良好的机动性能,在军民用领域具有广泛的用途。直升机旋翼是升力的主要来源,也是重要的操纵部件。旋翼的高速旋转运动,使得直升机旋翼流场由桨叶产生的旋涡主导,存在复杂和强烈的非定常空气动力现象。一方面,即使在常规前飞状态,旋翼的旋转也使桨叶的相对气流速度和当地气流攻角随方位角的变化而变化;另一方面,旋翼桨叶的相对气流速度沿展向变化,旋翼流场同时包含桨根的不可压流动区域和桨尖的跨声速流动区域;更重要的是,旋翼旋转产生强烈的桨尖涡和尾迹流动,非定常桨-涡干扰现象十分明显,旋翼(尾迹)和机身、尾桨、尾翼组等部件之间的相互干扰非常严重,直接影响直升机的飞行性能、操纵品质、噪声特性和振动特性[7]。此外,共轴高速复合直升机上下旋翼间的干扰以及旋翼-尾桨干扰、舰载直升机旋翼-舰船甲板流场的相互干扰等也都是需要重点关注的非定常空气动力问题。

类似的,螺旋桨飞行器也因为螺旋桨的旋转而存在着非定常空气动力问题。螺旋桨旋转所产生的滑流,是一种复杂的流管控制的非定常流动[8],螺旋桨滑流与机翼之间存在着明显的干扰[9],通常会影响飞行器的升阻特性和纵横向稳定性,这一问题在当前正处于研究热点的分布式动力概念飞行器上会更为显著。因此,螺旋桨滑流及其与机翼等的气动干扰,是螺旋桨飞机设计需要重点关注的非定常空气动力问题,在设计初期就需要将非定常滑流效应考虑在内。

在航空发动机内部,由旋转机械/部件引起的非定常流动现象更为复杂和严重。对压气机或涡轮,气流流经多排静子和转子叶片,上游叶栅产生的尾流和激波会与下游叶栅产生复杂的非定常气动耦合现象,导致不稳定性发生;多级静子之间也会存在时序效应(clocking)[10],上游静子的非定常湍流会干扰到相邻下一级的静子。

1.1.5 仿生扑翼非定常空气动力学

自然界中,数百万种昆虫、上万种的鸟类和蝙蝠能够在空中自由地飞翔,这些飞行生物在动物种群中占有很大比例。自古以来,人们就梦想着在天空翱翔,对鸟在滑翔状态的研究使人们研制出固定翼飞机。经过不断探索与发展,人类发明的飞行器种类繁多,其载重和飞行速度远远超过了自然界的飞行生物,但在机动性、效率等方面却远不及飞行生物。

微型飞行器作为一种新概念飞行器被提出之后,因为良好的应用前景而迅速成为当前航空领域研究的热点和前沿课题,并将成为未来军事作战不可或缺的一种新型装备。因为尺寸小和飞行速度低,微型飞行器与飞鸟、昆虫等飞行生物所共有的一个重要特征是低雷诺数空气动力。其飞行雷诺数在 $10^2 \sim 10^5$ 量级,远小于常规飞行器(约 10^7)。在低雷诺数范围内,空气动力存在其自身的特点[11,12],同时,飞行速度和风速在同一量级,风速的变化会造成雷诺数的剧烈变化。这些特点使得按常规思想设计的飞行器在低雷诺数条件下存在升力不足、效率不高的气动局限性,稳定性和操纵性也急剧恶化[13,14]。

自然界中的鸟类、昆虫和蝙蝠提供了极好的飞行范例,成功地克服了低雷诺数带来的气动局限性。尤其是很多具备悬停能力的有翅昆虫(小型蜂鸟也具备悬停能力,其扑翼运动模态与昆虫类似),有很强的飞行机动性和稳定性,其高超的飞行能力令人惊叹。从尺寸上来说,这部分扑翼飞行生物就是自然界的微型飞行器。现今认为,翅膀快速多样的扑动是飞行生物克服小尺度低雷诺数气动局限性的主要机制[15]。飞行生物通过快速拍动、扭转翅膀和改变运动参数,获得飞行所需的升力、推力和实现飞行姿态的控制,而且尺度越小、雷诺数越低,其扑动频率越高,扑翼流场的非定常性越强烈。大幅高频扑动、运动参数的多样性变化和灵活的柔性变形,从生物学的角度说,是以肌力驱动得以自主飞行的一种优化选择;从空气动力学角度来说,是为了克服小尺度导致的低雷诺数气动局限性而采取的特殊的非定常流动机制的运动方式[16,17]。因此,虚心向自然界学习,扑翼方式将是微型飞行器气动上的重要出路,自然界的昆虫扑翼飞行经验对微型飞行器的设计具有良好的借鉴作用[18,19]。研究并揭示扑翼飞行原理,掌握扑翼非定常空气动力机理与特性,无论对推进空气动力学发展还是对微型/超微型扑翼飞行器的研制都有着十分重要的意义。

总而言之,在飞行器领域,非定常空气动力问题普遍存在,且类别繁多、机制复杂,非线性时变性强。对其中的很多问题,理论分析预测变得极度困难和薄弱;用实验手段进行模拟并不一定具有可行性和权威性。自由飞实验费用高、危险性大、难以测量;风洞实验同样成本高、周期长,难以计及耦合效应,有些状态甚至无法进行实验。在以上所述诸多背景下,开展飞行器非定常空气动力数值计算和设计优化理论与方法研究,建立科学有效的非定常空气动力设计、分析与优化工具,开展非定常空气动力机制和设计优化研究,就显得十分必要和重要。

不难发现,航空航天工程中,飞行器复杂非定常空气动力问题存在如下特点:① 涵盖的速域、空域广,包括了从低速、亚声速、跨声速到超声速和高超声速的全部速域范围;② 工程问题普遍具有复杂外形;③ 很多涵盖动态边界变形或大幅相对运动;④ 设计参数多,耦合关系强,非线性特性明显。飞行器复杂非定常空气动力问题及特点无疑给数值计算和设计优化方法与技术带来巨大挑战,面向复杂飞行器的非定常空气动力分析、设计与优化技术是当前空气动力学和飞行器设计领域重要的研究课题。

1.2 计算空气动力学概述

1.2.1 计算空气动力学的概念和作用

早期空气动力学的研究主要基于实验和理论分析,但随着所研究的问题越来越复杂,特别是非定常空气动力问题的出现,这些方法无法满足解决实际问题的需要。计算机的出现使数值求解流体控制方程成为可能,并逐步形成计算流体力学(computational fluid dynamics, CFD)这一介于数学、流体力学和计算机之间的新兴交叉学科[20,21]。

任何流体流动在物理上都遵循质量守恒、动量守恒(牛顿第二定律)和能量守恒的基本物理规律,这些基本物理定律和相关的本构方程、状态方程一起,形成描述流动状态随时间变化率的偏微分方程组(或在一定区域内积分得到的积分形式方程组),即流体动力学控制方程,如忽略流体黏性的欧拉方程,考虑包括摩擦、热传导等输运现象在内的黏流 N-S 方程。

计算流体力学主要通过数值方法在计算机上求解流体动力学控制方程,得到流场状态离散的定量描述,并以此研究和预测流体力学现象与规律。求解过程中,数值方法将控制方程中的微分或积分项近似地转化为离散的代数形式,简单举例来说就是如下过程:

$$\frac{\partial \varphi}{\partial x} = 0 \quad \Rightarrow \quad \frac{\Delta \varphi}{\Delta x} = 0 \quad \Rightarrow \quad \varphi = ax + b \tag{1.1}$$

通过数值方法,使微分或积分形式的控制方程组转变为计算机可以处理的线性代数方程组,通过求解代数方程组,得到流场在时间和空间点上的数值解。

航空、航天、航海及其他交通运输工程的应用需求,促进了计算流体力学技术的蓬勃发展,而计算机技术的进步也增强了计算流体力学的实际应用能力。特别是在航空、航天领域,以空气为流动介质的计算空气动力学(computational aerodynamics)更是作为计算流体力学的一个重要分支,成为继理论、实验之外的空气动力学不可或缺的第三种研究方法和手段,不仅能克服实验和理论分析的诸多限制,还可以发现新的流动现象和规律,甚至在今日已逐步成为飞行器设计的利器。

计算空气动力学在飞行器设计中发挥着非常重要的作用: 空气动力高精度计算、湍流模拟、减阻设计、气动力/气动热载荷分析、气动弹性计算等。计算空气动力学在航空航天领域的推广应用,可从根本上改变飞行器研究和设计流程,有效减少地面试验和飞行试验需求,节省研制成本,降低设计风险,显著缩短研发周期[22]。世界各个航空航天强国都十分重视计算空气动力学的发展。

1.2.2　计算空气动力学方法概述

计算空气动力学应用数值计算方法将流体控制方程离散成代数方程组,并通过迭代求解方法求解得到离散的数值解。常见的离散求解方法包括有限差分法、有限体积法、有限元法等,这里作简要介绍。

1.2.2.1　有限差分方法

有限差分法(finite-difference method，FDM)是最早应用于求解微分方程数值解的近似方法，主要原理是对微分方程中的微分导数项通过 Taylor 级数展开进行差分近似，从而将微分方程转化为代数方程进行求解。

假设需要计算一个标量方程 $u(x)$ 在 x_0 处的一阶导数，那么首先将 $u(x_0 + \Delta x)$ 进行 Taylor 展开：

$$u(x_0 + \Delta x) = u(x_0) + \Delta x \frac{\partial u}{\partial x}\bigg|_{x_0} + \frac{\Delta x^2}{2}\frac{\partial^2 u}{\partial x^2}\bigg|_{x_0} + \cdots \qquad (1.2)$$

可以得到一阶导数的差分近似：

$$\frac{\partial u}{\partial x}\bigg|_{x_0} = \frac{u(x_0 + \Delta x) - u(x_0)}{\Delta x} + O(\Delta x) \qquad (1.3)$$

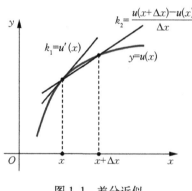

图 1.1　差分近似

舍去的高阶项称为截断误差。间距 Δx 越小，截断误差越趋于 0。图 1.1 直观地描述了上述差分近似过程，Δx 越小，近似得到的一阶导数越精确。通过上述思想，有限差分法还能得到更精确的导数近似(如利用中心差分可以得到二阶精度的一阶导数近似)。

类似的，对含有时间和空间导数项的偏微分形式流体控制方程，按时间步长和空间步长将时间和空间区域剖分成若干网格单元，然后在离散点 (i, j, k) 处从时间与空间维度，采用差分近似代替偏微分方程中出现的各阶导数，建立以网格节点上的值为未知数的有限个数的代数方程组，根据当前时刻的已知量，解此线性代数方程组，计算出任意离散点下一时刻的流场变量。

不难看出，有限差分法具有如下主要特点：

(1) 直接根据微分方程推导出来，包含各种导数的微分方程通过 Taylor 展开直接写出离散方程(不足的是不一定能保证守恒性)，可根据需要控制截断误差，容易构造高精度计算格式；

(2) 对网格的光滑性有较高要求，一般仅适用于结构网格，不易在复杂外形飞行器计算域上实施；

(3) 在曲线坐标系中，要对度量系数和物理量的组合进行差分离散，可能产生几何诱导误差[23]。

更多关于有限差分法的详细介绍,可以参考文献[24]。

1.2.2.2 有限体积方法

有限体积法(finite volume method, FVM)直接基于守恒法则,用于积分形式下的流体控制方程:

$$\iiint_\Omega \left(\frac{\partial \boldsymbol{W}}{\partial t} + \frac{\partial \boldsymbol{F}}{\partial x} + \frac{\partial \boldsymbol{G}}{\partial y} + \frac{\partial \boldsymbol{H}}{\partial z} \right) \mathrm{d}V = 0$$

$$\Downarrow$$

$$\frac{\partial}{\partial t} \iiint_\Omega \boldsymbol{W} \mathrm{d}V + \iint_{\partial\Omega} \tilde{\boldsymbol{F}}(\boldsymbol{W}) \mathrm{d}S = 0 \tag{1.4}$$

有限体积法首先将连续的流体物理空间划分为若干不重叠的控制体积,每一个控制体积都有一个节点作代表;对待求变量及其导数对时间及空间的变化型线或插值方式作出假设;按选定的型线作出积分并整理成一组关于节点上未知量的离散方程。

有限体积法根据划分的网格定义控制体,有两种主要的方式:格心格式,离散的流场变量存储在每个网格单元的质心,控制体就是网格单元本身;格点格式,离散的流场变量存储在每个网格节点上,控制体以网格节点为质心重新构造。这两种方式都依赖于划分的网格,在光顺的网格下,它们都能达到二阶或高阶的离散效果,而用于扭曲的网格时,格点格式至少可以达到一阶精度[25],格心格式有时会是零阶的,从而引入很严重的离散误差[26]。但对于边界条件的处理和非定常流动问题,格心格式较有优势,但格心格式通常计算量和内存消耗量都会大于格点格式,详细对比可以参考文献[21]的第4章和第5章。

有限体积法的最大优势就是空间离散直接基于物理空间划分的网格,比较直观且容易理解,无需像有限差分法一样建立起物理空间与计算空间的转换关系。相比于有限差分法,有限体积法的另一优势是比较强的灵活性,可以用于结构网格和非结构网格上,对网格单元的类型也没有限制(可以是四面体、多面体、混合型),这使得有限体积法非常适用于复杂几何外形的流场问题分析。此外,有限体积法基于积分形式的流体控制方程,守恒定律在任意控制体上都能得到满足,在整个计算域内自然能满足,即使在粗网格上,有限体积法也能表现良好的守恒特性,这一特性使得有限体积法在捕捉流场间断问题上有巨大优势,成为目前计算流体力学领域最流行的离散方法。

1.2.2.3 有限元方法

有限元方法(finite-element method, FEM)起源于结构分析,于1956年由

Turner 等[27]首次提出,后被尝试用于连续介质下流场问题的数值求解。到 20 世纪 90 年代,有限元方法被推广用于求解 Euler 和 N - S 方程[28-30]。参考文献[31]对经典有限元方法做了很好的介绍。近年,有限元法的研究热点转移到著名的间断 Galerkin 有限元[32-34]上。

有限元法的基本思想是,猜想一种解的形式,该形式包含了一系列未知的系数,代入流体控制方程,通过边界条件求解代数方程来确定未知的系数,从而得到流场变量的解。这里以简单的一维对流/扩散方程为例,

$$\frac{\partial f}{\partial t} + \frac{\partial f}{\partial x} = \nu \frac{\partial^2 f}{\partial x^2}, \ 0 \leqslant x \leqslant L \tag{1.5}$$

假设存在这样一种解的形式:

$$f(x, t) = \sum_{i=0}^{N} a_i(t) F_i(x) \tag{1.6}$$

满足式(1.5),其中,系数 a_i 是只与时间有关的未知量,而 $F_i(x)$ 是只与空间有关的人为给定的某种方程。通常,$F_i(x)$ 是线性方程或线性多项式,当然也可以使用高阶的线性组合。将式(1.6)代入式(1.5)就可以得到关于未知量 a_i 的一组代数方程组,解出系数 a_i 后也就得到了式(1.5)的解。目前关于有限元法的大量研究重点是如何确定 $F_i(x)$ 以及边界条件。

有限元法在离散流体控制方程时,首先要把物理空间划分为许多离散的元素,通常二维情况下是三角形或四边形,三维情况下则是四面体或六面体,即一般需要生成非结构网格。因此,有限元法也经常用于复杂几何体的流场分析中。此外,有限元法非常适用于气动声学和非牛顿流体的模拟。有限元法在离散形式上有些类似于有限体积法,但在相同网格量的情况下,有限元法需要的计算量要更大。

1.2.2.4　其他方法

除了上述常见的有限差分、有限体积和有限元离散方法,还有一些其他的在某些特定情况下更有优势的方法。

1. 谱元方法

谱元方法(spectral-element method)是 21 世纪初提出的一种针对非结构网格守恒定律的高阶数值计算方法。该方法结合了有限元法的几何灵活性以及谱方法的高阶空间精度和快速收敛特性[35],用高阶多项式(可以是 10 阶以上)来替换原控制方程的解,可以与间断 Garlerkin 有限元法相结合。谱元法适用于高阶规律能被保证的特殊问题,例如不可压流动机理、漩涡流动等。谱元法的优势是其对对流项和边界层内的对流扩散的精确近似。谱元法的适用面相对较窄,由于它的高阶

特性,其计算量远远大于有限体积法,离实际工程应用还有较大的差距。基于谱元方法,还发展了谱体积方法[36]、谱差分方法[37],总体来说,谱方法还在继续发展之中。

2. 格子玻尔兹曼方法

随着强大的大规模并行计算机的出现,格子玻尔兹曼方法(Lattice Boltzmann method, LBM)受到了广泛的关注[38-40]。与之前介绍的基于连续流体介质假设的方法不同,LBM 将宏观流体看成一个个微观层面的粒子(一般位于网格节点上),粒子会基于动力学理论实现传播和碰撞,若干个粒子的无规则运动会影响流体运动的宏观参数,因此对大量离散粒子的统计分析就可以得出流体运动的宏观特征。LBM 实际上是直接从离散模型出发,应用物质时间最根本的三大基本守恒定律,在分子运动论和统计力学的基础上构架起了宏观与微观、连续与离散之间的桥梁,解决了经典力学在解释波动性与粒子性、决定性与随机性等互斥联系的不足,从一种全新的角度诠释了流体运动的本质问题。

与传统的计算流体力学方法相比,LBM 的一大优点是能够处理复杂的边界条件,具备很高的并行效率。特别是在多相/多组分流体问题中,LBM 通过分子运动碰撞就能模拟出多相流体的交界面,而不需要考虑边界条件上不同相位间的转变。因此,LBM 在多相流领域运用广泛,特别是模拟气泡和水滴、固体表面浸湿、多孔介质流动等,此外,LBM 还可用于噪声模拟分析。但是,目前 LBM 通常用于低速或不可压缩流动[21],模拟跨声速和超声速流动还存在较大的困难。

3. 无网格光滑粒子动力学方法

由于之前介绍的计算流体力学方法基本都要依赖将物理空间划分为离散的网格单元,对于复杂几何体网格的划分是很困难和耗时的,因此,学者们也发展出了一系列无网格法。其中,最流行的是光滑粒子动力学(smoothed particle hydrodynamics, SPH)法,这是一种纯拉格朗日的无网格粒子计算方法,不需要定义网格节点和单元,只在空间中采用一系列的离散点来代替,因而流动分析过程中不存在网格重构等操作。SPH 法仍然是基于宏观层面的连续流体假设,流体的物理属性具有时空连续性,通过求解以密度、速度、能量为变量的偏微分方程组来得到流体的状态。SPH 法用核函数近似来表示流场中的场函数,然后用一系列粒子将这个场离散化,应用支持域内的相邻粒子对应的值叠加求和取代场函数的积分表达式实现对场函数的近似,从而将整个流场变成一系列粒子的表达,由粒子间的相互作用体现流场流动。由于不需要网格,SPH 法被广泛应用于碰撞冲击和水上迫降等问题的模拟[41,42],但 SPH 法存在守恒性质无法完全保证的缺点。

1.2.3 计算空气动力学网格技术概述

实现流体控制方程离散求解的非常重要的一个工作是对求解区域的网格划

分,计算网格的合理设计和高质量生成是流场数值计算的前提条件。按照网格点之间的邻接关系,计算网格有结构网格和非结构网格之分。

结构网格(structured grid)的网格点之间的邻接关系是有序而规则的,除了边界点外,内部网格点都有相同的邻接网格数(一维为 2 个、二维为 4 个、三维为 6 个)。"结构"意指网格节点之间的连接关系存在隐含的顺序,可以在几何空间进行维度分解,并可以通过各方向的标号(i, j, k)增减直接得到对应的连接关系[43](图 1.2)。结构网格有数据结构简单、网格质量好、生成速度快等优点;同时,结构网格单元具有很好的正交性和贴边性,相应数值计算的精度也更高。但随着研究问题复杂程度的提高,生成单连通域结构网格变得越来越困难,即使分区划分,对复杂几何外形计算域生成结构网格也是件艰巨的任务,完成一个包围飞行器整机的结构网格生成常常需要熟练的专业人员数周甚至数月的时间,这一问题大大限制了结构网格的应用。

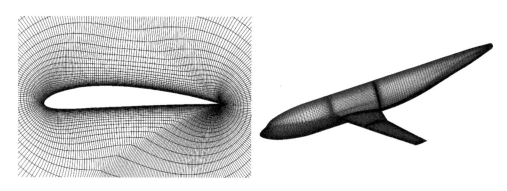

图 1.2　结构网格示意图

非结构网格(unstructured grid)点之间的邻接是无序的、不规则的,每个网格点可以有不同的邻接网格数(图 1.3)。基本思想是,三角形和四面体分别是二维和

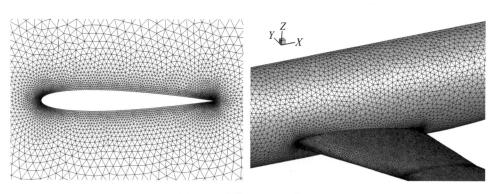

图 1.3　非结构网格示意图

三维空间中最简单的形状,任意区域都可以被其填满。相比于结构网格,非结构网格舍去了网格节点间的结构性限制,可以任意布置网格节点和单元,且网格的大小也容易控制,这一思想使得非结构网格在处理复杂外形问题上具有很大的优势。但非结构网格的无序性使得数据结构非常复杂,需要额外消耗大量的内存空间。

但对黏性流计算而言,完全采用三角形或四面体的非结构网格会导致边界层附近的流动分辨率不高。因此就有了非结构混合网格的提出[44,45],亦即为了捕捉附面层的流动信息,在机体壁面附近空间生成伸缩比很大的四边形(二维)或六面体、三棱柱(三维),而在外部仍用三角形或四面体填充(图1.4)。事实上,在三维的非结构网格中,除了四面体,还可以有金字塔体、棱柱体、六面体和任意形状的多面体,由任意两种以上构成的非结构网格也称为混合网格。

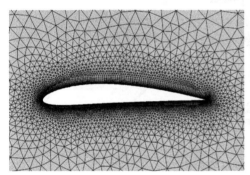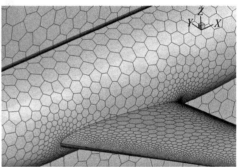

图1.4　混合网格示意图

非结构网格的生成方法有很多,其中比较特殊的是基于四叉树/八叉树方法生成的笛卡儿直角网格[46,47],其网格单元的形状为长方体,并且每条边也平行于笛卡儿坐标系的坐标轴。直角网格兼顾了非结构网格的特性,整个网格生成过程非常简单、省时,对复杂模型的适应性也很强(图1.5),但直角网格对物面的贴边性不如常规非结构网格和结构网格那样严格。此外,直角网格的最大优势是,其八叉树数据结构天然的层次关系,非常易于实现自适应网格,能够根据流场特性自动地在局部区域对网格进行加密,从而更准确地捕捉流场结构,如图1.6所示。

对于非定常空气流动的数值模拟,往往牵涉到物体的相对运动。因此必须在每个物理时间步根据运动情况来更新网格。为了避免每次耗费大量时间去重新生成网格,需要采用相应的动态网格技术,对已有的网格进行调整以满足下一运动时刻的模拟需要。动态网格技术大体包括两类。

(1)动态网格变形技术,通过建立控制网格变形的模型,在保持网格拓扑不变的前提下,实现网格动态运动以适应变化的计算域。这些模型包括物理比拟法(弹簧模型[48,49]、线弹性体模型[50,51]等)和插值法(Delaunay图映射法[52]、径向基函数

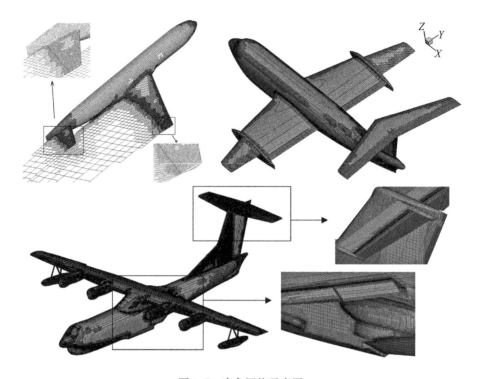

图 1.5　直角网格示意图

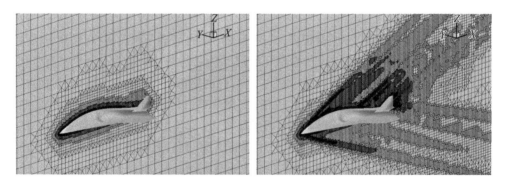

图 1.6　直角网格根据激波实现流场网格自适应加密

插值法[53]等)。相比于网格重新生成,动态网格变形技术通常效率更高,保证较好的数值计算精度。但对有大幅相对运动的问题(如武器分离),大幅相对运动后,局部网格变形太大而导致网格质量严重下降,需要对局部网格进行重构,实现流体域和刚体运动的耦合;网格重构意味着算法复杂度增加、计算量加大和重构插值误差的引入。动态网格变形过程如图 1.7 所示。

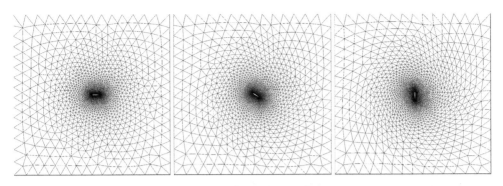

图 1.7　动态网格变形过程

（2）另一种是嵌套网格方法，也叫重叠网格方法。该方法能有效解决复杂构型网格生成和受气动力影响较大的多体相对运动问题，思想是将复杂的流动区域分成几何边界比较简单的子区域；各子区域中的计算网格独立生成，彼此存在着重叠或嵌套关系，流场信息通过插值在重叠区边界进行匹配和耦合。该方法的优点在于不用重构网格就可以进行流体计算域和刚体运动的耦合，非常适合复杂外形和大幅相对运动问题。同时，嵌套网格中也可以结合动态网格变形技术[54,55]，实现更为复杂的运动过程模拟。嵌套网格示意如图 1.8 所示。

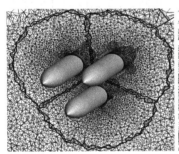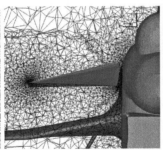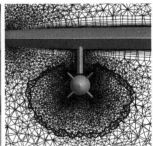

图 1.8　嵌套网格示意图

1.3　非定常空气动力设计优化技术及发展

迄今为止，飞行器气动外形设计依然是工程界最复杂的问题之一。对于不同速域的飞行器，其流场的低雷诺数或高雷诺数空气动力学效应是不同的，因此没有统一的飞行器气动外形设计方法。尤其是非定常空气动力问题具有很强的时间相关非线性特征，无法用定常和线性假设简化其复杂性，给气动性能分析和设计优化带来极大的技术挑战。目前，飞行器的非定常空气动力学特性分析主要通过风洞实验和数值模拟方法进行,随着计算机技术的发展,数值计算研究因其高效和省时省力的优势越来越受到研究者们的青睐,其中,求解非定常 N-S 方程的数值计算方法已逐步应用于实际工程中各种非定常空气动力问题的研究。但是,如何基于非定常气动分析结果对飞行器开展优化设计工作,至今仍是学术界和工程领域关心的重要课题。

受非定常气动设计优化理论与方法不足的制约,现有飞行器的气动设计主要沿用简单的估参数-预分析的单向设计思路,通过实验或数值模拟,研究几何外形参数对气动的影响,以此揭示设计变量对气动特性的影响规律,建立飞行器设计参数的优化方向。由于飞行器部件众多且各部件的设计参数大相径庭、设计范围较广,这种逐个分析设计参数的方法需要的计算量巨大;更为严重的是,该方法常常割裂各个分部件或设计参数之间的内在联系,并不能实现真正有效的优化设计。针对上述问题,有些学者沿用传统的优化设计理论,利用遗传算法等全局寻优技术或利用常规的基于梯度的局部寻优算法,构建飞行器的优化设计模型,这一思路在初步设计或少量设计变量问题上可以发挥一定的作用,但用于非定常飞行器气动优化设计会面临极大的挑战。正如前文所述,非定常空气动力的计算分析需采用基于 N-S 方程的高保真度数值方法,计算量大;另一方面,飞行器各部件耦合性强,因而全机的气动外形参数数量可达上百个。传统气动优化设计方法的计算量与设计变量数量呈正比,因此用于飞行器非定常气动优化问题,要么以牺牲精度为代价,采用低精度的模型(如涡格法、面元法)进行气动分析;要么对气动模型建立高阶模型,但严格限制设计变量的数量追求效率。可以说,基于传统优化设计理论的思想实际上也较难实现行之有效的优化设计,对于非定常空气动力学效应显著的飞行器,要另辟蹊径,需在适用于大规模设计参数非定常气动问题的优化设计理论和方法研究上寻求突破。目前比较流行的一种优化方法是采用代理模型技术(如 Kriging 模型、神经网络模型等)[56-58],通过对样本点中输入变量与输出值的分析建模,将输入变量与输出值关联起来,有效地减少优化设计过程中用于数值模拟计算的时间。但在面临非线性很强的流动问题,特别是有复杂的非定常空气动力问题,容易出现过拟合现象,导致样本点之外的预测精度严重下降,使得优化结果也很难让人满意。

近年来,航空界新发展的一种基于控制理论的伴随优化方法,代表着当前国际先进的设计优化理论和发展趋势。该方法将设计优化问题当作最优控制问题,而其本质上是一种基于梯度的优化方法,通过引入并求解一个伴随方程系统实现设计目标对所有设计变量的敏感性分析,在每轮优化中,只需求解一次流动控制方程和一次伴随方程,其计算量与设计变量数目无关,从而实现高精度、高效率的优化设计,成为解决大规模参数气动设计优化问题技术瓶颈的重要措施和发展方向。目前,对伴随优化理论和方法的研究已在国内外多个领域的气动外形设计优化上

(如涡轮机、机翼、声爆等)取得了很多成果,但研究的重点主要是基于定常流动现象进行气动外形优化设计[59-62]。

伴随优化方法在定常气动优化设计的研究和应用上已经相对成熟,但在非定常流动问题中的应用不是很多。然而诸多实际问题大多牵涉到非定常空气动力学现象,例如旋翼/螺旋桨运动、扑翼运动、气弹问题、气动噪声等,定常的伴随优化方法无法满足这类问题的需求。

面向非定常气动问题,已有学者开始了伴随优化方法的研究。2008 年,Rumpfkeil 等[63]提出了一种非定常的离散伴随优化框架,并将其应用到层流影响下 Blake 翼型的气动噪声优化过程中,优化结果表明总辐射声压级降低了 94%。2009 年,Yamaleev 等[64]详细推导了基于非定常 RANS 方程的流场伴随优化方程,表明每个非定常周期内,非定常离散伴随方程涉及所有时间步上的流场变量,因此,需要先按时间推进方法求解完整个周期的非定常流场,再沿着逆时间方向求解非定常伴随方程,从而得到各个时间步上的伴随算子。由于将所有时刻的流场变量存储下来会占用非常大的计算机内存,无法处理大规模网格和小时间步长问题,Yamaleev 等[64]提出了一种局部时间伴随优化方法,将原始整个周期平分为 K 个时间间隔,假设任意时间间隔为一个小周期,对每个时间间隔按照原方法求解非定常离散伴随方程,这样可以使得内存消耗减小 K 倍,使得非定常离散伴随方法可以应用到 FUN3D 求解器中解决实际优化设计问题。虽然该方法得到的敏感性导数是不精确的近似解,但等到目标函数收敛之后,该近似解理论是收敛于真实值的。Chen 等[65]将这种局部时间法应用到了格子玻尔兹曼方法(Lattice Boltzmann method, LBM)求解非定常流场中,优化了最小压降问题,表明该方法成功地减少了内存消耗,相比于全局方法得到的优化结果仅有微小的不同。之后,Nielsen 等[66]又把非定常伴随优化方法从静态非定常问题发展到了动态非定常问题上,建立了旋翼气动优化设计框架,其中,除了流场控制方程之外,还引入了基于几何守恒法则的网格运动方程作为约束条件,分别求解流场伴随方程和网格伴随方程来计算动态网格非定常问题的敏感性导数,并将该优化设计方法应用到了三旋翼倾转旋翼气动声学模型(tilt rotor aeroacoustic model, TRAM)的优化中,计算网格包括 8 750 万网格单元,说明该非定常伴随求解方法具有大规模网格应用的能力。

Nielsen 等[66]推导了静态网格、刚性动态网格、动态变形网格的网格运动方程及其伴随方程,并对气弹影响下的 F-15 战斗机气动外形进行了大规模优化设计,约束了机翼在气弹影响下的幅值和频率,优化得到的结果平均升阻比提高了约两倍,值得注意的是,由于引入了网格伴随方程,除去非定常流场变量需要存储,每个时间步的网格坐标也需要保存用于求解网格伴随算子,Nielsen 等采用了磁盘存储代替内存存储的方式来解决大量非定常流场/网格变量的存储问题,对于上述模拟的气弹问题,网格量为 2 700 万,一个非定常周期包含 100 个物理时间步,非定常流场变量的存储需要占用 136 GB 的磁盘空间。基于这种磁盘存储方法,Nielsen 等[67]后续将非定常离散伴随方法和动态嵌套网格相结合,使得 FUN3D 求解器成熟地具备了对旋翼进行非定常气动优化的能力。

可以看出非定常伴随优化方程求解的不可避免的难题就是大量非定常数据的存储,除去已经提到的局部时间法和磁盘存储法,国外还有许多学者研究了其他方法。Wang 等[68,69]提出了一种 Monte Carlo 方法求解非定常伴随方程,通过对原始非定常问题取样,建立蒙特卡罗线性求解器,近似求解伴随方程,该方法是一种时间推进算法,因此避免了逆时间步求解时的存储大量非定常数据的问题。Hückelheim 等[70]采用了 Checkpoint 算法,只保存几个选定的时间步上的非定常变量,在非定常伴随方程求解时通过插值的方式重构得到其他时间步的变量值,进而减少了内存消耗,通过测试该方法能够获得较为精确的伴随结果。Nadarajah 等[71,72]基于谐波平衡法(harmonic balance method)发展了一种非线性频域法(nonlinear frequency domain, NLFD),通过傅里叶变换将时域上的非定常伴随方程求解转换到频域上,每个周期仅需保存 5 个时间步的数据就能获得较为精确的梯度,无需存储大量非定常数据,但该方法非常依赖于周期性运动。

综上所述,伴随方法对非定常气动优化问题而言是一种精确高效的设计方法。目前已有少数学者对非定常伴随优化开展了一些探索性工作,但在国内对于非定常伴随优化的研究相对较少,尤其是三维外形在动态非定常条件下的伴随优化更是不足,同时国内外尚没有现成的工具可以辅助研究人员进行高效的非定常气动设计优化工作,而传统的优化方法无法同时兼顾精度与效率,因此还需要开展进一步探索工作,系统有机地建立起针对非定常问题的优化理论体系和先进有效的设计方法。

1.4　本书主要内容

本书内容是作者近年研究工作的总结,主要针对飞行器非定常空气动力问题,构建了定常/非定常可压缩、不可压缩空气动力有限体积数值解算方法,研究和发展了面向动态非定常问题的动态网格变形方法和非结构动态嵌套网格技术,推导和建立了非定常离散伴随敏感性导数计算式,构建了非定常流场离散伴随方程和网格离散伴随方程的求解策略,发展了基于伴随误差分析的网格自适应加密技术,建立了基于定常/非定常离散伴随的气动外形优化设计框架,针对航空航天领域典型复杂空气动力问题,基于所发展的方法与技术,开展了数值计算分析和设计优化应用研究,为实际工程问题提供技术支持。

全书分为 9 章,后续章节内容安排如下。

第 2 章,非定常可压缩空气动力有限体积数值解法,主要包括非定常可压缩空气动力控制方程、有限体积空间离散方法和显式、隐式时间离散格式,也介绍了离散方程迭代求解策略、隐式边界条件和数值求解程序框架等。

第 3 章,非定常不可压缩空气动力有限体积数值解法,主要介绍不可压缩空气动力的虚拟压缩求解策略,并基于与可压缩流求解的统一框架,构建求解不可压空气动力的有限体积离散和隐式求解方法与程序。

第 4 章,非结构动态网格变形方法,主要针对飞行器动态边界问题,研究和发展非结构网格动态网格变形方法,包括弹簧类比、弹性体模型、Delaunay 图映射、径向基函数插值及组合方法等。

第 5 章,非结构动态嵌套网格技术,主要针对飞行器多体大幅相对运动问题,发展非结构动态嵌套网格方法,研究高效稳健的大规模分区非结构嵌套网格并行装配技术,发展准确高效的宿主单元搜索和最小物面距计算算法,构建嵌套网格装配并行通信策略等。

第 6 章,飞行器非定常空气动力数值仿真应用,针对飞行器领域存在的典型非定常空气动力问题,运用所发展的数值计算方法和动态网格策略,开展数值仿真应用研究,主要包括武器/载荷投放分离、直升机旋翼/机身气动干扰、飞行器拖曳系统、仿生扑翼、起落架/舱门开启等有较强工程背景的复杂空气动力问题。

第 7 章,非定常离散伴随敏感性导数求解方法,主要介绍非定常离散伴随敏感性导数计算式推导过程、非定常流场离散伴随方法和网格伴随方程的求解方法和求解流程,并对离散伴随敏感性导数计算精度进行验证。

第 8 章,基于伴随误差分析的网格自适应加密技术,以飞行器空气动力数值仿真、离散伴随求解和笛卡儿网格自动生成方法为基础,发展基于伴随误差分析的网格自适应加密方法,介绍基于伴随误差分析的网格自适应加密算法和流程及其在超声速声爆预测中的应用。

第 9 章,基于非定常离散伴随的气动外形优化,主要介绍飞行器气动外形参数化建模与优化算法,并完整构建基于离散伴随的气动优化设计框架,以典型的定常、非定常空气动力设计优化案例,完成所发展的方法和技术的验证与应用。

参 考 文 献

[1] 童秉纲,陈强. 关于非定常空气动力学[J]. 力学进展,1983(4): 377 – 394.

[2] COLLAR A. The expanding domain of aeroelasticity[J]. The Aeronautical Journal, 1946, 50 (428): 613 – 636.

[3] 杨超. 飞行器气动弹性原理[M]. 第 2 版. 北京: 北京航空航天大学出版社,2016.

[4] DOWELL E, EDWARDS J, STRGANAC T. Nonlinear aeroelasticity[J]. Journal of Aircraft, 2003, 40(5): 857 – 874.

[5] WRIGHT J R, COOPER J E. Introduction to aircraft aeroelasticity and loads[M]. New York:

John Wiley & Sons, 2008.

[6] 陆召严. 跨声速非线性气动弹性的参数自适应降阶模型研究[D]. 南京：南京航空航天大学, 2021.

[7] 史勇杰. 基于 CFD 方法的直升机旋翼桨—干扰气动和噪声特性研究[D]. 南京：南京航空航天大学, 2010.

[8] 白方兵. 螺旋桨/机翼气动干扰的数值模拟研究[D]. 南京：南京航空航天大学, 2014.

[9] AREF P, GHOREYSHI M, JIRASEK A, et al. Computational study of Propeller-Wing aerodynamic interaction[J]. Aerospace, 2018, 5(3): 79.

[10] TUCKER P G. Unsteady computational fluid dynamics in aeronautics [M]. Berlin: Springer, 2013.

[11] SHYY W, LIAN Y. Aerodynamics of low reynolds number flyers[M]. Cambridge: Cambridge University Press, 2008.

[12] SHYY W, AONO H, KANG C K, et al. An introduction to flapping wing aerodynamics[M]. Cambridge: Cambridge University Press, 2013.

[13] STANFORD B, IFJU P G. Fixed membrane wings for micro air vehilces: experimental characterization, numerical modeling, and tailoring [J]. Progress in Aerospace Sciences, 2008, 44(4): 258 - 294.

[14] SHYY W, AONO H, CHIMAKURTHI S K. Recent progress in flapping wing aerodynamics and aeroelasticity[J]. Progress in Aerospace Sciences, 2010, 46: 284 - 327.

[15] 童秉纲, 陆夕云. 关于飞行和游动的生物力学研究[J]. 力学进展, 2004, 34(1): 1 - 8.

[16] SANE S P. The aerodynamics of insect flight [J]. Journal of Experimental Biology, 2003, 206: 4191 - 4208.

[17] ELLINGTON C P. The novel aerodynamics of insect flight: application to Micro-Air-Vehicles [J]. Journal of Experimental Biology, 2008, 202: 3439 - 3448.

[18] 肖天航. 低雷诺数非定常流场的数值方法及其在微型飞行器上的应用[D]. 南京：南京航空航天大学, 2009.

[19] DENG S, PERCIN M, OUDHEUSDEN B. Experimental investigation of aerodynamics of Flapping-Wing Micro-Air-Vehicle by force and Flow-Field measurements[J]. AIAA Journal, 2016, 54(2): 588 - 602.

[20] ANDERSON J D. 计算流体力学基础及其应用[M]. 吴颂平, 刘赵淼, 译. 北京：机械工业出版社, 2007.

[21] BLAZEK J. Computational fluid dynamics: principles and applications [M]. Amsterdam: Elsevier, 2015.

[22] 阎超. 航空 CFD 四十年的成就与困境[J]. 航空学报, 2022, 43(10): 026490.

[23] ABE Y, NONOMURA T, IIZUKA N, et al. Geometric interpretations and spatial symmetry property of metrics in the conservative form for high-order finite-difference schemes on moving and deforming grids[J]. Journal of Computational Physics, 2014, 260: 163 - 203.

[24] HIRSCH C. Numerical computation of internal and external flows[M]. Oxford: Butterworth-Heinemann, 2007.

[25] ROE P L. Error estimates for cell-vertex solutions of the compressible Euler equations[R]. ICASE Report No. 87 - 6, 1987.

[26] ROSSOW C-C. Berechnung von Strömungsfeldern durch Lösung der Euler-Gleichungen mit einer erweiterten Finite-Volumen Diskretisierungsmethode [Calculation of flow fields by the solution of Euler equations using an extended finite volume discretization scheme][R]. DLR Research Report No. 89-38, 1989.

[27] TURNER J M, CLOUGH R W, MARTIN H C, et al. Stiffness and deflection analysis of complex structures[J]. Journal of the Aeronautical Sciences, 1956, 23(9): 805-823.

[28] PIRONNEAU O. Finite element methods for fluids[M]. Chichester: Wiley, 1989.

[29] HASSAN O, PROBERT E J, MORGAN K, et al. Adaptive finite and boundary element methods[M]. Amsterdam: Elsevier Applied Science, 1993.

[30] REDDY J N, GARTLING D K. The finite element method in heat transfer and fluid dynamics [M]. Boca Raton: CRC Press, 1994.

[31] ZIENKIEWICZ O C, TAYLOR R L. The finite element method[M]. New York: McGraw-Hill, 1991.

[32] HARTMANN R, HOUSTON P. Adaptive discontinuous Galerkin finite element methods for the compressible Euler equations[J]. Journal of Computational Physics, 2002, 183: 508-532.

[33] SHAHBAZI K, MAVRIPLIS D J, BURGESS N K. Multigrid algorithms for high-order discontinuous Galerkin discretizations of the compressible Navier-Stokes equations[J]. Journal of Computational Physics, 2009, 228: 7917-7940.

[34] ZHU J, ZHONG X, SHU C W, et al. Runge-Kutta discontinuous Galerkin method using a new type of WENO limiters on unstructured meshes[J]. Journal of Computational Physics, 2013, 248: 200-220.

[35] CANUTO C, HUSSAINI M Y, QUARTERONI A, et al. Spectral methods in fluid dynamics [M]. Berlin: Springer, 1987.

[36] WANG Z J. Spectral (finite) volume method for conservation laws on unstructured grids-basic formulation[J]. Journal of Computational Physics, 2002, 178: 210-251.

[37] ABEELE K, LACOR C, WANG Z J. On the connection between the spectral volume and the spectral difference method[J]. Journal of Computational Physics, 2007, 227(2): 877-885.

[38] HSU A, YANG T, SUN C, et al. A lattice Boltzmann method for turbomachinery simulations [C]. Indianapolis: 38th AIAA/ASME/SAE/ASEE Joint Propulsion Conference and Exhibit, 2002.

[39] IMAMURA T, SUZUKI K, NAKAMURA T, et al. Flow simulation around an airfoil by lattice Boltzmann method on generalized coordinates[J]. AIAA Journal, 2005, 43(9): 1968-1973.

[40] FAVIERA J, REVELL A, PINELLI A. A lattice Boltzmann-immersed boundary method to simulate the fluid interaction with moving and slender flexible objects [J]. Journal of Computational Physics, 2014, 261: 145-161.

[41] XIAO T, QIN N, LU Z, et al. Development of a smoothed particle hydrodynamics method and its application to aircraft ditching simulations[J]. Aerospace Science and Technology, 2017, 66: 28-43.

[42] XIAO T, LU Z, DENG S. Effect of initial pitching angle on helicopter ditching characteristics using Smoothed-Particle-Hydrodynamics method[J]. Journal of Aircraft, 2020, 58(1): 167-181.

［43］张来平,常兴华,赵钟,等.计算流体力学网格生成技术［M］.北京:科学出版社,2017.

［44］MAVRIPLIS D J, VENKATAKRISHNAN V. A unified multigrid solver for the Navier-Stokes equations on mixed element meshes［R］. ICASE Report No. 95 － 53, 1995.

［45］MAVRIPLIS D J. Adaptive meshing technique for viscous flow calculations on mixed-element unstructured meshes［R］. AIAA Paper 97 － 0857, 1997.

［46］YERRY M A, SHEPHARD M S. A modified quadtree approach to finite element mesh generation［J］. IEEE Computer Graphics and Applications, 1983, 3(1): 39 － 46.

［47］吕凡熹,肖天航,余雄庆.基于自适应直角网格的二维全速势方程有限体积解法［J］.计算力学学报,2016,33(3): 424 － 430.

［48］BATINA J T. Unsteady Euler algorithm with unstructured dynamic mesh for Complex-Aircraft Aerodynamic analysis［J］. AIAA Journal, 1991, 29(3): 327 － 333.

［49］DEGAND C, FARHAT C. A Three-Dimensional torsional spring analogy method for unstructured dynamic meshes［J］. Computers and Structures, 2002, 80(3 － 4): 305 － 316.

［50］JOHNSON A, TEZDUYAR T. Simulation of multiple spheres falling in a Liquid-Filled tube ［J］. Computer Methods in Applied Mechanics and Engineering, 1996, 134 (3 － 4): 351 － 373.

［51］YANG Z, MAVRIPLIS D. Unstructured dynamic meshes with Higher-Order time integration schemes for the unsteady Navier- Stokes equations［C］. Reno: 43rd AIAA Aerospace Sciences Meeting and Exhibit, 2005.

［52］LIU X, QIN N, XIA H. Fast dynamic grid deformation based on Delaunay graph mapping［J］. Journal of Computational Physics, 2006, 211(2): 405 － 423.

［53］de BOER A, van der SCHOOT M, BIJL H. Mesh deformation based on radial basis function interpolation［J］. Computers and Structures, 2007, 85(11 － 14): 784 － 795.

［54］XIAO T, QIN N, LUO D, et al. Deformable overset grid for Multi-Body unsteady flow simulation［J］. AIAA Journal, 2016, 54(8): 2392 － 2406.

［55］DENG S, XIAO T, OUDHEUSDEN B, et al. A dynamic mesh strategy applied to the simulation of flapping wings［J］. International Journal for Numerical Methods in Engineering, 2016, 106: 664 － 680.

［56］徐家宽,白俊强,黄江涛,等.考虑螺旋桨滑流影响的机翼气动优化设计［J］.航空学报, 2014,35(11): 2910 － 2920.

［57］杨慧,宋文萍,韩忠华,等.旋翼翼型多目标多约束气动优化设计［J］.航空学报,2012,33 (7): 1218 － 1226.

［58］许瑞飞,宋文萍,韩忠华.改进 Kriging 模型在翼型气动优化设计中的应用研究［J］.西北工业大学学报,2010,28(4): 503 － 510.

［59］JAMESON A. Aerodynamic design via control theory［J］. Journal of Scientific Computing, 1988, 3(3): 233 － 260.

［60］KIM H, NAKAHASHI K. Aerodynamic design optimization using unstructured Navier-Stokes adjoint method ［C］. Yokohama: 24th International Congress of the Aeronautical Sciences, 2004.

［61］熊俊涛,乔志德,杨旭东,等.基于黏流伴随方法的跨声速机翼气动优化设计［J］.航空学报,2007,2: 281 － 285.

［62］ 张朝磊,卢娟,丰镇平. 基于离散伴随方法的透平叶栅反设计[J]. 工程热物理学报,2012, 33(4): 583-586.

［63］ RUMPFKEIL M P, ZINGG D W. Unsteady optimization using a discrete adjoint approach applied to aeroacoustic shape design[C]. Reno: 46th AIAA Aerospace Sciences Meeting and Exhibit, 2008.

［64］ YAMALEEV N K, DISKIN B, NIELSEN E J. Local-in-Time adjoint-based method for design optimization of unsteady flows[J]. Journal of Computational Physics, 2010, 229(14): 5394-5407.

［65］ CHEN C, YAJI K, YAMADA T, et al. Local-in-time adjoint-based topology optimization of unsteady fluid flows using the lattice Boltzmann method[J]. Mechanical Engineering Journal, 2017, 4(3): 1-17.

［66］ NIELSEN E J, DISKIN B. Discrete adjoint-based design optimization of unsteady turbulent flows on dynamic unstructured grids[J]. AIAA Journal, 2010, 48(6): 1195-1206.

［67］ NIELSEN E J, DISKIN B. Discrete adjoint-based design for unsteady turbulent flows on dynamic overset unstructured grids[J]. AIAA Journal, 2013, 51(6): 1355-1373.

［68］ WANG Q. Uncertainty quantification for unsteady fluid flow using adjoint-based approaches [D]. Palo Alto: Stanford University, 2008.

［69］ WANG Q, GLEICH D, SABERI A, et al. A Monte Carlo method for solving unsteady adjoint equations[J]. Journal of Computational Physics, 2008, 227(12): 6184-6205.

［70］ HÜCKELHEIM J C, MÜLLER J D. Checkpointing with time gaps for unsteady adjoint CFD [J]. Computational Methods in Applied Sciences, 2019, 48: 117-130.

［71］ NADARAJAH S K, MCMULLEN M S, JAMESON A. Optimum shape design for unsteady flows using time accurate and non-linear frequency Domain methods[C]. Orlando: 33rd AIAA Fluid Dynamics Conference and Exhibit, 2003.

［72］ NADARAJAH S K, JAMESON A. Optimum shape design for unsteady three-dimensional viscous flows using a nonlinear Frequency-Domain method[J]. Journal of Aircraft, 2007, 44 (5): 1513-1527.

第 2 章　非定常可压缩空气动力
有限体积数值解法

针对飞行器可压缩空气动力问题,本章给出非定常可压缩空气动力控制方程,阐述求解控制方程的有限体积空间离散方法、显式/隐式时间离散格式和迭代求解策略,以及相应的边界条件和数值并行求解程序框架等。

2.1　非定常空气动力控制方程

连续介质假设下,通过质量守恒、动量守恒和能量守恒三大基本守恒律,可建立非定常可压缩流动的雷诺平均 N-S 方程。

2.1.1　非定常 N-S 方程

三维非定常可压缩理想气体的雷诺平均 N-S 方程为

$$\frac{\partial \boldsymbol{W}}{\partial t} + \nabla \cdot \left[\boldsymbol{F}(\boldsymbol{W}) - \boldsymbol{F}_v \right] = 0 \tag{2.1}$$

其中,$\boldsymbol{W}$ 为流场守恒变量;$\boldsymbol{F}(\boldsymbol{W})$ 和 $\boldsymbol{F}_v$ 分别为对流通量和黏性通量。对任意的可变形或可移动的控制体 $\Omega(t)$ 积分得

$$\int_{\Omega(t)} \frac{\partial \boldsymbol{W}}{\partial t} \mathrm{d}V + \oint_{\partial \Omega(t)} \boldsymbol{F}(\boldsymbol{W}) \mathrm{d}S = \oint_{\partial \Omega(t)} \boldsymbol{F}_v \mathrm{d}S \tag{2.2}$$

假设 $\dot{\boldsymbol{x}}$ 和 $\boldsymbol{n}$ 分别为控制体边界 $\partial \Omega(t)$ 的运动速度和法向矢量,通过积分定义可得

$$\frac{\partial}{\partial t} \int_{\Omega(t)} \boldsymbol{W} \mathrm{d}V = \int_{\Omega(t)} \frac{\partial \boldsymbol{W}}{\partial t} \mathrm{d}V + \oint_{\partial \Omega(t)} (\dot{\boldsymbol{x}} \cdot \boldsymbol{n}) \boldsymbol{W} \mathrm{d}S \tag{2.3}$$

定义 $v_{\mathrm{gn}} = \dot{\boldsymbol{x}} \cdot \boldsymbol{n}$,方程在移动或变形的控制体上可写成:

$$\frac{\partial}{\partial t} \int_{\Omega(t)} \boldsymbol{W} \mathrm{d}V + \oint_{\partial \Omega(t)} \left[\boldsymbol{F}(\boldsymbol{W}) - v_{\mathrm{gn}} \boldsymbol{W} \right] \mathrm{d}S = \oint_{\partial \Omega(t)} \boldsymbol{F}_v \mathrm{d}S \tag{2.4}$$

当 $v_{\mathrm{gn}} = \boldsymbol{u} \cdot \boldsymbol{n}$ [$\boldsymbol{u}$ 为流体的速度矢量 $\boldsymbol{u} = (u \quad v \quad w)$] 时,方程(2.4)为拉格朗日观

点描述的非定常流动；$v_{gn} = 0$ 时，方程(2.4)表示欧拉观点描述的非定常流动。在此处，v_{gn} 任意给定，$\dot{x}$ 和 n 随时间变化，方程(2.4)为任意拉格朗日-欧拉(arbitrary Lagrangian-Eulerian，ALE)方法。

ALE 方法是目前发展最成熟、通用性最好的用于求解非定常空气动力问题的框架。基本思想是，计算网格在空间内可以独立于物质坐标系和空间坐标系而作任意方式运动，采用适当的网格运动方式就能准确地追踪运动的耦合界面，同时又可保证网格单元的良好质量。ALE 方法既融入了纯拉格朗日法的优点，可处理带有运动边界的流动问题，又吸收了纯欧拉法的优点，适用于大位移或大变形的动态非定常流固耦合问题。

假设 W 在控制体内均匀分布，则方程(2.4)可写成：

$$\frac{\partial(WV)}{\partial t} + \oint_{\partial\Omega(t)} \left[F(W) - v_{gn}W\right]\mathrm{d}S = \oint_{\partial\Omega(t)} F_v\mathrm{d}S$$

对无网格运动的定态问题，无所谓控制体的变形和移动，作为式(2.4)在 $v_{gn} = 0$ 时的特殊情况，定态网格下的流动控制方程为

$$V\frac{\partial W}{\partial t} + \oint_{\partial\Omega} F(W)\mathrm{d}S = \oint_{\partial\Omega} F_v\mathrm{d}S \tag{2.5}$$

2.1.2 控制方程无量纲化

在三维的 ALE 格式流体控制方程(2.4)中，向量 W、$F(W)$ 和 F_v 分别表示守恒变量、对流通量和黏性通量，表达式为

$$W = \begin{bmatrix} \rho \\ \rho u \\ \rho v \\ \rho w \\ \rho e \end{bmatrix}, \quad (F - v_{gn}W) = \begin{bmatrix} \rho(\theta - v_{gn}) \\ \rho u(\theta - v_{gn}) + n_x p \\ \rho v(\theta - v_{gn}) + n_y p \\ \rho w(\theta - v_{gn}) + n_z p \\ \rho h(\theta - v_{gn}) + v_{gn}p \end{bmatrix}, \quad F_v = \begin{bmatrix} 0 \\ T_x \\ T_y \\ T_z \\ uT_x + vT_y + wT_z + Q_n \end{bmatrix}$$

上式中，θ 表示流体在控制体表面上的法向速度；ρe 为单位体积内能；ρh 为总焓。

$$\theta = u \cdot n_x + v \cdot n_y + w \cdot n_z, \quad \rho h = \rho e + p$$

黏性通量中，

$$T_x = n_x\tau_{xx} + n_y\tau_{xy} + n_z\tau_{xz}$$

$$T_y = n_x\tau_{yx} + n_y\tau_{yy} + n_z\tau_{yz}$$

$$T_z = n_x \tau_{zx} + n_y \tau_{zy} + n_z \tau_{zz}$$

$$Q_n = n_x \cdot q_x + n_y \cdot q_y + n_z \cdot q_z$$

对牛顿流体,黏性剪切张量为

$$\tau_{xx} = 2\mu\left(\frac{\partial u}{\partial x} - \frac{1}{3}\mathrm{div}\,\boldsymbol{u}\right), \quad \tau_{xy} = \tau_{yx} = \mu\left(\frac{\partial u}{\partial y} + \frac{\partial v}{\partial x}\right)$$

$$\tau_{yy} = 2\mu\left(\frac{\partial v}{\partial y} - \frac{1}{3}\mathrm{div}\,\boldsymbol{u}\right), \quad \tau_{xz} = \tau_{zx} = \mu\left(\frac{\partial u}{\partial z} + \frac{\partial w}{\partial x}\right)$$

$$\tau_{zz} = 2\mu\left(\frac{\partial w}{\partial z} - \frac{1}{3}\mathrm{div}\,\boldsymbol{u}\right), \quad \tau_{yz} = \tau_{zy} = \mu\left(\frac{\partial v}{\partial z} + \frac{\partial w}{\partial y}\right)$$

假定流动介质为理想气体,则可引入理想气体状态方程,$p = \rho RT$,式中 R 表示气体常数,与比定压热容和比定容热容的关系为 $R = c_p - c_v$,比热常数 $\gamma = c_p/c_v$。热焓 $h = c_p T$,压力、速度与能量的关系为

$$\rho e = \frac{p}{\gamma - 1} + \frac{1}{2}\rho(u^2 + v^2 + w^2)$$

层流黏性系数由萨瑟兰公式(Sutherland's law)计算:

$$\tilde{\mu} = \tilde{\mu}_0\left(\frac{\tilde{T}}{\tilde{T}_0}\right)^{1.5}\frac{\tilde{T}_0 + C}{\tilde{T} + C}$$

其中,$C = 110.4\,\mathrm{K}$。热传导系数 $k = c_p\dfrac{\mu}{Pr}$,Pr 表示普朗特常数,对空气介质一般有 $Pr = 0.72$。雷诺平均 N-S 方程中的湍流黏性系数 μ_t 则另由湍流模型求得。

为方便计算,对方程中的变量进行如下无量纲化处理:

$$\rho = \frac{\rho^*}{\tilde{\rho}_\infty},\ u = \frac{u^*}{\tilde{c}_\infty},\ v = \frac{v^*}{\tilde{c}_\infty},\ w = \frac{w^*}{\tilde{c}_\infty},\ p = \frac{p^*}{\gamma\tilde{p}_\infty},\ T = \frac{T^*}{\tilde{T}_\infty},\ t = \frac{t^*\tilde{c}_\infty}{\tilde{L}},\ \mu = \frac{\mu^*}{\tilde{\mu}_\infty}$$

式中,上标 $*$ 表示有量纲物理量,下标 ∞ 表示用于无量纲处理的参考值,得到相似参数有

$$R = \frac{R^*}{\gamma\tilde{R}_\infty} = \frac{1}{\gamma},\ c_p = \frac{c_p^*}{\gamma\tilde{R}_\infty} = \frac{1}{\gamma - 1},\ Re = \frac{\tilde{\rho}_\infty\tilde{U}_\infty\tilde{L}}{\tilde{\mu}_\infty},\ Pr = \frac{\tilde{\mu}_\infty\tilde{c}_p}{\tilde{k}_\infty}$$

无量纲化控制方程中黏性通量中的剪切应力张量和热传导项为

$$\begin{cases} \tau_{xx} = \dfrac{2}{3}\dfrac{Ma_\infty}{Re}(\mu+\mu_t)\left(2\dfrac{\partial u}{\partial x}-\dfrac{\partial v}{\partial y}-\dfrac{\partial w}{\partial z}\right), & \tau_{xy}=\tau_{yx}=\dfrac{Ma_\infty}{Re}(\mu+\mu_t)\left(\dfrac{\partial u}{\partial y}+\dfrac{\partial v}{\partial x}\right) \\[2mm] \tau_{yy} = \dfrac{2}{3}\dfrac{Ma_\infty}{Re}(\mu+\mu_t)\left(2\dfrac{\partial v}{\partial y}-\dfrac{\partial u}{\partial x}-\dfrac{\partial w}{\partial z}\right), & \tau_{xz}=\tau_{zx}=\dfrac{Ma_\infty}{Re}(\mu+\mu_t)\left(\dfrac{\partial u}{\partial z}+\dfrac{\partial w}{\partial x}\right) \\[2mm] \tau_{zz} = \dfrac{2}{3}\dfrac{Ma_\infty}{Re}(\mu+\mu_t)\left(2\dfrac{\partial w}{\partial z}-\dfrac{\partial u}{\partial x}-\dfrac{\partial v}{\partial y}\right), & \tau_{yz}=\tau_{zy}=\dfrac{Ma_\infty}{Re}(\mu+\mu_t)\left(\dfrac{\partial v}{\partial z}+\dfrac{\partial w}{\partial y}\right) \end{cases}$$

$$\begin{cases} q_x = \dfrac{Ma_\infty}{(\gamma-1)Re}\left(\dfrac{\mu}{Pr}+\dfrac{\mu_t}{Pr_t}\right)\dfrac{\partial T}{\partial x} \\[3mm] q_y = \dfrac{Ma_\infty}{(\gamma-1)Re}\left(\dfrac{\mu}{Pr}+\dfrac{\mu_t}{Pr_t}\right)\dfrac{\partial T}{\partial y} \\[3mm] q_z = \dfrac{Ma_\infty}{(\gamma-1)Re}\left(\dfrac{\mu}{Pr}+\dfrac{\mu_t}{Pr_t}\right)\dfrac{\partial T}{\partial z} \end{cases}$$

2.1.3　几何守恒定律

几何守恒定律是动态网格流场计算过程需要满足的基本条件[1-3]。考察方程（2.4），若假设 W 为非零常量，则跟梯度有关的黏性通量为零，而对常量的积分也为零，由方程（2.4）可得到几何守恒定律方程：

$$\frac{\partial V}{\partial t}-\oint_{\partial\Omega}v_{\mathrm{gn}}\mathrm{d}S=\frac{\partial V}{\partial t}-\boldsymbol{RES}_{\mathrm{GCL}}=0 \qquad (2.6)$$

在流体控制方程的离散求解过程中，与网格几何相关的控制体体积和控制体面法向运动速度的计算必须要满足式（2.6）的几何守恒定律，才不至于因为网格变形运动而引入误差到流体控制方程的求解中。控制体体积和控制体交界面法向运动速度的计算有两种处理方式：一种是按照流体控制方程时间离散格式，基于每个时间步的网格，精确计算每个时间层的控制体体积，然后根据式（2.6）计算出交界面法向运动速度 v_{gn}，从而保证几何守恒[4-6]。另一种方式是，在实际的流场计算中，几何守恒定律残差以离散的形式累加到流动控制方程中，以抵消因为网格变形/运动而计算网格运动速度带来的误差。即

$$\frac{\partial}{\partial t}\int_{\Omega(t)}\boldsymbol{W}\mathrm{d}V=\frac{\partial\boldsymbol{W}}{\partial t}V+\boldsymbol{W}\frac{\partial V}{\partial t}$$

$$=\frac{\partial\boldsymbol{W}}{\partial t}V+\boldsymbol{RES}_{\mathrm{GCL}}\boldsymbol{W}$$

2.2　双时间步推进与伪时间导数预处理

　　式(2.4)的 N‑S 方程是关于时间的抛物型方程(忽略黏性项的欧拉方程则为双曲型),以时间推进的方式进行求解,有利于简单省事地构造适合全流场的数值格式。基于数值稳定性的考虑,以及方便利用当地时间步长[7-10]、预处理[11-14]、多重网格[15-19]等加速收敛技术,非定常流场的计算可以采用双时间步推进求解[20-23]的方式进行,即在式(2.4)的非定常流体控制方程基础上引入伪时间导数项:

$$\frac{\partial}{\partial \tau}\int_{\Omega(t)}\boldsymbol{W}\mathrm{d}V + \frac{\partial}{\partial t}\int_{\Omega(t)}\boldsymbol{W}\mathrm{d}V + \oint_{\partial\Omega(t)}\left[\boldsymbol{F}(\boldsymbol{W}) - v_{\mathrm{gn}}\boldsymbol{W}\right]\mathrm{d}S = \oint_{\partial\Omega(t)}\boldsymbol{F}_v\mathrm{d}S \quad (2.7)$$

式中,τ 为伪时间,当伪时间 $\tau \to \infty$ 时,方程(2.7)因左边的第一项消失而复原为方程(2.4)。非定常流的双时间步推进求解包含了两个循环,物理时间步的推进,以及每个物理时间步当作定常问题进行的伪时间步迭代求解。这样,数值格式的稳定性限制只局限于伪时间层,而且当地时间步长、预处理等加速收敛技术可应用于伪时间层上,不影响物理时间步的精度,利于非定常流场的高效求解。

　　分析式(2.4)或式(2.7)的一维方程特征系统,其特征值为

$$\lambda_1 = u$$

$$\lambda_{2,3} = u \pm c$$

其中,c 为声速;u 为对流速度。定义最大特征值与最小特征值之比为条件数 CN:

$$CN = \frac{u+c}{u} = 1 + \frac{1}{Ma}$$

不难看出,在亚声速到超声速的速域范围内,条件数都在 1 的量级上,即最大特征值和最小特征值量级相当,时间推进方法在该速域范围内具有良好的稳定性和收敛性;但应用于低马赫数流场时,随着马赫数的减小,CN 数将越来越大,流场计算收敛越来越困难,面临着收敛速度慢、不稳定和精度低的所谓“刚性”问题[24-27]。

　　为解决这一问题,通过对方程(2.7)中的伪时间导数项进行预处理,使方程特征系统的特征值保持在同一量级而不至于相差太大,解决低马赫数时系数矩阵的“刚性”问题,使数值方法具备求解全速域流场的能力。

$$\boldsymbol{\Gamma}_W\frac{\partial}{\partial\tau}\int_{\Omega(t)}\boldsymbol{W}\mathrm{d}V + \frac{\partial}{\partial t}\int_{\Omega(t)}\boldsymbol{W}\mathrm{d}V + \oint_{\partial\Omega(t)}\left[\boldsymbol{F}(\boldsymbol{W}) - v_{\mathrm{gn}}\boldsymbol{W}\right]\mathrm{d}S = \oint_{\partial\Omega(t)}\boldsymbol{F}_v\mathrm{d}S \quad (2.8)$$

$\boldsymbol{\Gamma}_W$ 为守恒变量的时间导数预处理矩阵。为方便分析预处理后的特征系统,往往采

用原参变量而不是守恒变量作为特征系统分析用的系统变量。目前公认的预处理矩阵多由 Choi 等[28,29]、Turkel 等[30-32]、Lee 等[33,34] 提出的。这里介绍其中一种，以熵变量 $U = [\, p \quad u \quad v \quad w \quad S \,]^{\mathrm{T}}$（其中 $\mathrm{d}S = \mathrm{d}p - c^2\mathrm{d}\rho$）为系统变量进行分析[30]，设计基于熵变量的预处理矩阵 $\boldsymbol{\Gamma}_U$ 为 $\boldsymbol{\Gamma}_U = \dfrac{\partial \boldsymbol{W}}{\partial \boldsymbol{U}}\mathrm{diag}(\beta^2 \quad 1 \quad 1 \quad 1 \quad 1)$，则守恒变量的预处理矩阵可写成 $\boldsymbol{\Gamma}_W = \boldsymbol{\Gamma}_U \dfrac{\partial \boldsymbol{U}}{\partial \boldsymbol{W}}$，其中 β 为与流场马赫数量级相当的预处理参数，为提高算法稳健性，针对动态边界运动非定常流动，设计 β 参数如下：

$$\beta^2 = \min\big[\, \max(Ma_{\mathrm{Local}}^2, \beta_{\min}^2), 1.0 \,\big]$$

其中，Ma_{Local} 为当地最大的相对气流速度对应的马赫数 $Ma_{\mathrm{Local}} = \max\left(\dfrac{\mid \boldsymbol{V} - \boldsymbol{V}_{\mathrm{g}} \mid_{\mathrm{neighbors}}}{c}, \dfrac{\mid \boldsymbol{V} - \boldsymbol{V}_{\mathrm{g}} \mid_{\mathrm{cell}}}{c}\right)$；$\beta_{\min}^2 = 3\max(Ma_{\infty}^2, Ma_{\mathrm{g,\,mean}}^2)$；$\boldsymbol{V}_{\mathrm{g}}$ 为网格运动速度矢量；Ma_{∞} 为自由来流马赫数；$Ma_{\mathrm{g,\,mean}}$ 为边界平均运动速度对应的马赫数。

预处理后，控制方程系数矩阵的特征值为

$$\lambda_{1,2,3} = \theta - v_{\mathrm{gn}}$$

$$\lambda_{4,5} = \frac{1}{2}(\beta^2 + 1)(\theta - v_{\mathrm{gn}}) \pm \frac{1}{2}\sigma$$

$$\sigma = \sqrt{(\beta^2 - 1)^2(\theta - v_{\mathrm{gn}})^2 + 4\beta^2 c^2}$$

不难发现，当 $Ma \rightarrow 1$ 时，$\beta \rightarrow 1$，预处理方程(2.8)回到了原始方程(2.7)的状态。当 $Ma \rightarrow 0$ 时，β 值很小，系统矩阵的所有特征值大小保持在同一量级，使得预处理后的方程在所有速度范围内特征值都有良好的性态，保证求解过程具有良好的收敛性，此即为预处理方法的目的和作用所在。

2.3 控制方程离散

对流体控制方程，从空间和时间两个维度进行离散。

2.3.1 有限体积法空间离散

基于流场计算网格，运用有限体积方法将积分形式的流体控制方程在空间上进行离散化处理。有限体积法对网格有较强的适应性，可以在不同的网格类型上实施，如结构网格、非结构网格、直角网格或它们的混合类型。相应地，针对不同网格类型,有限体积法控制体的构造有两种方式:格心格式[35-38]和格点格式[39-42] (图 2.1)。格心格式基于基础流场网格,将控制体中心设置在网格单元中心,网格单元即为控制体;格点格式则将网格点设置为控制体中心,基于网格线、面、单元中心切割面构造出控制体。

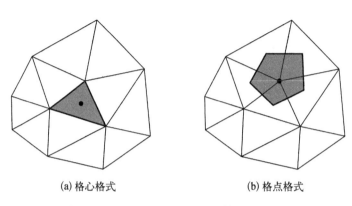

(a) 格心格式　　　　　　　　　(b) 格点格式

图 2.1　基于基础网格构造控制体的两种方式

为增强流场求解器对各类网格类型的适应性,设计一种格心格式、格点格式通用的控制体及 face-based 数据结构和算法,在有限体积法离散求解环节,不管格心格式还是格点格式,只基于控制体交界面及指向左右相邻控制体指针作为唯一的拓扑信息,两者只在离散求解前的准备工作中,构造控制体、控制面时有所区分。

假定流场变量在控制体内均匀分布,对方程(2.8),在构造好的可变形/移动的任意多面体控制体上,运用有限体积法进行空间离散,得

$$\boldsymbol{\varGamma}_W \frac{\partial(\boldsymbol{WV})}{\partial \tau} + \frac{\partial(\boldsymbol{WV})}{\partial t} + \boldsymbol{RES}(\boldsymbol{W}) = 0 \tag{2.9}$$

$\boldsymbol{RES}(\boldsymbol{W})$ 为累加的控制面对流通量和黏性通量,对任意控制体 i,

$$\boldsymbol{RES}_i(\boldsymbol{W}) = \sum_{j=1}^{nface} \widetilde{\boldsymbol{F}}(\boldsymbol{W})_{ij} S_{ij} - \sum_{j=1}^{nface} \boldsymbol{F}_{vij} S_{ij}$$

其中, $\widetilde{\boldsymbol{F}}(\boldsymbol{W}) = \boldsymbol{F}(\boldsymbol{W}) - v_{gn}\boldsymbol{W}$; j 为控制体 i 的邻居控制体; ij 表示控制体 i 和控制体 j 的交接面; $nface$ 为当前控制体边界面的数量。基于 face-based 数据结构,只需在控制面上计算一次对流通量或黏性通量,对等地累加到左右相邻的控制体残差上即可。

2.3.2　时间离散

时间方向上,对物理时间和伪时间分别采用 k 阶后向和一阶后向差分格式离

散,考虑网格变形情况需要满足的几何守恒定律,在物理时间步离散时,将几何守恒定律作为误差补偿引入到离散方程,得到离散后的流体控制方程为

$$\boldsymbol{\Gamma}_W \frac{V^n}{\Delta \tau}(\boldsymbol{W}^{m+1} - \boldsymbol{W}^m) + \frac{1}{\Delta t}\sum_{h=0}^{k}\left[\phi_{n-h}V^{n-h}(\boldsymbol{W}^{n-h} - \boldsymbol{W}^{n-1})\right] \qquad (2.10)$$
$$+ \boldsymbol{RES}(\boldsymbol{W}^n) + \boldsymbol{RES}_{GCL}^n \boldsymbol{W}^{n-1} = 0$$

式中,m 和 n 分别为伪时间迭代步数和物理时间步数,每个物理时间步,采用伪时间步 $\Delta \tau$ 推进求解,当伪时间内迭代步数 $m \to \infty$,则认为 $\boldsymbol{W}^{m+1}$ 即为 $\boldsymbol{W}^n$ 的值。

离散方程(2.10)中,数列 $\{\phi_n\}$ 用来控制方程离散的时间精度,表2.1列出了几种取值方式。数列 $\{\phi_n\}$ 的取值统一了几种不同时间精度非定常问题和定常问题的算法。当所有 ϕ_n 为零时,流场计算为定常模式,非零数取到 ϕ_{n-3} 时,该方法可达到非定常的三阶时间精度。

表 2.1　后向差分格式的系数定义

时 间 精 度	ϕ_n	ϕ_{n-1}	ϕ_{n-2}	ϕ_{n-3}
定常模式	0	0	0	0
非定常一阶	1	−1	0	0
非定常二阶	3/2	−2	1/2	0
非定常三阶	11/6	−3	3/2	−1/3

2.4　对流通量计算

对控制体交界面对流通量的计算,可采用 Roe 迎风格式:

$$\tilde{\boldsymbol{F}}(\boldsymbol{W})_{ij} = \frac{1}{2}\left[\tilde{\boldsymbol{F}}(\boldsymbol{W}_L) + \tilde{\boldsymbol{F}}(\boldsymbol{W}_R)\right] - \frac{1}{2}|\tilde{\boldsymbol{A}}_W|(\boldsymbol{W}_R - \boldsymbol{W}_L) \qquad (2.11)$$

其中,$\tilde{\boldsymbol{A}}_W = \dfrac{\partial \tilde{\boldsymbol{F}}}{\partial \boldsymbol{W}}$ 为对流通量对守恒量的雅可比矩阵。

预处理后的对流通量计算则可采用 Roe - Turkel 格式,即

$$\tilde{\boldsymbol{F}}(\boldsymbol{W})_{ij} = \frac{1}{2}\left[\tilde{\boldsymbol{F}}(\boldsymbol{W}_L) + \tilde{\boldsymbol{F}}(\boldsymbol{W}_R)\right] - \frac{1}{2}\boldsymbol{\Gamma}_W|\boldsymbol{\Gamma}_W^{-1}\tilde{\boldsymbol{A}}_W|(\boldsymbol{W}_R - \boldsymbol{W}_L)$$

$$(2.12)$$

上式中 L、R 分别表示控制体交界面两侧的流场值。若对流通量计算采用一阶空

间精度计算，W_R、W_L 则为左右控制体中心值；若取二阶精度，W_R、W_L 则由左右控制体插值得到。即

$$W_L = W_i + \varphi_i \nabla W_i \cdot r_L$$

$$W_R = W_j + \varphi_j \nabla W_j \cdot r_R \qquad (2.13)$$

式中，r_L、r_R 分别为左右控制体中心到交界面中点的距离矢量；∇W_i、∇W_j 分别为左右控制体内流场变量的梯度，∇W_i、∇W_j 由格林高斯法或最小二乘法重构得到。

2.5　梯　度　重　构

为获得高阶精度，采用高斯积分法或加权最小二乘法的线性重构技术进行梯度重构，对于任意流场变量 q，其梯度可以通过格林高斯法或最小二乘法重构得到。为防止线性插值出现新的极值，还需运用限制器对梯度进行限制。

2.5.1　格林高斯法

运用格林-高斯定理，控制体内变量的梯度可以由控制面形心处的变量值与面积矢量复合后相加再除以控制体体积来获取。即由格林-高斯定理：

$$\int_\Omega \nabla q \mathrm{d}V = \oint_{\partial\Omega} q \boldsymbol{n} \mathrm{d}S$$

可得任意控制体 i 内流场变量梯度为

$$\nabla q_i = \frac{1}{V_i} \int_{\partial\Omega_i} q\boldsymbol{n}\mathrm{d}S = \frac{1}{V_i} \sum_{j=1}^{nface} q_{ij}\boldsymbol{n}_{ij}\Delta S_{ij} \qquad (2.14)$$

其中，q_{ij} 为控制体交界面面心处的流场值。但实际上控制面面心上的 q_{ij} 并不显式存在，需要额外计算才可获得。最简单的计算方法是由左右控制体的流场值算术平均，即 $q_{ij} = \dfrac{q_i + q_j}{2}$。对格点格式来说，因为交界面就是由网格节点中值截面构成，交接面面心基本位于两侧控制体中间，这种方式基本能保证二阶精度；但对格心格式来说，在疏密不均匀的网格上，尤其是非结构网格上，控制体交界面并非两侧控制体的中间面，这种算术平均方式会有一定的精度损失。因此，对格心格式，可以基于网格面节点的流场值，通过距离倒数加权平均得到面心上的流场值，而节点的流场值则由该节点的所有网格单元（控制体）的流场值加权平均得到。但代

价是更多的计算量以及对网格拓扑关系的依赖。

2.5.2　最小二乘法

最小二乘法梯度重构是一种不依赖网格拓扑关系的方法[43]，一般来说，对格点格式，最小二乘法梯度重构的模板主要由网格节点（控制体）及与其直接相连的邻居节点（控制体）构成，格心格式则由网格单元（控制体）及与其共面或共节点的邻居单元（控制体）构成，如图 2.2 所示。对任意控制体 i，若其流场变量梯度 ∇q 完全精确，则基于该梯度可插值得到相邻控制体 k 处的流场值为

$$q_k = q_i + \nabla q \cdot (\boldsymbol{x}_k - \boldsymbol{x}_i) \tag{2.15}$$

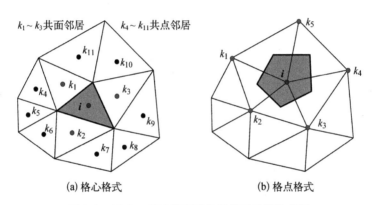

(a) 格心格式　　　　　　　　　　(b) 格点格式

图 2.2　最小二乘法梯度重构的邻居控制体模板

最小二乘法梯度重构就是运用最小二乘法求解出梯度 ∇q，使得插值得到的邻居控制体 k 的流场值与控制体 k 本身的流场值的差平方之和最小，亦即找到以下函数的最小值：

$$f = \sum_{k=1}^{N} \omega_k^2 (-\Delta q_k + q_x \Delta x_k + q_y \Delta y_k + q_z \Delta z_k)^2$$

式中，$\Delta q_k = q_k - q_i$；Δx_k、Δy_k、Δz_k 的定义类似；ω_k 为权重系数。f 函数最小时应满足以下条件：

$$\frac{\partial f}{\partial q_x} = \frac{\partial f}{\partial q_y} = \frac{\partial f}{\partial q_z} = 0$$

由此得到控制体 i 的关于流场变量梯度∇q 的代数方程组：

$$\begin{bmatrix} \sum\limits_{k=1}^{N} \omega_k^2 \Delta x_k \Delta x_k & \sum\limits_{k=1}^{N} \omega_k^2 \Delta x_k \Delta y_k & \sum\limits_{k=1}^{N} \omega_k^2 \Delta x_k \Delta z_k \\ \sum\limits_{k=1}^{N} \omega_k^2 \Delta y_k \Delta x_k & \sum\limits_{k=1}^{N} \omega_k^2 \Delta y_k \Delta y_k & \sum\limits_{k=1}^{N} \omega_k^2 \Delta y_k \Delta z_k \\ \sum\limits_{k=1}^{N} \omega_k^2 \Delta z_k \Delta x_k & \sum\limits_{k=1}^{N} \omega_k^2 \Delta z_k \Delta y_k & \sum\limits_{k=1}^{N} \omega_k^2 \Delta z_k \Delta z_k \end{bmatrix} \begin{bmatrix} q_x \\ q_y \\ q_z \end{bmatrix} = \begin{bmatrix} \sum\limits_{k=1}^{N} \omega_k^2 \Delta x_k \Delta q_k \\ \sum\limits_{k=1}^{N} \omega_k^2 \Delta y_k \Delta q_k \\ \sum\limits_{k=1}^{N} \omega_k^2 \Delta z_k \Delta q_k \end{bmatrix}$$

$$(2.16)$$

方程(2.16)可采用克莱姆法则进行求解,由于其中的系数只跟网格几何有关,故可事先计算好系数并存储下来,以避免梯度重构时的重复计算。权重系数 ω_k 的取值决定邻居控制体流场值对梯度重构的贡献程度,取为 1 则意味着无论远近,各邻居控制体的贡献一样,显然会降低梯度重构精度;为此,可考虑将权重系数设置为距离倒数,即

$$\omega_k = \frac{1}{\| \boldsymbol{x}_k - \boldsymbol{x}_i \|} = \frac{1}{\sqrt{\Delta x_k^2 + \Delta y_k^2 + \Delta z_k^2}}$$

2.5.3 限制器

对二阶及以上迎风格式,梯度重构后需要采用限制器对梯度进行限制,以防止出现新的极值和大梯度区域(如激波)的振荡。众多限制器中,Venkatakrishnan 限制器[44,45]因为良好的收敛性而被广泛采用。该限制器通过以下方式计算限制器参数对构造的梯度进行限制:

$$\varphi_i = \min_j \begin{cases} \dfrac{1}{\Delta_2} \left[\dfrac{(\Delta_{1,\max}^2 + \varepsilon^2)\Delta_2 + 2\Delta_2^2 \Delta_{1,\max}}{\Delta_{1,\max}^2 + 2\Delta_2^2 + \Delta_{1,\max}\Delta_2 + \varepsilon^2} \right], & \text{若 } \Delta_2 > 0 \\[3mm] \dfrac{1}{\Delta_2} \left[\dfrac{(\Delta_{1,\min}^2 + \varepsilon^2)\Delta_2 + 2\Delta_2^2 \Delta_{1,\min}}{\Delta_{1,\min}^2 + 2\Delta_2^2 + \Delta_{1,\min}\Delta_2 + \varepsilon^2} \right], & \text{若 } \Delta_2 < 0 \\[3mm] 1, & \text{若 } \Delta_2 = 0 \end{cases}$$

$$(2.17)$$

其中,$\Delta_{1,\max} = \max_j(q_j - q_i)$;$\Delta_{1,\min} = \min_j(q_j - q_i)$;$\Delta_2 = \nabla q_i \cdot \boldsymbol{r}_L$;参数 ε^2 为常数,Venkatakrishnan 建议该参数与控制体体积关联,即

$$\varepsilon^2 = (K\Delta h)^3$$

其中,K 为 $O(1)$ 量级的常数;Δh 为控制体体积的立方根(二维则为面积的平

方根)。

其余常用限制器还包括 Barth & Jespersen 限制器[46]、多维限制器[47,48]等,这里不展开介绍。

2.6　黏　性　通　量

黏性通量的计算,控制体交界面处的速度、温度的梯度通过将左右控制体的梯度平均并沿 r_{ij} 修正得

$$(\nabla q)_{ij} = \overline{(\nabla q)_{ij}} - \left[\overline{(\nabla q)_{ij}} \cdot r_{ij} - \frac{q_j - q_i}{| r_j - r_i |} \right] \cdot r_{ij} \qquad (2.18)$$

其中, $\overline{(\nabla q)_{ij}} = \dfrac{1}{2}[(\nabla q)_i + (\nabla q)_j]$ 为平均梯度值; $r_{ij} = \dfrac{r_j - r_i}{| r_j - r_i |}$ 为由控制体 i 的中心指向控制体 j 的中心的单位方向矢量,左右控制体内速度、温度的梯度由最小二乘法或格林高斯法重构得到。

2.7　显式格式迭代求解

每个物理时间步上,在伪时间步迭代求解过程中,若离散方程(2.10)中的残差 $\boldsymbol{RES}$ 由已知的 m 内迭代时间步来计算,则求解为显式格式。即

$$\boldsymbol{\Gamma}_W \frac{V^n}{\Delta \tau} (\boldsymbol{W}^{m+1} - \boldsymbol{W}^m) = - \boldsymbol{RES}^* (\boldsymbol{W}^{n, m})$$

$$\boldsymbol{RES}^* (\boldsymbol{W}^{n, m}) = RES(\boldsymbol{W}^{n, m}) + \frac{\phi_n V^n}{\Delta t} (\boldsymbol{W}^{n, m} - \boldsymbol{W}^{n-1})$$

$$+ \frac{1}{\Delta t} \sum_{h=1}^{k} [\phi_{n-h} V^{n-h} (\boldsymbol{W}^{n-h} - \boldsymbol{W}^{n-1})] + \boldsymbol{RES}^n_{\text{GCL}} \boldsymbol{W}^{n-1}$$

$$(2.19)$$

显式格式中,每个控制体的方程各自独立,可通过龙格库塔积分迭代求解。常用的四步 Runge‐Kutta 法求解的格式如下:

$$\boldsymbol{W}_i^{(0)} = \boldsymbol{W}_i^{n, m}$$

$$\boldsymbol{W}_i^{(1)} = \boldsymbol{W}_i^{(0)} - \alpha_1 \frac{\Delta \tau}{V_i^n} \boldsymbol{\Gamma}_W^{-1} \boldsymbol{RES}_i^* (\boldsymbol{W}^{(0)})$$

$$\boldsymbol{W}_i^{(2)} = \boldsymbol{W}_i^{(0)} - \alpha_2 \frac{\Delta \tau}{V_i^n} \boldsymbol{\Gamma}_W^{-1} \boldsymbol{RES}_i^* (\boldsymbol{W}^{(1)})$$

$$\boldsymbol{W}_i^{(3)} = \boldsymbol{W}_i^{(0)} - \alpha_3 \frac{\Delta \tau}{V_i^n} \boldsymbol{\Gamma}_W^{-1} \boldsymbol{RES}_i^* (\boldsymbol{W}^{(2)})$$

$$W_i^{(4)} = W_i^{(0)} - \alpha_4 \frac{\Delta\tau}{V_i^n} \Gamma_W^{-1} RES_i^*(W^{(3)}) \qquad (2.20)$$

$$W_i^{n,m+1} = W_i^{(4)}$$

其中,系数 $\alpha_1 = \dfrac{1}{4}$, $\alpha_2 = \dfrac{1}{3}$, $\alpha_3 = \dfrac{1}{2}$, $\alpha_4 = 1$;上标 n 代表时间步。

为满足稳定性要求,显式 Runge – Kutta 方法中的时间步长 $\Delta\tau$ 是有限制的。由于求解过程时间推进和空间离散是彼此独立的,两物理时间步之间的伪时间步求解与所采用的伪时间步长无关,因此可以在各个控制体上采用当地时间步长,使流场处处以接近稳定性极限的时间步长向前推进,从而加快整个迭代计算的收敛过程。每个控制体上的伪时间步长可以采用以下计算式进行计算:

$$\Delta\tau_i \leqslant CFL \frac{\Omega_i}{\displaystyle\sum_{j=1}^{nface}(|\lambda_{ij}|_{max}\Delta S_{ij})}$$

其中,$|\lambda_{ij}|_{max}$ 为最大绝对特征值;CFL 为库朗数。显式格式的优点是每推进一时间步,计算量和存储量都比较小,程序简单。缺点是时间步长受稳定性条件限制,计算 CFL 数过小,效率比较低,收敛所需的步数多,导致总体计算时间很长。

2.8　隐式格式迭代求解

2.8.1　离散方程线性化处理

每个物理时间步上,在伪时间步迭代求解过程中,若离散方程(2.10)中的残差 RES 由待求的 $m+1$ 内迭代时间步来计算,则求解为隐式格式。即

$$\Gamma_W \frac{V^n}{\Delta\tau}(W^{m+1} - W^m) = -RES^*(W^{n,m+1})$$

$$RES^*(W^{n,m+1}) = RES(W^{n,m+1}) + \frac{\phi_n V^n}{\Delta t}(W^{n,m+1} - W^{n-1}) \qquad (2.21)$$

$$+ \frac{1}{\Delta t}\sum_{h=1}^{k}[\phi_{n-h}V^{n-h}(W^{n-h} - W^{n-1})] + RES_{GCL}^n W^{n-1}$$

由于上述方程左右都含有待求的下一步 $W^{n,m+1}$,难以求解。因此对隐式求解格式,需要对上述方程进行线性化处理。对未知的 $m+1$ 伪时间层的 RES 泰勒展开:

$$RES(W^{n,\,m+1}) = RES(W^{n,\,m}) + \frac{\partial RES}{\partial \tau}\Delta\tau + \mathrm{O}(\Delta\tau^2) \tag{2.22}$$

$$\approx RES(W^{n,\,m}) + \frac{\partial RES}{\partial W}\Delta W + \mathrm{O}(\Delta\tau^2)$$

式中，$\Delta W = W^{m+1} - W^m$，忽略高阶项并进行整理后，离散方程可以线性化处理为

$$\left(\varGamma_W \frac{V^n}{\Delta\tau} + \frac{\phi_n V^n}{\Delta t} + \frac{\partial RES}{\partial W}\right)\Delta W = -RES^*(W^{n,\,m})$$

$$RES^*(W^{n,\,m}) = RES(W^{n,\,m}) + \frac{\phi_n V^n}{\Delta t}(W^{n,\,m} - W^{n-1}) \tag{2.23}$$

$$+ \frac{1}{\Delta t}\sum_{h=1}^{k}\left[\phi_{n-h}V^{n-h}(W^{n-h} - W^{n-1})\right] + RES_{\mathrm{GCL}}^n W^{n-1}$$

因为雅可比矩阵 $\dfrac{\partial RES}{\partial W}$ 的存在，上述方程是一个大型稀疏系数矩阵代数方程组，难以直接求解，唯有通过迭代计算。雅可比矩阵的处理、大型稀疏系数矩阵方程组的迭代求解是隐式格式计算的重要环节。

2.8.2　雅可比矩阵

一般地，离散方程(2.23)左侧的雅可比矩阵 $\dfrac{\partial RES}{\partial W}$ 由一阶精度格式构造，原因有两点：一是方程左侧的矩阵精度不影响迭代求解的最终结果，应尽量保证矩阵的对角占优，一阶精度更有利于迭代计算的稳定和收敛；二是高阶格式雅可比矩阵异常复杂，额外占用内存非常多，且不利于矩阵对角占优。雅可比矩阵的计算如下：

$$\frac{\partial RES}{\partial W} := \frac{\partial RES}{\partial W} + \begin{bmatrix} \ddots & & & \\ & \dfrac{\partial F_{ij}}{\partial W_i} & \cdots & \dfrac{\partial F_{ij}}{\partial W_j} \\ & \vdots & \ddots & \vdots \\ & -\dfrac{\partial F_{ij}}{\partial W_i} & \cdots & -\dfrac{\partial F_{ij}}{\partial W_j} \\ & & & \ddots \end{bmatrix} \tag{2.24}$$

式中，

$$\frac{\partial \boldsymbol{F}_{ij}}{\partial \boldsymbol{W}_i} = \frac{\partial \tilde{\boldsymbol{F}}(\boldsymbol{W})_{ij}}{\partial \boldsymbol{W}_i} - \frac{\partial \boldsymbol{F}_{vij}}{\partial \boldsymbol{W}_i}, \quad \frac{\partial \boldsymbol{F}_{ij}}{\partial \boldsymbol{W}_j} = \frac{\partial \tilde{\boldsymbol{F}}(\boldsymbol{W})_{ij}}{\partial \boldsymbol{W}_j} - \frac{\partial \boldsymbol{F}_{vij}}{\partial \boldsymbol{W}_j} \tag{2.25}$$

一阶精度对流通量雅可比矩阵表示为

$$\frac{\partial \tilde{\boldsymbol{F}}(\boldsymbol{W})_{ij}}{\partial \boldsymbol{W}_i} = \frac{1}{2}(\tilde{\boldsymbol{A}}_i + \boldsymbol{\varGamma}_{\mathrm{W}} \mid \boldsymbol{\varGamma}_{\mathrm{W}}^{-1} \tilde{\boldsymbol{A}}_{\mathrm{W}} \mid),$$

$$\frac{\partial \tilde{\boldsymbol{F}}(\boldsymbol{W})_{ij}}{\partial \boldsymbol{W}_j} = \frac{1}{2}(\tilde{\boldsymbol{A}}_j - \boldsymbol{\varGamma}_{\mathrm{W}} \mid \boldsymbol{\varGamma}_{\mathrm{W}}^{-1} \tilde{\boldsymbol{A}}_{\mathrm{W}} \mid)$$

其中, $\tilde{\boldsymbol{A}}$ 矩阵也可根据需要由原参变量来构造:

$$\frac{\partial \tilde{\boldsymbol{F}}(\boldsymbol{W})}{\partial \boldsymbol{W}} = \frac{\partial \tilde{\boldsymbol{F}}(\boldsymbol{W})}{\partial \boldsymbol{Q}} \frac{\partial \boldsymbol{Q}}{\partial \boldsymbol{W}}, \quad \boldsymbol{Q} = (\rho \quad u \quad v \quad w \quad p)^{\mathrm{T}}$$

$$\frac{\partial \tilde{\boldsymbol{F}}}{\partial \boldsymbol{Q}} = \begin{bmatrix} \lambda_1 & \rho n_x & \rho n_y & \rho n_z & 0 \\ u\lambda_1 & \rho(\lambda_1 + un_x) & \rho un_y & \rho un_z & n_x \\ v\lambda_1 & \rho vn_x & \rho(\lambda_1 + vn_y) & \rho vn_z & n_y \\ w\lambda_1 & \rho wn_x & \rho wn_y & \rho(\lambda_1 + wn_z) & n_z \\ h\lambda_1 - \dfrac{\gamma p\lambda_1}{\rho(\gamma - 1)} & \rho(u\lambda_1 + hn_x) & \rho(v\lambda_1 + hn_y) & \rho(w\lambda_1 + hn_z) & \dfrac{\gamma}{\gamma - 1}\lambda_1 + v_{gn} \end{bmatrix} \tag{2.26}$$

其中, $\lambda_1 = \theta - v_{\mathrm{gn}}$。

$$\frac{\partial \boldsymbol{Q}}{\partial \boldsymbol{W}} = \begin{bmatrix} 1 & 0 & 0 & 0 & 0 \\ -u/\rho & 1/\rho & 0 & 0 & 0 \\ -v/\rho & 0 & 1/\rho & 0 & 0 \\ -w/\rho & 0 & 0 & 1/\rho & 0 \\ \dfrac{1}{2}(u^2 + v^2 + w^2)(\gamma - 1) & -u(\gamma - 1) & -v(\gamma - 1) & -w(\gamma - 1) & (\gamma - 1) \end{bmatrix} \tag{2.27}$$

而对于黏性通量雅可比矩阵,由于梯度重构的复杂性,这里作简化处理,雅可比计算时,控制体交界面处的速度、温度的梯度采用 TSL(thin shear layer) 近似处理[49],即

$$(\nabla q)_{ij}^{\mathrm{TSL}} \approx \frac{q_j - q_i}{\mid \boldsymbol{r}_j - \boldsymbol{r}_i \mid} \tag{2.28}$$

则一阶精度黏性通量雅可比矩阵可以表示为

$$\frac{\partial \boldsymbol{F}_{vij}}{\partial \boldsymbol{W}} = \frac{\partial \boldsymbol{F}_{vij}}{\partial \boldsymbol{Q}} \frac{\partial \boldsymbol{Q}}{\partial \boldsymbol{W}}$$

$$\frac{\partial \boldsymbol{F}_{vij}}{\partial \boldsymbol{Q}_{i/j}} = \mp \frac{\mu + \mu_t}{\mid \boldsymbol{r}_j - \boldsymbol{r}_i \mid} \begin{bmatrix} 0 & 0 & 0 & 0 & 0 \\ 0 & \theta_x & \eta_z & \eta_y & 0 \\ 0 & \eta_z & \theta_y & \eta_x & 0 \\ 0 & \eta_y & \eta_x & \theta_z & 0 \\ \phi_\rho^\pm \theta_0 & \frac{\mp \mid \boldsymbol{r}_j - \boldsymbol{r}_i \mid}{2(\mu + \mu_t)} T_x + \pi_x & \frac{\mp \mid \boldsymbol{r}_j - \boldsymbol{r}_i \mid}{2(\mu + \mu_t)} T_y + \pi_y & \frac{\mp \mid \boldsymbol{r}_j - \boldsymbol{r}_i \mid}{2(\mu + \mu_t)} T_z + \pi_z & \phi_p^\pm \theta_0 \end{bmatrix}$$

$$(2.29)$$

其中,

$$\theta_0 = n_x^2 + n_y^2 + n_z^2$$

$$\theta_x = \frac{4}{3} n_x^2 + n_y^2 + n_z^2, \quad \theta_y = n_x^2 + \frac{4}{3} n_y^2 + n_z^2, \quad \theta_z = n_x^2 + n_y^2 + \frac{4}{3} n_z^2$$

$$\eta_x = \frac{1}{3} n_y n_z, \quad \eta_y = \frac{1}{3} n_x n_z, \quad \eta_z = \frac{1}{3} n_x n_y$$

$$\phi_\rho^+ = -\frac{Ma_\infty}{(\mu + \mu_t)(\gamma - 1) Re} \left(\frac{\mu}{Pr} + \frac{\mu_t}{Pr_t}\right) \frac{T_L}{\rho_L}, \quad \phi_\rho^- = -\frac{Ma_\infty}{(\mu + \mu_t)(\gamma - 1) Re} \left(\frac{\mu}{Pr} + \frac{\mu_t}{Pr_t}\right) \frac{T_R}{\rho_R}$$

$$\phi_p^+ = \frac{Ma_\infty}{(\mu + \mu_t)(\gamma - 1) Re} \left(\frac{\mu}{Pr} + \frac{\mu_t}{Pr_t}\right) \frac{1}{\rho_L}, \quad \phi_\rho^- = \frac{Ma_\infty}{(\mu + \mu_t)(\gamma - 1) Re} \left(\frac{\mu}{Pr} + \frac{\mu_t}{Pr_t}\right) \frac{1}{\rho_R}$$

$$\pi_x = u\theta_x + v\eta_z + w\eta_y, \quad \pi_y = u\eta_z + v\theta_y + w\eta_x, \quad \pi_x = u\eta_y + v\eta_x + w\theta_z$$

2.8.3　线性方程组求解

通过隐式格式离散后得到的方程为大型稀疏系数矩阵的线性方程组 $\boldsymbol{Ax} = \boldsymbol{b}$,该方程只能通过迭代求解。常用的效率较高的迭代解法有 LU-SGS、广义最小残差法(generalized minimum residual method, GMRES)等。

1. LU-SGS(Lower-Upper symmetric Gauss-Seidel)

隐式 LU-SGS 格式[50,51]因为其较简单的算法及适中的内存消耗,在结构网格[52,53]和非结构网格[54-57]上都被广泛应用。对大型稀疏矩阵代数方程组(2.23),

将其中任意第 i 行展开,并将下三角元素、对角元素和上三角元素分组,可用下式表达:

$$\sum_{j \in L(i)} (A_{ij} \Delta W_j) + D_i \Delta W_i + \sum_{j \in U(i)} (A_{ij} \Delta W_j) = - RES^*(W^{n,m})_i \qquad (2.30)$$

其中, A_{ij} 表示大型稀疏系数矩阵 A 的第 i 行第 j 列的非零块矩阵; $L(i)$、$U(i)$ 分别表示编号比 i 小和比 i 大的邻居控制体集合。代数方程组的求解可以按照控制体的顺序进行来回两次循环迭代求解。

前向扫描:

$$D_i \Delta W_i^* = - RES_i^* - \sum_{j \in L(i)} (A_{ij} \Delta W_j^*) \qquad (2.31)$$

后向扫描:

$$D_i \Delta W_i = D_i \Delta W_i^* - \sum_{j \in U(i)} (A_{ij} \Delta W_j) \qquad (2.32)$$

也可用更一般的数学方式来描述,即代数方程组(2.23)稀疏矩阵可分解成对角矩阵、严格下三角矩阵和上三角矩阵,方程可以写成:

$$(D + L) D^{-1} (D + U) \Delta W = - RES^* \qquad (2.33)$$

前向扫描:

$$(D + L) \Delta W^* = - RES^* \qquad (2.34)$$

后向扫描:

$$(D + U) \Delta W = D \Delta W^* \qquad (2.35)$$

2. 广义最小残差法 GMRES

对于每一时间步,设 x_0 为解的初始预估值,该时间步解的近似值为 $x_n = x_0 + x'$,其中 x' 为 x_0 的修正值。GMRES 算法以 Galerkin 原理为基础,首先建立 k 维 Krylov 子空间 $\{V_1, AV_1, A^2V_1, \cdots, A^{k-1}V_1\}$,其中 $V_1 = Ax_0 - b$,然后在该向量空间寻找解的修正值 x',使其满足向量 $V_1 + Ax'$ 的 2 范数为最小值。为了提高 GMRES 算法的收敛性,采用了改进的左预处理重启型 GMRES 算法,其具体过程如下。

(1)生成 Krylov 子空间第一个标准基向量 $\overline{V}_1$(M 为预处理矩阵):

$$P_0 = M^{-1}(b - Ax_0)$$
$$\overline{V}_1 = P_0 / \| P_0 \| \qquad (2.36)$$

(2)开始内迭代,令 $j = 1, 2, \cdots, k$,生成 Krylov 子空间其余标准基向量 $\overline{V}_2$,

$\overline{V}_3,\cdots,\overline{V}_k$ 和 $(k+1)\times k$ 维上 Hessenberg 矩阵 H_k：

$$
\begin{aligned}
V'_{j+1} &= M^{-1}A\overline{V}_j \\
h_{i,j} &= V'_{j+1}\cdot\overline{V}_j, \quad i = 1,2,\cdots,j \\
V_{j+1} &= V'_{j+1} - h_{i,j}\overline{V}_j, \quad i = 1,2,\cdots,j \\
h_{j+1,j} &= \parallel V_{j+1}\parallel \\
\overline{V}_{j+1} &= V_{j+1}/h_{j+1,j}
\end{aligned}
\tag{2.37}
$$

上面各式中 $h_{i,j}$ 为矩阵 H_k 的非零元素。

(3) 令 $k+1$ 维列向量 $e = [\parallel P_0\parallel, 0, \cdots, 0]^{\mathrm{T}}$ 解的修正值 $x' = \sum_{j=1}^{k} z_j\overline{V}_j$，令列向量 $Z = [z_1, z_2, \cdots, z_k]^{\mathrm{T}}$，求解 z_j 使 $\parallel e - H_k Z\parallel$ 具有最小值。如果 $\parallel e - H_k Z\parallel \leqslant \varepsilon$（$\varepsilon = 10^{-6}$），则该时间步计算结束，有 $x_n = x_0 + x'$。否则，由 $x_0 + x'$ 代替 x_0 并重新回到第一步，即为重启型 GMRES 算法。

2.9　边界条件及边界通量雅可比矩阵

对隐式时间推进或牛顿迭代求解来说，方程的线性化处理还必须将边界条件包括在内，方程系统的系数矩阵需计入边界通量的雅可比矩阵。通常，为方便处理，边界条件的实施一般以原参变量而不是直接基于守恒变量进行，因此，边界通量的雅可比矩阵的分析计算也基于原参变量，然后根据链式法则转换为对守恒量的雅可比矩阵，即式(2.26)和式(2.27)。

2.9.1　物面边界

1. 滑移边界条件

对滑移边界，法向相对速度为零，即 $\theta - v_{\mathrm{gn}} = 0$，边界条件的实施可通过物面通量间接地进行，即物面边界的通量为

$$
\widetilde{F}^{\mathrm{wb}}_{\mathrm{slip}} = \begin{bmatrix} 0 \\ p_b n_x \\ p_b n_y \\ p_b n_z \\ p_b v_{\mathrm{gn}} \end{bmatrix}
\tag{2.38}
$$

相应地，物面对流通量项的雅可比矩阵为

$$A_{\text{slip}}^{\text{wb}} = \frac{\partial \tilde{F}_{\text{slip}}^{\text{wb}}}{\partial W} = \begin{bmatrix} 0 & 0 & 0 & 0 & 0 \\ 0 & 0 & 0 & 0 & n_x \\ 0 & 0 & 0 & 0 & n_y \\ 0 & 0 & 0 & 0 & n_z \\ 0 & 0 & 0 & 0 & v_{\text{gn}} \end{bmatrix} \frac{\partial Q}{\partial W} \qquad (2.39)$$

2. 无滑移边界条件

对无滑移边界,流体相对物面的速度为零,亦即, $V = \dot{x}$。对流通量形式与雅可比矩阵和滑移物面边界相同。

$$\tilde{F}_{\text{noslip}}^{\text{wb}} = \begin{bmatrix} 0 \\ p_b n_x \\ p_b n_y \\ p_b n_z \\ p_b v_{\text{gn}} \end{bmatrix}, \quad A_{\text{noslip}}^{\text{wb}} = \frac{\partial \tilde{F}_{\text{noslip}}^{\text{wb}}}{\partial W} = \begin{bmatrix} 0 & 0 & 0 & 0 & 0 \\ 0 & 0 & 0 & 0 & n_x \\ 0 & 0 & 0 & 0 & n_y \\ 0 & 0 & 0 & 0 & n_z \\ 0 & 0 & 0 & 0 & v_{\text{gn}} \end{bmatrix} \frac{\partial Q}{\partial W} \qquad (2.40)$$

若为绝热壁, $\dfrac{\partial T}{\partial n} = 0$;若为等温壁, $T = T_{\text{w}}$。

对于格点格式,其速度分量解为 $V = \dot{x}$。对线性方程组的系数矩阵:

$$A = \Gamma_W \frac{V^n}{\Delta \tau} + \frac{\phi_n V^n}{\Delta t} + \frac{\partial RES}{\partial W} \qquad (2.41)$$

其中, A 可以表示成对角元素 D 与非对角元素 O 的组合,对于在边界上的节点 i,

$$D \Delta W_i^{m+1} = - RES^* - \sum_j^{nface} \frac{\partial F_{ij}}{\partial W_j} \Delta W_j^m{}^{m+1} = RHS^{\text{new}} \qquad (2.42)$$

RHS 为离散方程的右手项。式(2.42)展开可表示为

$$\begin{bmatrix} D_{11} & D_{12} & D_{13} & D_{14} & D_{15} \\ D_{21} & D_{22} & D_{23} & D_{24} & D_{25} \\ D_{31} & D_{32} & D_{33} & D_{34} & D_{35} \\ D_{41} & D_{42} & D_{43} & D_{44} & D_{45} \\ D_{51} & D_{52} & D_{53} & D_{54} & D_{55} \end{bmatrix} \begin{bmatrix} \Delta \rho \\ \Delta \rho u \\ \Delta \rho v \\ \Delta \rho w \\ \Delta \rho E \end{bmatrix} = \begin{bmatrix} RHS_p^{\text{new}} \\ RHS_u^{\text{new}} \\ RHS_v^{\text{new}} \\ RHS_w^{\text{new}} \\ RHS_T^{\text{new}} \end{bmatrix} \qquad (2.43)$$

对于绝热壁面,强制修改为如下形式[58]:

$$
\begin{bmatrix} D_{11} & D_{12} & D_{13} & D_{14} & D_{15} \\ 0 & 1 & 0 & 0 & 0 \\ 0 & 0 & 1 & 0 & 0 \\ 0 & 0 & 0 & 1 & 0 \\ D_{51} & D_{52} & D_{53} & D_{54} & D_{55} \end{bmatrix} \begin{bmatrix} (\Delta\rho)^{m+1} \\ (\Delta\rho u)^{m+1} \\ (\Delta\rho v)^{m+1} \\ (\Delta\rho w)^{m+1} \\ (\Delta\rho E)^{m+1} \end{bmatrix} = \begin{bmatrix} RHS_p^{new} \\ 0 \\ 0 \\ 0 \\ RHS_T^{new} \end{bmatrix} \tag{2.44}
$$

由于是绝热壁面,无需考虑壁面边界上的黏性通量。对于等温壁面,给定壁面温度 T_w,其方程强制修改为如下形式:

$$
\begin{bmatrix} D_{11} & D_{12} & D_{13} & D_{14} & D_{15} \\ 0 & 1 & 0 & 0 & 0 \\ 0 & 0 & 1 & 0 & 0 \\ 0 & 0 & 0 & 1 & 0 \\ D'_{51} & D'_{52} & D'_{53} & D'_{54} & D'_{55} \end{bmatrix} \begin{bmatrix} (\Delta\rho)^{m+1} \\ (\Delta\rho u)^{m+1} \\ (\Delta\rho v)^{m+1} \\ (\Delta\rho w)^{m+1} \\ (\Delta\rho E)^{m+1} \end{bmatrix} = \begin{bmatrix} RHS_p^{new} \\ 0 \\ 0 \\ 0 \\ RHS'^{new}_T \end{bmatrix} \tag{2.45}
$$

此时应将黏性项考虑到雅可比矩阵和右端项中(由于是壁面处,采用 TSL 近似):

$$
\boldsymbol{F}_v = \begin{bmatrix} 0 \\ 0 \\ 0 \\ 0 \\ Q_n \end{bmatrix}, \quad (\boldsymbol{A}_v)_i = -\frac{1}{d}\begin{bmatrix} 0 & 0 & 0 & 0 & 0 \\ 0 & 0 & 0 & 0 & 0 \\ 0 & 0 & 0 & 0 & 0 \\ 0 & 0 & 0 & 0 & 0 \\ \theta(\phi_\rho^+ + \varphi\phi_p^+) & 0 & 0 & 0 & (\gamma-1)\theta\phi_p^+ \end{bmatrix}
$$

$$
\boldsymbol{Jacobian} := \boldsymbol{D} - (\boldsymbol{A}_v)_i
$$

$$
\boldsymbol{RHS} := \boldsymbol{RHS} - \boldsymbol{F}_v \tag{2.46}
$$

2.9.2 对称面边界

对称面边界条件假设没有通量穿过对称面,$\theta - v_{gn} = 0$,$\partial(\theta - v_{gn})/\partial n = 0$,$\partial p/\partial n = 0$,$\partial T/\partial n = 0$,其通量和雅可比矩阵计算与滑移物面一致。

$$
\tilde{\boldsymbol{F}}^{sym} = \begin{bmatrix} 0 \\ p_b n_x \\ p_b n_y \\ p_b n_z \\ p_b v_{gn} \end{bmatrix}, \quad \boldsymbol{A}^{sym} = \frac{\partial \tilde{\boldsymbol{F}}^{sym}}{\partial \boldsymbol{W}} = \begin{bmatrix} 0 & 0 & 0 & 0 & 0 \\ 0 & 0 & 0 & 0 & n_x \\ 0 & 0 & 0 & 0 & n_y \\ 0 & 0 & 0 & 0 & n_z \\ 0 & 0 & 0 & 0 & v_{gn} \end{bmatrix} \frac{\partial \boldsymbol{Q}}{\partial \boldsymbol{W}} \tag{2.47}
$$

2.9.3 其他边界条件

对其他边界,如压力远场、进出口边界等,边界上对流通量的计算仍然可以沿用 2.4 节的方式,即

$$\tilde{F}(W)_b = \tilde{F}(W_{in}, W_b)$$

其中,下标 in 表示边界内侧流场值,下标 b 表示边界上的流场值。所不同的是,边界上的流场值 W_b 是根据边界条件类型选取或计算得到的。

1. 压力远场边界

对压力远场边界,边界上的流场值 W_b 取用户设定的来流值,即 $W_b = W_\infty$。

2. 压力入口边界

需要指定总温 T_0,总压 p_0,入流方向 $\boldsymbol{n}_\infty = (n_x \quad n_y \quad n_z)$,亚声速流的静压 p_s 由内部流场插值得到,而超声速流必须指定静压大小。

1) 亚声速压力入口

根据亚声速入口的特征系统,有四个特征变量需要由外部指定,而有一个特征变量需要由计算域内部插值得到。这里采用黎曼不变量来定义边界上的值,该黎曼不变量定义为

$$R^- = v_{in} \cdot \boldsymbol{n} - \frac{2c_{in}}{\gamma - 1} = \theta_{in} - \frac{2c_{in}}{\gamma - 1} \tag{2.48}$$

其中,下标 in 表示内场值。黎曼不变量可以用来定义边界上的绝对速度或者声速,一般而言用来定义声速更稳定,特别是对于低马赫数流动,于是边界上的声速可以表示成黎曼不变量的形式:

$$c_b = \frac{-R^-(\gamma - 1)}{(\gamma - 1)\cos^2\alpha + 2}\left\{1 + \cos\alpha\sqrt{\frac{[(\gamma - 1)\cos^2\alpha + 2]c_0^2}{(\gamma - 1)(R^-)^2} - \frac{\gamma - 1}{2}}\right\} \tag{2.49}$$

其中,α 为相对于边界面的流动角度:

$$\cos\alpha = -\frac{v_{in} \cdot \boldsymbol{n}}{\| v_{in} \|_2} \tag{2.50}$$

c_0 定义为驻点声速:

$$c_0^2 = c_{in}^2 + \frac{\gamma - 1}{2}\| v_{in} \|_2^2 \tag{2.51}$$

此时边界上的物理量可以由边界上的声速来确定：

$$T_b = T_0 \left(\frac{c_b^2}{c_0^2} \right)$$

$$p_b = p_0 \left(\frac{T_b}{T_0} \right)^{\gamma/(\gamma-1)}$$

$$\rho_b = \frac{\gamma p_b}{T_b}$$

$$\| \boldsymbol{v}_b \|_2 = \sqrt{2c_p(T_0 - T_b)}$$

(2.52)

速度分量则由速度大小 $\| \boldsymbol{v}_b \|_2$ 沿指定来流方向分解得到。

2）超声速压力入口

对于超声速入口，所有特征变量均由外场流入计算域，因此边界上的流场值直接由入流条件确定：

$$p_b = p_s$$

$$T_b = T_0 \left(\frac{p_b}{p_0} \right)^{\frac{\gamma-1}{\gamma}}$$

$$\rho_b = \frac{\gamma p_b}{T_b}$$

$$\| \boldsymbol{v}_b \|_2 = \sqrt{2c_p(T_0 - T_b)}$$

(2.53)

速度分量则由速度大小 $\| \boldsymbol{v}_b \|_2$ 沿指定入流方向分解得到。

3. 压力出口边界

对压力出口边界，需要用户指定出口处的静压 p_s，根据出口边界内侧的流场速度，判定为亚声速出口或超声速出口后，根据相应的计算方法确定出口边界的 $\boldsymbol{W}_b$。

若出口速度为亚声速，则边界面上的静压为指定的静压，即 $p_b = p_s$。其他物理量根据等熵条件和特征变量法确定。根据内场的熵 $s_{\mathrm{in}} = \dfrac{p_{\mathrm{in}}}{\rho_{\mathrm{in}}^{\gamma}}$ 和黎曼不变量 $R_{in}^+ = \theta_{\mathrm{in}} + \dfrac{2c_{\mathrm{in}}}{\gamma-1}$，确定边界上的密度 $\rho_b = (p_b/s_{\mathrm{in}})^{1/\gamma}$ 和法向速度 $\theta_b = R_{in}^+ - \dfrac{2c_b}{\gamma-1}$，进而得到速度分量为

$$u_b = u_{\text{in}} + (\theta_b - \theta_{\text{in}}) n_x$$

$$v_b = v_{\text{in}} + (\theta_b - \theta_{\text{in}}) n_y \qquad (2.54)$$

$$w_b = w_{\text{in}} + (\theta_b - \theta_{\text{in}}) n_z$$

若出口为超声速,边界面上的物理量全部取内场值:

$$W_b = W_{\text{in}} \qquad (2.55)$$

2.10 湍流模型

为使雷诺平均的 N-S 方程封闭,需额外引入必要的湍流方程。引入多少个附加的湍流量,就要同时求解多少个附加的微分方程,根据求解的附加的微分方程的数目,一般可将涡黏性模式湍流模型划分为三类:零方程模型或半方程模型;两方程模型;一方程模型。

零方程或半方程模型早期用得较多的是代数湍流模型,如 Baldwin-Lomax 模型及后来改进的 Johnson-King 模型,这类模型实现简单,对附着流一般都能较好地确定压强分布,但计算较复杂的流动,特别是有分离和再附的情况,如低雷诺数流或非定常流,会遇到困难,应用到复杂的几何外形上也很不方便。

两方程湍流模型,如 $k-\varepsilon$ 模型[59,60]、$k-\omega$ 模型[61,62]等,近年来得到较为广泛的应用。这类模型一般分两种形式:一是低雷诺数模型,使用阻尼函数使得湍流模型的求解从黏性子层到壁面的区域都有效,这就要求壁面附近的网格非常密(靠近壁面的第一层网格 $y^+ \leqslant 1$),增加了湍流方程求解的困难,导致收敛慢、稳定性差;另一形式是,不在近壁区内求解平均流场或湍流参量的偏微分方程,而采用壁面函数,用简化分析的方法或经验公式给出近壁网格内的速度分量与壁面应力等关系,这样,近壁区内无需布置太密的网格 ($y^+ \geqslant 30$),计算方便;但是,在诸如低雷诺数时的边界层流、临界雷诺数时的边界层流、非定常流、分离流、三维复杂流等情况下,不能应用壁面函数。

为寻求数值求解上的简单方便并保证较强的湍流模拟能力,人们也研究和发展了一方程湍流模型,典型的有 Baldwin-Barth(B-B)模型[63]和 Spalart-Allmaras(S-A)模型[64]。B-B 模型是从 $k-\varepsilon$ 两方程模型出发,经过进一步假设得到的,可避免求解两方程模型时遇到的某些数值困难,但它的发展也因此受到限制。

S-A 模型与 B-B 模型不同,不是直接利用两方程模型加以简化而得,而是从经验和量纲分析出发,由针对简单流动再逐渐补充发展而适用于带有层流流动的固壁湍流流动的一方程模型。它具有低雷诺数特性,对较宽范围的流场问题都能得到满意的模拟结果,同时又不需要像低雷诺数两方程模型那样要求附面层内布置非常密的网格。此外,S－A 模型计算简单,入流出流边界条件及壁面边界条件的实施也很方便。S－A 模型本身的特性使它的应用越来越广泛。

另一个在工程上应用较多的模型是 Menter 的 $k-\omega$ SST 两方程模型[65,66],该模型具有较强湍流模拟能力,在实际应用中备受欢迎。

综合考虑上述因素,本书采用 S－A 湍流模型或 Menter 的 $k-\omega$ SST 两方程模型来封闭雷诺平均 N－S 方程。

2.10.1　Spalart－Allmaras 湍流模型

Spalart－Allmaras 模型(S－A 模型)选用的变量 $\tilde{\nu}$,除了近壁区域(黏性子层)外,和湍流动黏性系数相同。模型方程表达如下:

$$
\frac{\partial \tilde{\nu}}{\partial t} + \frac{\partial}{\partial x_j}(\tilde{\nu} V_j) = C_{b1}(1 - f_{t2})S\tilde{\nu} + \frac{1}{\sigma}\left\{\frac{\partial}{\partial x_j}\left[(\nu_L + \tilde{\nu})\frac{\partial \tilde{\nu}}{\partial x_j}\right] + C_{b2}\frac{\partial \tilde{\nu}}{\partial x_j}\frac{\partial \tilde{\nu}}{\partial x_j}\right\}
$$
$$
- \left[C_{\omega 1}f_\omega - \frac{C_{b1}}{\kappa^2}f_{t2}\right]\left(\frac{\tilde{\nu}}{d}\right)^2 \tag{2.56}
$$

方程(2.56)右边分别表示湍流涡黏性的生成项、扩散项和耗散项。d 表示离壁面的最小距离。湍流黏性系数定义为

$$
\mu_t = f_{v1}\rho\tilde{\nu} \tag{2.57}
$$

其中,$f_{v1} = \dfrac{\chi^3}{\chi^3 + C_{v1}^3}$,$\chi = \dfrac{\tilde{\nu}}{\nu_L}$。

方程(2.56)中出现的涡量 S 用 $\tilde{S}$ 代替,以保证 $\tilde{S}$ 的对数律特性。

$$
\tilde{S} = f_{v3}S + \frac{\tilde{\nu}}{\kappa^2 d^2}f_{v2} \tag{2.58}
$$

其中,$f_{v2} = \left(1 + \dfrac{\chi}{C_{v2}}\right)^{-3}$;$f_{v3} = \dfrac{(1 + \chi f_{v1})(1 - f_{v2})}{\max(\chi,\ 0.001)}$。

其他项的表达式为

$$
f_\omega = g\left(\frac{1 + C_{\omega 3}^6}{g^6 + C_{\omega 3}^6}\right)^{\frac{1}{6}},\ g = r + C_{\omega 2}(r^6 - r),\ r = \frac{\tilde{\nu}}{\tilde{S}\kappa^2 d^2}\ (\text{特征长度})
$$
$$
f_{t2} = C_{t3}\exp(-C_{t4}\chi^2)
$$

方程中出现的常数为

$$C_{b1} = 0.135\ 5,\ C_{b2} = 0.622$$

$$C_{v1} = 7.1,\ C_{v2} = 5,\ \sigma = 2/3,\ \kappa = 0.418\ 7$$

$$C_{\omega 1} = C_{b1}/\kappa^2 + (1 + C_{b2})/\sigma = 3.205\ 9,\ C_{\omega 2} = 0.3,\ C_{\omega 3} = 2.0$$

$$C_{t3} = 1.3,\ C_{t4} = 0.5$$

方程(2.56)无量纲化,写成 ALE 格式的积分形式,表达如下:

$$\frac{\partial}{\partial t}\int_{\Omega} \tilde{v}\,\mathrm{d}V + \oint_{\partial\Omega}(F_{c,t} - F_{v,t})\,\mathrm{d}S = \int_{\Omega} Q_t\,\mathrm{d}V \tag{2.59}$$

其中,

$$F_{c,t} = \tilde{v}(\theta - v_{\mathrm{gn}})$$

$$F_{v,t} = n_x \tau_{xx}^{\mathrm{T}} + n_y \tau_{yy}^{\mathrm{T}} + n_x \tau_{zz}^{\mathrm{T}}$$

$$\tau_{xx}^{t} = \frac{Ma_\infty}{\sigma Re_L}(\nu_L + \tilde{v})\frac{\partial \tilde{v}}{\partial x}$$

$$\tau_{yy}^{t} = \frac{Ma_\infty}{\sigma Re_L}(\nu_L + \tilde{v})\frac{\partial \tilde{v}}{\partial y}$$

$$\tau_{zz}^{t} = \frac{Ma_\infty}{\sigma Re_L}(\nu_L + \tilde{v})\frac{\partial \tilde{v}}{\partial z}$$

$$Q_t = C_{b1}(1 - f_{t2})\tilde{S}\tilde{v} + \frac{Ma_\infty}{Re_L}\frac{C_{b2}}{\sigma}\left[\left(\frac{\partial \tilde{v}}{\partial x}\right)^2 + \left(\frac{\partial \tilde{v}}{\partial y}\right)^2 + \left(\frac{\partial \tilde{v}}{\partial z}\right)^2\right]$$

$$- \frac{Ma_\infty}{Re_L}\left[C_{\omega 1}f_\omega - \frac{C_{b1}}{\kappa^2}f_{t2}\right]\left(\frac{\tilde{v}}{d}\right)^2$$

$$\tilde{S} = Sf_{v3} + \frac{Ma_\infty}{Re_L}\frac{\tilde{v}}{\kappa^2 d^2}f_{v2}$$

求解中,湍流方程(2.59)和主控制方程(2.4)采用非耦合的方式分开求解,目的是方便不同湍流模型间的切换。方程(2.59)的求解过程和主控制方程类似,空间上采用一阶或二阶精度的迎风 Roe 格式,时间方向采用双时间步后向差分格式。离散后的湍流模型方程可沿用与主控方程相同的显式格式或隐式格式迭代求解。

S - A 模型的边界条件,对无滑移壁面,$\tilde{v} = 0$;远场边界,先判断是入流还是出流,入流时,$\tilde{v} = 1.0$,其对应的来流湍流动黏性系数为 $\nu_t = 0.002\ 786$;出流时,边界上的 $\tilde{v}$ 由内场插值而来。

2.10.2 k-ω SST 湍流模型

k-ω SST 两方程湍流模型由 Menter 的 BSL 模型改进而来,是 k-ω 和 k-ε 模型的混合体,该模型在近壁处采用 Wilcox 的模型,在边界层边缘和自由剪切层采用模型,其间通过一个过渡函数来过渡,属于积分到壁面的不可压缩/可压缩湍流的两方程涡黏性模型。SST 模型考虑了湍流剪切应力的输运,能够使在快速变形流动中的涡黏性受到限制,能较好地预测强逆压梯度和分离流动。

无量纲化处理后的 k-ω SST 模型为

$$\frac{\partial k}{\partial t} + u_j \frac{\partial k}{\partial x_j} = \frac{1}{\rho} P_k \left(\frac{Ma_\infty}{Re} \right) - \beta' k \omega \left(\frac{Re}{Ma_\infty} \right) + \frac{1}{\rho} \frac{\partial}{\partial x_j} \left[\left(\mu + \frac{\mu_T}{\sigma_k} \right) \frac{\partial k}{\partial x_j} \right] \left(\frac{Ma_\infty}{Re} \right)$$

$$\frac{\partial \omega}{\partial t} + u_j \frac{\partial \omega}{\partial x_j} = \frac{1}{\rho} P_\omega \left(\frac{Ma_\infty}{Re} \right) - \beta \omega^2 \left(\frac{Re}{Ma_\infty} \right) + \frac{1}{\rho} \frac{\partial}{\partial x_j} \left[\left(\mu + \frac{\mu_T}{\sigma_\omega} \right) \frac{\partial \omega}{\partial x_j} \right] \left(\frac{Ma_\infty}{Re} \right)$$

$$+ 2(1 - F_1) \frac{1}{\sigma_{\omega_2}} \frac{1}{\omega} \frac{\partial k}{\partial x_j} \frac{\partial \omega}{\partial x_j} \left(\frac{Ma_\infty}{Re} \right) \qquad (2.60)$$

湍流黏性系数定义为

$$\mu_T = \min \left[\frac{\rho k}{\omega}, \frac{a_1 \rho k}{\Omega F_2} \left(\frac{Re}{Ma} \right) \right] \qquad (2.61)$$

方程(2.60)中,

$$P_k = \mu_T \Omega^2$$

$$P_\omega = \gamma \rho \Omega^2$$

湍流模型(2.60)中的常数 γ、σ_k、σ_ω、β 可由 ϕ 来表示,并用 ϕ_1、ϕ_2 分别表示原始 k-ω 模型系数和转化后的 k-ε 模型系数,它们之间的关系为 $\phi = F_1 \phi_1 + (1 - F_1) \phi_2$。模型系数为

$$\gamma_1 = \frac{\beta_1}{C_\mu} - \frac{\kappa^2}{\sigma_{\omega_1} \sqrt{C_\mu}}, \qquad \gamma_2 = \frac{\beta_2}{C_\mu} - \frac{\kappa^2}{\sigma_{\omega_2} \sqrt{C_\mu}}$$

$$\sigma_{k_1} = 1/0.85, \qquad \sigma_{k_2} = 1.0$$

$$\sigma_{\omega_1} = 1/0.5, \qquad \sigma_{\omega_2} = 1/0.856$$

$$\beta_1 = 0.075, \qquad \beta_2 = 0.0828$$

其他常数为

$$\kappa = 0.41, \quad a_1 = 0.31$$

$$\beta' = C_\mu = 0.09$$

$$F_1 = \tanh(\Gamma^4)$$

$$\Gamma = \min[\max(\Gamma_1, \Gamma_3), \Gamma_2]$$

$$\Gamma_1 = \frac{500\nu}{d^2\omega}\left(\frac{Ma_\infty}{Re}\right)^2, \quad \Gamma_2 = \frac{4\rho\sigma_2 k}{d^2(CD_{k-\omega})}, \quad \Gamma_3 = \frac{\sqrt{k}}{C_\mu\omega d}\left(\frac{Ma_\infty}{Re}\right)$$

$$CD_{k-\omega} = \max\left(\rho\frac{2\sigma_2}{\omega}\frac{\partial k}{\partial x_j}\frac{\partial \omega}{\partial x_j}, 1\times 10^{-20}\right)$$

$$F_2 = \tanh(\Pi^2)$$

$$\Pi = \max(2\Gamma_3, \Gamma_1)$$

若将方程(2.60)写成一般形式:

$$\frac{\partial X}{\partial t} + u_j\frac{\partial X}{\partial x_j} = S_P + S_D + D \tag{2.62}$$

式中,S_P 表示生成项;S_D 表示耗散项;D 表示扩散项,则对 $k-\omega$ 方程来说,其中表达式分别为

$$X_k = k$$

$$S_{P,k} = \frac{1}{\rho}\mu_T\Omega^2\left(\frac{Ma_\infty}{Re}\right)$$

$$S_{D,k} = -\beta'k\omega\left(\frac{Re}{Ma_\infty}\right)$$

$$D_k = \frac{1}{\rho}\frac{\partial}{\partial x_j}\left[\left(\mu + \frac{\mu_T}{\sigma_k}\right)\frac{\partial k}{\partial x_j}\right]\left(\frac{Ma_\infty}{Re}\right)$$

$$X_\omega = \omega$$

$$S_{P,\omega} = \gamma\Omega^2\left(\frac{Ma_\infty}{Re}\right)$$

$$S_{D,\omega} = -\beta\omega^2\left(\frac{Re}{Ma_\infty}\right) + 2(1-F_1)\sigma_{\omega_2}\frac{1}{\omega}\frac{\partial k}{\partial x_j}\frac{\partial \omega}{\partial x_j}\left(\frac{Ma_\infty}{Re}\right)$$

$$D_\omega = \frac{1}{\rho}\frac{\partial}{\partial x_j}\left[\left(\mu + \frac{\mu_T}{\sigma_\omega}\right)\frac{\partial \omega}{\partial x_j}\right]\left(\frac{Ma_\infty}{Re}\right)$$

$k-\omega$ SST 模型的求解与 S－A 模型类似,空间上采用一阶或二阶精度的迎风 Roe 格式,时间方向采用双时间步后向差分格式。离散后的湍流模型方程可沿用与主控方程相同的显式格式或隐式格式迭代求解。其初始条件为 $k=0$, $\omega=0$;来流条件为 $\omega_{\infty}=C_2$, $\mu_{T\infty}=C_3$, $k_{\infty}=\mu_{T\infty}\omega_{\infty}Ma_{\infty}/Re_{\infty}$,其中 C_2、C_3 为常数,通常取 $C_2=10$, $C_3=0.001$;远场边界条件取来流值,出口边界由内场区域外插得到;物面边界上, $k_w=0$, $\mu_{Tw}=0$,物面附近 ω 需满足 $\omega\rightarrow\dfrac{6\nu}{\beta_1 y^2}\left(\dfrac{Ma_{\infty}}{Re_{\infty}}\right)^2=0$, $y\rightarrow 0$,为实现方便, ω 物面条件一般处理为

$$\omega_{w}=10\frac{6\nu_L}{\beta_1(\Delta y)^2}\left(\frac{Ma_{\infty}}{Re_{\infty}}\right)^2, \ y=0$$

其中, Δy 为紧邻物面控制体到物面的距离。

2.11　气动力计算

一段时间内的平均气动力 $\overline{F}$ 和平均气动功率 $\overline{P}$ 定义为

$$\overline{F}=\frac{1}{T}\int_0^T\oint_S F(t)\,\mathrm{d}A\mathrm{d}t \tag{2.63}$$

$$\overline{P}=\frac{1}{T}\int_0^T\oint_S F(t)\dot{x}(t)\,\mathrm{d}A\mathrm{d}t \tag{2.64}$$

其中, $F(t)$ 为微小面积壁面所受的气动力。

升力系数 C_L、阻力系数 C_D 和推力系数 C_T 分别为

$$C_L=\frac{F_L}{0.5\rho U_{\mathrm{ref}}^2 S_{\mathrm{ref}}}, \ C_D=\frac{F_D}{0.5\rho U_{\mathrm{ref}}^2 S_{\mathrm{ref}}}, \ C_T=\frac{-F_D}{0.5\rho U_{\mathrm{ref}}^2 S_{\mathrm{ref}}} \tag{2.65}$$

气动功率系数为

$$C_{p,a}=\frac{P}{0.5\rho U_{\mathrm{ref}}^3 S_{\mathrm{ref}}} \tag{2.66}$$

推进效率定义为

$$\eta=\frac{\overline{F}_x U_{\mathrm{ref}}}{\overline{P}}=\frac{\overline{C}_T}{\overline{C}_{p,a}} \tag{2.67}$$

上述各式中的 U_{ref} 为参考速度,一般情况取来流速度,有时也取边界运动的平

均速度。S_{ref} 为参考面积,一般取机翼的投影面积。

2.12 非定常流场并行求解

2.12.1 分布式并行计算策略

工程应用中,飞行器外形日益复杂,网格规模日益扩大,流场数值模拟和气动外形优化的计算量,尤其是非定常数值模拟(如旋翼、多体分离等)的计算量十分巨大,使得数值模拟成为十分耗时和昂贵的工作,因此,提高数值模拟的计算效率十分必要。在传统单处理器的串行求解将很难满足实际需求的情况下,流体力学CFD 的实际应用需要借助高性能的并行计算方法。常用的并行编程有共享存储模型和分布式存储模型两种。

共享存储模型主要包括 openMP、CUDA 等方式,各个并行求解进程基于共存共享的内存访问模式,但由于数值求解中,控制体之间的求解是耦合的,因此,openMP 这类共享存储模型的并行效率很低,且对大规模网格,单机内存几乎无法存储所有网格数据,使得共享存储模型的工程应用受到很大限制;同时,该模型还存在内存访问冲突的问题,在算法设计和编程时还需特殊处理,额外增加算法设计难度。

分布式存储模型中,通过运用分区工具,将整体网格的求解划分到多个进程中,各进程基于当地存储的数据进行计算,并通过网络方式实现进程之间的通信,其中消息传递接口(message passing interface,MPI)是最成熟和有效的并行程序实现规范,广泛应用于计算力学领域。

本书采用 MPI 分布式并行计算策略,建立非结构网格并行求解方法。网格分区采用目前应用最广、最快速和高质量的并行分区工具 Metis 程序库,该程序库使用多级不规则图论算法[67],对由网格数据构成的图进行分区,其分区算法的输入数据图 G 包含 n 个节点 V 和 m 个边 E,定义为

$$G = (V, E)$$

$$V = [V_1, V_2, \cdots, V_n]$$

$$E = [E_1, E_2, \cdots, E_m]$$

需要注意的是,有限体积法采用格心格式还是格点格式,图 G 的内容略有不同。对格心格式,图 G 中的节点和边分别为网格单元和网格面;对格点格式,则分别为网格点和网格边。图 G 的信息采用压缩存储格式存储,其连接关系用两个整数数组 $xadj$ 和 $adjncy$ 来表示,数组长度分别为 $n+1$ 和 $2m$。$xadj[i+1]-xadj[i]$ 的值表示第 i 个节点的邻居节点个数,数组 $adjncy$ 中第 $xadj[i]$ 到第 $xadj[i+1]$ 的位置存

储相应的邻居节点编号。依据整数数组 *xadj* 和 *adjncy* 的信息,Metis 采用多级二分法或多级多分支分区算法将图 *G* 节点分成数目大致相等的区块,保证各个进程并行计算时的负载平衡和并行效率。图 2.3 所示为 Metis 分区后的 DLR‐F6 模型和弹头并行分区网格示意图,其中相同的颜色属于相同的计算进程。

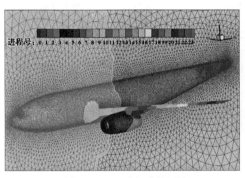
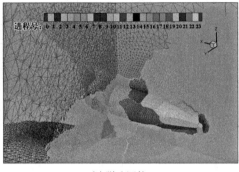

　　　　　　(a) DLR-F6翼身组合体网格　　　　　　　　　　(b) 弹头网格

图 2.3　网格分区示意图

　　网格分区完成后,主进程将分区网格信息分发给各个计算进程,每个进程独立地完成各自网格分区的流场计算。并行计算采用对等并行模式,即所有 CPU 都参与迭代计算;MPI 数据传递采用非阻塞通信,尽量加大计算和通信的重叠,只在必要的地方进行数据同步以保证计算的正确性。

2.12.2　非结构并行求解器构建

　　根据上述非定常 N‐S 方程的求解理论和方法,结合发展的非结构嵌套网格和动态网格生成技术,用 C++语言开发了三维定常和动态网格非定常 N‐S 方程的非结构并行求解器。该求解器主要功能模块如图 2.4 所示,其中核心计算层主要包括网格模块(基础网格、嵌套网格装配)、流场求解模块(主控方程求解、湍流模型求解、通量计算格式、代数方程组求解)、动态网格模块和运动规律模块。

　　求解器基本数据流程如图 2.5 所示,其数据流程主要是:

　　(1)用户在客户端,建立工程项目,输入或设定模型及参数、网格参数、来流条件、运动参数、计算控制参数和监控输出参数等,保存为工程数据文件;

　　(2)求解器将工程数据文件转换为计算求解控制参数文件,提交给核心计算层,核心计算层建立网格拓扑关系和有限体积法控制体、离散求解流体控制方程、构建动态网格、解算运动方程等;

　　(3)核心计算层计算过程中,输出计算结果(残差收敛历程、流场数据、力、力

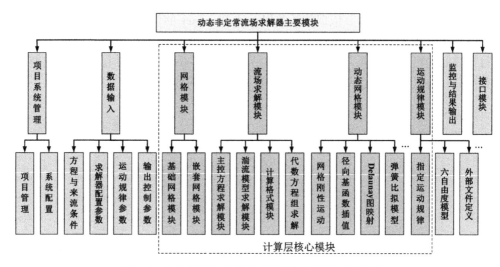

图 2.4　非定常流场非结构并行求解器主要功能模块

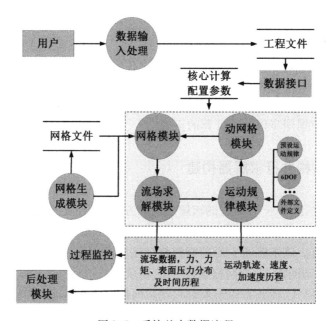

图 2.5　系统基本数据流程

矩、运动参数等);核心计算层输出的数据用于用户对求解过程的监控及流场后值处理。

流场求解核心程序流程如图 2.6 所示。

求解器严格按照标准 C++语言开发,可跨 Windows、Linux 平台运行,代码模块化,具有良好的可拓展性;适用于任意非结构混合网格,分区网格分布式 MPI 并行

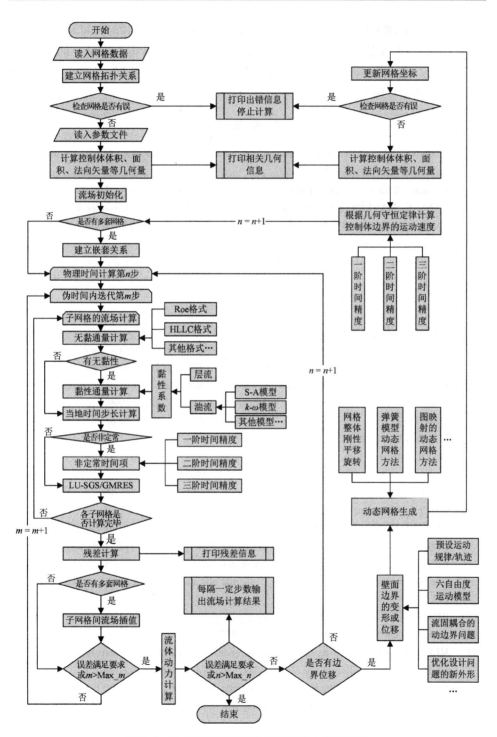

图 2.6　动态非定常流场数值求解核心程序流程

计算,可高效处理大规模网格,具有强健的复杂工程问题应用能力,可用于计算低速、亚声速、跨声速到超声速范围内的无黏/黏性流场,包括定态网格下的定常/非定常流场以及预设运动轨迹规律或六自由度运动的非定常流场,可进一步拓展到流固耦合、离散伴随优化、虚拟飞行仿真、飞/发内外流一体等。

参 考 文 献

[1] LESOINNE M, FARHAT C. Geometric conservation laws for flow problems with moving boundaries and deformable meshes, and their impact on aeroelastic computations [J]. Computer Methods in Applied Mechanics and Engineering, 1996, 134: 71 - 90.

[2] YANG Z, MAVRIPLIS D. Unstructured dynamic meshes with higher-order time integration schemes for the unsteady Navier-Stokes equations[C]. Reno: 43rd AIAA Aerospace Sciences Meeting and Exhibit, 2005.

[3] KOOBUS B, FARHAT C. Second-Order time-accurate and geometrically conservative implicit schemes for flow computations on unstructured dynamic meshes [J]. Computer Methods in Applied Mechanics and Engineering, 1999, 170: 103 - 129.

[4] ZHANG L, WANG Z. A block LU-SGS implicit dual time-stepping algorithm for hybrid dynamic meshes[J]. Computers and Fluids, 2004, 33(7): 891 - 916.

[5] THOMAS P, LOMBARD C. Geometric conservation law and its application to flow computations on moving grids[J]. AIAA Journal, 1979, 17(10): 1030 - 1037.

[6] GUILLARD H, FARHAT C. On the significance of the GCL for flow computations on moving meshes[C]. Reno: 37th Aerospace Sciences Meeting and Exhibit, 1999.

[7] MARTINELLI L. Calculations of viscous flows with a multigrid method [D]. Princeton: Princeton University, 1987.

[8] MAVRIPLIS D, JAMESON A. Multigrid solution of the Navier-Stokes equations on triangular meshes[J]. AIAA Journal, 1990, 28(8): 1415 - 1425.

[9] RIZZI A, INOUYE M. Time-split finite volume technique for three-dimensional blunt-body flow[J]. AIAA Journal, 1973, 11(11): 1478 - 1485.

[10] VIJAYAN P, KALLINDERIS Y. A 3D finite-volume scheme for the Euler equations on adaptive tetrahedral grids[J]. Journal of Computational Physics, 1994, 113: 249 - 267.

[11] RIEPER F. On the dissipation mechanism of upwind-schemes in the low Mach number regime: a comparison between Roe and HLL[J]. Journal of Computational Physics, 2010, 229: 221 - 232.

[12] RIEPER F. A low-Mach number fix for Roe's approximate Riemann solver[J]. Journal of Computational Physics, 2011, 230: 5263 - 5287.

[13] MULAS M, CHIBBARO S, DELUSSU G, et al. Efficient parallel computations of flows of arbitrary fluids for all regimes of Reynolds, Mach and Grashof numbers [J]. International Journal of Numerical Methods for Heat and Fluid Flow, 2002, 12(6): 637 - 657.

[14] van LEER B, LEE W T, ROE P. Characteristic time-stepping or local preconditioning of the Euler equations[C]. Honolulu: 10th computational Fluid Dynamics Conference, 1991.

[15] BRANDT A. Guide to multigrid development[M]. New York: Springer Verlag, 1981.

[16] ROBERTS T, SIDILKOVER D, SWANSON R. Textbook multigrid efficiency for the steady Euler equations [C]. Snowmass Village: 13th Computational Fluid Dynamics Conference, 1997.

[17] NISHIKAWA H, van LEER B. Optimal multigrid convergence by elliptic/hyperbolic splitting [J]. Journal of Computational Physics, 2003, 190: 52 – 63.

[18] LONSDALE R. An algebraic multigrid solver for the Navier-Stokes equations on unstructured meshes[J]. International Journal of Numerical Methods for Heat and Fluid Flow, 1993, 3: 3 – 14.

[19] WEISS J, MARUSZEWSKI J, SMITH W. Implicit solution of preconditioned Navier-Stokes equations using algebraic multigrid[J]. AIAA Journal, 1999, 37(1): 29 – 36.

[20] DUBUC L, CANTARITI F, WOODGATE M, et al. Solution of the unsteady Euler equations using an implicit dual-time method[J]. AIAA Journal, 1998, 36(8): 1417 – 1424.

[21] PULLIAM T. Time accuracy and the use of implicit methods [C]. Orlando: 11th Computational Fluid Dynamics Conference, 1993.

[22] BARTELS R. An elasticity-based mesh scheme applied to the computation of unsteady three-dimensional spoiler and aeroelastic problems[C]. Norfolk: 14th Computational Fluid Dynamics Conference, 1999.

[23] CHASSAING J, GEROLYMOS G, VALLET I. Reynolds-stress model dual-time-stepping computation of unsteady three-dimensional flows[J]. AIAA Journal, 2003, 41(10): 1882 – 1894.

[24] VOLPE G. Performance of compressible flow codes at low Mach number[J]. AIAA Journal, 1993, 31(1): 49 – 56.

[25] LEE W. Local preconditioning of the Euler equations [D]. Ann Arbor: University of Michigan, 1991.

[26] LEE D. Local preconditioning of the Euler and Navier-Stokes equations [D]. Ann Arbor: University of Michigan, 1996.

[27] GUILLARD H, VIOZAT C. On the behavior of upwind schemes in the low Mach number limit [R]. INRIA Report No. 3160, 1997.

[28] CHOI Y, MERKLE C L. Time-derivative preconditioning for viscous flows[C]. Honolulu: 22nd Fluid Dynamics and Lasers Conference, 1991.

[29] CHOI Y, MERKLE C. The application of preconditioning in viscous flows[J]. Journal of Computational Physics, 1993, 105: 207 – 223.

[30] TURKEL E. Review of preconditioning methods for fluid dynamics [J]. Applied Numerical Mathematics, 1993, 12(1 – 3): 257 – 284.

[31] TURKEL E, VATSA V N, RADESPIEL R. Preconditioning methods for low-speed flows[C]. New Orleans: 14th Applied Aerodynamics Conference, 1996.

[32] TURKEL E. Preconditioning techniques in computational fluid dynamics[J]. Annual Review of Fluid Mechanics, 1999, 31: 385 – 416.

[33] LEE D, van LEER B. Progress in local preconditioning of the Euler and Navier-Stokes equations[C]. Orlando: 11th Computational Fluid Dynamics Conference, 1993.

[34] LEE D, van LEER B, LYNN J F. A local Navier-Stokes preconditioner for all Mach and cell

Reynolds numbers[C]. Snowmass Village: 13th Computational Fluid Dynamics Conference, 1997.

[35] HASSAN O, PROBERT E, WEATHERILL N, et al. The numerical simulation of viscous transonic flows using unstructured grids [C]. Colorado Springs: Fluid Dynamics Conference, 1994.

[36] STRANG W, TOMARO R, GRISMER M. The defining methods of Cobalt60: a parallel, implicit, unstructured Euler/Navier-Stokes flow solver[C]. Reno: 37th Aerospace Sciences Meeting and Exhibit, 1999.

[37] JAMESON A, MAVRIPLIS D. Finite volume solution of the two-dimensional Euler equations on a regular triangular mesh[J]. AIAA Journal, 1986, 24(4): 611 – 618.

[38] FRINK N, PARIKH P, PIRZADEH S. A fast upwind solver for the Euler equations on three-dimensional unstructured meshes[C]. Reno: 29th Aerospace Sciences Meeting, 1991.

[39] KANO S, NAKAHASHI K. Navier-Stokes computations of HSCT off-design aerodynamics using unstructured hybrid meshes [C]. Reno: 36th AIAA Aerospace Sciences Meeting and Exhibit, 1998.

[40] BLAZEK J, IRMISCH S, HASELBACHER A. Unstructured mixed-grid Navier-Stokes solver for turbomachinery applications [C]. Reno: 37th Aerospace Sciences Meeting and Exhibit, 1999.

[41] WHITAKER D, GROSSMAN B, LÖHNER R. Two-dimensional Euler computations on a triangular mesh using an upwind, finite-volume scheme[C]. Reno: 27th Aerospace Sciences Meeting, 1989.

[42] HWANG C, WU S. Adaptive finite volume upwind approach on mixed quadrilateral-triangular meshes[J]. AIAA Journal, 1993, 31(1): 61 – 67.

[43] MAVRIPLIS D. Revisiting the least-squares procedure for gradient reconstruction on unstructured meshes[R]. NASA/CR – 2003 – 212683, 2003.

[44] VENKATAKRISHNAN V. Convergence to steady state solutions of the Euler equations on unstructured grids with limiters [J]. Journal of Computional Physics, 1995, 118 (1): 120 – 130.

[45] VENKATAKRISHNAN V. On the accuracy of limiters and convergence to steady state solutions [C]. Reno: 31st Aerospace Sciences Meeting, 1993.

[46] BARTH T, JESPERSEN D. The design and application of upwind schemes on unstructured meshes[C]. Reno: 27th Aerospace Sciences Meeting, 1989.

[47] LI W, REN Y X, LEI G, et al. The multi-dimensional limiters for solving hyperbolic conservation laws on unstructured grids[J]. Journal of Computational Physics, 2011, 230: 7775 – 7795.

[48] LI W, REN Y X. The multi-dimensional limiters for solving hyperbolic conservation laws on unstructured grids II: Extension to high order finite volume schemes [J]. Journal of Computational Physics, 2012, 231: 4053 – 4077.

[49] DWIGHT R. Efficiency improvements of RANS-based analysis and optimization using implicit and adjoint methods on unstructured grids[D]. Manchester: The University of Manchester, 2006.

[50] YOON S, JAMESON A. A multigrid LU-SSOR scheme for approximate Newton-iteration applied to the Euler equations[R]. NASA CR - 17954, 1986.

[51] YOON S, JAMESON A. Lower-upper symmetric-Gauss-Seidel method for the Euler and Navier-Stokes equations[J]. AIAA Journal, 1988, 26(9): 1025 - 1026.

[52] OTERO E, ELIASSON P. Parameter investigation with line-implicit lower-upper symmetric Gauss-Seidel on 3D stretched grids [J]. International Journal of Computational Fluid Dynamics, 2014, 29(3 - 5): 313 - 324.

[53] XU L, WENG P. High order accurate and low dissipation method for unsteady compressible viscous flow computation on helicopter rotor in forward flight[J]. Journal of Computational Physics, 2014, 258: 470 - 488.

[54] TOMARO R, STRANG W, SANKAR L. An implicit algorithm for solving time dependent flows on unstructured grids[C]. Reno: 35th Aerospace Sciences Meeting and Exhibit, 1997.

[55] SHAROV D, NAKAHASHI K. Reordering of 3-D hybrid unstructured grids for vectorized LU-SGS Navier-Stokes calculations[C]. Snowmass Village: 13th Computational Fluid Dynamics Conference, 1997.

[56] PARSANI M, van DEN ABEELE K, LACOR C, et al. Implicit LU-SGS algorithm for high-order methods on unstructured grid with p-multigrid strategy for solving the steady Navier-Stokes equations[J]. Journal of Computational Physics, 2010, 229: 828 - 850.

[57] HAGA T, KUZUU K, TAKAKI R, et al. Assessment of an unstructured CFD solver for RANS simulation on body-fitted Cartesian grids [C]. Maryland: 52nd Aerospace Sciences Meeting, 2014.

[58] ANDERSON W, BONHAUS D. An implicit upwind algorithm for computing turbulent flows on unstructured grids[J]. Computers Fluids, 1994, 23(1): 1 - 21.

[59] CHOU P. On velocity correlations and the solutions of the equations of turbulent fluctuations [J]. Quarterly of Applied Mathematics, 1945, 3(1): 38 - 54.

[60] PATEL V, RODI W, SCHEURER G. Turbulence models for near-wall and low Reynolds number flows: a review[J]. AIAA Journal, 1985, 23(9): 1308 - 1319.

[61] WILCOX D. Reassessment of the scale-determining equation for advanced turbulence models [J]. AIAA Journal, 1988, 26(11): 1299 - 1310.

[62] MENTER F. Influence of freestream values on $K - \omega$ turbulence model predictions[J]. AIAA Jorunal, 1992, 30(6): 1651 - 1659.

[63] BALDWIN B, BARTH T. A one-equation turbulence transport model for high Reynolds number wall-bounded flows[R]. NASA TM 102847, 1990.

[64] SPALART S, ALLMARAS S. A one-equation turbulence model for aerodynamic flows[J]. Recherche Aerospatiale, 1994, 1: 5 - 21.

[65] MENTER F. Two-equation eddy-viscosity turbulence models for engineering applications[J]. AIAA Journal, 1994, 32(8): 1598 - 1605.

[66] MENTER F, RUMSEY L. Assessment of two-equation turbulence models for transonic flows [C]. Colorado Springs: Fluid Dynamics Conference, 1994.

[67] KARYPIS G, KUMAR V. A fast and high quality multilevel scheme for partitioning irregular graphs[J]. SIAM Journal on Scientific Computing, 1998, 20(1): 359 - 392.

第3章 非定常不可压空气动力
有限体积数值解法

低速不可压缩流动也是航空航天领域常见的需要关注和解决的问题。本章针对不可压缩流动控制方程,构建虚拟压缩有限体积解算方法,发展时间、空间离散格式和隐式迭代求解策略,构建与第 2 章的可压缩流体解算方法统一的数值计算框架。

3.1 不可压流控制方程

3.1.1 微分形式方程

不可压流体微分形式的连续方程、动量方程分别为

$$\rho \nabla \cdot \boldsymbol{u} = 0 \tag{3.1}$$

$$\rho \left(\frac{\partial \boldsymbol{u}}{\partial t} + \boldsymbol{u} \cdot \nabla \boldsymbol{u} \right) = -\nabla p + \nabla \cdot \left[\mu \left(\nabla \boldsymbol{u} + \nabla \boldsymbol{u}^{\mathrm{T}} \right) \right] + \boldsymbol{f}_{\mathrm{b}} \tag{3.2}$$

式中,$\boldsymbol{u} = (u \quad v \quad w)$ 为流体速度矢量;ρ 为流体密度;p 为压强;μ 为流体黏性系数;$\boldsymbol{f}_{\mathrm{b}}$ 为体积力,$\boldsymbol{f}_{\mathrm{b}} = \rho \boldsymbol{g}$,$\boldsymbol{g} = (g_x \quad g_y \quad g_z)$ 为重力加速度矢量。

对不可压流控制方程来说,能量方程已经与连续方程和动量方程解耦,可以独立求解。为了完整性,能量方程也一并给出,即

$$\rho C_p \frac{\partial T}{\partial t} + \rho C_p \boldsymbol{u} \cdot \nabla T = \nabla \cdot (k \nabla T) \tag{3.3}$$

式中,C_p 为比定压热系数;T 为流体温度;k 为热传导系数。

关于控制方程中的体积力,若不考虑热浮效应,则控制方程中的所有 ρ 都当作定值;若考虑热浮效应,则体积力中的 ρ 需要考虑温度变化带来的密度变化。即

$$\rho = \rho_\infty + \left(\frac{\partial \rho}{\partial T} \right)_p (T - T_\infty) = \rho_\infty \left[1 - \alpha_T (T - T_\infty) \right] \tag{3.4}$$

式中,α_T 为流体定压热膨胀系数,$\alpha_T = -\dfrac{1}{\rho_\infty} \left(\dfrac{\partial \rho}{\partial T} \right)_p$。忽略压强的影响,体积力中的

密度 ρ 可表示为

$$\rho = \rho_\infty (1 + \rho'), \quad \rho' = -\alpha_T (T - T_\infty) \tag{3.5}$$

3.1.2　无量纲化

对流体控制方程进行无量纲化处理,

$$x^* = \frac{x}{L_{ref}}, \ y^* = \frac{y}{L_{ref}}, \ z^* = \frac{z}{L_{ref}}, \ u^* = \frac{u}{U_{ref}}, \ v^* = \frac{v}{U_{ref}}, \ w^* = \frac{w}{U_{ref}}, \ \boldsymbol{g}^* = \frac{\boldsymbol{g}}{g}$$

$$\rho^* = \frac{\rho}{\rho_{ref}}, \ p^* = \frac{p}{\rho_{ref} U_{ref}^2}, \ T^* = \frac{T - T_\infty}{T_\infty}, \ t^* = t\frac{U_{ref}}{L_{ref}}, \ \mu^* = \frac{\mu}{\mu_{ref}}, \ k^* = \frac{k}{k_{ref}}$$

下标 ref 表示取为参考值的物理量,一般选择自由来流作为参考值;上标 * 标识无量纲化的物理量。通过无量纲化,形成如下若干无量纲数:

$$Re = \frac{\rho_{ref} U_{ref} L_{ref}}{\mu_{ref}}, \ Pr = \frac{\mu_{ref} C_p}{k_{ref}}, \ Fr = \frac{U_{ref}}{\sqrt{g L_{ref}}}$$

将上述无量纲量代入方程(3.1)~方程(3.3),可得

$$\frac{U_{ref}}{L_{ref}} \nabla \cdot \boldsymbol{u}^* = 0$$

$$\frac{\rho_{ref} U_{ref}^2}{L_{ref}} \rho^* \left(\frac{\partial \boldsymbol{u}^*}{\partial t^*} + \boldsymbol{u}^* \cdot \nabla \boldsymbol{u}^* \right) = -\frac{\rho_{ref} U_{ref}^2}{L_{ref}} \nabla p^* + \frac{\mu_{ref} U_{ref}}{L_{ref}^2} \nabla \cdot \left[\mu^* (\nabla \boldsymbol{u}^* + \nabla \boldsymbol{u}^{*T}) \right] + \rho_{ref} g \boldsymbol{f}_b^*$$

$$\frac{\rho_{ref} C_p T_\infty U_{ref}}{L_{ref}} \rho^* \left(\frac{\partial T^*}{\partial t^*} + \boldsymbol{u}^* \cdot \nabla T^* \right) = \frac{k_{ref} T_\infty}{L_{ref}^2} \nabla \cdot (k^* \nabla T^*)$$

简化后的无量纲流体控制方程为(上标 * 省略)

$$\rho \nabla \cdot \boldsymbol{u} = 0$$

$$\rho \left(\frac{\partial \boldsymbol{u}}{\partial t} + \boldsymbol{u} \cdot \nabla \boldsymbol{u} \right) = -\nabla p + \nabla \cdot \left[\frac{\mu}{Re} (\nabla \boldsymbol{u} + \nabla \boldsymbol{u}^T) \right] + \boldsymbol{f}_b \tag{3.6}$$

$$\frac{\partial T}{\partial t} + \boldsymbol{u} \cdot \nabla T = \nabla \cdot \left(\frac{k}{RePr} \nabla T \right)$$

其中, $\boldsymbol{f}_b = \dfrac{\rho}{Fr^2} \boldsymbol{g}$。

考查上述不可压 N-S 方程不难看出,动量方程不含压力的时间导数项以及连续方程不含时间导数项的特点,使得不可压 N-S 方程并不是时间发展型方程,而是呈现椭圆型特性,导致对其直接耦合求解变得非常困难,无法像可压流一般采用时间推进的方式耦合求解,因而通常采用知名的压力基格式[1-6]进行求解,其压力-速度耦合关系通过一定格式进行修正,如 SIMPLE(semi-implicit method for pressure-linked equations)格式[7,8]、SIMPLER(simple-revised)格式[1,9]、SIMPLEC(simple-consistent)格式[10,11]和 PISO(pressure implicit with splitting of operators)格式[12-15]等。为了保持与第 2 章可压缩流一样的数值求解框架和流程,这里采取虚拟压缩法[16-22]对不可压 N-S 方程进行适当处理。

3.1.3　虚拟压缩法与双时间步

按照虚拟压缩法思想,通过建立压强和密度的虚拟关系,如 $p \sim \beta\rho^*$, $\dfrac{\partial\rho^*}{\partial\tau} = \dfrac{1}{\beta}\dfrac{\partial p}{\partial\tau}$,在连续方程中引入压力的虚拟时间导数项,将原本是椭圆型的连续方程变成双曲型方程,就可通过伪时间推进求解得到速度散度场,从而使质量和动量都能守恒。

$$\frac{1}{\beta\rho}\frac{\partial p}{\partial\tau} + (\nabla \cdot \boldsymbol{u}) = 0 \tag{3.7}$$

式中,β 为虚拟压缩参数,一般取 $\beta = 5 \sim 15$。

对非定常流场,可以通过双时间步推进求解,即在方程中引入虚拟时间导数项,得

$$\frac{1}{\beta\rho}\frac{\partial p}{\partial\tau} + (\nabla \cdot \boldsymbol{u}) = 0$$

$$\rho\frac{\partial\boldsymbol{u}}{\partial\tau} + \rho\left(\frac{\partial\boldsymbol{u}}{\partial t} + \boldsymbol{u}\cdot\nabla\boldsymbol{u}\right) = -\nabla p + \nabla\cdot\left[\frac{\mu}{Re}(\nabla\boldsymbol{u} + \nabla\boldsymbol{u}^{\mathrm{T}})\right] + \boldsymbol{f}_{\mathrm{b}} \tag{3.8}$$

$$\frac{\partial T}{\partial\tau} + \frac{\partial T}{\partial t} + \boldsymbol{u}\cdot\nabla T = \nabla\cdot\left(\frac{k}{RePr}\nabla T\right)$$

通过虚拟压缩法,将不可压缩 N-S 方程变成了与可压缩 N-S 方程类似的形式,这样就可以基于与第 2 章相同的数值求解框架和流程,建立不可压 N-S 方程的数值求解方法。相比于压力基求解框架,虚拟压缩法实现了连续方程与动量方程的紧致耦合求解,能够获得更好的收敛性[23]。

3.1.4　积分形式方程

为方便构建有限体积法数值求解格式,将方程(3.8)写成积分形式。考虑网格变形或运动情况,积分形式的流体控制方程为

$$\boldsymbol{\varGamma}\frac{\partial}{\partial\tau}\int_{\varOmega}\boldsymbol{Q}\mathrm{d}V + \boldsymbol{I}_m\frac{\partial}{\partial t}\int_{\varOmega(t)}\boldsymbol{Q}\mathrm{d}V + \oint_{\partial\varOmega(t)}(\boldsymbol{F}-\boldsymbol{F}_v)\mathrm{d}S = \int_{\varOmega(t)}\boldsymbol{S}_\mathrm{b}\mathrm{d}V \qquad (3.9)$$

其中,$v_{\mathrm{gn}}=\dot{\boldsymbol{x}}\cdot\boldsymbol{n}$ 为控制体边界 $\partial\varOmega(t)$ 的法向运动速度,$\dot{\boldsymbol{x}}$ 和 $\boldsymbol{n}$ 分别为控制体边界 $\partial\varOmega(t)$ 的运动速度和单位法向矢量,$\boldsymbol{n}=(n_x\quad n_y\quad n_z)$。当 $v_{\mathrm{gn}}=\boldsymbol{u}\cdot\boldsymbol{n}$ 时,方程为拉格朗日系,$v_{\mathrm{gn}}=0$ 时,方程为欧拉系。此处,v_{gn} 任意给定,$\dot{\boldsymbol{x}}$ 和 $\boldsymbol{n}$ 随时间变化。$\boldsymbol{\varGamma}$ 为虚拟压缩法引入的预处理矩阵。

积分形式控制方程中的变量为

$$\boldsymbol{Q}=\begin{bmatrix}p\\u\\v\\w\\T\end{bmatrix},\quad \boldsymbol{F}=\begin{bmatrix}\theta\\ \rho u(\theta-v_{\mathrm{gn}})+pn_x\\ \rho v(\theta-v_{\mathrm{gn}})+pn_y\\ \rho w(\theta-v_{\mathrm{gn}})+pn_z\\ T(\theta-v_{\mathrm{gn}})\end{bmatrix},\quad \boldsymbol{F}_v=\begin{bmatrix}0\\ n_x\tau_{xx}+n_y\tau_{xy}+n_z\tau_{xz}\\ n_x\tau_{xy}+n_y\tau_{yy}+n_z\tau_{yz}\\ n_x\tau_{zx}+n_y\tau_{zy}+n_z\tau_{zz}\\ n_xq_x+n_yq_y+n_zq_z\end{bmatrix},$$

$$\boldsymbol{S}_\mathrm{b}=\frac{\rho(1+\rho')}{Fr^2}\begin{bmatrix}0\\g_x\\g_y\\g_z\\0\end{bmatrix},\quad \boldsymbol{I}_m=\mathrm{diag}(0\quad\rho\quad\rho\quad\rho\quad1),\quad \boldsymbol{\varGamma}=\mathrm{diag}\!\left(\frac{1}{\rho\beta}\quad\rho\quad\rho\quad\rho\quad1\right)$$

$$\theta=\boldsymbol{u}\cdot\boldsymbol{n}=un_x+vn_y+wn_z$$

$$\begin{cases}\tau_{xx}=\dfrac{2(\mu+\mu_t)}{Re}\dfrac{\partial u}{\partial x},& \tau_{xy}=\tau_{yx}=\dfrac{\mu+\mu_t}{Re}\!\left(\dfrac{\partial u}{\partial y}+\dfrac{\partial v}{\partial x}\right)\\[2mm] \tau_{yy}=\dfrac{2(\mu+\mu_t)}{Re}\dfrac{\partial v}{\partial y},& \tau_{xz}=\tau_{zx}=\dfrac{\mu+\mu_t}{Re}\!\left(\dfrac{\partial u}{\partial z}+\dfrac{\partial w}{\partial x}\right)\\[2mm] \tau_{zz}=\dfrac{2(\mu+\mu_t)}{Re}\dfrac{\partial w}{\partial z},& \tau_{yz}=\tau_{zy}=\dfrac{\mu+\mu_t}{Re}\!\left(\dfrac{\partial v}{\partial z}+\dfrac{\partial w}{\partial y}\right)\end{cases},\quad \begin{cases}q_x=\dfrac{k}{RePr}\dfrac{\partial T}{\partial x}\\[2mm] q_y=\dfrac{k}{RePr}\dfrac{\partial T}{\partial y}\\[2mm] q_z=\dfrac{k}{RePr}\dfrac{\partial T}{\partial z}\end{cases}$$

3.1.5　几何守恒定律

与第 2 章类似,动态网格上的流场计算需要满足几何守恒定律,几何守恒定律

残差以离散的形式累加到流动控制方程(3.9)中,以抵消因为网格变形/运动而计算网格运动速度带来的误差。即

$$
\begin{aligned}
\boldsymbol{I}_m \frac{\partial}{\partial t} \int_{\Omega(t)} \boldsymbol{Q} \mathrm{d}V &= \boldsymbol{I}_m \left(\frac{\partial \boldsymbol{Q}}{\partial t} V + \boldsymbol{Q} \frac{\partial V}{\partial t} \right) \\
&= \boldsymbol{I}_m \left(\frac{\partial \boldsymbol{Q}}{\partial t} V + \boldsymbol{RES}_{\mathrm{GCL}} \boldsymbol{Q} \right)
\end{aligned} \tag{3.10}
$$

3.2　流体控制方程离散求解

3.2.1　方程离散

对积分形式的控制方程,空间上运用有限体积法在任意网格控制单元上离散、物理时间方向上采用 k 阶后向差分离散,每个物理时间步运用伪时间推进求解,伪时间用一阶后向差分,可得到离散后的方程为

$$
\begin{aligned}
&\boldsymbol{\Gamma} \frac{V^n}{\Delta \tau} (\boldsymbol{Q}^{m+1} - \boldsymbol{Q}^m) + \boldsymbol{I}_m \frac{1}{\Delta t} \sum_{h=0}^{k} \left[\phi_{n-h} V^{n-h} (\boldsymbol{Q}^{n-h} - \boldsymbol{Q}^{n-1}) \right] \\
&\quad + \boldsymbol{RES}(\boldsymbol{Q}^n) + \boldsymbol{I}_m \boldsymbol{RES}_{\mathrm{GCL}}^n \boldsymbol{Q}^{n-1} = 0 \\
&\boldsymbol{RES}(\boldsymbol{Q})_i = \sum_{j=1}^{nface} \boldsymbol{F}(\boldsymbol{Q})_{ij} S_{ij} - \sum_{j=1}^{nface} \boldsymbol{F}_{vij} S_{ij} - \boldsymbol{S}_{\mathrm{b}} V_i^n
\end{aligned} \tag{3.11}
$$

其中,j 为控制体 i 的邻居控制体,ij 表示控制体 i 和控制体 j 的交接面;$nface$ 为当前控制体边界面的数量。离散方程中包括两个时间层的推进,一个是物理时间层 t、n,是真实物理意义层面的时间;另一个是伪时间层 τ、m,其作用在于将每个物理时间步当作一个伪时间层面的定常问题来推进求解。因此,对非定常问题的求解,在每个物理时间步内都嵌套一个伪时间步的迭代循环;伪时间步迭代求解收敛后的结果,即认为是第 n 个物理时间层的非定常流场,随即进入下一个物理时间步的求解循环。

数列 $\{\phi_n\}$ 用来控制方程离散的物理时间精度,详见表 2.1。

3.2.2　对流通量

离散方程中,控制体交界面的对流通量计算为 Roe 迎风格式:

$$
\boldsymbol{F}(\boldsymbol{Q})_{ij} = \frac{1}{2} [\boldsymbol{F}(\boldsymbol{Q}_{\mathrm{L}}) + \boldsymbol{F}(\boldsymbol{Q}_{\mathrm{R}})] - \frac{1}{2} \boldsymbol{\Gamma} | \boldsymbol{\Gamma}^{-1} \boldsymbol{A}_{ij} | (\boldsymbol{Q}_{\mathrm{R}} - \boldsymbol{Q}_{\mathrm{L}}) \tag{3.12}
$$

式中，L、R 分别为控制体交界面两侧的流场值；A_{ij} 为面 ij 对流通量雅可比矩阵，$A = \dfrac{\partial F}{\partial Q}$；$\Gamma$ 为虚拟压缩法的预处理矩阵。将 $\Gamma^{-1}A$ 写成：$\Gamma^{-1}A = XAX^{-1}$，X^{-1}、X 分别为方程系统的左右特征向量[24]，Λ 为对角矩阵，对角元数为特征值，

$$\Lambda = \mathrm{diag}(\lambda_1 \quad \lambda_2 \quad \lambda_3 \quad \lambda_4 \quad \lambda_5)$$

$$\lambda_1 = \lambda_2 = \theta - v_{gn}$$

$$\lambda_3 = \theta - \frac{1}{2}v_{gn} + c \tag{3.13}$$

$$\lambda_4 = \theta - \frac{1}{2}v_{gn} - c$$

$$\lambda_5 = \theta - v_{gn}$$

其中，$c = \sqrt{\left(\theta - \dfrac{1}{2}v_{gn}\right)^2 + \beta}$。

$|\Gamma^{-1}A| = X|\Lambda|X^{-1}$，$|\Lambda| = \mathrm{diag}(|\lambda_1| \quad |\lambda_2| \quad |\lambda_3| \quad |\lambda_4| \quad |\lambda_5|)$。$|A|$ 内的变量由 Q_L、Q_R 通过 Roe 平均来计算。即

$$\bar{p}_{Roe} = (p_R + p_L)/2$$

$$\bar{u}_{Roe} = (\varepsilon u_R + u_L)/(1 + \varepsilon)$$

$$\bar{v}_{Roe} = (\varepsilon v_R + v_L)/(1 + \varepsilon)$$

$$\bar{w}_{Roe} = (\varepsilon w_R + w_L)/(1 + \varepsilon) \tag{3.14}$$

$$\bar{T}_{Roe} = (T_R + T_L)/2$$

$$\bar{\rho}_{Roe} = \varepsilon\rho_L = \sqrt{\rho_R\rho_L}$$

$$\varepsilon = \sqrt{\rho_R/\rho_L}$$

如果控制体交界面左右两侧的流场值 Q_L、Q_R 取为左右控制体中心值，即 $Q_L = Q_i$、$Q_R = Q_j$，则对流通量的计算为一阶空间精度；若要达到二阶空间精度，则 Q_L、Q_R 需要由左右控制体梯度重构得到，

$$Q_L = Q_i + \varphi_i \nabla Q_i \cdot r_L \tag{3.15}$$

$$Q_R = Q_j + \varphi_j \nabla Q_j \cdot r_R$$

式中，r_L、r_R 分别为左右控制体中心到交界面中点的距离矢量；∇Q_i、∇Q_j 分别为左右控制体内流场变量的梯度，∇Q_i、∇Q_j 由最小二乘法或高斯格林法重构得到。

3.2.3　隐式格式迭代求解

3.2.3.1　离散方程线化处理

伪时间步迭代过程中,若离散方程中的残差 $\boldsymbol{RES}$ 由已知的 m 伪时间层来计算,则求解为显式格式,每个控制体的方程各自独立,可通过龙格库塔积分迭代求解。

若残差项 $\boldsymbol{RES}$ 由未知的 $m+1$ 伪时间层的值来计算,则求解为隐式格式。隐式求解中,需要对方程(3.11)进行线性化处理,即对未知的 $m+1$ 伪时间层的 $\boldsymbol{RES}$ 泰勒展开:

$$
\begin{aligned}
\boldsymbol{RES}(\boldsymbol{Q}^{n,m+1}) &= \boldsymbol{RES}(\boldsymbol{Q}^{n,m}) + \frac{\partial \boldsymbol{RES}}{\partial \tau}\Delta\tau + \mathrm{O}(\Delta\tau^2) \\
&= \boldsymbol{RES}(\boldsymbol{Q}^{n,m}) + \frac{\partial \boldsymbol{RES}}{\partial \boldsymbol{Q}}\Delta\boldsymbol{Q} + \mathrm{O}(\Delta\tau^2)
\end{aligned}
\tag{3.16}
$$

忽略高阶项后,将线性化表达式(3.16)代入到离散方程(3.11)中,则离散方程可以线性化处理为

$$
\begin{aligned}
\left(\boldsymbol{\Gamma}\frac{V^n}{\Delta\tau} + \boldsymbol{I}_m\frac{\phi_n V^n}{\Delta t} + \frac{\partial \boldsymbol{RES}}{\partial \boldsymbol{Q}}\right)\Delta\boldsymbol{Q} = &- \boldsymbol{RES}(\boldsymbol{Q}^{n,m}) - \boldsymbol{I}_m\frac{\phi_n V^n}{\Delta t}(\boldsymbol{Q}^{n,m} - \boldsymbol{Q}^{n-1}) \\
&- \boldsymbol{I}_m\frac{1}{\Delta t}\sum_{h=1}^{k}\left[\phi_{n-h}V^{n-h}(\boldsymbol{Q}^{n-h} - \boldsymbol{Q}^{n-1})\right] \\
&- \boldsymbol{I}_m\boldsymbol{RES}_{\mathrm{GCL}}^n\boldsymbol{Q}^{n-1}
\end{aligned}
\tag{3.17}
$$

式中, $\Delta\boldsymbol{Q} = \boldsymbol{Q}^{m+1} - \boldsymbol{Q}^m$。 通过迭代求解该方程,即可更新得到下一时间步的流场值。

3.2.3.2　雅可比矩阵

类似地,离散方程中左侧的雅可比矩阵 $\dfrac{\partial \boldsymbol{RES}}{\partial \boldsymbol{Q}}$ 由一阶精度格式构造。控制体 i 的雅可比矩阵:

$$
\frac{\partial \boldsymbol{RES}}{\partial \boldsymbol{Q}}\bigg|_i = \sum_{j=1}^{nface}\frac{\partial}{\partial \boldsymbol{Q}}\left[(\boldsymbol{F}(\boldsymbol{Q}) - \boldsymbol{F}_v)S\right]_{ij} - \frac{\partial}{\partial \boldsymbol{Q}}\left[\boldsymbol{S}_b V^n\right]_i
\tag{3.18}
$$

整个大型系数矩阵对面 ij 循环(通量左加右减):

$$\frac{\partial \boldsymbol{RES}}{\partial \boldsymbol{Q}} := \frac{\partial \boldsymbol{RES}}{\partial \boldsymbol{Q}} + \begin{bmatrix} \ddots & & & \\ & \dfrac{\partial \boldsymbol{F}_{ij}}{\partial \boldsymbol{Q}_i} & \cdots & \dfrac{\partial \boldsymbol{F}_{ij}}{\partial \boldsymbol{Q}_j} & \\ & \vdots & \ddots & \vdots & \\ & -\dfrac{\partial \boldsymbol{F}_{ij}}{\partial \boldsymbol{Q}_i} & \cdots & -\dfrac{\partial \boldsymbol{F}_{ij}}{\partial \boldsymbol{Q}_j} & \\ & & & & \ddots \end{bmatrix} \tag{3.19}$$

式中,

$$\frac{\partial \boldsymbol{F}_{ij}}{\partial \boldsymbol{Q}_i} = \frac{\partial \boldsymbol{F}(\boldsymbol{Q})_{ij}}{\partial \boldsymbol{Q}_i} - \frac{\partial \boldsymbol{F}_{vij}}{\partial \boldsymbol{Q}_i}, \quad \frac{\partial \boldsymbol{F}_{ij}}{\partial \boldsymbol{Q}_j} = \frac{\partial \boldsymbol{F}(\boldsymbol{Q})_{ij}}{\partial \boldsymbol{Q}_j} - \frac{\partial \boldsymbol{F}_{vij}}{\partial \boldsymbol{Q}_j} \tag{3.20}$$

其中根据 Roe 对流通量计算式,一阶精度对流通量雅可比矩阵表示为

$$\frac{\partial \boldsymbol{F}(\boldsymbol{Q})_{ij}}{\partial \boldsymbol{Q}_i} = \frac{1}{2}(\boldsymbol{A}_i + \boldsymbol{\Gamma} \mid \boldsymbol{\Gamma}^{-1} \boldsymbol{A}_{ij} \mid), \quad \frac{\partial \boldsymbol{F}(\boldsymbol{Q})_{ij}}{\partial \boldsymbol{Q}_j} = \frac{1}{2}(\boldsymbol{A}_j - \boldsymbol{\Gamma} \mid \boldsymbol{\Gamma}^{-1} \boldsymbol{A}_{ij} \mid) \tag{3.21}$$

$$\boldsymbol{A} = \frac{\partial \boldsymbol{F}}{\partial \boldsymbol{Q}} = \begin{bmatrix} 0 & n_x & n_y & n_z & 0 \\ n_x & \rho(un_x + \theta - v_{gn}) & \rho un_y & \rho un_z & 0 \\ n_y & \rho vn_x & \rho(vn_y + \theta - v_{gn}) & \rho vn_z & 0 \\ n_z & \rho wn_x & \rho wn_y & \rho(wn_z + \theta - v_{gn}) & 0 \\ 0 & Tn_x & Tn_y & Tn_z & \theta - v_{gn} \end{bmatrix}$$

$$\boldsymbol{\Gamma}^{-1}\boldsymbol{A} = \boldsymbol{\Gamma}^{-1}\frac{\partial \boldsymbol{F}}{\partial \boldsymbol{Q}} = \begin{bmatrix} 0 & \beta\rho n_x & \beta\rho n_y & \beta\rho n_z & 0 \\ \dfrac{n_x}{\rho} & un_x + \theta - v_{gn} & un_y & un_z & 0 \\ \dfrac{n_y}{\rho} & vn_x & vn_y + \theta - v_{gn} & vn_z & 0 \\ \dfrac{n_z}{\rho} & wn_x & wn_y & wn_z + \theta - v_{gn} & 0 \\ 0 & Tn_x & Tn_y & Tn_z & \theta - v_{gn} \end{bmatrix}$$

$$\tag{3.22}$$

　　而对于黏性通量雅可比矩阵,由于梯度重构的复杂性,这里作简化处理,雅可比计算时,控制体交界面处的速度、温度的梯度采用 TSL(thin shear layer)近似处

理,即

$$(\nabla q)_{ij}^{\mathrm{TSL}} \approx \frac{q_j - q_i}{|\, \boldsymbol{r}_j - \boldsymbol{r}_i\,|} \tag{3.23}$$

由于面 ij 上的黏性通量表达式为

$$\boldsymbol{F}_{vij} = \begin{bmatrix} 0 \\[2mm] n_x \dfrac{2(\mu + \mu_t)}{Re}\dfrac{\partial u}{\partial x} + n_y \dfrac{\mu + \mu_t}{Re}\left(\dfrac{\partial u}{\partial y} + \dfrac{\partial v}{\partial x}\right) + n_z \dfrac{\mu + \mu_t}{Re}\left(\dfrac{\partial u}{\partial z} + \dfrac{\partial w}{\partial x}\right) \\[3mm] n_x \dfrac{\mu + \mu_t}{Re}\left(\dfrac{\partial u}{\partial y} + \dfrac{\partial v}{\partial x}\right) + n_y \dfrac{2(\mu + \mu_t)}{Re}\dfrac{\partial v}{\partial y} + n_z \dfrac{\mu + \mu_t}{Re}\left(\dfrac{\partial v}{\partial z} + \dfrac{\partial w}{\partial y}\right) \\[3mm] n_x \dfrac{\mu + \mu_t}{Re}\left(\dfrac{\partial u}{\partial z} + \dfrac{\partial w}{\partial x}\right) + n_y \dfrac{\mu + \mu_t}{Re}\left(\dfrac{\partial v}{\partial z} + \dfrac{\partial w}{\partial y}\right) + n_z \dfrac{2(\mu + \mu_t)}{Re}\dfrac{\partial w}{\partial z} \\[3mm] \dfrac{k}{RePr}\left(n_x \dfrac{\partial T}{\partial x} + n_y \dfrac{\partial T}{\partial y} + n_z \dfrac{\partial T}{\partial z}\right) \end{bmatrix}$$

则一阶精度黏性通量雅可比矩阵可以表示为

$$\frac{\partial \boldsymbol{F}_{vij}}{\partial \boldsymbol{Q}_{i/j}} = \mp \frac{(\mu + \mu_t)}{Re\,|\, \boldsymbol{r}_j - \boldsymbol{r}_i\,|} \begin{bmatrix} 0 & 0 & 0 & 0 & 0 \\ 0 & \theta_x & \eta_z & \eta_y & 0 \\ 0 & \eta_z & \theta_y & \eta_x & 0 \\ 0 & \eta_y & \eta_x & \theta_z & 0 \\ 0 & 0 & 0 & 0 & \dfrac{k}{Pr} \end{bmatrix} \tag{3.24}$$

其中,

$$\theta_x = 1 + n_x^2, \; \theta_y = 1 + n_y^2, \; \theta_z = 1 + n_z^2$$

$$\eta_x = n_y n_z, \; \eta_y = n_x n_z, \; \eta_z = n_x n_y$$

其特征值为

$$\lambda = \begin{bmatrix} 0 \\ 1.0 \\ 1.0 \\ 2.0 \\ k/Pr \end{bmatrix}$$

其中,若介质为空气, $k/Pr = 1.343$,若介质为水, $k/Pr = 0.143$,所以黏性通量雅可比矩阵的最大特征值为 2.0(未考虑黏性和面积等系数的乘积)。

3.2.3.3　线性方程组求解

通过隐式格式离散后得到的方程为大型稀疏系数矩阵的线性方程组 $\boldsymbol{Ax} = \boldsymbol{b}$,该方程只能通过迭代求解。常用的效率较高的迭代解法有 LU – SGS、广义最小残差(generalized minimum residual, GMRES)法等。

3.3　边界条件

对隐式时间推进或牛顿迭代求解来说,方程的线性化处理还必须将边界条件包括在内,方程系统的系数矩阵需计入边界通量的雅可比矩阵。通常,为方便处理,边界条件的实施一般以原参变量进行。

3.3.1　物面边界

1. 滑移物面边界条件

对滑移边界,法向相对速度为零,即 $\theta - v_{\mathrm{gn}} = 0$,边界条件的实施可通过物面通量间接地进行,即物面边界的通量为

$$\boldsymbol{F}^{\mathrm{wb}} = \begin{bmatrix} v_{\mathrm{gn}} \\ p_w n_x \\ p_w n_y \\ p_w n_z \\ 0 \end{bmatrix} \qquad (3.25)$$

其中,p_w 为壁面压强,格心格式 $p_w = p_{\mathrm{interior}}$(物面相邻单元的值),格点格式则插值得到。相应地,此时物面对流通量的雅可比矩阵为

$$\boldsymbol{A}^{\mathrm{wb}} = \begin{bmatrix} 0 & 0 & 0 & 0 & 0 \\ n_x & 0 & 0 & 0 & 0 \\ n_y & 0 & 0 & 0 & 0 \\ n_z & 0 & 0 & 0 & 0 \\ 0 & 0 & 0 & 0 & 0 \end{bmatrix} \qquad (3.26)$$

2. 无滑移物面边界条件

对于无滑移边界条件,流体相对物面的速度为零,即 $\boldsymbol{u} = \dot{\boldsymbol{x}}$。对流通量形式与雅可比矩阵和滑移物面边界相同。

$$\boldsymbol{F}^{\mathrm{wb}} = \begin{bmatrix} v_{\mathrm{gn}} \\ p_w n_x \\ p_w n_y \\ p_w n_z \\ 0 \end{bmatrix}, \quad \boldsymbol{A}^{\mathrm{wb}} = \begin{bmatrix} 0 & 0 & 0 & 0 & 0 \\ n_x & 0 & 0 & 0 & 0 \\ n_y & 0 & 0 & 0 & 0 \\ n_z & 0 & 0 & 0 & 0 \\ 0 & 0 & 0 & 0 & 0 \end{bmatrix} \tag{3.27}$$

$$\boldsymbol{u}_{\mathrm{dummy}} = -\boldsymbol{u}_{\mathrm{interior}}$$

其中,下标 dummy 和 interior 分别为壁面两侧的虚拟网格和内部网格点。

若为绝热壁,$\dfrac{\partial T}{\partial \boldsymbol{n}} = 0$, 即

$$T_{\mathrm{dummy}} = T_{\mathrm{interior}}$$

若为等温壁,指定 $T_{\mathrm{w}} = T_{\mathrm{ref}}$,则

$$T_{\mathrm{dummy}} = 2T_{\mathrm{w}} - T_{\mathrm{interior}}$$

对于格点格式,其速度分量解为 $\boldsymbol{u} = \dot{\boldsymbol{x}}$。 对线性方程组的系数矩阵:

$$\boldsymbol{A} = \frac{V^n}{\Delta \tau} + \boldsymbol{I}_m \frac{\phi_n V^n}{\Delta t} + \frac{\partial \boldsymbol{RES}}{\partial \boldsymbol{Q}} \tag{3.28}$$

其中,$\boldsymbol{A}$ 可以表示成对角元素 $\boldsymbol{D}$ 与非对角元素 $\boldsymbol{O}$ 的组合,对于在边界上的节点 i,

$$\boldsymbol{D}\Delta\boldsymbol{Q}_i^{m+1} = \boldsymbol{RHS} - \sum_j^{nface} \frac{\partial \boldsymbol{F}_{ij}}{\partial \boldsymbol{Q}_j} \Delta\boldsymbol{Q}_j^{m} {}^{m+1} = \boldsymbol{RHS}^{\mathrm{new}} \tag{3.29}$$

$\boldsymbol{RHS}$ 为离散方程的右手项。展开可表示为

$$\begin{bmatrix} D_{11} & D_{12} & D_{13} & D_{14} & D_{15} \\ D_{21} & D_{22} & D_{23} & D_{24} & D_{25} \\ D_{31} & D_{32} & D_{33} & D_{34} & D_{35} \\ D_{41} & D_{42} & D_{43} & D_{44} & D_{45} \\ D_{51} & D_{52} & D_{53} & D_{54} & D_{55} \end{bmatrix} \begin{bmatrix} \Delta p \\ \Delta u \\ \Delta v \\ \Delta w \\ \Delta T \end{bmatrix} = \begin{bmatrix} RHS_p^{\mathrm{new}} \\ RHS_u^{\mathrm{new}} \\ RHS_v^{\mathrm{new}} \\ RHS_w^{\mathrm{new}} \\ RHS_T^{\mathrm{new}} \end{bmatrix} \tag{3.30}$$

对于绝热壁面,强制修改形式如下:

$$\begin{bmatrix} D_{11} & D_{12} & D_{13} & D_{14} & D_{15} \\ 0 & 1 & 0 & 0 & 0 \\ 0 & 0 & 1 & 0 & 0 \\ 0 & 0 & 0 & 1 & 0 \\ D_{51} & D_{52} & D_{53} & D_{54} & D_{55} \end{bmatrix} \begin{bmatrix} \Delta p^{n+1} \\ \Delta u^{n+1} \\ \Delta v^{n+1} \\ \Delta w^{n+1} \\ \Delta T^{n+1} \end{bmatrix} = \begin{bmatrix} RHS_p^{\mathrm{new}} \\ 0 \\ 0 \\ 0 \\ RHS_T^{\mathrm{new}} \end{bmatrix} \tag{3.31}$$

由于是绝热壁面,无需考虑壁面边界上的黏性通量。

对于等温壁面,给定壁面温度 T_w 强制修改形式如下:

$$
\begin{bmatrix}
D_{11} & D_{12} & D_{13} & D_{14} & D_{15} \\
0 & 1 & 0 & 0 & 0 \\
0 & 0 & 1 & 0 & 0 \\
0 & 0 & 0 & 1 & 0 \\
D_{51} & D_{52} & D_{53} & D_{54} & D_{55}
\end{bmatrix}
\begin{bmatrix}
\Delta p^{n+1} \\
\Delta u^{n+1} \\
\Delta v^{n+1} \\
\Delta w^{n+1} \\
\Delta T^{n+1}
\end{bmatrix}
=
\begin{bmatrix}
RHS_p^{new} \\
0 \\
0 \\
0 \\
RHS_T^{new}
\end{bmatrix}
\tag{3.32}
$$

此时应将黏性项考虑到雅可比矩阵和右端项中(由于是壁面处,采用 TSL 近似):

$$
F_v = \frac{1}{\rho}
\begin{bmatrix}
0 \\
0 \\
0 \\
0 \\
n_x q_x + n_y q_y + n_z q_z
\end{bmatrix}, \quad
(A_v)_i =
\begin{bmatrix}
0 & 0 & 0 & 0 & 0 \\
0 & 0 & 0 & 0 & 0 \\
0 & 0 & 0 & 0 & 0 \\
0 & 0 & 0 & 0 & 0 \\
0 & 0 & 0 & 0 & -\dfrac{k}{\rho d RePr}
\end{bmatrix}
\tag{3.33}
$$

$$
\textbf{\textit{Jacobian}} := \textbf{\textit{D}} - (\textbf{\textit{A}}_v)_i
$$

$$
\textbf{\textit{RHS}} := \textbf{\textit{RHS}} - \textbf{\textit{F}}_v
$$

3.3.2　对称面边界

对称面边界条件假设没有通量穿过对称面, $\theta - v_{gn} = 0$, $\partial(\theta - v_{gn})/\partial n = 0$, $\partial p/\partial n = 0$, $\partial T/\partial n = 0$。其通量和雅可比矩阵计算与滑移物面一致。

$$
\textbf{\textit{F}}^{sym} =
\begin{bmatrix}
v_{gn} \\
p_{sym} n_x \\
p_{sym} n_y \\
p_{sym} n_z \\
0
\end{bmatrix}, \quad
\textbf{\textit{A}}^{sym} =
\begin{bmatrix}
0 & 0 & 0 & 0 & 0 \\
n_x & 0 & 0 & 0 & 0 \\
n_y & 0 & 0 & 0 & 0 \\
n_z & 0 & 0 & 0 & 0 \\
0 & 0 & 0 & 0 & 0
\end{bmatrix}
\tag{3.34}
$$

3.3.3　基于特征变量的入流出流边界条件

常规的边界条件有远场边界、入口边界和出口边界。入口边界包括压力入口、速度入口、质量流量入口,出口边界包括压力出口和质量流量出口。为了使计算具备较好的收敛性,需要基于特征变量法建立边界条件的数学模型,而非单纯地将边界上的物理值施加于边界处。

基于特征线理论,流场信息传入或传出计算域取决于对流通量雅可比矩阵的特征值的正负情况。当特征值 $\lambda_i > 0$,边界上的值由计算域内部确定,反之则由来流值确定。

由 3.2.2 节,对流通量雅可比矩阵可以表示成特征矩阵的形式:

$$\boldsymbol{\Gamma}^{-1}\boldsymbol{A} = \boldsymbol{X}\boldsymbol{\Lambda}\boldsymbol{X}^{-1} \tag{3.35}$$

定义流场变量转换为特征变量的形式为

$$\boldsymbol{C} = \boldsymbol{X}^{-1}\boldsymbol{Q} \tag{3.36}$$

满足:

$$\boldsymbol{\Gamma}^{-1}\boldsymbol{A}\delta\boldsymbol{Q} = \boldsymbol{X}\boldsymbol{\Lambda}\boldsymbol{X}^{-1}\delta\boldsymbol{Q} = \boldsymbol{X}\boldsymbol{\Lambda}\delta\boldsymbol{C} \tag{3.37}$$

边界面上的值根据特征变量不变的原则进行确定,即

$$\boldsymbol{C}_b = \boldsymbol{C}_r \quad \begin{pmatrix} 若 \lambda > 0, \ \boldsymbol{C}_r = \boldsymbol{C}_{\text{in}} \\ 若 \lambda < 0, \ \boldsymbol{C}_r = \boldsymbol{C}_{\infty} \end{pmatrix} \tag{3.38}$$

其中,下标 b 表示边界值,in 表示内场值,∞ 表示来流值。下面分别从二维和三维两个角度对边界条件的确定进行推导。

1. 二维情况

将式(3.36)与 $\boldsymbol{Q}$ 相乘可以得到特征变量的表达式为

$$C_1 = \frac{1}{c_0^+ c_0^-}\left(-\frac{\psi_{1_0}p}{\rho_0} + \psi_1\beta\right)$$

$$C_2 = \frac{1}{2c_0 c_0^-}\left[\frac{(c_0^- - \theta_0)p}{\rho_0} + \beta\theta\right]$$

$$C_3 = \frac{1}{2c_0 c_0^+}\left[-\frac{(c_0^+ + \theta_0)p}{\rho_0} + \beta\theta\right] \tag{3.39}$$

$$C_4 = \frac{T_0}{c_0^+ c_0^-}[c_0^- \phi_{4_0}C_3 - c_0^+ \phi_{3_0}C_2] + T$$

其中,下标 0 表示该值由来流值和内场值取 Roe 平均确定,$\psi_1 = \boldsymbol{v}\cdot\boldsymbol{a}$ 代表边界面的

切向速度。由式(3.38)可以得到边界面上原参量值:

$$p_b = \rho_0(c_0^- C_{2r} - c_0^+ C_{3r})$$

$$\theta_b = \frac{1}{\beta}[c_0^-(c_0^+ + \theta_0)C_{2r} + c_0^+(c_0^- - \theta_0)C_{3r}]$$

$$\psi_{1b} = \frac{1}{\beta}\left(c_0^+ c_0^- C_{1r} + \frac{p_b \psi_{1_0}}{\rho_0}\right) \tag{3.40}$$

$$T_b = C_{4r} - \frac{T_0}{c_0^+ c_0^-}(c_0^- \phi_{4_0} C_{3r} - c_0^+ \phi_{3_0} C_{2r})$$

进一步,原参量中速度 u_b、v_b 可以由法向速度 θ_b 和切向速度 ψ_{1b} 沿各方向投影得到:

$$u_b = \theta_b n_x + \psi_{1b} x_1$$
$$v_b = \theta_b n_y + \psi_{1b} y_1 \tag{3.41}$$

上述计算过程中 C_r 的选取由特征值确定。

2. 三维情况

同理,可以简单得到三维情况下的特征变量表达式:

$$C_1 = \frac{1}{c_0^+ c_0^-}\left(-\frac{\psi_{1_0} p}{\rho_0} + \psi_1 \beta\right)$$

$$C_2 = \frac{1}{c_0^+ c_0^-}\left(-\frac{\psi_{2_0} p}{\rho_0} + \psi_2 \beta\right)$$

$$C_3 = \frac{1}{2c_0 c_0^-}\left[\frac{(c_0^- - \theta_0)p}{\rho_0} + \beta\theta\right] \tag{3.42}$$

$$C_4 = \frac{1}{2c_0 c_0^+}\left[-\frac{(c_0^+ + \theta_0)p}{\rho_0} + \beta\theta\right]$$

$$C_5 = \frac{T_0}{c_0^+ c_0^-}[c_0^- \phi_{5_0} C_4 - c_0^+ \phi_{4_0} C_3] + T$$

其中,$\psi_1 = v \cdot a$ 和 $\psi_2 = v \cdot b$ 代表边界面两个垂直方向上的切向速度。此时边界上的原参量为

$$p_b = \rho_0(c_0^- C_{3r} - c_0^+ C_{4r})$$

$$\theta_b = \frac{1}{\beta}[c_0^-(c_0^+ + \theta_0)C_{3r} + c_0^+(c_0^- - \theta_0)C_{4r}]$$

$$\psi_{1b} = \frac{1}{\beta}\left(c_0^+ c_0^- C_{1r} + \frac{p_b \psi_{1_0}}{\rho_0}\right) \tag{3.43}$$

$$\psi_{2b} = \frac{1}{\beta}\left(c_0^+ c_0^- C_{2r} + \frac{p_b \psi_{2_0}}{\rho_0}\right)$$

$$T_b = C_{5r} - \frac{T_0}{c_0^+ c_0^-}(c_0^- \phi_{5_0} C_{4r} - c_0^+ \phi_{4_0} C_{3r})$$

进一步,原参量中速度 u_b、v_b、w_b 可以由法向速度 θ_b 和切向速度 ψ_{1b}、ψ_{2b} 沿各方向投影得到:

$$u_b = \theta_b n_x + \psi_{1b} x_1 + \psi_{2b} x_2$$

$$v_b = \theta_b n_y + \psi_{1b} y_1 + \psi_{2b} y_2 \tag{3.44}$$

$$w_b = \theta_b n_z + \psi_{1b} z_1 + \psi_{2b} z_2$$

参 考 文 献

[1]　PATANKAR S. Numerical heat transfer and fluid flow[M]. New York: McGraw-Hill, 1980.

[2]　HO Y H, LAKSHMINARAYANA B. Computation of unsteady viscous flow using a pressure-based algorithm[J]. AIAA Journal, 1993, 31(12): 2232 – 2240.

[3]　JAVADIA K, DARBANDIA M, TAEIBI-RAHNI M. Three-dimensional compressible-incompressible turbulent flow simulation using a pressure-based algorithm[J]. Computers & Fluids, 2008, 37(6): 747 – 766.

[4]　DARWISH M, SRAJ I, MOUKALLED F. A coupled finite volume solver for the solution of incompressible flows on unstructured grids[J]. Journal of Computational Physics, 2009, 228: 180 – 201.

[5]　SHTEREV K, STEFANOV S. Pressure based finite volume method for calculation of compressible viscous gas flows[J]. Journal of Computational Physics, 2010, 229: 461 – 480.

[6]　CHEN Z, PRZEKWAS A. A coupled pressure-based computational method for incompressible/compressible flows[J]. Journal of Computational Physics, 2010, 229: 9150 – 9165.

[7]　PATANKAR S, SPALDING D. A calculation procedure for heat, mass and momentum transfer in three-dimensional parabolic flows[J]. Journal of Heat Mass Transfer, 1972, 15(10): 1787 – 1806.

[8]　秦剑,潘华辰,田晓庆,等.SIMPLE算法的一种改进格式[J].应用力学学报,2021,38(6):

2398 - 2404.

[9]　赵智峰,欧阳洁,杨继业. 基于 SIMPLER 算法的多重网格方法研究[J]. 应用力学学报,2007(4): 609 - 614.

[10]　van DOORMAAL J, RAITHBY G. Enhancements of the SIMPLE method for predicting incompressible fluid flows[J]. Numerical Heat Transfer, 1984, 7(2): 147 - 163.

[11]　葛攀和,郭键,孙晓博,等. 基于 SIMPLEC 算法的高温热管启动特性数值模拟[J]. 原子能科学技术,2017,51(11): 1974 - 1981.

[12]　ISSA R. Solution of the implicitly discretised fluid flow equations by operator-splitting[J]. Journal of Computational Physics, 1986, 62: 40 - 65.

[13]　ISSA R, GOSMAN A, WATKINS A. The computation of compressible and incompressible recirculating flows[J]. Journal of Computational Physics, 1986, 62: 66 - 82.

[14]　王为术,徐维晖,翟肇江,等. PISO 算法的实现及与 SIMPLE,SIMPLER,SIMPLEC 算法收敛性的比较[J]. 华北水利水电学院学报,2007(4): 33 - 36.

[15]　刘卫东,王振国,周进. 采用二阶迎风格式的 PISO 算法研究[J]. 航空动力学报,1998(1): 82 - 85.

[16]　CHORIN A. A numerical method for solving incompressible viscous flow problems[J]. Journal of Computational Physics,1967, 2: 12 - 26.

[17]　TURKEL E. Preconditioned methods for solving the incompressible and low speed compressible equations[J]. Journal of Computational Physics, 1987, 72: 277 - 298.

[18]　ROGERS S, KWAK D. Upwind differencing scheme for the time-accurate incompressible Navier-Stokes equations[J]. AIAA Journal, 1990, 28(2): 253 - 262.

[19]　CABUK H, SUNG C-H, MODI V. Explicit Runge-Kutta method for three-dimensional internal incompressible flows[J]. AIAA Journal, 1992, 30(8): 2024 - 2031.

[20]　SHI J, TORO E. A Riemann-problem-based approach for steady incompressible flows[J]. International Journal of Numerical Methods for Heat and Fluid Flow, 1996, 6(7): 81 - 93.

[21]　LIU C, ZHENG X, SUNG C. Preconditioned multigrid methods for unsteady incompressible flows[J]. Journal of Computational Physics, 1998, 139: 35 - 57.

[22]　蔡伟明,宋文萍,叶军科. 微型旋翼的不可压流动数值模拟[J]. 航空计算技术,2005(2): 9 - 12.

[23]　TAMAMIDIS P, ASSANIS D, ZHANG G. Comparison of pressure-based and artificial compressibility methods for solving 3D steady incompressible viscous flows[J]. Journal of Computational Physics, 1996, 124(1): 1 - 13.

[24]　HYAMS D. An investigation of parallel implicit solution algorithms for incompressible flows on unstructured topologies[D]. Starkville: Mississippi State University, 2000.

第4章 非结构动态网格变形方法

对有几何变形或多体相对运动的流场问题,动态网格生成是其非定常流场计算的一项重要工作。随着边界的运动,每个时间步的流场计算网格,包括面网格和体网格,都要更新以适应随时间变化的流场计算域。显然,每步都重新生成网格计算量大并不可行,为此,科研工作者提出了很多有效的方法,保持拓扑关系不变的网格变形技术是其中最为有效的策略[1,2]。网格变形技术按照其运行原理主要有两类:物理模型类比法和代数插值方法。

物理模型类比法是运用一定的具有物理意义的模型将边界网格点位移扰动传递到整个网格。弹簧模型方法和弹性体模型方法是典型代表。首先由 Batina[3] 提出的线性弹簧模型网格变形方法在非结构网格中得到了广泛的应用。该方法用虚拟的弹簧代替每条网格边,通过求解静态平衡方程使内部网格点移动到新的位置。不过,线性弹簧模型不可避免地容易出现网格交叉,导致负体积的出现。为此,Farhat 等[4,5]在线性弹簧模型的基础上,增加扭转弹簧模型以避免网格的交叉。此后弹簧模型的动态网格方法不断改进[6,7]并在非定常流场的计算中有较多应用[8,9]。弹性体模型方法是弹簧模型方法的拓展,其思想是将网格单元看成是遵循固体力学线弹性方程的弹性体,弹性体的刚性与网格单元的体积相关,附面层网格则被当作刚性体,因此,该方法从理论上具有比弹簧模型方法更好的稳健性。需要指出的是,不管是弹簧模型方法还是弹性体方法,都依赖于网格拓扑关系,且每一时间步都需要迭代求解巨型静态平衡方程,对大规模网格和大变形复杂问题,其效率和稳定性仍然欠佳[10]。

代数插值方法则是运用一定的插值算法,直接得到每个网格点的新位置或位移,从而将边界几何上的变化反映到内部网格上。从逻辑上讲,代数插值方法无需迭代求解微分方程,计算量小,具有更快的速度和更高的效率。其中超限插值[11](transfinite interpolation, TFI)网格变形方法源于结构网格的代数生成技术,思路是将边界网格点的位移沿着结构网格的网格线插值到内部网格点上,与多块结构网格技术结合,TFI 方法可用于较复杂的三维网格上,在气弹、气动外形优化上有较多的应用,但 TFI 方法只局限于结构网格。

另外一类代数插值方法则不依赖网格拓扑关系因而可以运用到任意网格类型上,典型代表是 Delaunay 图映射(Delaunay grap mapping, DGM)方法[10]和径向基函数插值方法(radial basis function interpolation, RBF)[11-15]。DGM 方法是用计算域的边界点和 Delaunay 三角化方法生成背景网格——Delaunay 背景图,再将计算网格点逐个映射到背景图单元,背景图随着边界移动,计算网格根据映射关系随着背景图的移动而变形。网格变形过程无需迭代,效率较高,稳定性好。但是,该方法也有其自身的缺陷,即对大幅运动复杂构形的动边界尤其是有旋转边界的问题,Delaunay 背景图容易交叉,重新生成背景图和重新定位网格点信息不仅费时而且会导致网格质量的严重下降;针对此,后续有不少改进方法得到发展,改善和增强了动网格质量和稳健性。RBF 方法的基本原理是以已知位移边界网格点为基点,使用径向基函数构造出内部网格点的位移插值函数,从而完成整个计算网格的动态变形,该方法处理旋转变形、较大运动幅度问题具有较强的稳健性。但每个网格点位移的插值函数关联所有基点,RBF 方法计算量在很大程度上由基点数量决定,所有物面网格点参与 RBF 基点,导致 RBF 计算量非常巨大。针对此,Rendall 等[13-16],Sheng 等[17],Wang 等[18]设计了基点数量精简策略,通过贪婪算法从物面网格点中筛选出一少部分作为基点,在保证足够插值精度的基础上大幅提高 RBF 方法的效率;但因为只有部分物面点参与 RBF 插值函数构造,在对微小变形非常敏感的气动外形优化设计上,RBF 可能存在一定的误差问题。Wang 等[19]则借鉴 Delaunay 图映射的思想,用背景单元将流场网格点分组,每组网格点则用对应的背景单元定点作为该组网格点 RBF 插值函数的基点,大大减少了 RBF 基点数量,提高了方法的效率。

上述各种方法都有各自的优势和不足,在具体的应用中,可根据实际情况,从上述动态网格变形方法中灵活选择合适的一种,甚至发展组合方法以充分发挥各自的优势。本章针对非结构网格,结合课题组研究成果,介绍非结构网格动态网格方法,主要包括:

(1) 网格整体刚性运动方法;

(2) 弹簧模型网格变形方法;

(3) 线弹性体模型网格变形方法;

(4) 径向基插值网格变形方法;

(5) Delaunay 图映射网格变形方法;

(6) 组合网格变形方法。

不管哪种动态网格方法,网格运动方程都可用 $G^n(X^n, X^0, D) = 0$ 来描述。G 的形式则因方法不同而有所不同。这里仅用该式简单描述,方便后续网格伴随方程的构造。

4.1 网格整体刚体运动

考虑网格的平移(3 自由度)和旋转(3 自由度)的刚体运动,其中平移可以由一

组 3×1 的向量定义,记为 $\boldsymbol{\tau}$,旋转由 3×3 的矩阵定义,记为 $\boldsymbol{R}$。假设网格点初始位置为 $\boldsymbol{x}^0 = (x^0, y^0, z^0)$ 经过刚体运动后到达新位置 $\boldsymbol{x} = (x, y, z)$ 处,则可以表示成:

$$\boldsymbol{x} = \boldsymbol{R}\boldsymbol{x}^0 + \boldsymbol{\tau} \tag{4.1}$$

也可以通过一个 4×4 的矩阵 $\boldsymbol{T}$ 来表示整个运动:

$$\boldsymbol{x} = \boldsymbol{T}\boldsymbol{x}^0$$

$$\begin{bmatrix} x \\ y \\ z \\ 1 \end{bmatrix} = \begin{bmatrix} R_{11} & R_{12} & R_{13} & \tau_x \\ R_{21} & R_{22} & R_{23} & \tau_y \\ R_{31} & R_{32} & R_{33} & \tau_z \\ 0 & 0 & 0 & 1 \end{bmatrix} \begin{bmatrix} x^0 \\ y^0 \\ z^0 \\ 1 \end{bmatrix} \tag{4.2}$$

其中,R_{ij} 为旋转矩阵 $\boldsymbol{R}$ 的元素;τ_i 为平移矩阵 $\boldsymbol{\tau}$ 的元素。

若仅有从原点到点 $(x_0, y_0, z_0)^{\mathrm{T}}$ 的纯平移运动,则 $\boldsymbol{T}$ 为

$$\boldsymbol{T}_\tau = \begin{bmatrix} 1 & 0 & 0 & x_0 \\ 0 & 1 & 0 & y_0 \\ 0 & 0 & 1 & z_0 \\ 0 & 0 & 0 & 1 \end{bmatrix} \tag{4.3}$$

若仅有在原点处以方向 $\boldsymbol{n} = (n_x, n_y, n_z)$ 旋转 θ 角度的纯旋转运动,则 $\boldsymbol{T}$ 为

$$\boldsymbol{T}_R = \begin{bmatrix} (1-\cos\theta)n_x^2 + \cos\theta & (1-\cos\theta)n_x n_y - n_z\sin\theta & (1-\cos\theta)n_x n_z + n_y\sin\theta & 0 \\ (1-\cos\theta)n_x n_y + n_z\sin\theta & (1-\cos\theta)n_y^2 + \cos\theta & (1-\cos\theta)n_y n_z - n_x\sin\theta & 0 \\ (1-\cos\theta)n_x n_z - n_y\sin\theta & (1-\cos\theta)n_y n_z + n_x\sin\theta & (1-\cos\theta)n_z^2 + \cos\theta & 0 \\ 0 & 0 & 0 & 1 \end{bmatrix} \tag{4.4}$$

而对于在某点 $(x_0, y_0, z_0)^{\mathrm{T}}$ 处以方向 $\boldsymbol{n} = (n_x, n_y, n_z)$ 旋转 θ 角度的旋转运动,可以分解成三部分运动的累加:① 先将点平移到原点;② 在原点处以 $\boldsymbol{n}$ 方向旋转 θ 角度;③ 从原点平移回 $(x_0, y_0, z_0)^{\mathrm{T}}$ 处。可以用矩阵乘积的形式表示:

$$\boldsymbol{T}_m = \boldsymbol{T}_\tau \boldsymbol{T}_R \boldsymbol{T}_\tau^{-1} \tag{4.5}$$

对于复合运动,例如子母体运动,可以通过类似于上式的矩阵乘法来定义,这里不作介绍。

于是,网格刚体运动可以表示为

$$\boldsymbol{G}^n(\boldsymbol{X}^n, \boldsymbol{X}^0, \boldsymbol{D}) \equiv \boldsymbol{R}^n \boldsymbol{X}^0 + \boldsymbol{\tau}^n - \boldsymbol{X}^n = 0 \tag{4.6}$$

其中,$\boldsymbol{X}^0$ 和 $\boldsymbol{X}^n$ 为初始与 n 时间层的所有网格坐标向量;$\boldsymbol{R}^n$ 为 $m_x \times m_x$ 维块对角矩

阵,每个块为 3×3 的旋转矩阵, m_x 为向量 $\boldsymbol{X}^n$ 的大小; $\boldsymbol{\tau}^n$ 为 $m_x \times 1$ 维的矩阵;矩阵 $\boldsymbol{R}^n$ 与 $\boldsymbol{\tau}^n$ 有时依赖于设计变量 $\boldsymbol{D}$。

4.2　弹簧模型网格变形

弹簧模型法是一种常用的网格变形技术,该方法将网格中的每条边假定为弹簧,在网格运动前网格节点在各边的共同作用下保持平衡;当边界发生位移时,边界处弹簧的受力发生了改变,整个弹簧系统不再平衡,因此在弹簧作用下各网格节点位置将发生改变,直至达到新的平衡。弹簧模型法中,各节点在与周围节点相连的弹簧作用力下达到受力平衡,每个节点的基本控制方程如下:

$$\sum_{j}^{neighbors} k_{ij}(\boldsymbol{u}_j - \boldsymbol{u}_i) \cdot \boldsymbol{i}_{ij}\boldsymbol{i}_{ij} = 0 \tag{4.7}$$

其中, $\boldsymbol{u}_i$、$\boldsymbol{u}_j$ 分别为节点 i 和节点 j 的位移向量; $\boldsymbol{i}_{ij} = \dfrac{\boldsymbol{x}_j - \boldsymbol{x}_i}{|\boldsymbol{x}_j - \boldsymbol{x}_i|}$ 为网格边 ij 的单位方向矢量; k_{ij} 为网格边 ij 对应的弹簧倔强系数,与网格边的长度相关联,取 $k_{ij} = 1/l_{ij}^2 = 1/|\boldsymbol{x}_j - \boldsymbol{x}_i|^2$。

基于式(4.7),将所有网格节点的平衡方程组成代数方程组,通过迭代方式求解。为保证计算效率,采用预处理共轭梯度方法(preconditioned conjugate gradient method),其刚度系数块矩阵的元素为: $\boldsymbol{K}_{ii} = -k_{ij}\boldsymbol{i}_{ij}\boldsymbol{i}_{ij}^{\mathrm{T}}$, $\boldsymbol{K}_{ij} = \boldsymbol{K}_{ji} = k_{ij}\boldsymbol{i}_{ij}\boldsymbol{i}_{ij}^{\mathrm{T}}$, $\boldsymbol{K}_{jj} = k_{ij}\boldsymbol{i}_{ij}\boldsymbol{i}_{ij}^{\mathrm{T}}$。该方法的计算效率显著高于常规的松弛迭代方法。

上述弹簧模型中,弹簧倔强系数仅考虑弹簧轴向(节点之间)的受力,没有考虑节点在不同弹簧作用下导致的弹簧扭曲和挤压等现象,容易出现网格单元扭曲、塌陷的情况,从而导致网格质量下降。为改进该缺陷,可在弹簧倔强系数中引入挤压倔强系数和变形倔强系数,即

$$k_{ij} = k_d(k_1 + k_2)$$

其中, $k_d = 1/d$; $k_1 = 1/(V_{\min, \text{neib}} l_{ij}^2)$; $k_2 = \sum (1/\sin^2\theta)$。 d 为最小物面距, k_d 用于延迟物面处的网格失效,更好地将物面的局部扰动传递到计算域内; $V_{\min, \text{neib}}$ 为共网格边 ij 的所有网格单元体积最小值; θ 为网格边与其他边形成的内角; k_1、k_2 可保证网格变形不发生交叉。

4.3　线弹性体模型网格变形

作为另一种物理类比方法,线弹性体模型将网格看作遵从固体力学的弹性材

质体,通过求解固体力学方程得到新的网格点位置。

4.3.1　控制方程

将网格当作一种弹性介质,遵从固体力学的弹性形变,可以通过一个辅助偏微分方程来求解新的网格坐标。若定义网格点位移向量 $\boldsymbol{u} = (u_1, u_2, u_3)^T$,该偏微分方程为

$$\nabla \cdot \boldsymbol{\sigma} = 0 \tag{4.8}$$

$\boldsymbol{\sigma}$ 为应力张量,定义为

$$\boldsymbol{\sigma} = \lambda \operatorname{tr}(\boldsymbol{\varepsilon})\boldsymbol{I} + 2\mu\boldsymbol{\varepsilon} \tag{4.9}$$

其中, $\boldsymbol{\varepsilon}$ 为应变张量,定义为

$$\boldsymbol{\varepsilon} = \frac{1}{2}\left(\frac{\partial u_i}{\partial x_j} + \frac{\partial u_j}{\partial x_i}\right) = \frac{1}{2}\begin{bmatrix} 2\dfrac{\partial u_1}{\partial x} & \dfrac{\partial u_1}{\partial y} + \dfrac{\partial u_2}{\partial x} & \dfrac{\partial u_1}{\partial z} + \dfrac{\partial u_3}{\partial x} \\[2mm] \dfrac{\partial u_2}{\partial x} + \dfrac{\partial u_1}{\partial y} & 2\dfrac{\partial u_2}{\partial y} & \dfrac{\partial u_2}{\partial z} + \dfrac{\partial u_3}{\partial y} \\[2mm] \dfrac{\partial u_3}{\partial x} + \dfrac{\partial u_1}{\partial z} & \dfrac{\partial u_3}{\partial y} + \dfrac{\partial u_2}{\partial z} & 2\dfrac{\partial u_3}{\partial z} \end{bmatrix} = \frac{1}{2}\begin{bmatrix} \varepsilon_{xx} & \varepsilon_{xy} & \varepsilon_{xz} \\ \varepsilon_{yx} & \varepsilon_{yy} & \varepsilon_{yz} \\ \varepsilon_{zx} & \varepsilon_{zy} & \varepsilon_{zz} \end{bmatrix} \tag{4.10}$$

tr 为张量 $\boldsymbol{\varepsilon}$ 的迹,定义为

$$\operatorname{tr}(\boldsymbol{\varepsilon}) = \frac{\partial u_1}{\partial x} + \frac{\partial u_2}{\partial y} + \frac{\partial u_3}{\partial z} \tag{4.11}$$

$\boldsymbol{I}$ 为单位张量。 λ 和 μ 为弹性材料的物理特性(Lamè 常数),其与杨氏模量 E 和泊松比 ν 有关:

$$\lambda = \frac{\nu E}{(1 + \nu)(1 - 2\nu)}, \mu = \frac{E}{2(1 + \nu)} \tag{4.12}$$

杨氏模量 E 通常是正值,代表物质的刚度,值越大表示刚度越大;泊松比 ν 通常是物体沿轴向拉伸时横截面的收缩量。为了使方程封闭,需要定义 λ、μ、E 和 ν 其中两个量。通常,定义杨氏模量 E 为网格点到最近物面处的距离的倒数,保证了物面附近的网格刚度较大,当物面边界移动时不会有明显的扭曲,而远场的网格可以有较大的形变,但最好对这形变设定公差以防出现负体积。泊松比 ν 则一般取 0。

式(4.8)可以写成对网格单元的积分形式：

$$\oint_{\partial V} \lambda \left(\sum_{i=1}^{3} \frac{\partial u_i}{\partial x_i} \right) \boldsymbol{I} \cdot \boldsymbol{n} \mathrm{d}S + \oint_{\partial V} 2\mu\boldsymbol{\varepsilon} \cdot \boldsymbol{n} \mathrm{d}S = 0 \qquad (4.13)$$

其中导数项的计算类似 RANS 控制方程中黏性项的计算。该方程可以用 GMRES 算法求解。

4.3.2 方程离散

对式(4.13)积分方程离散化,可以得到残差与通量的计算表达式：

$$(\boldsymbol{RES}_{\mathrm{el}})_{ij} = \sum_{j=1}^{nface} (\boldsymbol{F}_{\mathrm{el}})_{ij} S_{ij} \qquad (4.14)$$

$$\boldsymbol{F}_{\mathrm{el}} = \begin{bmatrix} \lambda \operatorname{tr}(\boldsymbol{\varepsilon}) n_x + \mu \sum_x \\ \lambda \operatorname{tr}(\boldsymbol{\varepsilon}) n_y + \mu \sum_y \\ \lambda \operatorname{tr}(\boldsymbol{\varepsilon}) n_z + \mu \sum_z \end{bmatrix} \qquad (4.15)$$

$$\sum_x = \varepsilon_{xx} n_x + \varepsilon_{xy} n_y + \varepsilon_{xz} n_z$$

$$\sum_y = \varepsilon_{yx} n_x + \varepsilon_{yy} n_y + \varepsilon_{yz} n_z$$

$$\sum_z = \varepsilon_{zx} n_x + \varepsilon_{zy} n_y + \varepsilon_{zz} n_z$$

通量 $\boldsymbol{F}_{\mathrm{el}}$ 中导数项的计算可采用类似 RANS 控制方程中黏性项的计算式(2.18)进行计算。

4.3.3 线性化处理

猜测一个初始值 $\boldsymbol{u}_0$,将位移向量写成 $\boldsymbol{u} = \boldsymbol{u}_0 + \Delta\boldsymbol{u}$,代入式(4.13)可以得到如下线性化方程：

$$\frac{\partial \boldsymbol{RES}_{\mathrm{el}}}{\partial \boldsymbol{u}} \Delta\boldsymbol{u} = - \boldsymbol{RES}_{\mathrm{el}}(\boldsymbol{u}_0) \qquad (4.16)$$

其中,雅可比矩阵 $\dfrac{\partial \boldsymbol{RES}_{\mathrm{el}}}{\partial \boldsymbol{u}}$ 同样由一阶精度格式构造,原因有二：一是方程左侧的矩阵精度不影响迭代求解的最终结果,应尽量保证矩阵的对角占优,一阶精度更有利

于迭代计算的稳定和收敛;二是高阶精度计算异常复杂,且不利于矩阵对角占优。雅可比矩阵的计算如下:

$$\frac{\partial \boldsymbol{RES}_{el}}{\partial \boldsymbol{u}} := \frac{\partial \boldsymbol{RES}_{el}}{\partial \boldsymbol{u}} + \begin{bmatrix} \ddots & & & \\ & \dfrac{\partial(\boldsymbol{F}_{el})_{ij}}{\partial \boldsymbol{u}_i} & \cdots & \dfrac{\partial(\boldsymbol{F}_{el})_{ij}}{\partial \boldsymbol{u}_j} \\ & \vdots & \ddots & \vdots \\ & -\dfrac{\partial(\boldsymbol{F}_{el})_{ij}}{\partial \boldsymbol{u}_i} & \cdots & -\dfrac{\partial(\boldsymbol{F}_{el})_{ij}}{\partial \boldsymbol{u}_j} \\ & & & \ddots \end{bmatrix} \quad (4.17)$$

由于线性化处理,$\dfrac{\partial \boldsymbol{RES}_{el}}{\partial \boldsymbol{u}}$ 不依赖于 $\boldsymbol{u}$,且仅需计算一次[类似 RANS 控制方程中式

(2.29)的黏性雅可比矩阵中间三项],弹性通量雅可比矩阵 $\boldsymbol{A}_{el} = \dfrac{\partial \boldsymbol{F}_{el}}{\partial \boldsymbol{u}}$ 表示为

$$(\boldsymbol{A}_{el})_{i/j} = \frac{\partial(\boldsymbol{F}_{el})_{ij}}{\partial \boldsymbol{u}_{i/j}} = \mp \frac{1}{|\boldsymbol{r}_j - \boldsymbol{r}_i|} \begin{bmatrix} \theta_x^{el} & \eta_z^{el} & \eta_y^{el} \\ \eta_z^{el} & \theta_y^{el} & \eta_x^{el} \\ \eta_y^{el} & \eta_x^{el} & \theta_z^{el} \end{bmatrix} \quad (4.18)$$

$$\theta_x^{el} = (\lambda + 2\mu)n_x^2 + \mu n_y^2 + \mu n_z^2, \quad \eta_x^{el} = (\lambda + \mu)n_y n_z$$

$$\theta_y^{el} = \mu n_x^2 + (\lambda + 2\mu)n_y^2 + \mu n_z^2, \quad \eta_y^{el} = (\lambda + \mu)n_x n_z$$

$$\theta_z^{el} = \mu n_x^2 + \mu n_y^2 + (\lambda + 2\mu)n_z^2, \quad \eta_z^{el} = (\lambda + \mu)n_x n_y$$

对所有网格点计算完弹性雅可比矩阵 $\boldsymbol{A}_{el} = \dfrac{\partial \boldsymbol{F}_{el}}{\partial \boldsymbol{u}}$ 后,累加得到大型稀疏矩阵

$\dfrac{\partial \boldsymbol{RES}_{el}}{\partial \boldsymbol{u}}$,对边界面进行强制处理,对边界物面上的网格点 i,删除矩阵中第 i 行的所有元素,并在对角元素上添加一个 3×3 单位矩阵 $\boldsymbol{I}$。

在用 GMRES 求解时,通常取 $\boldsymbol{u}_0$ 为 0 或者上一时间步的值。对于周期性的边界运动,取 0 可以保证网格的变形同样具有周期性;而取上一时间步的值则可以更快得到弹性方程的收敛值。在对称面边界,约束网格在该平面内运动。

4.4　径向基函数网格变形方法

基于径向基函数插值(radial-basis function interpolation,RBF)方法[20]的动网

格方法是一种点到点的变形技术,可以不依赖网格的拓扑结构信息,非常适合非结构网格或者混合网格的网格变形。其基本原理是使用径向基函数和已知的边界网格节点位移插值计算出内部节点的位移,然后完成整个计算网格的动态变形。该方法具有:① 无需知道节点连接信息;② 算法求解为线性方程;③ 计算复杂度取决于物面网格节点而不是整个计算网格点等优点,近年来在非定常流体计算和气动外形优化领域得到了广泛的应用。

4.4.1　RBF 基本原理

径向基函数的插值算子 $S(x)$ 表示整个计算网格节点的位移可以由一系列的径向基函数表示为

$$S(x) = \sum_{i=1}^{N} \lambda_i \phi(\| x - x_i \|) \tag{4.19}$$

其中,$\phi(\| x - x_i \|)$ 表示径向基函数;$x = [x, y, z]$ 表示位置矢量;$\| x - x_i \|$ 表示位置矢量之间的距离;x_i 表示第 i 个径向基函数的基点;N 表示插值函数所用径向基函数基点的数目;λ_i 表示对应的径向基函数的权重系数。一般为了提高算法的稳定性和准确性,需要对插值函数添加一阶多项式:

$$p(x) = \gamma_0 + \gamma_1 x + \gamma_2 y + \gamma_3 z \tag{4.20}$$

把插值函数变为

$$S(x) = \sum_{i=1}^{N} \lambda_i \phi(\| x - x_i \|) + p(x) \tag{4.21}$$

对此引入的四个未知数 γ_i,需额外添加约束条件使得方程封闭,

$$\sum_{i=1}^{N} \lambda_i = 0, \quad \sum_{i=1}^{N} \lambda_i x_i = 0, \quad \sum_{i=1}^{N} \lambda_i y_i = 0, \quad \sum_{i=1}^{N} \lambda_i z_i = 0 \tag{4.22}$$

式(4.22)不仅能够准确恢复刚体平移和旋转,还可以保证力和力矩的守恒,这是由于力和位移插值矩阵互为转置。

使用矩阵形式,添加一次多项式的系数求解方程组为

$$\begin{bmatrix} \boldsymbol{\Phi} & \boldsymbol{P} \\ \boldsymbol{P}^{\mathrm{T}} & 0 \end{bmatrix} \begin{bmatrix} \boldsymbol{\lambda} \\ \boldsymbol{\gamma} \end{bmatrix} = \begin{bmatrix} \boldsymbol{F} \\ 0 \end{bmatrix} \tag{4.23}$$

式中,

$$\boldsymbol{\varPhi} = \begin{bmatrix} \phi(\parallel \boldsymbol{x}_1 - \boldsymbol{x}_1 \parallel) & \phi(\parallel \boldsymbol{x}_2 - \boldsymbol{x}_1 \parallel) & \cdots & \phi(\parallel \boldsymbol{x}_N - \boldsymbol{x}_1 \parallel) \\ \phi(\parallel \boldsymbol{x}_1 - \boldsymbol{x}_2 \parallel) & \phi(\parallel \boldsymbol{x}_2 - \boldsymbol{x}_2 \parallel) & \cdots & \phi(\parallel \boldsymbol{x}_N - \boldsymbol{x}_2 \parallel) \\ \vdots & \vdots & \ddots & \vdots \\ \phi(\parallel \boldsymbol{x}_1 - \boldsymbol{x}_N \parallel) & \phi(\parallel \boldsymbol{x}_2 - \boldsymbol{x}_N \parallel) & \cdots & \phi(\parallel \boldsymbol{x}_N - \boldsymbol{x}_N \parallel) \end{bmatrix},$$

$$\boldsymbol{P} = \begin{bmatrix} 1 & x_1 & y_1 & z_1 \\ 1 & x_2 & y_2 & z_2 \\ \vdots & \vdots & \vdots & \vdots \\ 1 & x_N & y_N & z_N \end{bmatrix} \tag{4.24}$$

$\boldsymbol{F} = [f_1, f_2, \cdots, f_n]^{\mathrm{T}}$ 表示插值函数在基点处的值。求解方程(4.23)得到系数 $\boldsymbol{\lambda}$ 和 $\boldsymbol{\gamma}$ 之后,任意处表面节点以外的网格节点的位移就可以使用 RBF 插值方法计算得出,计算式为

$$\Delta \boldsymbol{x}_S = \boldsymbol{\varPhi} \boldsymbol{W}_x, \ \Delta \boldsymbol{y}_S = \boldsymbol{\varPhi} \boldsymbol{W}_y, \ \Delta \boldsymbol{z}_S = \boldsymbol{\varPhi} \boldsymbol{W}_z \tag{4.25}$$

式中,$\Delta \boldsymbol{x}_S$、$\Delta \boldsymbol{y}_S$、$\Delta \boldsymbol{z}_S$ 表示插值函数所用物面节点的位移在三个坐标轴方向的分量;$\boldsymbol{W}_x$、$\boldsymbol{W}_y$、$\boldsymbol{W}_z$ 表示由线性方程组(4.23)求解得到的权重系数,包括 $\boldsymbol{\lambda}$ 和 $\boldsymbol{\gamma}$。该式可以写作统一的计算表达式:

$$\Delta \boldsymbol{S} = \boldsymbol{\varPhi} \boldsymbol{W} \tag{4.26}$$

在径向基函数插值方法中,径向基函数 ϕ 的选择一般分为衰减函数(如常见的高斯函数、Wendland 函数等)和增长函数(如平板样条函数等),其衰减函数更偏向于局部算法,且在处理插值问题中物理意义更清晰。具体的函数形式如表 4.1 所示。

表 4.1　常见的径向基函数

RBF 函数名称	$\phi(r)$
Gaussians	e^{-cr^2}
Multi-quadrics	$\sqrt{r^2 + c^2}$
Inverse multi-quadrics	$1 / \sqrt{r^2 + c^2}$
Inverse quadratics	$1 / (r^2 + c^2)$
Wendland's C0	$(1 - r)^2$
Wendland's C2	$(1 - r)^4 (4r + 1)$
Wendland's C4	$(1 - r)^6 (35r^2 + 18r + 3)$

RBF 方法的主要时间花费是求解权重系数方程组,该方程组的维数由作为基点的物面边界节点个数决定,因此从上述计算过程可以看到,径向基函数插值方法

的计算消耗和内存占用都是 $O(N^3)$。对于复杂的三维网格,物面边界节点数依然十分庞大,求解方程组时间花费较大。为解决此问题以提高 RBF 方法的效率,学者们提出了一些改进方法,主要措施是提高求解方程的效率和减小方程求解规模,减少基点数量的贪婪算法即为其中有效的办法。

4.4.2 减小计算量的贪婪算法

Rendall 提出了一种贪婪算法[13-16],根据最大插值误差位置来逐步添加插值所用的基点来实现径向基函数数目的精简。该算法的基本思想为通过一定的算法在 N 个物面网格节点中选取一小部分节点 M 作为径向基函数的基点,并且根据这 M 个节点的位移建立一个满足精度要求的低维径向基插值函数来代替原来的高维函数,达到精简数据和提高效率的目的。其算法实现的基本过程如下。

(1) 首先,任意选择 I(一般可以取 $I=3$)个物面网格节点形成一个初始基点集合 $\boldsymbol{P}^0 = \{p_1, p_2, \cdots, p_I\}$。由于每个物面网格节点唯一地对应着一个以它为基点的径向基函数,所以节点集合也唯一确定了一个 I 维的径向基函数空间 R。这样就可以根据 $\boldsymbol{P}^0$ 中这 I 个点的位移,通过求解线性方程得到对应的权重系数。显然这样建立的初始径向基插值函数精确地描述了 $\boldsymbol{P}^0$ 中所有物面节点的位移,但是对于不属于 $\boldsymbol{P}^0$ 的物面节点无疑是存在一定的插值误差的。

(2) 为此,贪婪算法的第二步是通过循环物面点,确定最大插值误差出现的具体节点编号 p;根据贪婪算法的基本原则,在 p 处加入一个径向基函数将会直接明显提高当前的径向基函数插值精度。为此,将 p 纳入 $\boldsymbol{P}^0$ 中形成下一个的插值函数基点集合 $\boldsymbol{P}^1$,并根据 $\boldsymbol{P}^1$ 内的 $I+1$ 个点,确定下一个径向基函数 $I+1$ 维插值空间内的插值函数。

(3) 反复执行上述操作对贪婪算法的所用的物面节点进行循环增加,直到最大插值误差满足精度要求或者添加的物面节点数目超过了预设值。由于线性方程求解的计算量是维数的立方级,因此使用以上贪婪算法确定的基于 M 个物面节点的径向基函数插值的计算量级为 M^4。

在贪婪算法中,插值误差算法的选择是决定算法计算效率和物面节点合理选择的关键因素,主要包括表面误差函数算法、能量函数误差算法和单位误差函数算法。

表面误差函数算法表示真实的表面变形误差,假设依托 N 个物面节点的 L 个体节点需要计算其网格变形量,定义矩阵:

$$\boldsymbol{A} = \begin{bmatrix} \phi(\parallel \boldsymbol{x}_1' - \boldsymbol{x}_1 \parallel) & \phi(\parallel \boldsymbol{x}_2' - \boldsymbol{x}_1 \parallel) & \cdots & \phi(\parallel \boldsymbol{x}_L' - \boldsymbol{x}_1 \parallel) \\ \phi(\parallel \boldsymbol{x}_1' - \boldsymbol{x}_2 \parallel) & \phi(\parallel \boldsymbol{x}_2' - \boldsymbol{x}_2 \parallel) & \cdots & \phi(\parallel \boldsymbol{x}_L' - \boldsymbol{x}_2 \parallel) \\ \vdots & \vdots & \ddots & \vdots \\ \phi(\parallel \boldsymbol{x}_1' - \boldsymbol{x}_N \parallel) & \phi(\parallel \boldsymbol{x}_2' - \boldsymbol{x}_N \parallel) & \cdots & \phi(\parallel \boldsymbol{x}_L' - \boldsymbol{x}_N \parallel) \end{bmatrix} \quad (4.27)$$

其每一个表面节点的误差可以定义为

$$E^x = \Delta x_s - A_r \boldsymbol{\Phi}_r^{-1} \Delta x_r, \quad E^y = \Delta y_s - A_r \boldsymbol{\Phi}_r^{-1} \Delta y_r, \quad E^z = \Delta z_s - A_r \boldsymbol{\Phi}_r^{-1} \Delta z_r \quad (4.28)$$

表示每一个坐标轴的插值计算误差,下标 s 表示真实的节点变形量,下标 r 表示减少基点数后插值得到的变形量。

能量函数误差算法是在拉格朗日函数的基础上定义的一种误差分析算法,可以有效地区分每个物面节点在误差计算中的影响因子,保证算法的统一性。定义插值函数用拉格朗日基函数表达为

$$S(\boldsymbol{x}) = \sum_{i=1}^{N} u_i(\boldsymbol{x}) f_i \quad (4.29)$$

式中, $u_i(\boldsymbol{x})$ 表示拉格朗日基函数; f_i 表示基函数的系数。这种形式的插值函数表达方法就可以定义能量函数误差为

$$P(\boldsymbol{x})^2 = \left[\phi(0) - \boldsymbol{q}^{\mathrm{T}} \boldsymbol{\Phi}_r^{-1} \boldsymbol{q} \right]^2 \quad (4.30)$$

其中,

$$\boldsymbol{q}(\boldsymbol{x}) = \begin{pmatrix} \phi(\parallel \boldsymbol{x} - \boldsymbol{x}_1 \parallel) \\ \phi(\parallel \boldsymbol{x} - \boldsymbol{x}_2 \parallel) \\ \vdots \\ \phi(\parallel \boldsymbol{x} - \boldsymbol{x}_N \parallel) \end{pmatrix} \quad (4.31)$$

另一个误差计算方法是单位误差函数方法,具有表达简单明了的特点,误差计算式为

$$E^x = E^y = E^z = \boldsymbol{I} - A_r \boldsymbol{\Phi}_r^{-1} \boldsymbol{I}_r \quad (4.32)$$

式中, $\boldsymbol{I}$ 为单位矢量。此误差是物面的法向量之间的误差。

虽然贪婪算法在一定程度上大幅减少了基点数量、提高了计算效率,但为保证满足网格变形对计算速度的要求,其确定的径向基函数插值依托的物面节点数目一般都会限制在 1 000 以内,因此对于位移分布比较复杂的三维计算网格,往往会有较大的变形误差,在这个基础上,Wang 等[18]提出了一套新的数据精简算法,依然沿用贪婪算法的选点原则,引入函数空间子集逐级逼近的基本思想,有效地放宽了径向基函数的数目限制。

假定使用贪婪算法选出了 M 个物面节点做低维径向基函数插值,那么对于这 M 个点而言,其位移是可以通过当前 M 维径向基函数插值精确描述的,但对于其他物面网格节点,它们的位移与 M 维插值的结果会存在误差。如果将当前 M 维插值的权重系数 $\boldsymbol{W}^0 = (w_{S_1}^0, w_{S_2}^0, \cdots, w_{S_M}^0)^{\mathrm{T}}$ 扩展到 N 维情况,即

$$\boldsymbol{W}^0 = (w^0_{S_1}, \ w^0_{S_2}, \ \cdots, \ w^0_{S_M}, \ w^0_{S_{M+1}}, \ \cdots, \ w^0_{S_N})^{\mathrm{T}} \tag{4.33}$$

显然,上式中 $w^0_{S_{M+1}}, \ \cdots, \ w^0_{S_N}$ 都为零。将 $\boldsymbol{W}^0$ 作为近似解代入插值计算式中可以得

$$\Delta \boldsymbol{S}^0 = \Delta \boldsymbol{S} - \boldsymbol{\Phi} \boldsymbol{W}^0 \tag{4.34}$$

这里 $\Delta \boldsymbol{S}^0$ 不仅表示插值计算式的残差,还给出了当前 M 维径向基函数插值对每个物面网格节点位移的描述误差。因此,如果将径向基函数插值的对象改换成 $\Delta \boldsymbol{S}^0$,即

$$\Delta \boldsymbol{S}^0 = \boldsymbol{\Phi} \boldsymbol{W} \tag{4.35}$$

再次运用贪婪算法选取 Q 个物面节点构建一个 Q 维径向基函数插值对 $\Delta \boldsymbol{S}^0$ 进行近似描述。假设 Q 个节点与前一次选取的 M 个点有 k 个点重复,并设权重系数为

$$\boldsymbol{W}^1 = (w^1_{S_1}, \ w^1_{S_2}, \ \cdots, \ w^1_{S_{M-k}}, \ w^1_{S_{M-k+1}}, \ \cdots, \ w^1_{S_{M+Q-k}}, \ w^1_{S_{M+Q-k+1}}, \ \cdots, \ w^1_{S_N})^{\mathrm{T}}$$
$$\tag{4.36}$$

这里 $w^1_{S_1}, \ w^1_{S_2}, \ \cdots, \ w^1_{S_{M-k}}$ 和 $w^1_{S_{M+Q-k+1}}, \ \cdots, \ w^1_{S_N}$ 均为零。此时式(4.35)的残差为

$$\Delta \boldsymbol{S}^1 = \Delta \boldsymbol{S}^0 - \boldsymbol{\Phi} \boldsymbol{W}^1 = \Delta \boldsymbol{S} - \boldsymbol{\Phi}(\boldsymbol{W}^0 + \boldsymbol{W}^1) \tag{4.37}$$

该式表明如果将 $\boldsymbol{W}^* = \boldsymbol{W}^0 + \boldsymbol{W}^1$ 作为当前 $M+L-k$ 个物面节点所确定的径向基函数插值的权重系数,那么该插值对物面节点位移的描述误差就是 $\Delta \boldsymbol{S}^1$。因此,我们可以重复上述步骤,每次根据贪婪算法选取一定数目的节点对上一步的残差进行径向基函数插值,直到残差 $\Delta \boldsymbol{S}^n$ 满足网格变形要求,然后将这 n 步循环得到的权重系数叠加到一起,就得到了插值计算式的近似解,即最终的径向基函数插值权重系数为

$$\boldsymbol{W}^* = \boldsymbol{W}^0 + \boldsymbol{W}^1 + \cdots + \boldsymbol{W}^n \tag{4.38}$$

上述方法在计算效率方面较单纯的贪婪算法有明显的优势,如果将各级函数子空间的维数统一规定为 M,那么选取 $10 \times M$ 个节点建立的径向基函数插值的计算量为 $10 \times M^4$ 的量级而不是原来贪婪算法的 $(10 \times M)^4$ 量级。

4.5　Delaunay 图映射网格变形方法

Delaunay 图映射网格变形方法[10]的基本思想是建立流场计算网格点与背景图单元的映射关系,移动背景图,通过固定不变的映射关系来确定流场计算网格节点的新位置。该方法只有简单的代数插值计算,无需迭代计算,计算量小,且无需网格拓扑关系,是一种高效、稳健的网格变形方法。

4.5.1　Delaunay 图映射网格变形基本原理

Delaunay 图映射网格变形方法的基本过程如下。

（1）选取适当数量的计算域边界点，用 Delaunay 三角化方法生成 Delaunay 背景图。

（2）将计算网格点定位到 Delaunay 背景图中并建立网格点与背景图单元的映射关系，即用一定的搜索算法为每个网格点 P 找出其所在的背景图单元 E；计算并存储网格点 P 对应于单元 E 的面积比系数（二维）或体积比系数（三维）e_i，如图 4.1 所示。系数 e_i 定义为

$$e_i = S_i/S, \ i = 1, 2, 3 \quad （二维）$$
$$e_i = V_i/V, \ i = 1, 2, 3, 4 \quad （三维） \tag{4.39}$$

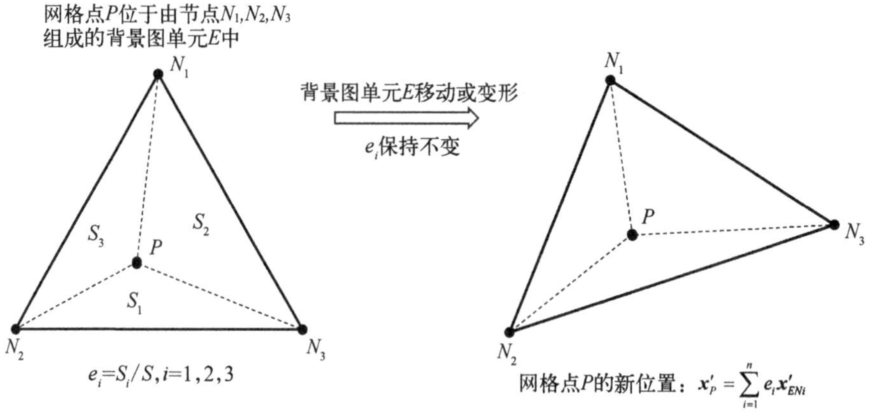

图 4.1　Delaunay 背景图映射方法示意图

其中，S_i 表示用矢量法求得的点 P 与单元 E 的某条边形成的三角形的面积（二维）；V_i 表示点 P 与单元 E 的某个面形成的四面体的体积（三维）；S 或 V 表示单元 E 的面积或体积。同时

$$S = \sum_{i=1}^{3} S_i, \ V = \sum_{i=1}^{4} V_i, \text{且} \sum_i e_i = 1 \tag{4.40}$$

（3）根据固体壁面的变形或运动，移动壁面点，亦即移动 Delaunay 背景图。

（4）检查移动后的背景图有无交叉。无交叉，执行下一步；否则回到第（1）步。

（5）根据第（2）步中存储的系数 e_i，将每个计算网格点 P 逐个映射到移动后的 Delaunay 背景图中，得到 P 点的新位置 $\boldsymbol{x}'_P$，亦即

$$\boldsymbol{x}'_P = \sum_{i=1}^{n} e_i \boldsymbol{x}'_{ENi} \qquad (4.41)$$

其中，$\boldsymbol{x}'_{ENi}$ 为移动后的 Delaunay 背景图单元 E' 中与 e_i 对应的点的坐标。

（6）为下一时间步重复执行第(3)~(5)步。

可以看出，上述基于 Delaunay 图映射的网格动态变形过程无需迭代计算，方法简单，效率较高。但是，对具有复杂外形的有多体相对运动或大变形的问题，背景图单元极容易出现交叉，原方法给出了背景图出现交叉时的处理策略，即重新生成Delaunay 图和重新定位网格点的信息以避免计算网格的交叉，但会导致新的问题。其一，显而易见地，重新生成背景图和定位网格点要花费更多的计算时间；其二，更为重要的是，背景图交叉后，重新生成背景图和重新定位网格点，相当于丢弃初始网格质量的良好特性，而保留变形后的较差的网格信息，此后的网格质量因此而变差，即使边界回到初始位置，网格质量也无法恢复到初始网格的状态，而且，背景图交叉次数越多，情况越严重。为解决这一问题，本书作者提出一种双重 Delaunay 图映射的改进方法[21,22]，目的是避免背景图的交叉，提高效率并改善网格变形的质量，增强处理大变形复杂问题的强健性。

4.5.2　改进 Delaunay 图映射方法

为方便起见，以一套前后置二维双翼型非结构混合网格来说明改进的方法。翼型表面附近是正交性较好的四边形，外围是三角形网格，如图 4.2(a)所示。双重 Delaunay 图映射的动网格变形方法步骤如下。

（1）和原方法一样，选取适当数量的边界点，用 Delaunay 三角化方法生成Delaunay 背景图（为方便起见，称为初始背景图）。

对于简单外形简单运动方式的问题，背景图一般不会出现交叉的情况。但是对有多体相对运动或者构形复杂的问题，情况则大不一样。就这里的前后置双翼而言，图4.2(b)、图 4.2(c)是由边界点生成的 Delaunay 背景图，明显地，当两翼有竖直方向的相对运动时，即使是很小的运动幅度，两翼之间的背景图单元极容易出现交叉[图 4.2(c)画圈部分]。因此，改善局部区域背景图单元的拓扑关系对避免交叉有很大作用。

（2）在初始背景图中的易交叉单元附近的合适位置，添加辅助点，以改善局部区域的连接关系，消除易交叉的背景图单元。图 4.3(a)所示是加入四个辅助点后前后置双翼的背景图，可以看出，初始背景图中易交叉的单元被消除。为改善其他区域的连接关系，再加入其他 10 个辅助点，得到如图 4.3(b)、图 4.3(c)所示的背景图。添加辅助点后，即使两翼在竖直方向有较大的相对运动幅度，背景图也不会出现交叉。显然，辅助点固定不动并不合适，需要随着边界的运动做适当的调整。因此，在添加辅助点之前，先将它们定位到初始背景图中，即为每个辅助点找出其

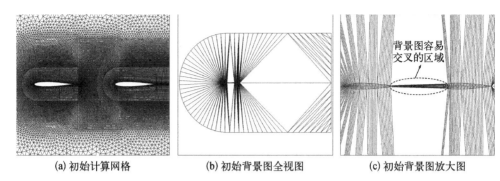

| (a) 初始计算网格 | (b) 初始背景图全视图 | (c) 初始背景图放大图 |

图 4.2　前后置双扑翼的初始计算网格和初始背景图

所在的初始背景图单元,计算并存储辅助点对应初始背景图单元的面积比系数或体积比系数 e_i。

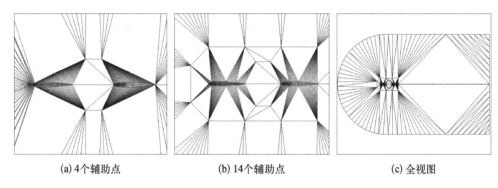

| (a) 4个辅助点 | (b) 14个辅助点 | (c) 全视图 |

图 4.3　添加辅助点后的实背景图

　　加入辅助点后,初始背景图不复存在,因此,初始背景图也称为虚背景图,辅助点和初始背景图的映射关系称为虚映射,对应地,加入辅助点后的背景图称为实背景图。值得注意的是,由于辅助点数量不多,我们只需记录辅助点对应的初始背景图单元的顶点和面积比系数或体积比系数,而无需存储整个虚背景图。

　　(3) 将计算网格点定位到加入辅助点后的实背景图中。为每个网格点找出其所在的实背景图单元;计算并存储网格点对应的比系数 e_i。网格点和实背景图的映射关系称为实映射。

　　(4) 根据固体壁面的变形或者多个物体的相对运动,移动背景图的边界;由辅助点和虚背景图的虚映射关系,根据式(4.41)移动辅助点的位置,即得到移动后的实背景图。如图 4.4(a)所示。

　　(5) 检查移动后的实背景图有无交叉。无交叉,执行下一步;否则回到第(1)步。实际上,通过添加适当辅助点改善背景图局部区域的连接关系,可完全规避背景图交叉的情况。

（6）由网格点和实背景图的实映射关系，根据式（4.41），将网格点映射到新位置，即得到变形后的计算网格。如图 4.4(b) 所示。

（7）为下一时间步重复执行第（4）~（6）步。

双重 Delaunay 图映射的动网格方法和原方法比较，只需添加数量一定的辅助点，付出很少的内存代价，即可大大改观背景图交叉的状况，提高动态网格生成的质量水平和效率；双重图映射方法并不增加算法的复杂度，在原方法的基础上稍做改动即可实现。两者性能和效率的比较在 4.5.3 节有更详细的叙述。

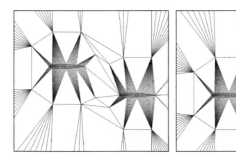

(a) 移动后的实背景图

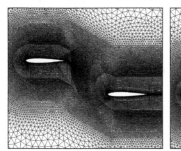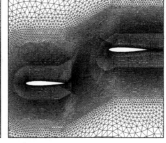

(b) 移动后的网格

图 4.4　用双重图映射方法生成的动态网格

不难看出，添加辅助点的目的是为了改善背景网格局部区域的拓扑关系，辅助点添加一般应达到两个基本目标：其一，连接辅助点应形成类似长方形（长方体）等较为简单的几何形体，这样，里层的较复杂的曲线（曲面）壁面往外退化为较规则几何体，简化了背景图；其二，辅助点和壁面点组成的背景网格单元应与壁面保持较大的角度，使得该背景单元即使在壁面有较大的移动时也不会交叉。

实际上，辅助点的移动也可根据问题的不同而灵活处理。部分辅助点根据虚背景单元的移动而移动，而另一部分辅助点可随着壁面点一起移动，甚至可以固定部分辅助点不动。

4.5.3　原方法与改进方法生成动网格的质量和效率的比较

采用如图 4.2(a)所示的前后置双翼型网格为例,对双重图映射动网格方法和原方法进行对比分析。前后翼按如下规律做沉浮运动:

前翼,

$$H(t) = H_0\sin(\omega t) \tag{4.42}$$

后翼,

$$H(t) = H_0\sin(\omega t + \varphi) \tag{4.43}$$

取扑动幅度 $H_0 = 0.4L$(L 为翼型弦长),为加大相对运动的幅度,前后翼运动相位差为 $\varphi = 180°$,即前后翼反方向扑动。每扑动周期分成 200 个时间步。

图 4.5(a)、图 4.5(b)是从初始网格开始的第一个扑动周期内,分别用原方法和双重图映射方法生成的动态网格的局部放大图。不难发现,原方法由于背景图的交叉,重新生成背景图后,网格质量下降,且不能恢复到初始状态。而对双重图映射方法来说,由于采用了辅助点,避免了背景图的交叉,翼型回到初始位置时,变形后的网格能恢复到初始网格的状况。为进一步比较两种方式生成动网格质量的差别,定义表征网格单元质量的扭曲率为

$$SR = \max\left(\frac{\alpha_{\min}}{120°} - 0.5,\ 1.0 - \frac{\alpha_{\min}}{60°}\right) \tag{4.44}$$

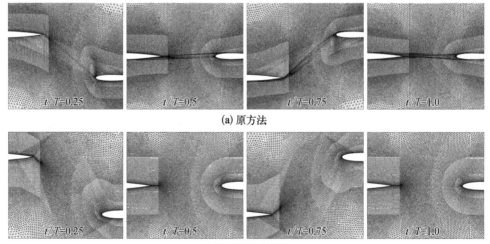

(a) 原方法

(b) 双重图映射方法

图 4.5　一个周期内动态网格的局部放大图

$SR < 0.75$ 时,网格质量较好。图 4.6 是第一个扑动周期内,两种方法生成的动网格单元的扭曲率分布比例的比较。可以看出,零时刻的初始网格质量较好,多数为规则的三角形或正交的四边形;翼型回到初始位置时,双重图映射方法生成的动态网格,其扭曲率分布比例恢复到零时刻的状态;而原方法生成的动网格无法恢复,且随着交叉次数的增多,网格质量也越来越差。

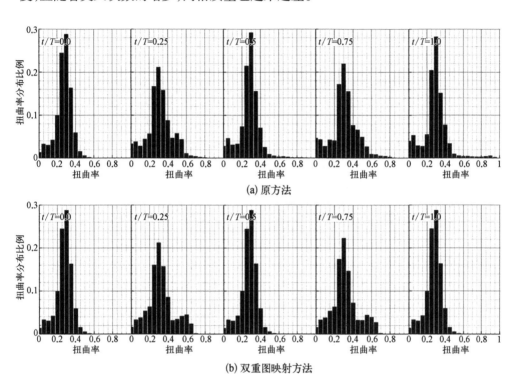

图 4.6 一个周期内网格单元扭曲率分布比例柱状图

表 4.2 反映了双重图映射方法和原方法的效率差别。两者用于生成背景图的边界点个数相同,双重图映射添加 14 个辅助点,只增加总共 56 个背景图单元,却完全避免了每周期 8 次的背景图交叉。

表 4.2 双重图映射方法和原方法的效率比较

	背景图边界点个数	辅助点个数	背景图单元数	每周期背景图交叉次数
原方法	252	/	653	8
双重图映射方法	252	14	695(实)+14(虚)	0

4.6　组合网格变形方法

Delaunay 图映射方法原理简单、实现容易,网格变形速度快,但背景图容易交叉,使其在动态网格生成应用中面临两个方面的问题,其一,背景图交叉后要重新生成新的背景图,且流场计算网格要重新映射,导致初始流场网格的良好质量信息丢失,交叉次数多了后,流场网格质量会严重下降且不可恢复;其二,背景图重新生成、流场计算网格重新映射,降低了动态网格生成的效率。背景图容易交叉的缺点使得这一方法的效率和稳健性大打折扣。

针对此问题,可以通过在初始背景图中添加辅助点的方式,改善背景图的拓扑关系,避免背景图的交叉。但在应用中仍受 Delaunay 图映射方法缺陷的困扰。虽然通过添加辅助点的方式对 Delaunay 图映射方法进行了改进,但辅助点的添加带有较强的经验性,不同的问题,添加辅助点的位置和个数也不同,使得这一方法的应用并不完美;另一问题是,对某些情况,比如带有曲线边缘的几何模型,背景图极易交叉,给复杂外形问题的动态网格生成带来极大的困扰。分析认为,细长、扁窄的背景图单元是导致背景图交叉的原因,如果能将细长、扁窄的背景图单元变成各向同性的较规则的四面体单元,则背景图易交叉的状况将得到改善。

因此,可以将背景图映射方法和弹簧模型或 RBF 方法组合起来[23,24],增强动网格的稳健性和效率,即用一套比流场计算网格稀疏得多的无附面层的三角形(二维)或四面体(三维)网格作为背景网格,代替原来的只包括壁面点和远场点(或者还有少数几个辅助点)的 Delaunay 背景图,用于流场计算网格的映射变形,而背景网格由于很稀疏且无附面层网格,可以用弹簧模型或 RBF 方法进行移动。一方面,弹簧模型或 RBF 只应用在稀疏的背景网格上,相比应用在流场网格上,计算量大为减少;另一方面,映射插值基于背景网格,背景网格不容易交叉,保证 Delaunay 图映射方法高效率的同时提高了它的稳健性。这种组合方法避开了弹簧模型、RBF 或 Delaunay 图映射方法各自的缺点,又发挥了它们各自的优势,解决了原思路存在的缺陷问题,提高动态网格生成的效率和稳健性。以下将弹簧模型与图映射方法组合简称为 SPR‑DGM,RBF 与图映射方法组合简称为 RBF‑DGM。

4.6.1　SPR‑DGM

SPR‑DGM 组合方法是将原 DGM 方法的 Delaunay 背景图替换为一套比流场网格稀疏得多的纯三角形或四面体背景网格,背景网格用弹簧模型方法进行变形,基于变形了的背景网格,再依据流场网格与背景网格的映射关系来移动流场网格点。采用 4 套逐渐加密的网格(网格信息如表 4.3 所示)来测试 SPR－DGM 组合方法的效率和稳健性,并与原 DGM 方法进行对比。图 4.7 为 SPR－DGM 组合方法生成 NACA0012 翼型黏性动态网格的示意图,NACA0012 翼型绕 1/4 弦线点做俯仰运动,图 4.7(a)为初始和基于弹簧模型变形后的背景网格,图 4.7(b)为相应的初始的和变形后的流场计算网格。测试中,翼型以每步 1°的幅度旋转,直至网格出现交叉,极限旋转角度如表 4.3 所示,原 DGM 方法最多承受翼型旋转 60°的幅度,网格即失效,而 SPR－DGM 组合方法,大大地增强了网格变形的能力和稳健性。就效率来说,SPR－DGM 组合方法的耗时大约是原 DGM 方法的数倍,但因为 DGM 方法本身计算量很小,组合方法的耗时实际上也并不大,亦即组合方法以较小的计算代价增强了动态网格变形的极限能力和稳健性。图 4.8 和图 4.9 分别为翼型流场网格质量云图和网格质量随旋转角度的变化情况,明显可见,随着翼型的旋转,无论是平均网格质量还是最差网格质量,原 DGM 方法的网格质量都快速下降,而 SPR－DGM 组合方法即使在很大旋转角度情况下仍然有着较好的总体平均网格质量,尤其是翼型附近的细小单元几乎不变化而始终保持良好质量,最差网格质量在翼型旋转 50°~60°之后才开始慢慢下降。

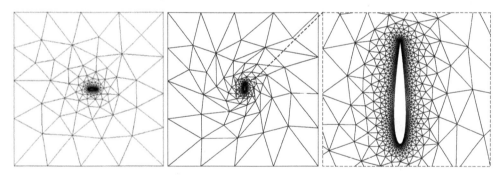

(a) 初始位置背景网格和基于弹簧模型变形后的背景网格

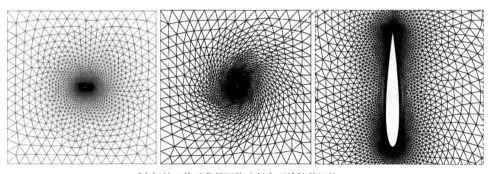

(b) 初始及基于背景网格映射变形的流体网格

图 4.7　SPR－DGM 组合方法生成 NACA0012 翼型动态网格示意图

表 4.3　SPR‐DGM 组合方法测试网格信息及结果

	网格信息			极限旋转角度		耗时比
	物面点数	流场网格单元数	背景网格单元数	DGM	SPR‐DGM	与 DGM 相比
稀疏网格	200	11 443	2 249	64°	146°	16.23
中等密度网格	400	22 042	4 261	64°	147°	16.86
密网格	800	43 281	7 893	64°	144°	14.04
特密网格	1 600	104 855	11 583	62°	151°	8.49

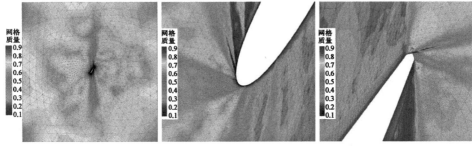

(a) DGM方法（60°旋转角度）

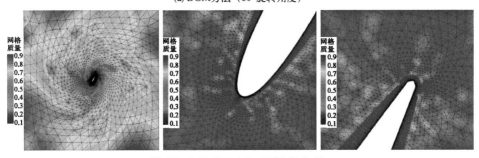

(b) SPR-DGM组合方法（60°旋转角度）

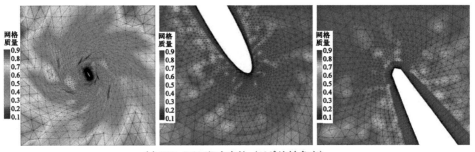

(c) SPR-DGM组合方法（120°旋转角度）

图 4.8　NACA0012 翼型流场网格质量云图

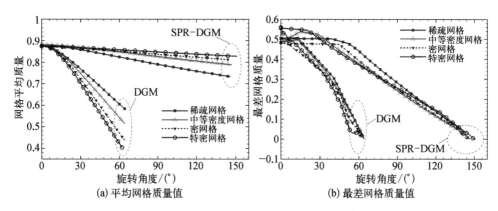

图 4.9　网格质量随旋转角度的变化情况

　　SPR－DGM 组合方法在三维复杂问题上的表现也非常优秀。图 4.10 所示为 SPR－DGM 组合方法生成的翼身-短舱组合体动态网格。流场网格单元总数约为 1 900 万,机翼做弯曲变形,变形量为 $\pm 2L$(L 为机翼平均气动弦长)。单一的弹簧模型方法或图映射方法对该问题都面临着效率或稳健性的问题,SPR－DGM 组合方法则可弥补各自的缺点和发挥各自的优势。从图 4.10 所示的流场网格来看,变形量最大的翼梢附近网格都有不错的质量,表 4.4 所示的平均网格质量和最差网格

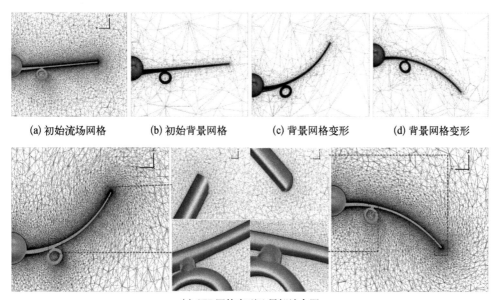

图 4.10　SPR－DGM 组合方法用于翼身短舱组合体动态网格生成

质量的数据也反映,在如此大的几何变形情况下,流场网格质量没有明显的下降,证实组合方法在三维复杂问题上的应用能力。

表 4.4　DLR F6 模型流场网格变形质量统计

	初始流场网格	+L	+2L	−L	−2L
平均网格质量	0. 881 643	0. 880 797	0. 878 079	0. 880 720	0. 878 048
最差网格质量	0. 131 632	0. 110 985	0. 107 877	0. 110 252	0. 098 935

4.6.2　RBF‑DGM

与 SPR‑DGM 组合方法类似,RBF‑DGM 也是用一套稀疏的背景网格取代原 DGM 方法的背景图,只是背景网格的运动变形由 RBF 方法来实现。除了具有与 SPR‑DGM 类似的高效率和强稳健性特点外,鉴于 RBF 方法基于基点数据插值而无需网格拓扑关系的特点,RBF‑DGM 组合方法在某些特定的问题上具有更好的灵活性。比如,针对仿生柔性扑翼气动机理与规律问题,通过在翼面上布置离散感光点,运用现代测量技术可以测得扑动周期内翼面上若干位置的柔性变形数据(图 4.11),基于此离散的变形数据,可采用基于 RBF‑DGM 组合方法构建柔性扑翼的动态变形网格(图 4.12),研究柔性扑翼的气动机理。

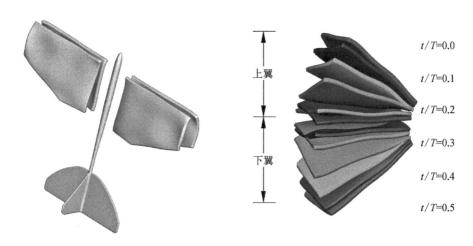

图 4.11　DelFly 扑翼飞行器几何模型及实验测得的柔性翼面形状

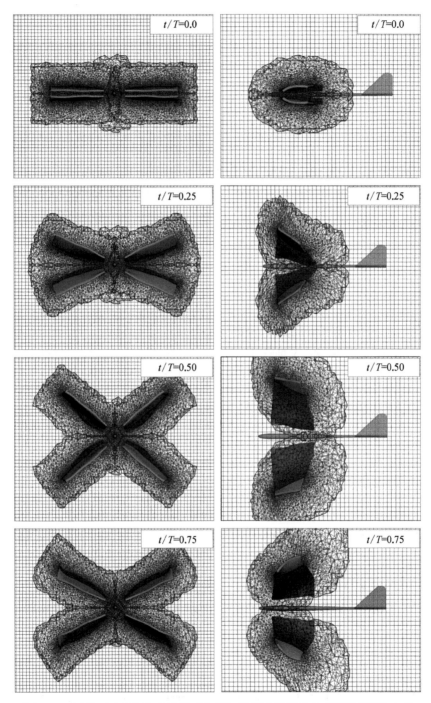

图 4.12　RBF - DGM 组合方法用于 DelFly 扑翼飞行器动态变形嵌套网格生成
（扑翼子网格的变形由 RBF - DGM 方法实现；左列为前视图、右列为侧视图）

参 考 文 献

[1] SELIM M M, KOOMULLIL R P. Mesh deformation approaches-a survey[J]. Journal of Physical Mathematics, 2016, 7(2): 1 - 9.

[2] 张伟伟, 高传强, 叶正寅. 气动弹性计算中网格变形方法研究进展[J]. 航空学报, 2014, 35 (2): 303 - 319.

[3] BATINA J. Unsteady Euler algorithm with unstructured dynamic mesh for complex-aircraft aerodynamic analysis[J]. AIAA Journal, 1991, 29(3): 327 - 333.

[4] FARHAT C, DEGAND C, KOOBUS B, et al. Torsional springs for two-dimensional dynamic unstructured fluid meshes[J]. Computer Methods in Applied Mechanics and Engineering, 1998, 163: 231 - 245.

[5] DEGAND C, FARHAT C. A three-dimensional torsional spring analogy method for unstructured dynamic meshes[J]. Computers and Structures, 2002, 80: 305 - 316.

[6] ZENG D, ETHIER C. A semi-torsional spring analogy model for updating unstructured meshes in 3D moving domains[J]. Finite Elements in Analysis and Design, 2005, 41: 1118 - 1139.

[7] CARLO L, DAVIDE D, ROBERTO S. The ball-vertex method: a new simple spring analogy method for unstructured dynamic meshes[J]. Computer Methods in Applied Mechanics and Engineering, 2005, 194: 4244 - 4264.

[8] ZHANG L, WANG Z. A block LU-SGS implicit dual time-stepping algorithm for hybrid dynamic meshes[J]. Computers and Fluids, 2004, 33(7): 891 - 916.

[9] NIELSEN E, ANDERSON W. Aerodynamic design optimization on unstructured meshes using the Navier-Stokes equations[J]. AIAA Journal, 1999, 37(11): 1411 - 1419.

[10] LIU X, QIN N, XIA H. Fast dynamic grid deformation based on delaunay graph mapping[J]. Journal of Computational Physics, 2006, 211(2): 405 - 423.

[11] THOMPSON J, WARSI Z, MASTIN C. Numerical grid generation, foundations and applications[M]. New York: Elsevier Science Publishing Company, 1985.

[12] de BOER A, van der SCHOOT M, BIJL H. Mesh deformation based on radial basis function interpolation[J]. Computers and Structures, 2007, 85(11 - 14): 784 - 795.

[13] RENDALL T, ALLEN C. Improved radial basis function fluid-structure coupling via efficient localised implementation[J]. International Journal for Numerical Methods in Engineering, 2009, 78(10): 1188 - 1208.

[14] RENDALL T, ALLEN C. Efficient mesh motion techniques using radial basis functions with data reduction algorithms[J]. Journal of Computational Physics, 2010, 228(17): 6231 - 6249.

[15] RENDALL T, ALLEN C. Parallel efficient mesh motion using radial basis functions with application on multi-bladed rotors[J]. International Journal for Numerical Methods in Engineering, 2010, 81(1): 89 - 105.

[16] RENDALL T, ALLEN C. Reduced surface point selection options for efficient mesh deformation using radial basis functions[J]. Journal of Computational Physics, 2010, 229 (8): 2810 - 2820.

[17]　SHENG C, ALLEN C. Efficient mesh deformation using radial basis functions on unstructured meshes[J]. AIAA Journal, 2013, 51(3): 707 - 720.

[18]　WANG G, MIAN H, YE Z, et al. Improved point selection method for hybrid-unstructured mesh deformation using radial basis functions[J]. AIAA Journal, 2015, 53(4): 1016 - 1025.

[19]　WANG Y, QIN N, ZHAO N. Delaunay graph and radial basis function for fast quality mesh deformation[J]. Journal of Computational Physics, 2015, 294: 149 - 172.

[20]　WRIGHT G. Radial basis function interpolation: numerical and analytical developments[D]. Boulder: University of Colorado at Boulder, 2003.

[21]　肖天航,昂海松.大变形复杂构形动态网格生成的双重 Delaunay 图映射方法[C].丹东: 第十三届全国计算流体力学会议,2007.

[22]　肖天航,昂海松,全超.大幅运动复杂构形扑翼动态网格生成的一种新方法[J].航空学报,2008,29(1): 41 - 48.

[23]　XIAO T H, QIN N, LUO D M, et al. Deformable overset grid for multibody unsteady flow simulation[J]. AIAA Journal, 2016, 54(8): 2392 - 2406.

[24]　DENG S H, XIAO T H, van OUDHEUSDEN B, et al. A dynamic mesh strategy applied to the simulation of flapping wings[J]. International Journal for Numerical Methods in Engineering, 2016, 106(8): 664 - 680.

第5章　非结构动态嵌套网格技术

工程上,边界有大幅相对运动的复杂绕流现象十分常见,如风力机定/转子、旋翼与机身、高速列车会车、飞机外挂物投放、子母弹抛撒以及航天飞机多级分离等。第4章介绍的动态网格方法毕竟是保持拓扑关系不变的网格变形技术,当几何部件有翻转或运动幅度大到一定程度时,网格变形技术很难保证网格的质量,甚至出现网格交叉的情况,无法满足计算要求。针对这类有大幅度相对运动的问题,嵌套网格技术成为另一种解决运动边界问题的途径[1-4]。

嵌套网格把流场计算域适当地划分为多个相互重叠或嵌套的区域,各个区域分别生成独立的网格并在其上进行流场求解,在重叠或嵌套的部分上通过网格间插值进行区域间流场信息传递。其优点是降低了网格生成的难度,并提高了网格生成的灵活性,能保证原始网格的质量,对原始流场求解器有很好的继承性。嵌套网格的思路最早由 Steger 提出[5],目的在于降低复杂几何外形结构网格的生成难度,此后,该方法不断在结构网格上得到发展[6-9],并逐渐推广应用到非结构网格上[10-12]和非定常流场的计算[13-15]。经过多年的发展,国际和国内也形成了具有代表性的嵌套网格程序或软件,如 PEGSUS[16]、SUGGAR[17,18]、OVERTURE[19]、BEGGAR[20,21]、PUNDIT[22]等,并在航空航天、船舶、交通运输、生物医学等工程问题上得到大量应用。

与单套网格的流场计算不同,嵌套网格需要进行一次额外的流程处理,亦即嵌套网格装配,目的是对每套网格的单元或节点进行分类(亦即挖洞,将网格元素分为激活、非激活和插值三种类型),并建立嵌套网格之间的插值关系[23,24]。由于嵌套网格中各子网格相互重叠但在数据逻辑上又相互独立,嵌套网格挖洞是嵌套网格装配过程最主要也是技术难度较高的任务环节。复杂工程问题,尤其是动态非定常流场计算问题要求挖洞方法具有足够高的效率、稳健性和自动化程度,而大规模分区嵌套网格的分布式并行挖洞则面临着更大的技术挑战[25,26]。

本章结合课题组在非结构嵌套网格方法的研究进展和成果,介绍非结构嵌套网格方法的流程和算法,重点是并行隐式装配方法。为方便起见,先简单给出非结构嵌套网格方法总体过程。

(1) 网格生成与管理:将流场划分为多个重叠的计算域并各自生成独立的网格,按照重叠关系进行分层管理(5.1节)。对分布式并行计算,还需要对每套子网格进行分区,并分发到各个计算核心上。

（2）数据准备：包括用于宿主单元搜索的数据结构（准备什么数据取决于搜索算法）、最小物面距离（隐式装配用）等。

（3）嵌套网格隐式"挖洞"（implicit hole-cutting）（5.2 节）：在相邻两层或同层的各个子网格间，根据物面距离的大小定义网格间的边界，隐式挖洞过程的主要工作是为每个位于重叠区域的网格点搜索它所处的对方网格的宿主单元，宿主单元搜索算法见 5.3 节。

（4）嵌套边界优化与插值关系建立：对边界进行拓宽和优化（5.4 节），以保证流场计算的高阶精度格式。建立重叠区网格边界的插值关系（5.5 节），用于流场计算时各区域间的流场信息交换。

（5）计算得到当前时间步的流场，时间推进一步，如有边界运动，将该边界对应的网格移动或变形到下一时间步的新位置，回到第（2）步；否则继续执行第（5）步。

针对大规模网格，在高性能计算机上基于网格分区进行分布式并行计算是常规技术途径，相应地，嵌套网格装配也需要基于分区网格并行进行，以解除内存的限制和满足效率和速度的需要。

5.1　网格生成与分层管理

嵌套网格将计算域分割成多个相互重叠的子计算域，每个子计算域生成各自独立的子网格。子网格通常为紧贴单个几何零部件的网格，或者是覆盖一定计算区域的背景网格，一个几何部件生成一套子网格，各子网格之间相互重叠。为了较好地控制网格的疏密分布，一般地，壁面附近的子网格较密，而远离壁面的网格逐渐变稀。为方便嵌套关系的建立，对网格进行分层管理，整个计算域被分成若干个重叠的网格层，每个网格层由一个或多套子网格组成。网格层从稀网格到密网格逐层叠加并从小到大依次编号，高层网格嵌入层号相邻的低层网格。只有层号相邻的两网格层之间和同一网格层内的子网格之间才存在嵌套关系。图 5.1 是网格分层管理的示意图。

由于笛卡儿网格容易生成且质量最为理想，一般地，初始的几个网格层可用笛卡儿网格填充，形成背景网格，各网格层疏密适当，实现背景网格从稀到密的均匀过渡。当然，背景网格也可以只是一层疏密分布适当的非结构混合网格。图 5.2 以一高升力翼型为例，示意两种常见的嵌套网格生成和分层管理模式：图 5.2(a) 所示为 4 套子网格管理为 3 层，其中两套笛卡儿子网格分别作为第一层、第二层背景网格，前缘缝翼和主翼的子网格作为第三层嵌入到第二层背景网格；图 5.2(b) 则生成绕主翼的子网格作为第一层，前缘缝翼的子网格作为第二层嵌入主翼子网格之中。此两种模式可单用也可合用，具体工程应用中，可根据实际需要采取合适的网格生成和分层管理策略。

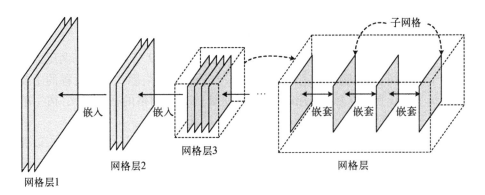

图 5.1 网格分层管理示意图

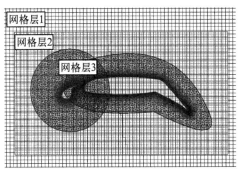

(a) 重叠的不同部件子网格一起嵌入背景网格中　　(b) 一个部件的子网格嵌入另一部件的子网格中

图 5.2 两种常见的嵌套网格分层管理模式

5.2 嵌套网格隐式"挖洞"

"挖洞"是嵌套网格装配最主要也是最重要的任务,所谓"挖洞"并不是将网格单元或网格点真正地从几何上挖掉,而是将网格单元标识成活动单元、边界插值单元和非活动单元,非活动单元不参与后续的流场计算,边界插值单元则用于网格之间的流场信息交换。为满足实际工程对嵌套网格全自动化、强稳健性和高效率的要求,本书发展一种稳健高效的并行隐式挖洞方法。

隐式挖洞的过程分为两个阶段,第一阶段是物面洞边界识别。考虑到复杂问题存在多套子网格在同一固壁面内重叠的情况,为避免该部分网格给后续隐式挖洞算法带来逻辑上的混乱,首先进行物面洞边界识别,将所有固壁面内的单元"挖掉",以增强嵌套网格方法在处理复杂工程问题上的鲁棒性。图 5.3 给出了并行分区网格物面洞边界的识别过程,主要步骤如下。

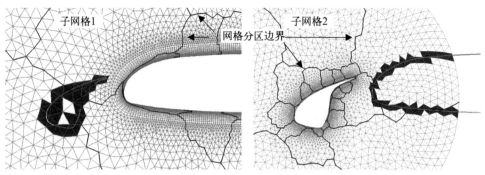

(a) 识别并剔除与固壁面元重叠的网格单元

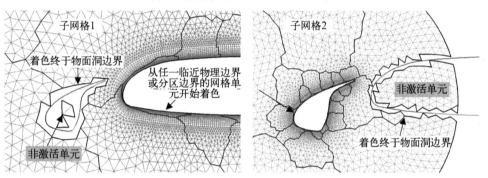

(b) 运用着色算法识别并激活位于固壁面外的网格单元

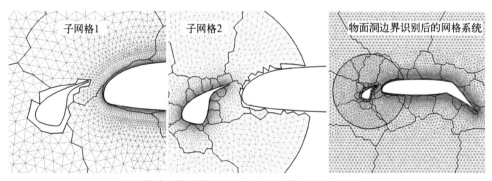

(c) 剔除余下的非激活单元，完成物面洞边界识别过程

图 5.3　物面洞边界识别过程

（1）收集所有子网格的物面单元信息并存储在每个计算核心上，建立交替数字树（alternative digital tree，ADT）数据结构管理物面单元信息，所有网格单元标记为未处理状态。

（2）对每套分区网格，循环网格单元，运用基于 ADT 的搜索算法，快速识别并标记与物面交叉的单元，如图 5.3（a）所示，这一个过程实际上只需要根据网格单元和物面单元的包围框是否交叉来大概判断，而不必进行精确的几何运算来判断是否真正交叉。

（3）对每套分区子网格，运用着色算法识别并激活固壁外的网格单元，如图5.3(b)所示。着色过程从每套子网格的物理边界（如物面、远场等）或分区边界的位于流体域的任意临近单元开始，基于网格拓扑关系，逐一着色，直到遇到与固壁面相交的边界。

（4）至此，所有未处理的单元只剩下固壁内部的单元（如果还有的话），循环一次所有的单元，"挖掉"固壁内单元和与物面交叉的单元，留下的即为固壁外的激活单元和激活节点，如图5.3(c)所示。

上述步骤中，除了刚开始的物面单元信息收集，其他步骤都可以在每个计算核心上利用当地的数据完成，而不需要太多数据通信，物面洞边界识别过程可以以很高的效率并行处理；此外，识别过程并不涉及复杂计算，因此，物面洞边界识别过程在整个嵌套网格装配中耗时占比很小，但这一过程却可以大大提高复杂问题嵌套网格装配的鲁棒性。

理论上，物面洞边界识别之后，基于已经标识的固壁面外的激活单元，取一两层临近洞边界的网格单元作为插值单元，就可以建立重叠子网格之间的嵌套关系进行后续的流场计算，部分国际著名的嵌套网格软件，如 PUNDIT[22] 等，就是这种做法。但是很显然，各子网格重叠区域的单元不管疏密都会参与计算，从流场计算精度上来说，这并非最佳的方式。因此，在物面洞边界识别之后，本书的隐式挖洞进一步对固壁面外的激活单元进行分类，将重叠区较优的网格单元保留下来参与计算。

如前文所述，网格疏密分布的规律一般是，贴近壁面附近的网格较密，而远离壁面网格逐渐变稀。在嵌套网格的重叠区域，我们总希望较密的网格参与流场计算，而稀网格则被"挖掉"，因此，本书用离自身物面的最小距离（简称物面距）作为判定单元是否激活的依据。在嵌套网格装配的数据准备阶段，即为每套子网格计算网格点到自身网格所包含的物面的物面距，而对不包含物面的背景网格，其网格点的物面距则依据其层号给定为 $(n_{max} - n)\Delta d$，其中 n_{max} 为最大层号，n 为该网格所处层号，Δd 为用户事先指定的常数，一般取 Δd 为 0.5~2 个特征长度。

在物面洞边界识别的基础上，首先按照以下步骤将位于固壁面之外的网格点进一步分类为活动节点和非激活节点。

（1）对每套子网格，为重叠区的所有网格点，逐一在重叠的其他子网格上搜索网格点的宿主单元。为提高宿主单元搜索的效率，可采用诸如蛇形法、逆映射法或ADT 的搜索算法；对分布式分区网格宿主单元搜索，涉及数据存储和通信策略，相关所有网格点初始化为活动状态。

（2）找到网格点的宿主单元后，比较网格点和宿主单元的物面距，如图

5.4(a)所示,若网格点的物面距比宿主单元的大,则将网格点由活动状态改为非活动状态。

在此基础上,循环各个子网格的网格单元,根据网格单元中的节点状态将固壁面之外的网格单元分为三种类型:如果单元的所有节点都为活动状态则该单元为活动单元;如果节点都为非活动状态则该单元为非活动单元;既有活动节点又有非活动节点的单元则为嵌套边界插值单元。

上述过程不但确定了嵌套网格的边界,而且确定了重叠区内网格点的宿主单元,为后续网格间数据插值模板的建立提供了方便。经过以上算法,得到隐式挖洞之后的高升翼型嵌套网格如图5.4(b)所示。

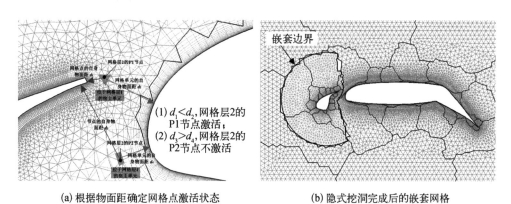

(a) 根据物面距确定网格点激活状态　　　　　　(b) 隐式挖洞完成后的嵌套网格

图 5.4　嵌套网格的边界定义

5.3　宿主单元搜索算法

嵌套网格隐式挖洞过程和插值模板建立需要为重叠区域的网格点在另外的重叠子网格上搜索宿主单元,其搜索任务量非常巨大,宿主单元搜索是嵌套网格装配的主要负担,因此,快速、高效的宿主单元搜索算法对嵌套网格装配效率的提高至关重要。常用的宿主单元搜索方法主要包括逆映射方法、蛇形搜索法[27]和基于ADT树的搜索算法,因此本节主要介绍这三种方法。当然国内许多研究者们还发展了包括“透视图”方法[28]、“距离缩减”法[29]和一些其他方法[30-32],这里不过多介绍。

5.3.1　逆映射方法

逆映射方法的基本思想是建立一套辅助网格,一般是结构化的笛卡儿直角网

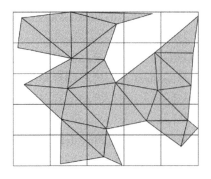

图 5.5　辅助网格示意图

格,每个网格单元都是相同大小的六面体(二维四边形,如图 5.5 所示)。根据真实网格信息可以估算出辅助网格的建立区域 $(x_{\min}\ y_{\min}\ z_{\min}\ x_{\max}\ y_{\max}\ z_{\max})^{\mathrm{T}}$,通过设定空间三方向的等分整数 $(N_x\ N_y\ N_z)$ 可以完成辅助网格的建立,而非实际绘制一套辅助网格。此时,对于任意待求点 $P = (x\ y\ z)^{\mathrm{T}}$,可以直接找到辅助网格中包含该点的网格编号:

$$i = \left\lfloor \frac{x - x_{\min}}{\mathrm{d}x} \right\rfloor + 1, \quad i \in [1, 2, \cdots, N_x]$$

$$j = \left\lfloor \frac{y - y_{\min}}{\mathrm{d}y} \right\rfloor + 1, \quad j \in [1, 2, \cdots, N_y] \tag{5.1}$$

$$k = \left\lfloor \frac{z - z_{\min}}{\mathrm{d}z} \right\rfloor + 1, \quad k \in [1, 2, \cdots, N_z]$$

其中,

$$\mathrm{d}x = \frac{x_{\max} - x_{\min}}{N_x}, \quad \mathrm{d}y = \frac{y_{\max} - y_{\min}}{N_y}, \quad \mathrm{d}z = \frac{z_{\max} - z_{\min}}{N_z} \tag{5.2}$$

同样地,可以建立起真实网格单元与辅助网格单元的映射关系,如每个辅助网格单元 $(i\ j\ k)$ 包含哪些真实网格单元。这样,在对待求点进行贡献单元搜索时,可以根据式(5.1)快速判定待求点所在的辅助网格单元,进而从该单元包含的真实网格单元中找到贡献单元。其中,辅助网格单元与真实网格单元的包含判据有两种方法,一种是直接根据真实网格单元的最大最小坐标 $\boldsymbol{x}_{E\min}$、$\boldsymbol{x}_{E\max}$ 来识别与它相交的辅助网格单元编号,这种方法简便清晰,但实际上两者有可能并不相交,这样就会使辅助网格单元存储了多余的真实网格单元编号,额外增加贡献单元搜索时的判断次数;另一种是由 Roget 等[22] 使用的,根据几何交叉关系来判定,该方法虽然可以精确找到辅助网格所包含的单元编号,但无疑增大了映射关系建立时的计算量。

该方法效率较高,能够将贡献单元的搜索任务快速定格在某一小区间内(某个辅助单元上)。可以明显看出,逆映射法的相对效率取决于辅助网格的密度,如果辅助网格越密,则每个辅助网格单元包含的网格元素越少,则贡献单元搜索时需要判断的次数就越少,但这样会大大增大所需内存消耗,同时也会增大前期建立映射关系的任务耗时。合理地建立最优辅助网格单元尺寸是逆映射法效率提升的关键。目前,逆映射法因其快速高效的特性被广泛使用,在最初的结构辅助网格法[33,34]基础上,发展出了多种改进方法,如近似逆映射法[35]、精确逆映射法[22]、自适应辅助结构网格法[36]等。

5.3.2　蛇行搜索法

第二种比较常用的贡献单元搜索方法是蛇形搜索法,即常说的 Neighbor-to-Neighbor(N2N)方法,如图 5.6 所示,对于任意待查点 P,在其附近选择一个起始控制体/网格单元,利用控制体单元边界面的相邻关系,沿着控制体边界面"行走"到目标贡献单元,其"行走"路径如图 5.7 所示。由于其蜿蜒的路径形状,故得名蛇形搜索法,在国外文献中也称为"line-walk""stencil-walk""stencil-jump"法。在图 5.7 中,从起始控制体 1 到待查点 P 对应的控制体的路径可以近似为直线,所以可以很快地找到贡献单元。然而对于起始控制体 2,路径一开始就遇到了物面,由于物面附近的控制体在物面边界处并没有邻居控制体,因此搜索就无法进行下去,通常需要重新选择起始控制体,且该问题可能会连续出现,导致多次重新选择后仍一直"碰壁",此时一般需要对所有控制体进行遍历查询,也就是通过穷举法找到贡献单元,这样会大大降低效率和稳健性。除此以外,在大规模并行计算时,网格通常被等分成多个分区网格分发到各个计算核心上,每个计算核心只有一部分网格拓扑关系,此时该方法可能会面临邻居控制体在其他计算核心上的问题,这样又会引入大量并行通信操作,进而造成负载不平衡等问题,使得贡献单元搜索效率下降。即便如此,蛇形搜索法(或 N2N法)在连通网格系统内是非常高效的,在国内外得到广泛使用[37-39]。其次,有不少研究者们结合使用逆映射法与蛇形搜索法[22,36],能够进一步提升搜索效率。

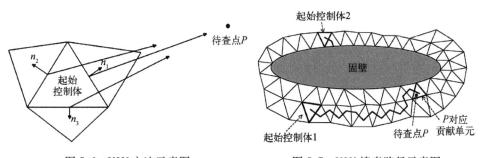

图 5.6　N2N 方法示意图　　　　　　图 5.7　N2N 搜索路径示意图

5.3.3　交替数字树(ADT)方法

5.3.3.1　常规 ADT 方法

交替数字树[40]是一种高效的存储和查找几何元素的二叉树数据结构。交替数字树将几何元素描述为超维空间中的超维坐标,树中每一个存储几何元素的节点表征一定的超维空间区域,从根节点开始往下,其空间区域以递归的方式被交替地在各个超维空间方向上一分为二。比如,在超维空间中,可以将任意网格元素 E(网格单元或网格节点)描述为位于超维空间区域 $\boldsymbol{R} = [(\boldsymbol{x}_{R\min}, \boldsymbol{x}_{R\min}), (\boldsymbol{x}_{R\max}, \boldsymbol{x}_{R\max})]$ 内的超维空间坐标 $(\boldsymbol{x}_{E\min}, \boldsymbol{x}_{E\max})$,其中 $\boldsymbol{x}_{E\min}$、$\boldsymbol{x}_{E\max}$ 分别为包络网格元素的包围盒最小、最大坐标值;$\boldsymbol{x}_{R\min}$、$\boldsymbol{x}_{R\max}$ 分别为包络整套子网格的包围盒最小、最大坐标值。如图 5.8(a)、(b)所示,基于超维坐标,这些网格元素就可以按照超维空间区域在各方向上交替剖分的方式,递归地存储到 ADT 二叉树内。

借助 ADT,可以以比较高的效率从 ADT 对应的区域里找到与待查元素相交的 ADT 节点。比如,从 ADT 管理的网格区域中找出可能包含或与待查网格元素 Q(包围盒为 $\boldsymbol{x}_{Q\min}$、$\boldsymbol{x}_{Q\max}$,对网格点来说,$\boldsymbol{x}_{Q\min} = \boldsymbol{x}_{Q\max} = \boldsymbol{x}_Q$)相交的网格单元,其搜索过程从 ADT 根节点开始并递归执行到其子节点,如图 5.8(c)所示,在每个需要执行判断的子节点上,进行相交检查,若

$$\begin{pmatrix} \boldsymbol{x}_{R\min} \\ \boldsymbol{x}_{Q\min} \end{pmatrix} \leqslant \begin{pmatrix} \boldsymbol{x}_{E\min} \\ \boldsymbol{x}_{E\max} \end{pmatrix} \leqslant \begin{pmatrix} \boldsymbol{x}_{Q\max} \\ \boldsymbol{x}_{R\max} \end{pmatrix}$$

则该 ADT 节点与待查元素包围盒有重叠,该节点对应的网格单元可能包含或与待查元素相交,记录为潜在相交单元,递归搜索过程则继续往下执行到其子节点上;否则,忽略当前 ADT 节点及其所有子节点,结束当前分支树的递归搜索。通过 ADT 搜索,找出潜在的与待查元素相交的网格单元之后,再对这小部分潜在网格单元进行精确的几何包含或几何相交判断,找出真正的包含或与待查网格元素相交的网格单元。

显然,运用 ADT 方法进行宿主单元搜索,从逻辑上来讲,其算法是精确和稳健的,其独特的数据结构和递归逐级搜索算法能大大减小几何相交判断的次数,从而达到提高宿主单元搜索的速度和效率。但是,当 ADT 方法运用到大规模(如千万及以上量级)的分区网格上时,也存在着不容忽视的影响其效率的缺陷。一方面,网格规模扩大时,管理网格单元的 ADT 树的深度急剧增大,每次宿主单元的搜索,平均地找出潜在网格单元的几何判断次数会显著增加,导致搜索效率下降;另一方面,对分区网格来说,其分区边界往往极不规则,导致每个分区网格对应 ADT 的树结构极不均衡,进一步降低了在大规模分区网格上搜索宿主单元的效率。为此,本书作者提出一种 Bookkeeping ADT 方法,以解决常规 ADT 方法在大规模分区网格上存在的问题。

5.3.3.2　Bookkeeping ADT 方法

与常规 ADT 方法将给定区域内所有网格单元全部管理到单一 ADT 二叉树的

方式不同,Bookkeeping ADT 方法则是为给定区域的网格单元创建系列的不止一个的 sub-ADT 树,并将这些 sub-ADT 的存储地址以数组形式注册到登记簿。Bookkeeping ADT 方法创建和管理 sub-ADT 的过程如图 5.8(d)、(e)所示,其步骤如下。

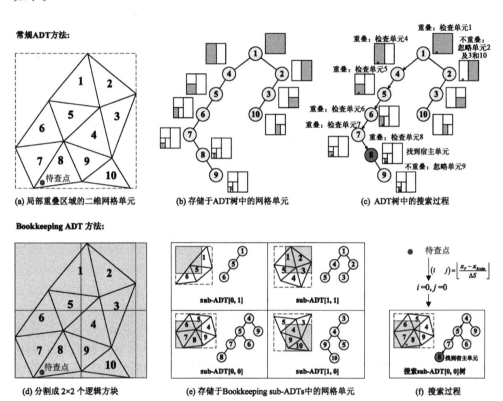

图 5.8　常规 ADT 及 Bookkeeping ADT 宿主单元搜索算法示意图

（1）为给定的网格区域(x_{Rmin}, x_{Rmax})创建一个尺寸为 $N_D \cdot \Delta S$、最小坐标点位于 x_{Rmin} 的逻辑立方体,并将该立方体等分地分割为 N_D^d 个子立方体[N_D 为单个坐标方向上的分割数量,d 为空间维数,$\Delta S = \max(x_{Rmax} - x_{Rmin})/N_D$ 则为子立方体尺寸];子立方体 sub-cube 用 i, j(二维)或 i, j, k(三维)索引,每个子立方体 sub-cube [i][j][k]与区域[$x_{Rmin} + (i\ j\ k)\Delta S$, $x_{Rmin} + (i+1\ j+1\ k+1)\Delta S$]相关联。需要注意的是,这些立方体及子立方体只是逻辑上的,无需真实地创建和存储。

（2）为每一组与子立方体 sub-cube[i][j][k]重叠的网格单元创建 sub-ADT 二叉树,如图 5.8(e)所示,其地址则注册到登记簿,记为 sub-ADT[i][j][k]。

由图 5.8(e)可以看出,基于上述 sub-ADT 的创建逻辑,那些横跨子立方体边界的网格单元会不可避免地被多个 sub-ADT 重复记录管理,不过,这不会导致效率和内存消耗上的问题,原因是 ADT 二叉树节点只记录网格单元的编号,不存储网格单元的数据,且这部分重复管理的网格单元也只占极少部分。

在宿主单元搜索中,Bookkeeping ADT 方法首先把待查网格点 $P = x_P$ 的宿主搜索任务直接指派到一特定的局部区域对应的 sub-ADT,亦即 sub-ADT$[i][j][k]$,i、j、k 为待查网格点相对逻辑立方体最小坐标点的整数坐标值,即

$$(i \quad j \quad k) = \left\lfloor \frac{x_P - x_{R\min}}{\Delta S} \right\rfloor$$

之后,基于 sub-ADT 二叉树的宿主单元搜索过程与前面所讲的常规 ADT 方法类似。Bookkeeping ADT 方法搜索宿主单元的过程如图 5.8(f)所示。

显然,相比常规 ADT,Bookkeeping ADT 方法至少可以取得两方面的收益:一是,用多个子 ADT 代替原来的单个 ADT 来管理给定区域内的网格单元,可以大大减小每个子 ADT 二叉树的深度;同时也因为各子 ADT 对应的区域皆为规整的立方体区域,大多数非空子 ADT 二叉树的树结构有较好的均衡性;这两个特点可以大大减少潜在宿主单元相交判断任务,提高 ADT 搜索效率;二是,Bookkeeping ADT 管理 sub-ADT 的方式,可以使搜索算法非常快速地将待查点定位到一个非常小的局部区域,大大减小宿主单元搜索的区域范围。

5.3.3.3　构建 ADT 区域的两种策略

需要指出的是,不管是常规 ADT,还是 Bookkeeping ADT 方法,在每个计算核心上,建立 ADT 管理网格单元的策略有两种(图 5.9):为整套分区网格建立 ADT 的整体策略和只为重叠区域网格建立 ADT 的局部策略。整体 ADT 策略简单直接,每套分区网格所有单元都管理到 ADT 中,各个计算处理器并行建立 ADT 的载荷均衡,但不可避免地将重叠区域之外的网格单元也管理到 ADT 中,可能会增加宿主单元搜索范围。局部 ADT 策略则在两两相互重叠的子网格之间为重叠区域的局部网格建立 ADT,避免重叠区域之外的网格单元不必要地加入 ADT 中,以缩小搜索区域,提高搜索效率;但当有多套网格在同一区域重叠时,该区域网格单元可能会被多次处理并同时加入不同的 ADT 中,重叠区占比很大时,建立 ADT 的耗时会相对增多。

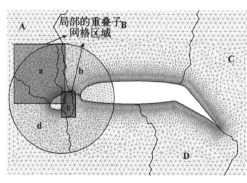

图 5.9　(为分区网格 A)构建 ADT 的两种策略示意图

图 5.10 所示的算例测试结果表

明了 Bookkeeping ADT 方法提升嵌套网格装配效率的效果显著。该测试算例基于 5 000 万左右单元规模的嵌套网格系统(4 套各 1 000 万的绕球体子网格、1 套约 1 000 万单元的背景网格),相比常规 ADT 方法($N_D=1$),Bookkeeping ADT 方法明显提高了嵌套网格装配速度,随着分割数 N_D 的增大,整体 ADT 策略的 Bookkeeping ADT 方法的速度可提高 8~9 倍以上,局部 ADT 策略的速度则可提高 3~4 倍以上;但就绝对任务时间来说,当 N_D 足够大时,整体 ADT 策略和局部 ADT 策略的任务时间相近。经过充分的算例测试和工程应用示例考核,分割数 N_D 的选择,整体 ADT 策略取 40 左右,局部 ADT 策略取值 10~15;总体来说局部 ADT 策略提升嵌套网格装配效率的性能相对更稳定,优先推荐使用局部 ADT 策略。

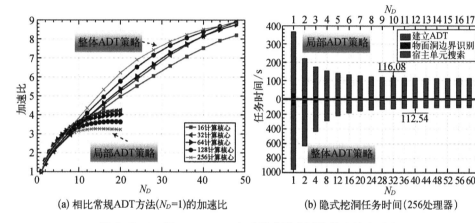

(a) 相比常规ADT方法(N_D=1)的加速比　　　　(b) 隐式挖洞任务时间(256处理器)

图 5.10　Bookkeeping ADT 方法提升嵌套网格装配效率对比

5.3.4　几种宿主单元搜索算法的比较

上述宿主单元搜索算法的性能比较如表 5.1 所示。

表 5.1　宿主单元搜索算法的性能比较

	精　度	效　率	鲁棒性	算法难度
逆映射法	★★	★★★	★★	☆
蛇形法	★★	★★	★	☆
ADT 方法	★★★	★	★★★	☆☆
Bookkeeping ADT	★★★	★★★	★★★	☆☆

文献[22]对比了逆映射法和 ADT 方法,结果表明,ADT 方法是最稳健和精确的宿主单元搜索方法,其所有测试算例都没有遇到"孤点"等问题,同时 ADT 方法至少比穷举法快 2~3 阶,因此 ADT 方法确实能够加快宿主单元搜索效率,但相比于一般逆映射法,ADT 法的效率会低 10~20 倍,但逆映射法多多少少会出现"孤点"现象,需要额外操作才能减少该现象,而无法绝对消除。

文献[37]对蛇形法和 ADT 方法进行了详细的对比,结果表明,如果被搜索的网格是简单连通的(即物面区域很小),那么蛇形法的搜索速度更快,大概会比 ADT 法快一阶以上;而如果物面区域很大,特别是当蛇形法搜索过程中可能有 1/20 的待查点需要通过穷举法才能找到宿主单元,则此时蛇形法需要 2 倍于 ADT 方法的时间才能完成搜索工作。但总体来说,蛇形法要比 ADT 法更快,但蛇形法通常需要借助其他方法才能完成一些待求点的搜索工作,因此可以说蛇形法的鲁棒性较差。

本书作者提出的 Bookkeeping ADT 方法,兼顾了常规 ADT 法精确、稳健的优点,同时相比于常规 ADT 法可以达到近似一阶的效率提升。由于 Bookkeeping ADT 方法的核心思想是减少每个 ADT 树的树深,因此网格量越大、并行数越少时,该方法相对于传统 ADT 方法的效率提升更明显,甚至可以达到二阶以上的提升。而当并行数增大后,每个分区网格上所含的网格单元减少,在这种情况下,实际上 ADT 类方法、逆映射法的耗时都差不多(可参考文献[22])。

在算法难度上,逆映射法需要建立辅助结构网格及其映射关系,难度较低;蛇形法依赖网格拓扑关系,难度较低,但在并行环境下需要适当考虑通信问题和负载平衡问题,会加大算法难度;ADT 方法由于需要引入超维空间和超维坐标,在算法理解上相比而言是有一定难度的,特别是在树的建立和搜索算法的编写上需要一定的逻辑思维;Bookkeeping ADT 可以类比为逆映射法与 ADT 法的难度结合,实际上算法难度等同于 ADT 方法,可以轻松地在现有 ADT 法的基础上完成 Bookkeeping ADT 的开发工作。

5.4　嵌套边界优化

5.2 节的嵌套网格隐式挖洞算法确定了嵌套边界,但明显地,嵌套边界重叠网格单元的层数不足以保证嵌套边界处通量计算的高阶精度。如图 5.11(a)所示,对隐式挖洞得到的初始嵌套边界,控制体 i 为活动节点/单元,控制体 j 为插值节点/单元;因为控制体 j 的部分邻居被"挖掉",不参与流场计算或流场插值,导致控制体 j 无法重构梯度,使得交界面 ij 的通量计算只能达到一阶精度。因此,需要优化和拓宽隐式挖洞得到的初始嵌套边界,以使交界面 ij 的通量计算能恢复到与内部控制体一致的高阶精度。

为适应求解器格心格式和格点格式统一算法的要求,嵌套边界优化和拓宽的算法也统一如下。

(1) 准备一个空的链表。

(2) 激活边界单元,将这些单元的非活动节点设置为第一类边界点;同时将它们的非活动邻居单元添加到链表中。

(3) 循环链表中的单元,将其设置为第一类边界单元;搜索非活动邻居单元,如果该邻居单元不在链表中且包含第一类边界点,则将其加入链表。删除当前单元,继续本步直至链表为空。

(4) 将第一类边界单元中的非活动节点设置为第二类边界点,同时将它们的非活动邻居单元添加到链表中。

(5) 循环链表中的单元,将其设置为第二类边界单元;搜索非活动邻居单元,如果该邻居单元不在链表中且包含第二类边界点,则将其加入链表。删除当前单元,继续本步直至链表为空。

嵌套边界拓宽算法的伪代码算法流程如图 5.12 所示。图 5.11(b) 是网格 A 的嵌套边界往网格 B 内拓宽的示意图,由图可见,经过拓宽后,嵌套网格有足够的重叠区用于插值以保证边界附近流场计算的高精度,其中第一、第二类边界插值点用于格点格式,第一、第二类边界插值单元用于格心格式。

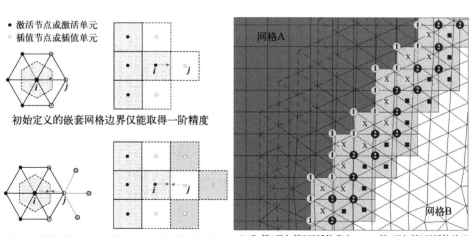

(a) 优化嵌套边界实现高阶精度　　　　(b) 网格A的嵌套边界向网格B拓宽示意图

图 5.11　嵌套边界优化拓宽算法示意图

```
!After the initial inter-grid definition,
! all cells and nodes are classified as
!      cell-flag = 0 – non-active
!               1 – active
!               2 – BNDARY (interpolated)
! Node-flag = 0 – non-active
!               1 – active
do m = 0    number of extend layers
    for all cells with cell-flag = BNDARY + m do
        cell-flag = BNDARY + 1
        set non-active nodes of this cell as BNDARY + m
        add this cell to FrontCell-list
    end
    while FrontCell-list is not empty
        for all cells in the FrontCell-list do
            find its non-active face-adjacent neighbor cells
            add these neighbor cells to TempFrontCell-list
        end
        empty FrontCell-list
        for all cells in the TempFrontCell-list do
            if it contains nodes with node-flag = BNDARY + m
                set cell-flag = BNDARY + 1 + m
                add this cell to FrontCell-list
            end if
        end
        empty TempFrontCell-list
    end
end do
set all cells with cell-flag ≧ BNDARY as interpolated cell
set all nodes with node-flag ≧ BNDARY as interpolated node
```

图 5.12　格心/格点格式统一的嵌套边界优化拓宽算法伪代码

高升力翼型嵌套网格边界优化拓宽后的网格系统如图 5.13 所示。

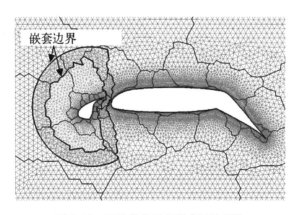

图 5.13　边界优化后的嵌套网格系统

5.5　网格间的插值

嵌套网格装配的最后环节是建立重叠网格之间的插值模板,用来在子网格之间传递或交换流场信息。在嵌套网格隐式挖洞过程中已经得到重叠区每个网格点的宿主单元,因此,建立网格间的插值关系就容易很多了。同样地,为格心格式和格点格式建立统一的插值模板,如图 5.14 所示。对格点格式,插值信息接受体为第一类、第二类边界插值点,其宿主单元的网格点(亦即格点控制体)为插值点的流场信息供体;对格心格式,插值信息接受体为第一类、第二类边界插值单元的中心,流场信息供体则为对应宿主单元及其邻居单元(亦即格心控制体)。

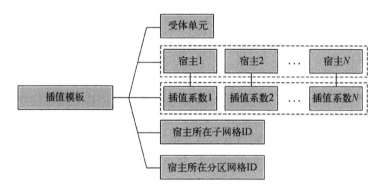

图 5.14　嵌套网格插值模板信息

嵌套网格中某些区域,可能有多套子网格在此重叠,因而,可选的宿主单元也可能不止一个,此时按如下要求确定最优者:

(1)该宿主单元处于激活状态;

(2)在所有候选宿主单元中,该单元体积较小或最小。

第一个条件保证宿主单元提供的流场信息有效;由于体积可衡量网格的疏密程度,体积较小者,网格较密,在较密网格上计算的结果也更精确,第二个条件可保证宿主单元提供的流场信息最佳。

图 5.14 所示的插值模板也存储了信息供体所在的子网格编号以及网格分区对应的计算核心编号,目的是方便分布式并行数据通信。在流场计算过程中,从信息供体到信息接受体的流场信息插值采用二阶精度的拉普拉斯插值方法,计算好的拉普拉斯插值系数一并存储在插值模板中。

5.6　嵌套网格并行装配数据通信策略

基于 MPI 技术的分布式并行计算已成为处理大规模网格的普遍措施。在流体控制方程的分布式并行求解中,一般采用网格分区算法,如 Metis、ParMetis 等,将流体计算网格分割成网格数量大致相等的若干区域后,分发给各个计算核心,以保证各个计算核心的流场计算载荷均衡,达到较好的并行计算效率;同时,对大规模网格来说,通过网格分区可以有效降低单个计算核心上的内存消耗,突破大规模网格计算受到的内存限制。但因为任务性质的差别,在面向流场计算的分区网格上进行嵌套网格并行装配,其计算载荷与流场计算有很大不同,导致嵌套网格并行装配存在较大的技术难度,主要涉及并行数据通信和载荷平衡两方面。

嵌套网格挖洞过程需要用到必要的网格拓扑和几何信息,在分布式并行计算环境中,嵌套网格挖洞一般采取如下两种方式进行:一种是全局地在每个计算核心上存储整套网格的必要信息[41],这种方式降低了嵌套网格并行装配的难度,也可避免宿主单元搜索过程中各计算核心之间的数据通信;但每个计算核心全局存储整套网格信息,尤其是非结构网格信息,会占用大量内存,对大规模网格来说,可能会因为内存的限制而不可行;另一种方式是基于每个计算核心当地的分区网格信息进行[22],避免全局数据的大量存储消耗,使大规模分区网格的并行嵌套装配成为可能,但需要在计算核心之间进行数据通信以获得必要的网格信息,不可避免地增加通信负担和降低并行效率。

图 5.15 所示为基于当地数据进行嵌套网格并行装配的数据通信策略。对一组包含有 m 套子网格的重叠网格系统,每套子网格被分区并分发到 n 个计算核心上,如图 5.15(a)所示,任意计算核心 i 上最多有 m 套分区网格($G1\_i$, $G2\_i$, …, Gm_i)需要与其他计算核心上的网格进行嵌套装配,每个计算核心最多需要完成的宿主单元搜索任务批次在 $O[(m-1)\times m\times n]$ 量级。宿主单元搜索需要在计算核心之间进行数据通信,简单直接的方法是在所有计算核心上收集所需的信息并广播给所有处理器[17],该方式需进行两次通信操作并耗费很大的内存。另外一种改进的策略则如图 5.15(b)所示,对每一套子网格(例如 Gx),利用 1 次数据通信,计算核心 i 将分区网格 Gx_i 位于重叠区域的查询点坐标和物面距信息发送给所有其他计算核心 j;计算核心 j 接收到数据后,在位于本计算核心的除 Gx_j 外其他子网格分区上搜索宿主单元,搜索完成之后再发送回计算核心 i。每个计算核心在发送数据的同时接受其他计算核心发过来的数据,这样,属于同一套子网格的不同计算核心上的分区网格可以通过 1 次通信完成隐式挖洞的任务。这种方式的数据通信次数在 $O(2mn)$ 量级,但每次通信的数据规模比较小,可大大减小内存消耗,也不至于对通信效率有太大的影响。

在载荷平衡方面,嵌套网格的载荷分布特性与流场求解有很大不同,而网格分区又主要是面向流场求解进行的,重叠区网格数量在各个计算核心之间极不均衡的分布和可能的动态变化(由网格运动引起),使得嵌套网格挖洞过程宿主单元的搜索任务极不均衡,也就导致嵌套网格并行装配的效率很难取得线性加速比。对此,可采取一

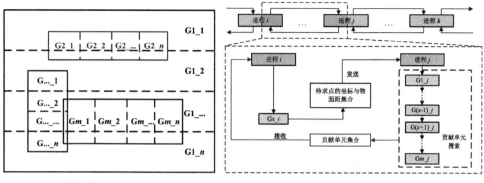

(a) 网格分区示意图　　　　　　　　(b) 单次通信数据传递流程

图 5.15　嵌套网格并行装配数据通信策略

些载荷再分配的算法,来改善嵌套网格并行装配的载荷平衡特性,提升并行装配效率。

5.7　物面距计算

物面距是网格单元或节点距离物面边界的最小距离,是嵌套网格隐式挖洞过程中对网格单元或网格节点进行分类的主要判据,也是很多重要湍流模型如 S-A 模型、$k-\omega$ 模型等需要用到的重要参数。在嵌套网格上,每套子网格需要计算距自身物面的最小距离用于嵌套网格装配;嵌套网格装配完成后,所有网格需要计算距离所有物面的最小距离。作为嵌套网格装配和湍流计算必要的数据准备,物面距的计算精度和效率显然是很重要的;尤其对有边界变形或相对运动的非定常流场问题,每个时间步都需要计算或更新物面距,其计算速度直接影响嵌套网格装配和流场求解的效率。

5.7.1　常用物面距计算方法

目前,常用物面距算法大致有以下几类:
(1) 穷举法;
(2) K-d 树搜索法[42-44];
(3) 逆映射搜索法[26,45];
(4) 偏微分方程求解法[46-49];
(5) 阵面推进法[50-52]。
穷举法是最简单和最可靠的物面距算法,将每个网格点依次与所有物面上的点的距离进行循环比较,从而找到每个点对应的最近的物面点以及物面距离。这种逐点对比的物面距计算方法,虽然最容易理解和编程实现,但是非常耗时。假设

有 N 个内部网格点和 N_w 个物面点,则计算量级为 $O(N \times N_w)$,当处理百万、千万量级的网格时,该计算量大到令人无法忍受。

K-d 树搜索法采用一种高效的树状数据结构管理物面节点信息,最常用的是二叉树法。为每个网格节点搜索最近物面点时,仅需要对二叉树上某条分支上的物面节点进行对比判断,可以过滤掉大部分物面点,其计算量级约为 $O(N)$,相比于穷举法效率提高不少。

逆映射法同样是一种物面距的搜索算法,思想是在整个计算域上建立一套虚拟网格,一般是均匀的直角网格,每个虚拟网格单元内可能会包含若干个网格点和物面点。通过虚拟网格之间的距离关系,可以判断出任一虚拟网格单元所包含的网格点对应的最近物面点在哪些虚拟网格单元内,这样只需要对这些虚拟网格单元内的物面点进行比较判断就可求得物面距。一般而言,该方法的计算速度比 K-d 树搜索法稍快一些。

PDE 求解法则是将物面距当成一个波动问题来求解。该方法将物面当成一个以单位速度向外传播的波阵面,通过数值方法求解描述波动问题的偏微分方程(如 Eikonal 方程等),得到波阵面的传播过程,波阵面到达网格点的时间就是该点的物面距。波面方程的求解可基于流场求解器的框架进行,且在分区网格上可以保持与流场求解一样的并行求解效率,但偏微分方程需迭代求解,其计算耗时受网格量与迭代步数影响。通常该方法与 K-d 树搜索法耗时相当。

相比穷举法,上述 K-d 树方法、逆映射方法和偏微分方程方法大大提高了物面距的计算速度和效率;但从文献结果来看,其执行时间仍然较长,对非定常的大规模嵌套网格装配来说,仍然难以接受。

阵面推进方法也可看成是一种物面波的传播方法,所不同的是,该方法不求解偏微分方程,而是利用网格的拓扑关系,从物面开始一层一层地往外推进计算物面距。该方法的计算量级约为 $O(N_w)$,计算效率最高。但该方法依赖于网格拓扑,网格疏密不一致也容易导致精度的损失;在分区网格上,各分区物面点数量分布不均(有的甚至不包含物面点)、分区边界不规则等因素导致分区网格物面距的并行阵面推进计算存在较大的技术挑战,也难以保证足够的计算精度。针对此,本书作者研究和发展了一种面向复杂构型大规模分区嵌套网格的物面距阵面推进并行计算方法,通过设计和运用从物面、分区通信边界、嵌套边界逐次推进的策略以及快速高效的光顺算法,在大规模分区网格上取得令人满意的速度、效率和精度。

5.7.2　物面距阵面推进并行计算方法

在嵌套网格上,物面距阵面推进并行计算包括两部分:单套网格自身物面距计算和嵌套网格物面距整体更新。

5.7.2.1　单套网格自身物面距计算

对于阵面推进法的物面距并行计算而言,难点在于分区边界切断了完整的网格拓扑关系,使得从物面推进的阵面无法在分区网格间传播。因此,本书作者研究和发展的阵面推进法并行策略是,每块分区网格根据自身物面信息完成阵面推进任务后,在与分区边界相邻的节点上通过 MPI 通信修正其最小物面距信息,然后将分区边界作为第二阵面源,重新在自身分区网格内进行一次物面距的阵面推进计算;随后,采取合理的光顺策略来提高物面距计算的精度。分区网格物面距并行阵面推进的程序流程如图 5.16 所示,物面距阵面推进并行计算过程可以简单叙述为

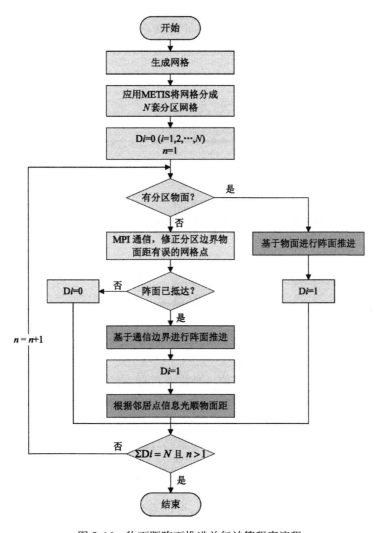

图 5.16　物面距阵面推进并行计算程序流程

两次"阵面推进"、一次"光顺"的过程,即基于物面推进、基于分区边界推进和光顺处理。

与传统阵面推进法相似,基于物面推进这一步骤的基本思想是仅仅利用每块分区网格自身包含的物面边界信息进行阵面推进为每个内部待求点计算得到一个近似的最小物面距。为方便起见,在开始计算之前,每套分区网格应当都保留一个全局物面节点的集合,并建立好自身所包含的各个物面节点与全局信息的映射关系,这些数据并不增大多少内存消耗。首先,分区网格中所有网格单元和网格节点都标记为"未处理"状态,且将其初始物面距设为无穷大便于后续作比较。如图5.17(a)所示,物面推进从作为第一阵面的自身物面边界相邻的网格单元开始,计算物面距、记录对应的最近物面点编号,并根据共点、共面的网格拓扑关系,逐层往外推进。需要注意的是,由于实际计算网格多包含垂直于物面边界的棱柱或六面体附面层网格,因此基于物面推进一般可以在物面附近得到精确的物面距信息。

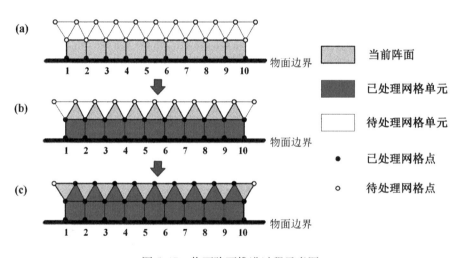

图 5.17 物面阵面推进过程示意图

实际上,基于物面推进过程类似一种传波过程,可以很快速地找到每个待求点对应的最近物面点并计算出最小物面距。在常规阵面推进法中或者串行代码中,该步骤足以得到精确的物面距信息。然而,在分布式内存并行环境下,即网格被并行分区时,由于分区边界切断了波面传播路径,仅物面推进的步骤计算出的物面距存在较大的问题。如图5.18(a)所示为一高升力翼型的16分区网格,其中除了2号与3号外其余分区网格都包含部分物面边界。各分区网格基于物面推进后得到的无量纲物面距结果如图5.18(b)所示,可以看到,不少节点,尤其是在分区边界附近上的节点,最小物面距并不准确,同时,不包含物面边界的2号和3号分区网格的物面距信息完全不正确。

因此,物面距计算的第二步是进行分区边界推进。对已处理过的两套相邻的分区网格,其与分区边界相邻的待求点上的物面距信息,必定有一侧是精确的,因此可以通过 MPI 通信来修正错误一侧的物面距信息。修正完毕后,按照类似的算法将分区边界作为第一阵面开始推进,得到一个修正后的物面距场。如图 5.18(c) 所示,基于分区边界推进后的物面距场精度明显提高。

通过两次推进步骤后可以得到比较精确的物面距信息,但可以看到远场附近仍然存在物面距的不连续。此外,如果将一套网格划分更多的分区网格,仅靠两次推进仍无法得到精确的物面距。因此,建立一个如图 5.19 所示的合理的光顺处理策略来进一步提高物面距计算的精度。其基本思想是通过对比节点已有物面距和其与邻居节点关联的最近物面点之间的距离找出物面距不精确的点,将其作为一个个点源沿着网格拓扑来修正和光顺物面距。如图 5.18(d) 所示,光顺处理后的物面距场中不存在间断,其精度得到进一步提高。光顺处理的计算量并不大,算例测试表明其计算耗时与分区边界推进过程相当,但其对提高物面距计算精度有明显效果。

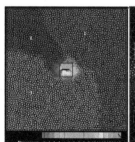
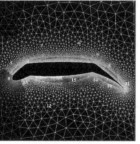

(a) 分布式并行分区网格

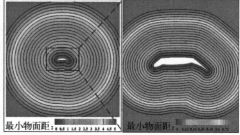

(b) 仅从物面推进得到的物面距

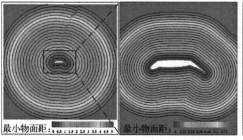
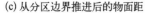

(c) 从分区边界推进后的物面距　　　　　　(d) 光顺之后的物面距

图 5.18　物面距阵面推进并行计算过程示意图

```
! The partial grid of each processor is classified as
!    grid-flag Dᵢ = 0 – unhandled / 1 – handled
if grid-flag Dᵢ = 0
    return
end if
for all nodes in the partitioned grid, do
  for all nearest wall nodes of its neighbors, do
      calculate the distance between two nodes
      if the distance is smaller
          set its minimum wall distance as this distance
          set its nearest wall node as this nearest wall node
      end if
  end
  if this node is revised
    add all of its neighbor nodes to FrontNode-list
  end if
end
while FrontNode-list is not empty
  for all nodes in the FrontNode-list, do
    for all nearest wall nodes of its neighbors, do
        calculate the distance between two nodes
        if the distance is smaller
            set its minimum wall distance as this distance
            set its nearest wall node as the nearest wall node
        end if
    end
    if this node is revised
      add its neighbor nodes to TempFrontNode-list
    end if
  end
  set FrontNode-list as TempFrontNode-list
  empty TempFrontNode-list
end
```

图 5. 19　物面距光顺处理过程的伪代码

5.7.2.2　嵌套网格物面距整体更新

前文所述的非结构嵌套网格装配方法,各子网格自身物面距是嵌套网格装配的重要参数。在嵌套网格上的湍流模型计算,还需要基于全场的物面距,因此,嵌套网格装配完成后,还需要将子网格自身物面距更新到整个系统。

本书提出的并行阵面推进物面距计算方法,其具有良好的模块化特性,仅需微小改动即可直接应用于嵌套网格系统。对于任意嵌套网格系统,计算得到单套网格自身物面距信息,并基于此自身物面距信息完成嵌套网格装配后,即可对装配后的嵌套网格系统进行物面距的整体更新。在这里,重新进行一次图 5.16 所示的并行阵面推进物面距计算流程即可,仅需把其中的"基于物面推进"改为"基于嵌套边界推进",即找到嵌套边界附近的网格单元作为第一阵面进行推进,其余步骤无需任何改动。

　　以图 5.20 所示的三元高升力翼型嵌套网格为例,该嵌套网格系统由一套包含主翼段的背景网格和两套分别包含前后缘襟翼的子网格构成。基于单套网格的并行阵面推进方法,可以得到每套网格自身物面距如图 5.20(a)所示,可以看出每套网格的自身物面距是精确的,但整体物面距并不光顺。

　　一旦嵌套边界被定义之后,边界上待求点的物面距大小就可以与其贡献单元的物面距进行比较,如果贡献单元物面距更小,则根据贡献单元节点上的物面距信息更新嵌套边界上待求点的物面距信息。将嵌套边界附近的网格单元作为第一层阵面,按照前文所述方法进行推进和光顺。更新后的物面距如图 5.20(b)所示,可明显看到嵌套区域附近的物面距变得光顺且连续。各套网格系统的物面距计算更新耗时与误差如表 5.2 中所示,其中误差定义为计算值与精确值相对误差的标准差(L_2 范数),可以看出物面距的计算更新具有很高的精度。总体而言,嵌套网格装配后的物面距更新过程耗时要小于装配前单套网格的物面距计算过程。

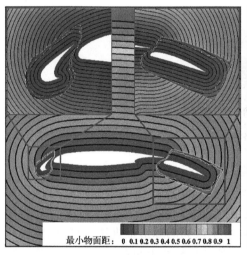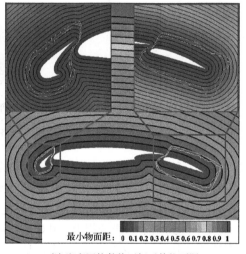

最小物面距　0 0.1 0.2 0.3 0.4 0.5 0.6 0.7 0.8 0.9 1　　　　最小物面距　0 0.1 0.2 0.3 0.4 0.5 0.6 0.7 0.8 0.9 1

　　(a) 各子网格的自身物面距　　　　　　　　(b) 嵌套网格整体更新后的物面距

图 5.20　三元高升翼型嵌套网格物面距整体更新

表 5.2　三元高升翼型嵌套网格整体物面距并行阵面推进的效率和精度

	网格点数	CPU 时间/s	相对误差的标准差 (L_2 范数)/%
主　翼	43 193	3.851×10^{-2}	1.378 4
前缘襟翼	12 313	9.857×10^{-3}	3.178 0
后缘缝翼	18 684	1.732×10^{-2}	0.005 1

综上所述,本书发展的物面距阵面推进并行计算方法可以较容易地、模块化地拓展到嵌套网格系统,实现精确高效的物面距计算过程。

5.7.2.3 效率和精度测试

采用四球体的嵌套网格系统进行物面距阵面推进并行计算方法的效率和精度测试,并与 Roget 等[45] 提出的球形推进法以及其他方法进行对比,值得注意的是球形推进法是目前文献可查的效率最高的物面距计算方法。四球体的嵌套网格系统包括 5 套子网格,总计 5 000 万网格单元,如图 5.21(a)所示,图 5.21(b)、(c)分别为计算得到的子网格自身物面距云图和嵌套网格上的整体物面距云图。

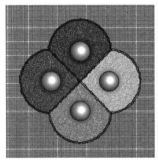 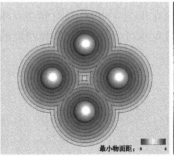 

(a) 嵌套网格结果　　　　(b) 各子网格自身物面距云图　　　(c) 嵌套网格整体物面距云图

图 5.21　绕球体网格物面距计算测试示例

图 5.22 为不同并行核心数下,计算自身物面距的速度及任务时间信息,为了统一和方便比较,计算速度采用相对于穷举法的加速比作为指标进行对比。图 5.22(a)清晰地反映出本方法在并行环境下的效率要远高于其他方法,相比于穷举法,效率达到三个量级的提升,相对于目前效率最高的球形推进法,速度也要快一个量级以上。唯一需要注意的地方是,由于各计算核心上负载不平衡以及并行通信的代价,随着线程数增大,本方法的相对效率会有所降低。图 5.22(b)的任务时间表明,自身物面距计算和嵌套网格整体物面距更新的任务耗时相当,说明算法对于嵌套网格物面距的计算并不会有特别大的额外开销。在精度方面,通过 L_2 范数的评估,任意并行线程数量下相对误差量均小于 0.4%,表明本方法即使在大规模分区网格上也能非常高效地计算得到精确的物面距场。

图 5.23 所示的两个工程示例也证实本方法具备很强的鲁棒性,可应用于任意复杂构型。例如,大型民用客机构型全机构型[图 5.23(a)],包含了短舱、挂架、翼梢小翼、尾翼等,该非结构网格包含 12 万物面单元和约 2 700 万网格单元、945 万网格点,并行分区数量为 32,物面距计算总耗时为 12.2 秒,是穷举法计算效率的500 倍,且计算相对误差小于 0.577%。某战机构型[图 5.23(b)],包含机体、挂

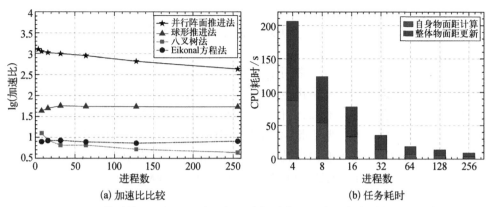

(a) 加速比比较   (b) 任务耗时

图 5.22 绕球体网格物面距阵面推进并行计算的效率及任务时间(用于效
率对比的其他方法加速比数据引自 Roget 等[45]的论文)

架、起落架及其舱室、副油箱和外挂武器等,总计 6 套子网格,总计 84 万物面单元
和 830 万内部待求点,并行分区数量为 24,效率是穷举法计算的 1 000 多倍,且计
算相对误差小于 3%。

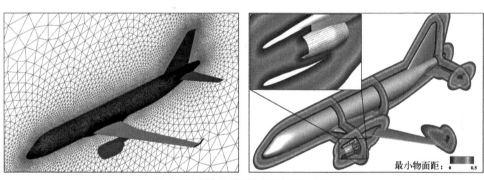

(a) 大型民用客机构型全机网格及物面距

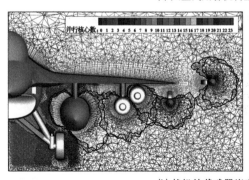
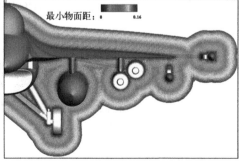

(b) 战机挂载武器嵌套网格及整体物面距

图 5.23 物面距阵面推进并行计算方法的工程应用示例

5.8　可变形动态嵌套网格方法

　　单一的网格动态变形技术多用于较小变形或较小幅边界运动问题,对较大相对幅度运动的问题则需要网格再生来保证网格的质量;单一的嵌套网格技术处理大幅边界运动的问题非常有效,但仅限于固壁的刚性运动,若物面有变形,单一嵌套网格方法也无法应对。鉴于此,本书结合网格变形方法和非结构嵌套网格方法,发展一种非结构可变形嵌套网格技术,用于解决既有整体大幅运动,又有局部小变形的非定常流场数值计算问题。以图 5.24 所示的 NACA0012 翼型组为例来描述非

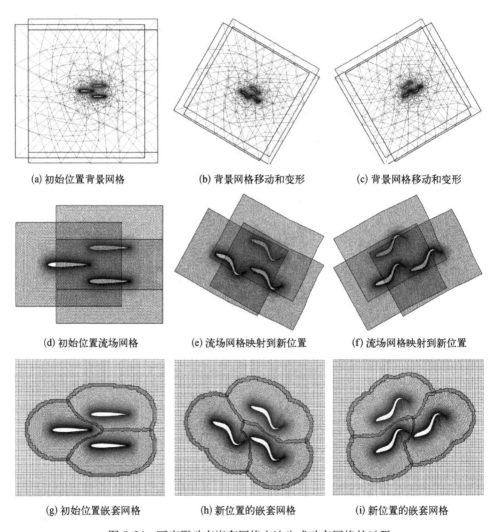

(a) 初始位置背景网格　　　　　(b) 背景网格移动和变形　　　　　(c) 背景网格移动和变形

(d) 初始位置流场网格　　　　　(e) 流场网格映射到新位置　　　　(f) 流场网格映射到新位置

(g) 初始位置嵌套网格　　　　　(h) 新位置的嵌套网格　　　　　(i) 新位置的嵌套网格

图 5.24　可变形动态嵌套网格方法生成动态网格的过程

结构可变形嵌套网格方法的实现过程。该组翼型 A、B、C 从初始位置[图 5.24(d)]经过相对移动和柔性变形后变成如图 5.24(e)、图 5.24(f)所示的状态。这种结合 SPR‐DGM 网格变形和嵌套网格的非结构可变形嵌套网格方法的步骤如下：

（1）生成嵌套网格的各个子网格并进行分层管理；为每个含有运动壁面边界的子网格生成相应的背景网格作为 Delaunay 背景图[图 5.24(a)]，将流场网格点映射到背景图中；

（2）根据物面边界的整体运动轨迹，将整个背景图刚性移到新的位置[图 5.24(b)、图 5.24(c)]；

（3）根据物面边界的小变形规律或者流固耦合计算出的物面变形量，将背景图的物面边界移至新位置[图 5.24(b)、图 5.24(c)]；

（4）子网格的网格点一一映射到新的位置[图 5.24(e)、图 5.24(f)]；

（5）建立各重叠子网格的嵌套关系进行流场计算[图 5.24(h)、图 5.24(i)]；

（6）下一物理时间步，重复执行第（2）~（5）步。

上述可变形嵌套网格方法程序流程如图 5.25 所示。不难看出，Delaunay 图映

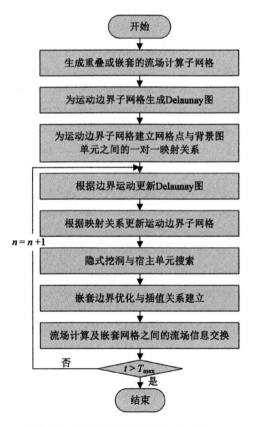

图 5.25　可变形嵌套网格方法程序流程

射方法和动态嵌套网格方法结合使用具有明显的效率优势：

其一，由于只需为有边界变形的网格而不是所有网格生成背景图和建立映射关系，故图映射方法的实施是局部的、少量的，在嵌套网格的基础上，只需额外占用很少的计算资源；

其二，两方法的结合使用，发挥了各自的优势，可有效地处理这类既有整体大幅相对运动又有局部小变形的流场问题，省去了网格再生的繁琐工作，保证了网格质量且具有较高的效率。

以仿鱼游动的翼型组为例，分析非结构可变形嵌套网格技术在非定常流分析中的可行性。3 个 NACA0012 翼型以仿鱼游动的方式运动，两侧翼型的速度比中间的稍快。整个过程，各翼型之间有较大的相对运动幅度，同时翼面因摆动而存在动态柔性变形。由于无相关试验或数值计算结果可供对比，这里仅给出计算出的游动过程中 3 个瞬时时刻的涡量云图，如图 5.26 所示。由图可清晰看出各翼型尾部周期交替脱落的尾涡，嵌套边界处流场过渡光滑，整个计算过程也完全避免了网格再生的问题。结果表明，非结构可变形嵌套网格方法用于这类既有整体大幅度相对运动又有局部变形的流场计算，具有较好的可行性，可得到令人满意的结果。

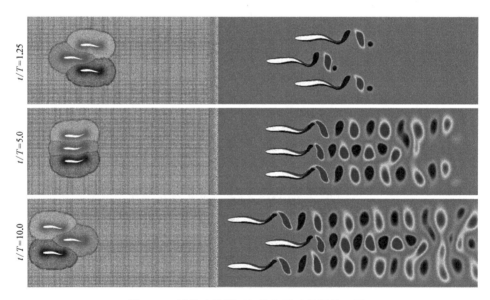

图 5.26　计算出的翼型组仿鱼游动的涡量云图

5.9　动态嵌套网格的几个示例

图 5.27 所示为动态嵌套网格的几个应用示例，有简单也有复杂的几何外形，

子网格有两套以上。从图可见,嵌套网格算法精确地挖洞和建立嵌套关系,嵌套区域合理,说明动态嵌套网格算法是成功的。

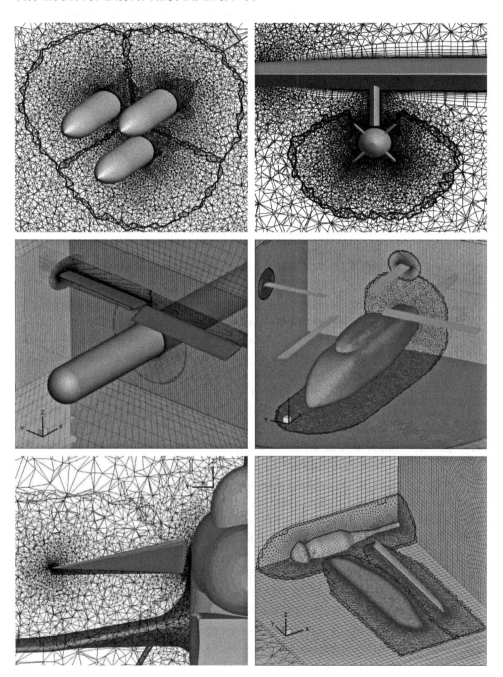

图 5.27　动态嵌套网格的几个示例图

参 考 文 献

[1]　NOACK R, SLOTNICK J. A summary of the 2004 overset symposium on composite grids and solution technology[C]. Reno: 43rd AIAA Aerospace Sciences Meeting and Exhibit, 2005.

[2]　张来平,邓小刚,张涵信. 动网格生成技术及非定常计算方法进展综述[J]. 力学进展, 2010,40(4): 424 - 447.

[3]　刘秋洪,屈崀,蔡晋生,等. 嵌套重叠网格的构造策略及其隐式切割[J]. 中国科学: 物理学,力学,天文学,2013,43(2): 186 - 198.

[4]　李鹏,高振勋,蒋崇文. 重叠网格方法的研究进展[J]. 力学与进展,2014, 36(5): 551 - 565.

[5]　STEGER J, DOUGHERTY F, BENEK J. A chimera grid scheme[R]. NASA Technical Reports, 1983.

[6]　JUVIGNY X, CANONNE E, BENOIT C. Multigrid algorithms for the chimera method[C]. Reno: 42nd AIAA Aerospace Sciences Meeting and Exhibit, 2004.

[7]　SHIH T I-P. Overset grids: fundamentals and practical issues[C]. St. Louis: 20th AIAA Applied Aerodynamics Conference, 2002.

[8]　CAI J, TSAI H M. A parallel viscous flow solver on multi-block overset grids[J]. Computers and Fluids, 2006, 35: 1290 - 1301.

[9]　BELK D, MAPLE R. Automated assembly of structured grids for moving body problems[C]. San Diego: 12th Computational Fluid Dynamics Conference, 1995.

[10]　NAKAHASHI K, TOGASHI F. An intergrid-boundary definition method for overset unstructured grid approach[C]. Reston: 14th Computational Fluid Dynamics Conference, 1999.

[11]　TAKAHASHI S, MONJUGAWA I, NAKAHASHI K. Unsteady flow computation around moving multiple bodies using overset unstructured grids[C]. San Francisco: 24th AIAA Applied Aerodynamics Conference, 2006.

[12]　LUO H, SHAROV D, BAUM J D. An overlapping unstructured grid method for viscous flows [R]. AIAA - 2001 - 2603, 2001.

[13]　RIZK M, JOLLY B. Aerodynamic simulation of bodies with moving components using CFD overset grid methods[C]. Reno: 44th AIAA Aerospace Sciences Meeting and Exhibit, 2006.

[14]　WANG Z, PARTHASARATHY V. A fully automated chimera methodology for multiple moving body problems[J]. International Journal for Numerical Methods in Fluids, 2000, 33(7): 919 - 938.

[15]　田书玲. 基于非结构网格方法的重叠网格算法研究[D]. 南京: 南京航空航天大学,2008.

[16]　SUHS N, ROGERS S, DIETZ W. PEGASUS 5: an automated pre-processor for overset-grid CFD[C]. St. Louis: 32nd AIAA Fluids Dynamics Conference and Exhibit, 2002.

[17]　NOACK R. SUGGAR: a general capability for moving body overset grid assembly[C]. Toronto: 17th AIAA Computational Fluid Dynamics Conference, 2005.

[18]　NOACK R, BOGER D, KUNZ R, et al. Suggar++: an improved general overset grid assembly capability[C]. San Antonio: 19th AIAA Computational Fluid Dynamics Conference, 2009.

[19] HENSHAW W D. Overture: an object-oriented frame-work for overlapping grid applications [C]. St. Louis: 32nd AIAA Fluids Dynamics Conference and Exhibit, 2002.

[20] PREWITT N, BELK D, MAPLE R. Multiple-body trajectory calculations using the beggar code[J]. Journal of Aircraft, 1999, 36(5): 802-808.

[21] WANG J, PARTHASARATHY V. A fully automated chimera methodology for multiple moving body problems [J]. International Journal for Numerical Methods in Fluids, 2000, 33: 919-938.

[22] ROGET B, SITARAMAN J. Robust and efficient overset grid assembly for partitioned unstructured meshes[J]. Journal of Computational Physics, 2014, 260: 1-24.

[23] PREWITT N, BELK D, SHYY W. Parallel computing of overset grids for aerodynamic problems with moving objects[J]. Progress in Aerospace Science, 2000, 36: 117-172.

[24] BLANC F. Patch assembly: an automated overlapping grid assembly strategy[J]. Journal of Aircraft, 2010, 47(1): 110-119.

[25] MARTIN J, NOACK R, CARRICA P. Overset grid assembly approach for scalable computational fluid dynamics with body motions[J]. Journal of Computational Physics, 2019, 390: 297-305.

[26] LI P, GAO Z, LYU G, et al. Overset structured grids assembly method for numerical simulations of multi-bodies and moving objects [J]. Computers and Fluids, 2018, 175: 260-275.

[27] 田书玲,伍贻兆.用动态非结构重叠网格法模拟三维多体相对运动绕流[J].航空学报, 2007,28(1):46-51.

[28] 王博,招启军,徐广,等.一种适合于旋翼前飞非定常流场计算的新型运动嵌套网格方法 [J].空气动力学学报,2012,30(1):14-21.

[29] 杨文青,宋笔锋,宋文萍.高效确定重叠网格对应关系的距离减缩法及其应用[J].航空学 报,2009,30(2):205-212.

[30] 招启军,徐国华.计入桨叶运动的旋翼 CFD 网格设计技术[J].南京航空航天大学学报, 2004(3):288-293.

[31] ZHANG Y, YE L, YANG S. Numerical study on flow fields and aerodynamics of tilt rotor aircraft in conversion mode based on embedded grid and actuator model[J]. Chinese Journal of Aeronautics, 2015, 28(1): 93-102.

[32] 李亭鹤,阎超.一种新的分区重叠洞点搜索方法-感染免疫法[J].空气动力学学报,2001 (2):156-160.

[33] PISSANETZKY S, BASOMBRIO F. Efficient calculation of numerical values of a polyhedral function[J]. International Journal of Numerical Methods in Engineering, 1981, 17: 231-237.

[34] KHOSHNIAT M, STUHNE G, STEINMAN D. Relative performance of geometric search algorithms for interpolating unstructured mesh data[C]. Montreal: 6th International Conference on Medical Image Computing and Computer Assisted Intervention, 2003.

[35] SITARAMAN J, FLOROS M, WISSINK A, et al. Parallel domain connectivity algorithm for unsteady flow computations using overlapping and adaptive grids[J]. Journal of Computational Physics, 2010, 229: 4703-4723.

[36]　叶靓,张颖,杨硕,等.旋翼流场计算嵌套网格并行装配方法改进研究[J].空气动力学学报,2018,36(4):585 – 595.

[37]　唐志共,李彬,郑鸣,等.飞行器外挂投放数值模拟[J].空气动力学学报,2009,27(5):592 – 596.

[38]　BURGGRAF U, KUNTZ M, SCHÖNING B. Implementation of the chimera method in the unstructured DLR finite volume code tau[M]. Wiesbaden: Vieweg+ Teubner Verlag, 1999: 93 – 100.

[39]　NAKAHASHI K, TOGASHI F, SHAROV D. Intergrid-boundary definition method for overset unstructured grid approach[J]. AIAA Journal, 2000, 38(11): 2077 – 2084.

[40]　BONET J, PERAIRE J. An alternating digital tree (ADT) algorithm for 3D geometric searching and intersection problems [J]. International Journal of Numerical Methods in Engineering, 1991, 31: 1 – 17.

[41]　CHANG X, MA R, WANG N, et al. A parallel implicit hole-cutting method based on background mesh for unstructured chimera grid [J]. Computers and Fluids, 2020, 198: 104403.

[42]　SETHIAN J. Fast marching methods[J]. SIAM Review, 1999, 41: 199 – 235.

[43]　van der WEIDE E, KALITZIN G, SCHLÜTER J, et al. Unsteady turbomachinery computations using massively parallel platforms[C]. Reno: 44th AIAA Aerospace Science Meeting and Exhibit, 2006.

[44]　BOGER D. Efficient method for calculating wall proximity[J]. AIAA Journal, 2001, 39: 2404 – 2406.

[45]　ROGET B, SITARAMAN J. Wall distance search algorithm using voxelized marching spheres [J]. Journal of Computational Physics, 2013, 241: 76 – 94.

[46]　TUCKER P. Hybrid Hamilton-Jacobi-Poisson wall distance function model[J]. Computers and Fluids, 2011, 44: 130 – 142.

[47]　TUCKER P. Differential equation-based wall distance computation for DES and RANS[J]. Journal of Computational Physics, 2003, 190: 229 – 248.

[48]　XU J, YAN C, FAN J. Computations of wall distances by solving a transport equation[J]. Applied Mathematics and Mechanics, 2011, 32: 141 – 150.

[49]　TUCKER P, RUMSEY C, SPALART P, et al. Computations of wall distances based on differential equations [C]. Portland: 34th AIAA Fluid Dynamics Conference and Exhibition, 2004.

[50]　MAVRIPLIS D. An advancing front Delaunay triangulation algorithm designed for robustness [J]. Journal of Computational Physics, 1995, 117: 90 – 101.

[51]　LÖHNER R, SHAROV D, LUO H, et al. Overlapping unstructured grids[C]. Reno: 39th Aerospace Science Meeting and Exhibit, 2001.

[52]　ZHENG Z, GANG W, MIAN H, et al. An efficient and fast calculation method of wall distance for hybrid-unstructured grids[C]. Islamabad: 11th International Bhurban Conference on Applied Sciences and Technology, 2014.

第6章　飞行器非定常空气动力
数值仿真应用

　　航空航天领域,非定常空气动力现象十分普遍,其中因为飞行器整体或局部部件的主动或被动运动而导致的动态非定常空气动力问题备受关注。基于前面四章构建的非定常空气动力有限体积数值求解方法、非结构网格变形和动态嵌套网格技术,开发了飞行器动态非定常空气动力数值模拟软件,并针对飞行器非定常空气动力问题,开展了广泛的算例验证和工程应用研究,本章主要介绍相关的典型算例验证和部分工程应用案例。

6.1　飞行器多体分离问题

　　多体分离是飞行器飞行过程中存在的多个部件在气流或其他外力作用下发生相对运动,并因此诱发的气动干扰问题。飞行器涉及的多体分离问题种类较多,主要包括武器/载荷投放分离、级间分离、整流罩分离等。多体分离过程一般具有复杂的流场拓扑结构,部件之间的相对运动和绕流特性具有显著的非定常、非线性特性。对这类问题的研究,除了需要关注飞行器整体或部件的受力情况,还需要特别注意分离体在气动力、重力或其他外力作用下发生的姿态、位置的变化,分析部件之间的相互干扰情况及碰撞的可能性。评估分离过程的安全性,往往需要综合考虑气动、运动、控制、推进和结构等学科,是典型的多学科耦合问题。多体安全分离是目前航空航天飞行器发展和研制中急需解决的关键问题之一,主要的研究手段有理论分析、数值模拟、地面试验和飞行试验。随着数值模拟和计算机技术的发展,运用高效、高精度的数值预测手段研究飞行器复杂条件下的多体分离问题已成为可能,数值模拟可为飞行器多体安全分离方案的设计提供指导和技术支撑,提升分离方案的安全性和可靠性。

　　多体分离是典型的动态问题,对其进行数值模拟研究,除了发展非定常流体控制方程数值求解方法、动态网格技术之外,还需要考虑如何精确捕捉分离体的运动。若将分离体假定为刚性体,则分离体的运动可由六自由度刚体运动方程描述。

　　惯性坐标系下的平移运动方程为

$$m\dot{\boldsymbol{v}}_{\mathrm{G}} = \sum \boldsymbol{F} + m\boldsymbol{g} \tag{6.1}$$

式中，m 为物体质量；$\boldsymbol{v}_G$ 为重心处的平动速度；$\boldsymbol{F}$ 为作用其上的外力矢量。

旋转运动则通过建立在重心处的体坐标系来描述，其绕重心的旋转运动控制方程为

$$I\dot{\boldsymbol{\omega}}_B = \sum M_B - \dot{\boldsymbol{\omega}}_B \times I\dot{\boldsymbol{\omega}}_B \qquad (6.2)$$

式中，$\boldsymbol{I}$ 为惯性张量；$\boldsymbol{\omega}_B$ 为体坐标系下的旋转速度；M_B 为作用其上的力矩。

上述六自由度刚体运动方程与流体控制方程具有不同的数学性质，无法做到完全耦合求解，因此，一般将其分解并借助数值手段对分解后的系统进行松耦合迭代求解。主要求解过程为：

（1）在当前时间步，冻结运动物体的位置和姿态，求解非定常流体控制方程，获得作用在运动物体上的气动力和力矩（流场求解模块）；

（2）气动力、力矩和其他作用力（如重力、推力、弹射力等）一起作为六自由度运动模型的输入，通过求解六自由度刚体运动方程，得到运动物体在当前时间步内平动和旋转的速度、加速度与位移（运动方程求解模块）；

（3）根据运动物体新的位置和姿态，采用动态网格技术更新下一时间步的流场计算网格（动态网格模块）；

（4）循环到第（1）步，开始下一时间步的迭代求解。

六自由度刚体运动方程的求解采用四元数法，并通过四步 Runge-Kutta 时间积分的方式进行。

本书以几个典型的跨声速、超声速、高超声速多体分离示例说明飞行器多体分离问题的主要特征。

6.1.1 机翼-挂架-外挂物模型

首先以经典的阿诺德工程发展中心开展过的机翼-挂架-带舵外挂物投放分离试验[1-3]为算例，验证本书发展的动态非定常数值方法和动态网格技术，研究外挂物投放分离过程。

机翼-挂架-外挂物模型如图 6.1(a)所示，机翼为前缘后掠角 45°、后缘后掠角 0°的梯形翼，外挂物为带 X 型尾舵的航弹外形，通过外挂与机翼下表面相连，主要模型参数及跨声速投放分离条件可参见参考文献[1]。构建了如图 6.1(b)所示的绕机翼-挂架-外挂物模型的并行分区非结构网格，考虑到外挂物与机翼/挂架的相对运动，网格分成了绕机翼/挂架的子网格和绕外挂物的子网格，并通过第 5 章所述的嵌套网格方法进行并行装配。两套子网格共计 740 万网格单元。

运用非定常 CFD/6DOF 耦合数值方法模拟了机翼-挂架-外挂物投放分离过程，时间步长取 1 ms，总共数值仿真了 1 s 时长。图 6.2 所示为数值模拟得到的外

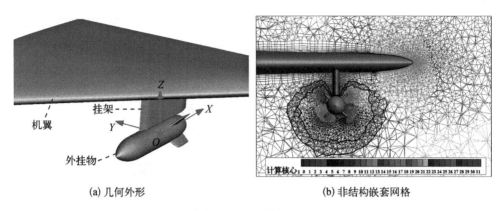

(a) 几何外形　　　　　　　　　　(b) 非结构嵌套网格

图 6.1　机翼-挂架-外挂物模型及流场计算网格

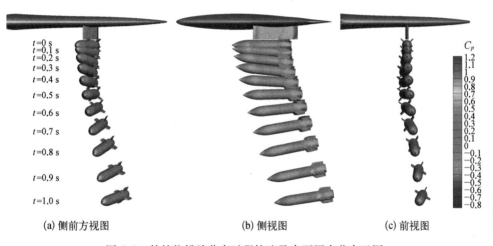

(a) 侧前方视图　　　　　　　　(b) 侧视图　　　　　　　　(c) 前视图

图 6.2　外挂物投放分离过程轨迹及表面压力分布云图

挂物投放分离过程若干时刻的位置、姿态及表面压力分布云图,清晰地表征了外挂物在弹射力、重力和气动力作用下的下坠运动,受机翼干扰及自身气动力作用,外挂物存在明显的后向和朝外的侧向运动,也能观察到一定的滚转运动。图 6.3 为外挂物分离过程质心位移、速度变化历程,图 6.4 为姿态角、角速度变化历程,两图也分别给出了试验数据进行对比。由图 6.3 和图 6.4 可以看出,采用 CFD/6DOF 耦合的数值模拟结果与试验值有较好的吻合度,说明数值模拟准确地捕捉到了外挂物的气动力变化历程及在弹射力、重力和气动力综合作用下的六自由度运动。

　　从图 6.3 可知,受机翼侧洗流干扰,外挂物离开挂架在下落的过程中有较明显的侧滑现象;相对于机翼产生了向后的位移和运动速度,这是由于受到了阻力的影响,一方面主要来自自由来流,另一方面来自机翼下洗流。从图 6.3 的质心运动速

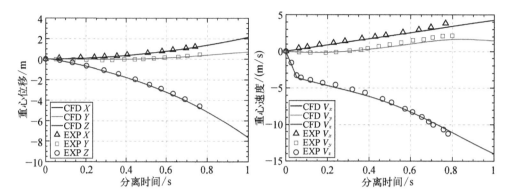

图 6.3　投放分离过程外挂物质心位置和速度变化历程及与试验数据的对比

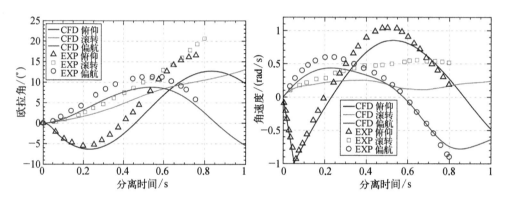

图 6.4　投放分离过程外挂物姿态的变化历程及与试验数据的对比

度曲线可看出,在 0.054 s 内,外挂物受弹射力作用,短时间内产生了较大的加速度,下坠速度增加明显,之后弹射力消失,仅受重力和气动力作用,下坠增速变缓。

图 6.4 所示为外挂物姿态角及角速度的变化曲线,表明外挂物受到挂架弹射力形成的力矩作用,其俯仰角先减小,即出现了先抬头的现象,弹射力消失后,气动力矩使其逐渐形成低头运动趋势;从外挂物偏航角及角速度曲线可以看出,随着时间增加,分离距离加大,机翼侧洗流对外挂物影响逐渐变小,0.5 s 后偏航运动变小,甚至有向相反方向偏转的倾向,由此可见投放分离过程,机翼与外挂物之间的干扰是比较明显的,不容忽视。

6.1.2　复杂构型战机外挂武器投放

6.1.1 节的机翼-挂架-外挂物模型能在一定程度上反映投放分离问题的特征,但仍是比较简单的构型,实际工程问题中,载机构型往往非常复杂,外挂物也不止一个,实际载机外挂物投放的流场干扰和运动特性会更为复杂,工程设计研制中尤其需要重点关注。对此,美国曾开展一系列风洞和数值研究,面向 F-16 常规挂载投放、F-18 投放 JDAM 弹、F-18C 投放 MK-83 航弹等问题[4],探索、考核合适的数值仿真方法和掌握全机构型挂载物投放分离特性。

为验证和考核本书发展的飞行器多体分离数值模拟方法和技术,针对如图 6.5(a)所示的战机构型全机满载外挂物开展多个外挂物同时投放分离的数值模拟研究。战机具有较复杂的外形,单侧翼下和翼梢挂载总共 4 种外挂物,其中中间两个同时进行自由投放分离。建立的计算域及非结构嵌套网格系统如图 6.5(b)所示,4 套外挂物网格嵌入载机网格中,5 套网格共计 1 760 万网格单元、667 万网格节点。

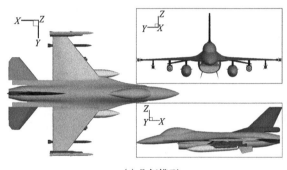
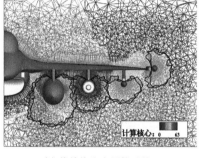

(a) 几何模型　　　　　　　　(b) 非结构嵌套网格系统

图 6.5　复杂战机外挂武器投放分离模型及嵌套网格系统

来流条件为马赫数 0.8,基于弦长的雷诺数为 $5.5×10^6$,中间两外挂物的质量:内侧为 420 kg,外侧为 152 kg。外挂武器投放分离的 CFD/6DOF 耦合非定常数值模拟以计算收敛的定常流场为初场,时间步长取 0.5 ms。

图 6.6 所示为战机外挂武器投放分离过程两个瞬态时刻的嵌套网格与流场流线。由图可见,动态过程的嵌套网格装配正常,说明本书发展的非结构动态嵌套网格并行装配算法能适应这种异常复杂的实际工程问题,合理的表面压力分布和流场流线也说明非定常流场计算方法能正确捕捉复杂动态分离过程的流场特征。

外挂武器投放分离过程质心位移和运动速度变化历程如图 6.7 所示,图示结果表明,内外两外挂武器投放分离过程的垂向运动有类似的加速度、速度和位移特性,但在流向(x 方向)和侧向(y 方向)表现有所区别。因为有更大的迎风面积和更钝的头部,内侧外挂武器受到更大的阻力,因而比外侧武器在顺流方向有更大的运动速度和位移;而外挂物之间及其与载机之间的气动干扰使得外侧外挂武器左右两侧的压差更明显,因而外侧外挂武器有更明显的侧向运动。

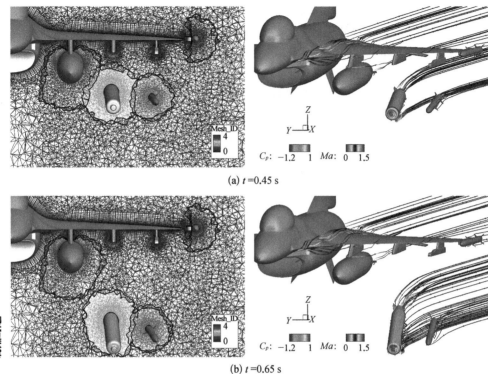

(a) $t = 0.45$ s

(b) $t = 0.65$ s

图 6.6　战机外挂武器投放分离过程两个瞬态时刻的嵌套网格与流场流线

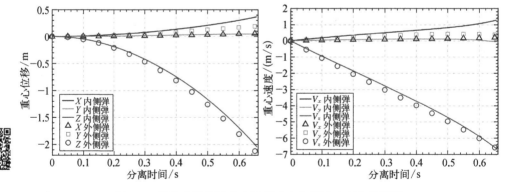

图 6.7　外挂武器投放分离过程质心位置及速度变化历程

6.1.3　高速无人机内埋武器分离

武器内埋是现代及未来高速战机优先考虑的武器装载方式,由此也引出了内埋弹舱对投放影响这一新的研究课题[5]。与传统的武器外挂模式相比,内埋武器装载能使飞机飞行阻力减小近30%,同时能极大地降低飞机雷达反射面积,增强隐身突防能力,因此武器内埋装载已成为新一代战机武器装载的主要方式。但武器内埋装载同样引出许多复杂空气动力学问题[6-8],当高速气流经过空腔时,会引起空腔流动复杂的变化,导致武器气动力特性的变化,不利于武器安全分离;空腔上方的自由剪切层会发生自持振荡,引发空腔内部复杂的非定常流动,压力脉动所产生的动载荷会导致空腔及其运载物的结构疲劳,可能导致电子设备失灵、飞机结构疲劳破坏,并引发武器在分离过程中的非常规运动,对武器的运行轨迹和安全分离产生不利影响[9]。

内埋弹舱流动特性主要受其长深比的影响。Stallings 等[10]将超声速条件下的弹舱流场划分成四种不同的类型,即闭式流动、过渡-闭式流动、过渡-开式流动和开式流动。因为内埋弹舱及内埋武器分离的复杂性和特殊性,工程上对内埋武器投放分离问题尤其重视,广泛开展了数值仿真[11-14]和风洞试验[15-18]研究,可参考综述文献[9]详细了解国内外关于内埋武器机弹分离相容性研究的现状与发展动态。本课题组杨磊[19]、杨俊[20]、屠强[21]也针对内埋武器分离问题开展了系列研究,本书以一高速无人机内埋弹舱武器投放分离问题为例简单介绍相关研究情况。

该高速无人机内埋弹舱、武器的几何外形和流场计算网格如图 6.8 所示,建立的三套结构网格包括一套含弹舱的机体网格 400 万、两套绕弹的网格各 350 万单元,共计 1 100 万网格单元。运用前几章所介绍的数值方法针对高速无人机内埋弹舱在马赫数 3.0~3.5、高度 25 km 条件下的流场特性和武器投放分离过程进行了数值模拟研究,湍流模型采用 S-A 模型。

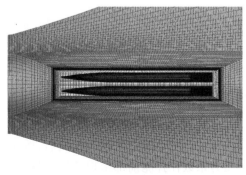

(a) 弹舱及武器表面网格　　　　　　(b) 嵌套网格示意图

图 6.8　高速无人机内埋弹舱、武器模型和计算网格示意图

图 6.9 所示为超声速气流中内埋弹舱的表面压力分布云图和弹舱绕流流线,并将空弹舱、带舱门空弹舱和带舱门/武器弹舱进行了对比展示。从压力分布和流

场流线可以看出,该高速无人机弹舱流动为典型的开式空腔流动,弹舱内部形成了前后贯通、对流的大漩涡,高速气流在弹舱前缘形成强烈的剪切流,并在纵向方向直接跨过弹舱空腔撞击在弹舱后壁,从而在弹舱后壁形成高压区域。从图6.9所示的表面压力分布云图可看出舱门及武器装载对弹舱内的流动有较大的影响,为进一步证实舱门、武器与弹舱之间的气动干扰影响,图6.10给出了空弹舱、带舱门空弹舱和带舱门/武器弹舱底面纵向中线压力系数分布的对比。

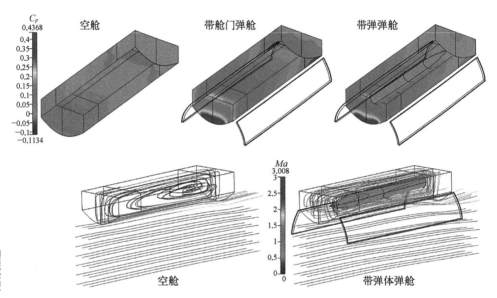

图6.9　高速无人机内埋弹舱表面压力分布云图及弹舱绕流

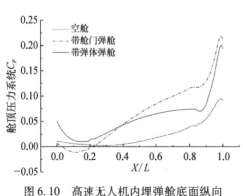

图6.10　高速无人机内埋弹舱底面纵向
中线压力系数分布

受舱门干扰,带舱门弹舱的舱底压力系数相比于空舱而言,总体趋势虽然相同,但弹舱前部低压区与后部高压区范围与峰值均有明显增大,舱壁压力梯度明显上升,压力系数表现为下降后逐渐上升,并最终在剪切层撞击位置陡升的特征。更重要的是加入舱门后,舱底压力系数在弹舱前部呈现负值,舱内流动形式有向过渡式转变的趋势。

在加入弹体后,弹舱底部压力系数分布的变化趋势与前两者相同,幅值介于空舱与仅带舱门的弹舱之间。加入弹体后,弹舱前部流动受弹体影响,压力系数上升,相对于带舱门空舱,前部的负压力系数区域消失。结合舱底压力系数曲线与舱壁压力系数云图可以发现,由于加入弹体,弹舱后端流动受到影响,剪切层撞击所引起的后部高压区的范围与峰值均较未携带弹体时有所降低。总体而言,加入弹体后舱内压力分布是相对有利于武器分离的。

考察武器装载方式对弹舱绕流的影响特性,图 6.11 所示为单弹单侧挂载、单弹中间挂载和双弹两侧挂载三种方式弹舱内壁压力云图和绕流流线图。可看出,三种舱内武器挂载方式,其绕流均较空舱状态无序且复杂,但弹舱流动的总体形式并未发生变化。弹舱绕流仍以剪切层直接跨越弹舱、撞击到舱后壁的流动为主。但具体而言,细节上仍与开式空腔流动存在一些不同。有武器挂载的情况下,单弹中间弹舱的舱内绕流形式相对简单,在弹体纵向对称面附近,舱内流动为一道较大的漩涡,弹体尾端有一局部漩涡;在偏离弹体纵向对称面的位置,除主绕流外,弹体头部出现第二道漩涡,并在远离对称面的位置增强,靠近弹舱侧壁分离出前后两道漩涡。单弹单边挂载情况下,弹舱流动明显存在不对称现象,在空舱一侧流动形式接近过渡式流动;向弹体靠近,过渡式特征逐渐减弱;在弹体纵向对称面部位,头部小型漩涡消失,来流剪切层直接接触弹体下表面。双弹两侧挂载情况下,在弹舱对称面附近位置,舱内绕流为典型的开式流动特征,只存在一道漩涡;在挂弹的位置,弹体前后有小型漩涡。

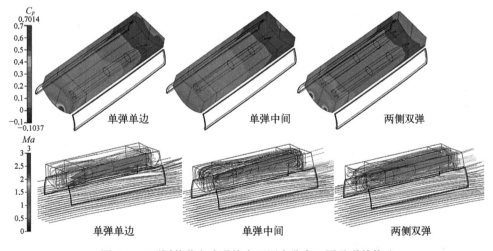

图 6.11　不同装载方式弹舱表面压力分布云图及弹舱绕流

舱壁压力系数云图(图 6.11)及弹壁上表面纵向剖面压力分布(图 6.12)显示,单弹中间情况下,弹舱后壁区压力系数最低,高压区相对不明显。两侧双弹与单弹单边情况下,弹体后端对应的弹舱后壁均出现了较为明显的高压区,且单弹单边情况下高压区面积与峰值均更大。而在弹舱前部,双弹两侧情况下舱壁压力梯度最平缓,其弹舱顶壁在较大范围内保持了较低的压力;单弹中间情况下舱顶压力

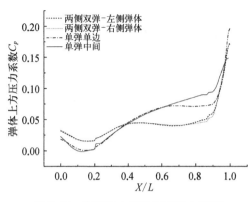

图 6.12　高速无人机内埋武器上表面
纵向压力分布曲线

分布稍好于单弹单边情况。由于单弹单边情况下，弹舱内装载不对称，导致其舱壁压力系数分布也存在较为明显的不对称现象。考虑弹体上方压力系数分布，单弹单边情况下具有最小的前后压差；两侧双弹情况下弹体压力所在区段，压力系数分布最为平缓；单弹单边情况下最大压差与压力分布均不理想。

以挂弹、开舱状态定常计算得到的流场为初始流场，启动动态非定常流场计算，以 CFD/6DOF 耦合方式数值模拟内埋武器投放分离过程。图 6.13 所示为双弹两侧挂载情况下，单侧投弹 0~0.14 s 过程不同时刻弹体表面压力分布云图及瞬时位置、姿态状态。导弹以 10 m/s 的下坠初速度离开弹舱的过程中，导弹靠近弹舱的表面的大负压区和尾部的高压区逐渐减小，这主要是由弹舱前部的负压区以及后部的高压区所导致。因此，导弹在头部较大的吸力峰带来的抬头力矩的作用下，下落的过程中逐渐抬头，头部压力驻点也向下表面偏移。从主视图可以发现，在所计算的时间段内，导弹下落时不仅发生了抬头，还发生了一定程度的偏航运动。

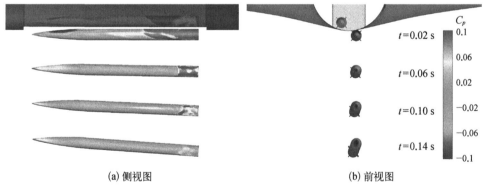

（a）侧视图　　　　　　　　　　　　　　（b）前视图

图 6.13　导弹投放过程轨迹以及各状态表面压力分布

图 6.14 展示了导弹在 0~0.15 s 时间内质心位移、线速度、姿态角以及角速度的变化曲线。从质心位移曲线可以看出，在所计算的时间段内，水平面方向上的位移非常小，导弹基本没有发生侧滑。速度曲线也证实了这点，且导弹下落的速度的斜率明显小于重力加速度，表明导弹在下落过程中受到自身下坠速度、弹舱中复杂

涡系以及自身激波的影响,存在较大的向上的气动力。从欧拉角以及角速度变化曲线中也可以看出,导弹滚转角以及角速度变化较小,几乎没有发生滚转,而偏航以及俯仰角度则随着时间的推移逐渐增大,这也解释了图 6.13 所示的轨迹趋势。偏航角的增大主要是由导弹靠弹舱对称面的一侧受力较大所引起。而俯仰角速度的变化在刚开始时比较激烈,随后逐渐趋于平缓,其原因可以对比图 6.13 各个时刻的压力分布,主要是因为刚开始受到弹舱前部负压以及后部高压的影响较大,完全出舱后该影响逐渐减弱,俯仰角速度的变化也逐渐趋于平缓。

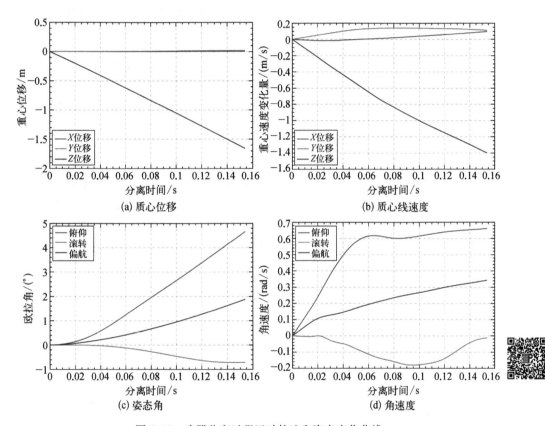

图 6.14　武器分离过程运动轨迹和姿态变化曲线

6.1.4　二级入轨飞行器级间分离

水平起降重复使用天地往返运输系统是能够在地面水平起飞降落及在稠密大气层、临近空间和地球低轨道之间往返飞行的新型空天飞行器,可大幅降低发射成本、缩短发射周期,使人类更容易完成天地往返的运载任务;同时,作为航空与航天技术高度综合的重要战略装备,在争夺制天权方面具有极强的战略威慑能力,因而成为各大国高超声速飞行器技术研究领域的前沿和热点课题。重复使用天地往返飞行器有水平起降的单级入轨(single-stage-to-orbit, SSTO)和两级入轨(two-stage-to-orbit, TSTO)两种概念,当前技术条件下,重复使用两级入轨是其中可能的较为现实的技术方案[22]。

两级入轨空天飞机的设计研制涉及众多关键技术,其中,级间分离的空气动力学问题是两级入轨飞行器需要重点关注的基础问题之一。强激波、大分离、转捩与湍流等因素在超声速情况下相互耦合,呈现出强烈的非定常、非线性、强干扰作用特性,在两级系统上产生的强烈的激波/激波、激波/边界层干扰作用,直接影响两级系统能否安全分离[23,24]。为了保证级间分离过程的安全性与可靠性,需要了解级间气动干扰机制和分离过程流动规律,掌握两级入轨飞行器在高马赫数下分离的气动与运动特性,设计级间安全分离方法和策略。这里以类"桑格尔"两级入轨系统为研究对象,借助本书发展的动态非定常空气动力数值计算方法,开展两级入轨飞行器级间分离气动特性与运动特性的研究。

类"桑格尔"两级入轨飞行器外形及级间安装方式如图 6.15 所示。两级入轨系统上下并联放置,运载器总长为 78 m,翼展为 40 m,为升力体构型,后部采取双垂尾设计。轨道器总长为 26 m,翼展为 14.6 m,具有小展弦比和大后掠角。级间分离速度与高度较大程度取决于运载器发动机的效能,一般来说分离马赫数的提高有利于级间分离,分离高度的提高有利于轨道器载荷增加。但受限于冲压发动机的工作能力,分离马赫数一般在 $Ma = 7$ 以下,分离高度为 30~40 km。这里设定类"桑格尔"两级入轨飞行器级间分离时的飞行速度为 $Ma=6.8$、飞行高度为 31 km。

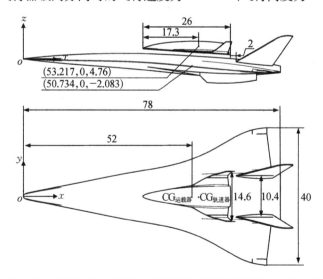

图 6.15　类"桑格尔"两级入轨飞行器几何模型参数(单位: m)

通常有两种级间分离方案,即机构分离方案和气动力分离方案。机构分离方案是在运载器与轨道器之间安装了分离支杆机构,分离过程中通过支杆机构改变轨道器相对攻角,从而改变升力使其相对运载器在竖直方向上产生相对的分离运动,完成安全分离。气动力分离方案通过改变两级系统的攻角,改变轨道器和运载器的气动力,产生相对法向加速度从而产生分离趋势。这里以机构分离方案为例,建立相应的嵌套网格系统,计算分析其级间分离气动特性。

建立类"桑格尔"两级入轨飞行器轨道器和运载器的流场计算网格分别如图6.16 所示。为提高运动轨迹的捕捉精度,运载器网格的局部区域进行了加密处理。在进行网格无关性验证之后,确定使用中等网格密度的网格进行级间分离特性的数值模拟研究,中等密度网格单元总数约 2 300 万,运载器和轨道器的网格系统在完成嵌套网格装配之后的效果如图 6.17 所示。

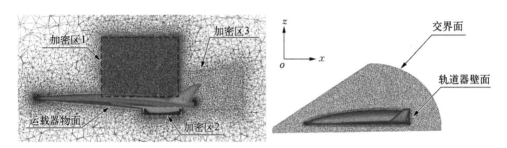

图 6.16　轨道器与运载器网格示意图

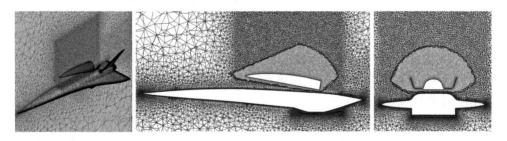

图 6.17　类"桑格尔"两级入轨飞行器嵌套网格示意图

数值模拟了机构分离方案情况下,轨道器被机构抬升到一定的初始仰角后的分离过程,轨道器初始仰角考虑 8°、10° 与 12° 三种情况。图 6.18 所示为机构分离不同初始仰角轨道器气动力与运动时间历程的对比,这三种不同初始仰角情况下,级间分离过程不同时刻的压力云图和马赫数云图分别如图 6.19、图 6.20 和图6.21 所示。

在 8° 初始仰角情况下,轨道器自身提供的升力较小,上升过程缓慢;在分离开始阶段,轨道器处在运载器的激波内,上表面受到激波的冲击(图 6.19);持续的较

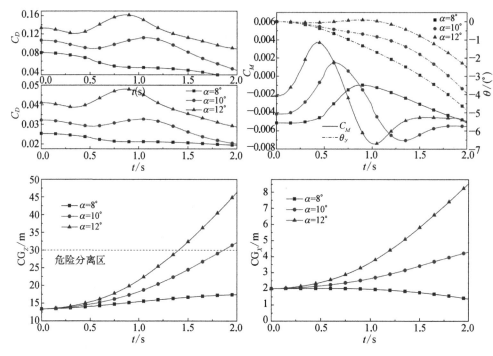

图 6.18　机构分离不同初始仰角轨道器气动力与运动的时间历程对比

大的低头力矩使得运载器产生明显的低头运动,升力也持续减小;由于上升缓慢,轨道器在运载器的头部激波内停留时间过长,到分离时间上限 2 s 时,运载器上升高度不够,仍然处于尾翼前方,无法完全开启主火箭进行加速;之后轨道器由于攻角持续下降,升力继续减小,最终低头向下运动头部撞击到运载器上,分离失败。由 8° 初始仰角的分离过程可知,轨道器在运载器激波内部长时间停留会受到激波的严重干扰,因此在机构分离中,两级系统安全分离需要使轨道器尽快离开运载器的激波干扰区域。

　　当运载器初始仰角增加到 10° 时,轨道器的分离过程流场图如图 6.20 所示。分离运动初始阶段,轨道器完全处于运载器头部激波内部,此时激波打到轨道器上表面;由于 10° 初始仰角下轨道器初始升力较大,与 8° 初始仰角相比,穿越运载器激波层时只用了 0.5 s。在 0.5 s 内轨道器底部高压区一直向后移动,直到 0.5 s 达到缝隙后缘。这段时间虽然轨道器升力有所减小、姿态有所低头,但穿过激波层后,运载器的激波撞击到轨道器下表面,使运载器升力回升,向上加速拉开,分离加快。从图中可以看出,在初始分离时,两级系统之间存在较大的压力滞留区,此区域气流流动复杂,激波与两级的附面层存在相互干扰,轨道器若在此附近停留较长时间会迅速低头导致分离失败。轨道器穿过激波层后,自身的压缩激波使下表面有较大的高压区,此高压区帮助两级系统安全分离。由于火箭发动机初始时只启

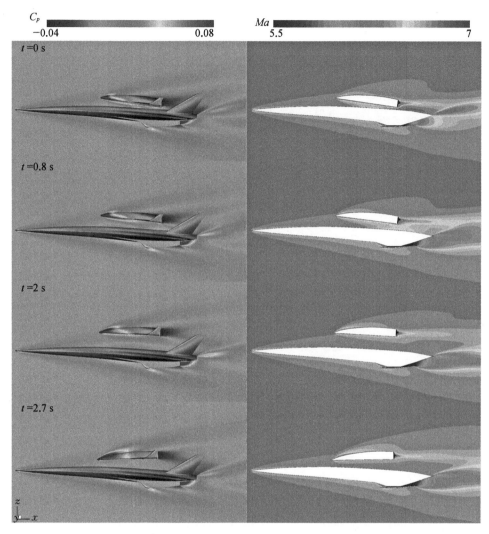

图 6.19　机构分离 8°初始仰角下的流场压力和马赫数分布云图

用总推力的 10%，在分离过程中轨道器在 x 方向只产生了略微后退，当完全穿越运载器的激波层时后退距离为 0.6 m，与运载器尾翼始终保持安全距离。当分离时间到 1.7 s 时，轨道器竖向相对距离已经达到 20 m，远离了设定的危险分离区域，此时主发动机完全点火，级间分离过程结束。在 10°初始仰角情况下，轨道器可实现级间的安全分离。

　　运载器初始仰角增加到 12°时，与 10°初始仰角的情况相比，其分离过程更为迅速，图 6.21 所示，轨道器只使用了 0.4 s 就穿越了运载器的头部激波层，随后运载器头部激波撞击到轨道器下表面，轨道器升力与阻力上升，并产生一定的抬头力

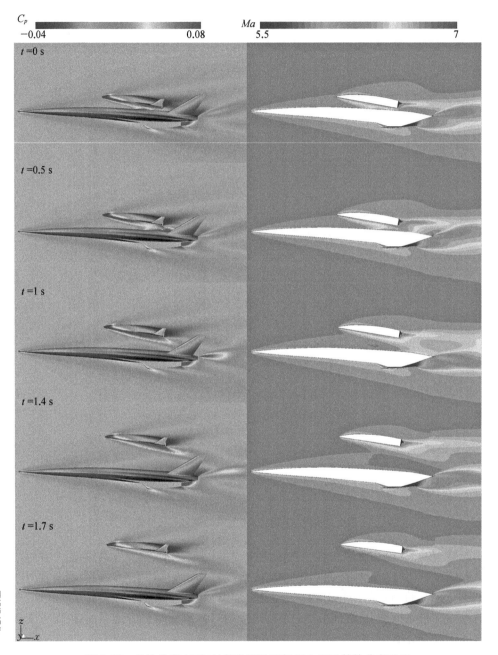

图 6.20　机构分离 10°初始仰角下的流场压力和马赫数分布云图

矩,使得运载器在较长的时间内保持着俯仰角不变甚至略有抬头,到 0.9 s 时自身压缩激波对轨道器下表面的作用力达到最大,1.4 s 时就已经离开危险分离区域,实现安全分离。但与 10°初始仰角的分离情况相比,12°初始仰角在水平方向上的后向位移更多,10°初始仰角状态,轨道器离开尾翼危险区域向后运动了 0.16 m,但12°初始仰角状态则向后运动了 0.64 m。虽然 12°初始仰角也完成了安全分离,且分离更迅速,但在水平方向上的运动及与尾翼的相对位置需要注意。

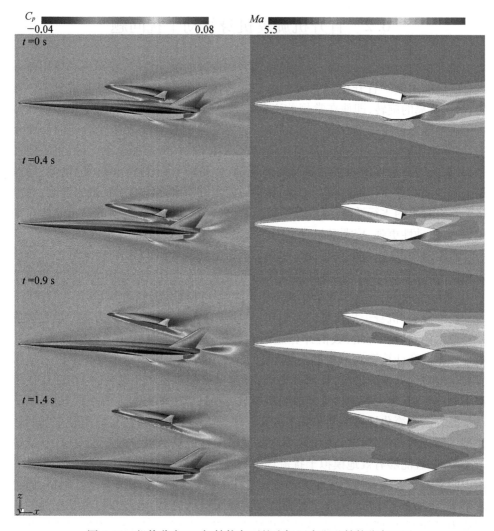

图 6.21　机构分离 12°初始仰角下的流场压力和马赫数分布云图

　　综合上述对机构分离三个工况的安全性评估,可以判断,按照安全分离设计准则,轨道器初始仰角为 8°时的分离是危险的,轨道器在分离过程中与运载器发生碰撞,不能成功完成分离过程;初始仰角为10°时的状态是较好的安全分离过程,运载器在分离过程中与轨道器的相对距离增加较快,分离过程中的俯仰运动较小,在规定时间内可移动到危险区域外,完成安全分离;初始仰角为12°的状态也是可行的安全分离,分离过程中两级之间的相对距离增加较快,但运载器在水平方向上后退较多,与运载器尾翼的安全距离较小。流场分析结果也表明,两级之间存在复杂的激波系及激波与附面层的干扰现象,级间分离方案设计时尤其要重点关注。

6.2　直升机旋翼机身气动干扰问题

　　直升机因为独特的悬停、垂直起降能力和良好的机动性能,在军用和民用领域具有广泛的用途。直升机旋翼流场由桨叶产生的漩涡主导而变得非常复杂。首先,由于旋翼的旋转,即使在常规前飞状态,旋翼桨叶的相对气流速度和当地气流攻角也在随方位角的变化而变化;其次,旋翼桨叶的相对气流速度沿展向是变化的,旋翼流场同时包含桨根的不可压流动区域和桨尖的跨声速流动区域;更重要的是,旋翼旋转产生强烈的桨尖涡和尾迹流动,使得旋翼(尾迹)和机身、尾桨、尾翼组等部件之间存在严重的相互干扰,其中以旋翼和机身之间的干扰最为显著,它直接影响直升机的飞行性能、操纵品质、噪声特性和振动特性。现代直升机总体布局更紧凑、机动性更强,旋翼和机身之间的气动干扰更加强烈[25,26]。

　　因此,旋翼机身气动干扰问题一直是直升机空气动力学的主要研究课题之一,准确预测直升机旋翼气动特性及旋翼机身气动干扰是当前直升机领域面临的技术难题之一,发展精确高效的数值计算方法、准确模拟旋翼/机身非定常气动干扰显得十分重要。

　　由于旋翼/机身干扰流场的复杂性,早期研究大多以试验方法为主。随着数值计算技术的发展和应用,数值计算逐渐成为研究旋翼机身气动干扰的重要手段。受计算方法和计算资源的限制,早期的计算采用尾迹方法[27-29],减少了因为模拟旋翼尾迹对计算量的需求,计算效率高,计算精度能满足工程需要,但精度往往依赖于涡核半径、桨尖涡拖出位置等经验参数。在计算流体力学数值模拟方面,基于动量源方法的简化计算模型和基于嵌套网格方法的全模拟方法是应用较多的两种类型。简化计算模型[30,31]采用作用盘模型来模拟旋翼对机身的下洗效应,其计算效率较高,且能够有效地模拟干扰流场中的时均特性,但对非定常干扰特性的计算能力明显不足。随着计算机技术和数值方法的持续发展,基于动态嵌套网格,通过求解 N-S 方程,用统一的非定常数值方法模拟包括旋翼、尾迹和机身等在内的流场成为可能,全模拟方法可有效计算出旋翼运动、尾迹发展和流场发展变化的非定常过程,在旋翼/机身干扰研究中具有良好的应用潜力。

　　基于本书所构建的动态嵌套网格和非定常流场数值计算方法,这里针对直升机旋翼/机身气动干扰问题开展数值模拟研究,研究对象包括佐治亚理工学院

（Georgia Institute of Technology，GIT）旋翼-机身模型、NASA 兰利研究中心 ROBIN
模型和具有复杂外形的共轴双旋翼/尾推/外挂高速直升机构型。

6.2.1　GIT 旋翼机身模型

首先以佐治亚理工学院的旋翼-机身气动干扰风洞实验[32]为例。该旋翼-机
身干扰实验模型（图 6.22）由两片桨叶和一个简单圆柱机身组成，旋翼桨叶为
NACA0015 矩形翼，无扭转，展弦比为 5.3。选取实验中的一个状态来计算，来流马
赫数为 0.029，旋翼转速为 2 100 r/min，前进比为 0.1，转轴前倾 6°，旋翼总距 10°，
无周期变距；旋翼挥舞运动为 $\beta(t) = -1.94°\cos\psi(t) - 2.02°\sin\psi(t)$；测得的旋翼
拉力系数为 0.009 045。

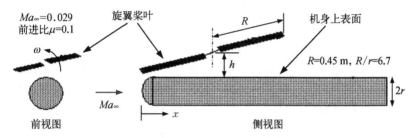

图 6.22　佐治亚理工学院的旋翼-机身气动干扰实验模型

数值模拟中，建立的计算嵌套网格总共分成 3 层，第 1 层、第 2 层为背景网格，
其中第 1 层较为稀疏，用以填充较大的远场计算域，第 2 层较密，以便较精确捕捉
旋翼桨尖涡和旋翼-机身的干扰；两旋翼桨叶和机身共 3 套子网格，作为第 3 层。
图 6.23 所示为 90°和 180°方位角时的嵌套网格示意图。

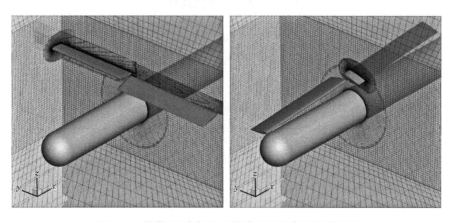

图 6.23　旋翼-机身气动干扰模型的嵌套网格截面图

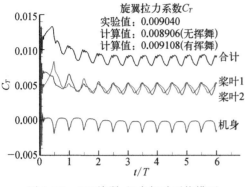

图 6.24　GIT 旋翼-机身气动干扰模型
气动力的周期变化规律

计算中,每个旋转周期分成 180 个时间步,每时间步的内迭代计算进行 15 步或满足残差下降 2 阶的要求。从初场开始,计算进行了 6 个旋转周期,图 6.24 所示为计算得到的旋翼、机身所受竖向力系数的周期变化规律,可以看出从第 3 个周期开始,气动力变化即呈现良好的周期性,流场计算已趋于稳定;其中,机身受到旋翼下洗气流的周期性作用,机身气动力呈明显的周期性脉动变化规律。计算得到的旋翼拉力系数为 0.009 108,与实验值吻合良好。为进行比较,也数值模拟了旋翼无挥舞运动的情况,其旋翼拉力系数为 0.008 906,略小于有挥舞运动的情况。

图 6.25 所示是 90°方位角时,该旋翼-机身组合体流场的涡量等值面图和流线图,数值模拟对桨尖涡及旋翼下洗气流的捕捉效果令人满意,由图也可观察到旋翼下洗气流与机身之间存在明显的干扰。图 6.26 所示为机身上表面中线的瞬时压力分布(0°方位角)和周期平均的压力分布,与实验值相比,数值计算较准确地捕捉到了旋翼下洗气流作用下的机身瞬态表面压力分布;在周期平均压力分布方面,桨尖部分由于更大的相对气流速度,产生更强的下洗气流,从而在机身上表面形成一前一后两个压力峰,计算结果精确地捕捉到了周期平均压力分布规律和趋势,也很好地表征了下洗气流对机身的干扰特性;周期平均压力峰值与实验数据对比,旋翼有挥舞运动和无挥舞运动的计算结果有所差别,有挥舞运动时,后面的压力峰吻合更好,而无挥舞运动时,前面的压力峰与实验更接近。

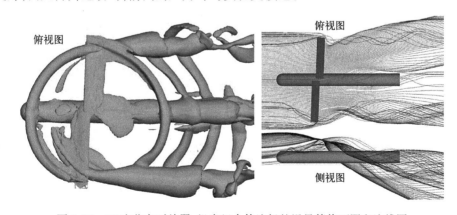

图 6.25　90°方位角时旋翼-机身组合体流场的涡量等值面图和流线图

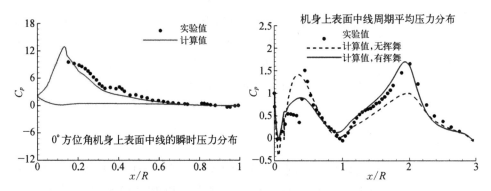

图 6.26　机身上表面中线的瞬时压力分布(0°方位角)和周期平均压力分布

图 6.27 为半个旋转周期内不同时刻 GIT 旋翼机身模型的表面压力分布云图，该图清晰地表现了旋翼旋转时桨叶表面的压力分布周期性变化以及旋翼下洗气流

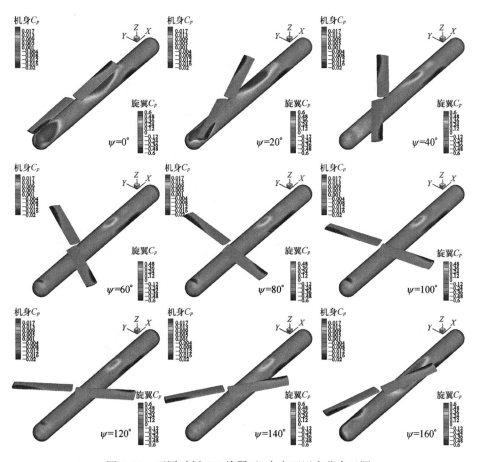

图 6.27　不同时刻 GIT 旋翼/机身表面压力分布云图

作用对机身表面压力分布的影响。当旋翼旋转至 0°（或 180°）方位角附近时，旋翼距离机身表面最近，桨叶下洗气流对机身的冲击作用最强，在机身上表面形成一前一后两个高压区域。这一算例表明，本书发展的数值方法用于旋翼流场的计算分析能精确地捕捉到旋翼非定常流场及与机身的相互干扰现象。

6.2.2　ROBIN 模型

旋翼机身气动干扰的另一个例子是美国 NASA 兰利研究中心开展的旋翼/机身干扰 ROBIN（Rotor/Body INteraction）实验模型[33]，ROBIN 模型的旋翼由 4 片 NACA0012 矩形桨叶铰接构成，桨叶半径为 0.861 m，弦长为 0.066 3 m，线性扭转负 8°；机身具有流线型的解析外形，机身长度为 1.999 m，桨毂与机身中心垂直距离为 0.322 m。有关模型几何外形和参数的详细信息可以参考文献[33]。选取其中一个典型的试验状态计算，具体的参数为：前进比 $\mu = 0.15$，旋翼转速为 2 000 r/min，旋翼变距为

$$\theta = 16.3° + 2.7°\cos\psi - 2.4°\sin\psi$$

通过数值计算和文献[33]中相关说明可知，采用上述变距参数进行计算，计算所得旋翼拉力系数比实验值大。文献[34]通过一系列的数值计算对比发现，在同样拉力系数条件下，数值计算的参数中，总距总是比实验给定值小。因此，采用文献[35]的变距参数，对总距进行了适当调整，具体的旋翼变距参数为

$$\theta = 12.8° + 2.2°\cos\psi - 2.0°\sin\psi$$

数值模拟中，建立的 ROBIN 旋翼机身模型计算网格总共分成 3 层，第 1 层、第 2 层为背景网格，其中第 1 层较为稀疏，以填充较大的远场计算域，第 2 层较密，以便较精确捕捉旋翼桨尖涡和旋翼-机身的干扰；旋翼和机身的子网格共 5 套，作为第 3 层，网格单元总数约 2 200 万。图 6.28 所示为计算模型和嵌套网格截面图。

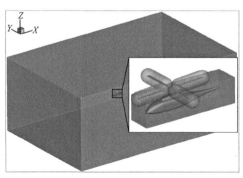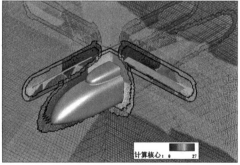

图 6.28　ROBIN 模型计算域及嵌套网格

图 6.29 计算得到的旋翼拉力系数为 0.006 046,接近于实验值 0.006 4;由图也可看出,每个旋翼桨叶的拉力以及机身在旋翼气流干扰下所受的气动力,都呈现出周期性的振荡。图 6.30 所示为机身上表面中线和 0.89R 截面位置处的周期平均压力系数分布,图 6.31 所示为机身上表面中线在不同方位角下的瞬时压力分布,与试验测得的数据[33] 相比,无论是周期平均压力分布还是瞬态压力分布,计算值与实验值吻合良好。

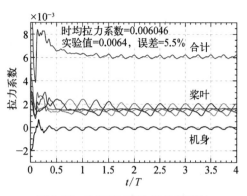

图 6.29　ROBIN 旋翼-机身模型气动力的周期变化规律

图 6.32 所示为某瞬时状态 ROBIN 计算域内的涡量等值面和截面云图,清晰地表征了旋翼旋转引起的桨尖涡和下洗流场。图 6.33 所示为一个周期内若干时刻旋翼、机身表面压力系数分布云图,可看出,桨叶旋转经过机身时,旋翼-机身气动干扰作用在机身上表面前后两处位置形成较明显的高压区域。

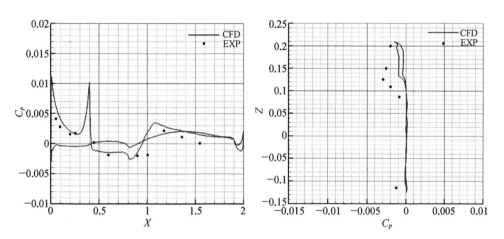

图 6.30　机身上表面中线和 0.89R 截面位置处的周期平均压力系数分布对比

6.2.3　高速直升机构型

另一验证和考核本书嵌套网格装配和非定常流场计算能力的直升机旋翼例子是某高速直升机复杂整机构型,其几何外形如图 6.34(a)所示,包括机身、共轴反转主旋翼、推力尾桨、挂架及外挂物等,是典型的具有复杂外形的工程应用案例。旋翼变距规律参数为

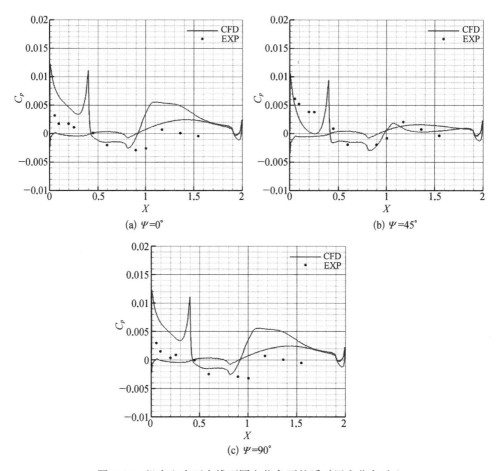

(a) $\Psi=0°$

(b) $\Psi=45°$

(c) $\Psi=90°$

图 6.31　机身上表面中线不同方位角下的瞬时压力分布对比

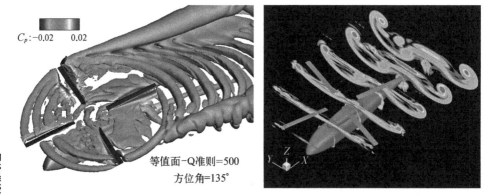

图 6.32　某瞬时状态的涡量等值面空间分布

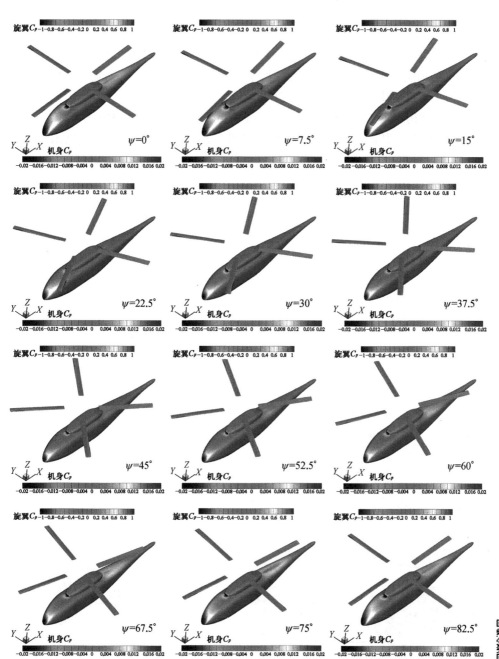

图 6.33　不同方位角时机身和旋翼桨叶表面压力系数分布

$$\theta_{upper} = \theta_0 - \theta_{1c}\cos(\psi + \Gamma) + (\theta_{1s} - \theta_{ds})\sin(\psi + \Gamma)$$

$$\theta_{lower} = \theta_0 - \theta_{1c}\cos(\psi + \Gamma) - (\theta_{1s} + \theta_{ds})\sin(\psi + \Gamma)$$

其中，$\theta_0 = 6.0°$，$\theta_{1c} = -2.2°$，$\theta_{1s} = -2.0°$；相位角 Γ 和差动横向周期变距 θ_{ds} 暂设为 $0°$。共轴主旋翼的上、下旋翼分别按照逆时针、顺时针旋转，转速为 300 r/min；直径 3.6 m 的 8 叶推力桨转速为 1 200 r/min。

针对该构型，建立了 18 套子网格，分为 2 层管理，共计 3 920 万网格单元和 2 950 万网格点，装配好的嵌套网格系统如图 6.34(b)所示，图 6.35 则展示了嵌套

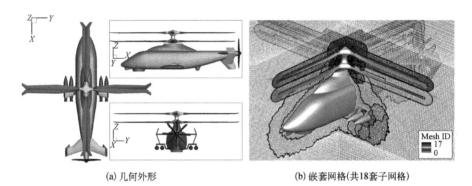

(a) 几何外形　　　　　(b) 嵌套网格(共18套子网格)

图 6.34　某高速直升机整机构型和装配好的嵌套网格系统

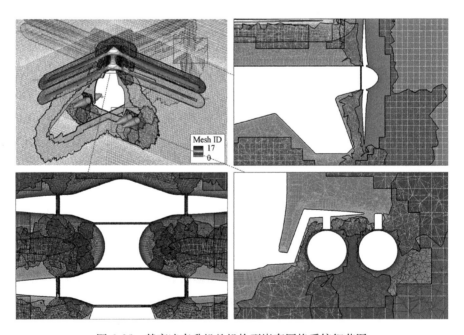

图 6.35　某高速直升机整机构型嵌套网格系统细节图

网格在桨毂、挂架、尾推附近多个部件相邻和多套网格重叠区域的细节,可看出,固壁内的网格单元都被正确"挖掉",子网格之间的嵌套边界构建合理。图 6.36 为计算得到该高速直升机在前进比 $\mu = 0.3728$ 时 1/4 主旋翼旋转周期内不同时刻的表面压力系数分布云图,压力分布光顺、流场结果合理。该工程案例说明本书发展的嵌套网格装配和流场求解算法处理极端复杂的工程问题一样具有很强的稳健性和应用能力。

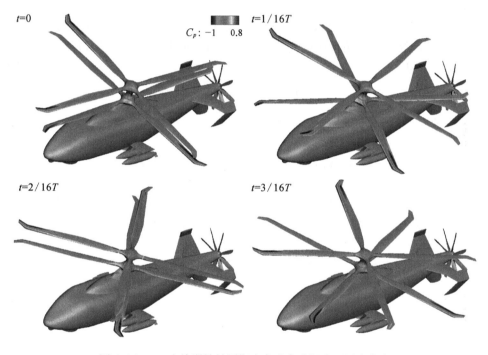

图 6.36　1/4 主旋翼旋转周期内高速直升机表面压力分布

6.3　扑翼非定常空气动力学研究

自然界的飞鸟、昆虫等飞行生物具有高超的飞行技巧,翅膀的大幅扑动是其克服尺寸小、速度低引起的低雷诺数空气动力问题的重要方式。近年来,仿生微型飞行器技术在航空界备受关注和重视,因为尺寸和飞行速度相近,自然界飞行生物的经验自然而然地对人类研制高性能微型飞行器具有重要的启发作用,探讨和掌握扑翼非定常空气动力原理和机制,是发展仿生微型飞行器技术首先要解决的关键问题。本节简单介绍所发展的数值方法在扑翼非定常空气动力机制研究方面的应用情况和研究成果。

6.3.1　柔性扑翼推力机制研究

对飞行生物来说,扑翼既产生升力也产生推力,柔性扑翼在其中起到重要作用,翼面在发生展向扭转变形的同时也有弦向的弯度变形。为研究扑翼柔性对推力作用的机制,这里先建立二维柔性扑翼模型,考察弦向弯度变形对扑翼推力特性的影响。

假定扑翼为等厚度平板,在上下扑动的同时,弦向以前缘为基点进行弯曲变形,各点绕前缘的俯仰角按照梁变形理论以抛物线规律变化。运动规律如下。

上下扑动:

$$H(t) = H_0 \cos(2\pi f t)$$

弯曲变形(图 6.37):

$$\alpha(x,\ t) = \alpha_{\max}\left(\frac{x}{L}\right)^2 \cos(2\pi f t + 90°)$$

其中,$\alpha_{\max}$ 为弦向最大俯仰角,其大小反映弦向弯度变形的程度。考虑 3 种弯度变形量,分别对应 $\alpha_{\max}$ 为 5°、10°、15°,对每种变形量,计算不同扑动频率的流场。

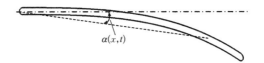

$$\alpha(x,t)$$

图 6.37　弯度柔性变形的参数定义

图 6.38 为计算出的二维柔性扑翼的平均推力系数、气动功率系数和推进效率随斯特劳哈尔数(Sr 数)的变化规律。对每种变形量,平均推力和气动功率都随着 Sr 数的增大而增大,其中气动功率增长规律近似为抛物线;而推进效率先增大后减小,Sr 数在 0.2~0.3 附近时,推进效率出现最大值。图 6.38(c) 还显示了柔性增大明显提高了推进效率。

Triantafyllou[36]、Taylor[37] 通过对水游和飞行生物的数据统计发现,各种水游和飞行生物无论种类和体型大小,其 Sr 数都位于 0.2 ~ 0.5 的范围内(平均值为 0.3);Heathcote 等[38] 对柔性扑翼的试验结果也表明 Sr 数在 0.29 左右时,推进效率最大;Taylor 认为,这一惊人的巧合是生物进化的结果,呈这样的参数状态能使推进效率最大化。虽然此处柔性扑翼的变形是给定均匀气动力作用的结果,但其结果也印证了这一巧合是生物进化的特性。这些结果告诉人们,要研制成功的仿生飞行器,就要借鉴自然界生物的经验,合理设计各种飞行状态和扑动参数,使之

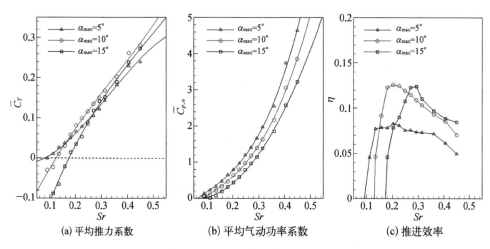

(a) 平均推力系数　　　　　(b) 平均气动功率系数　　　　　(c) 推进效率

图 6.38　二维柔性扑翼的平均推力、气动功率和推进效率随 Sr 数的变化规律

符合自然规律。

　　图 6.38(a)也说明,对每种变形量,Sr 数较小时,柔性扑翼不产生推力,甚至只受到阻力。那么,Sr 数对流场涡结构和推力产生有何影响呢?以 $\alpha_{max} = 15°$ 的变形量为例,几种不同 Sr 数下柔性扑翼下扑到中间位置时的流场涡量图如图 6.39 所

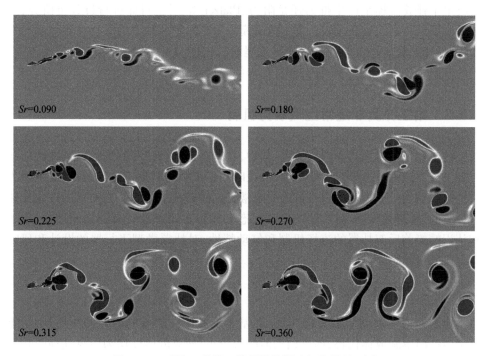

图 6.39　不同 Sr 数的二维柔性扑翼流场的涡量云图

示,其中 $Sr = 0.09$ 时,扑翼受到阻力作用,其他 Sr 数则为产生推力。通过对比可看出, $Sr = 0.09$ 时,流场尾迹的涡街尚未成型,而到 $Sr = 0.18$ 时涡街已经呈现,且随着 Sr 数的增大,涡街的分布越来越密集,流场的非定常特征也越来越强烈。

众所周知,非定常的圆柱绕流是产生阻力的,圆柱尾迹中交替脱落的涡被称为卡门涡街。产生阻力和产生推力的涡街分布有所不同,涡的方向和位置直接决定了流场产生的是阻力还是推力。圆柱绕流的卡门涡街,上排的涡方向为顺时针方向,下排为逆时针方向,受尾涡诱导作用,尾流在来流方向上有与来流相反的流动,圆柱受到与来流方向相同的反作用力,也就是阻力。扑翼产生的涡街中,若两排涡的方向与卡门涡街相反(也称反卡门涡街),类似上述分析,尾流在来流方向上会有与来流方向相同的流动,则扑翼受到与来流反向的作用力,即为推力。

Heathcote 等[38]对柔性扑翼进行了相关的试验研究,试验中柔性平板固定在刚性的 NACA0012 翼型上,并随着刚性翼型上下扑动,试验研究了柔性翼的变形特性、推力产生、推进效率等,也进行了柔性扑翼流场的动态显示试验。这里将数值计算结果与试验结果进行比较,如图 6.40 所示,左列为计算得到的扑翼从最高位置开始的一周期内 4 个不同时刻的涡量云图,右列为流场显示试验测定的对应时刻的涡流场,从扑翼上脱落的涡按照脱落的时间顺序编号①②③,对比可知,两者非常相似,涡产生、发展和脱落的过程是一致的。前文已经讨论论过,涡的方向和位置决定了扑翼流场是产生推力还是阻力,Platzer 等[39]也对此进行过分析研究,进行了流场试验的测量和比较。本书数值模拟得到的产生推力的柔性扑翼流场与之相比,虽然两流场的雷诺数不相同导致尾涡的密度有所不同,但两流场的尾迹中,涡的方向和位置分布是相同的,都是反卡门涡街。

6.3.2　蜻蜓扑翼非定常空气动力机制

自然界很多昆虫具有两对扑翼,其中,具有高超飞行技巧的蜻蜓以其独特的双对翼飞行方式,能快速启动、均衡前飞、长时间悬停和巧妙地机动飞行,蜻蜓被认为是传统滑翔飞行原理和昆虫飞行的非定常机制的最佳结合体。自然界的进化规律告诉我们,蜻蜓独特的飞行方式、扑动模态和相位关系必然有其存在的理由,了解和认识蜻蜓前后双扑翼的流场机制和气动特性,对扑翼微型飞行器的设计和研究有重要的指导意义。

6.3.2.1　蜻蜓扑翼模型

建立如图 6.41 所示的蜻蜓模型,其基本形状由一蜻蜓的图片测绘得到,蜻蜓躯干用一简单旋成体代替,前翼稍长但弦长较小,两翼的厚度均为前翼气动弦长的 4%。由于对称性,仅将模型左侧的空间设为计算域,过躯干轴线的竖直平面为对

数值计算结果   Heathcote等[38]的试验结果

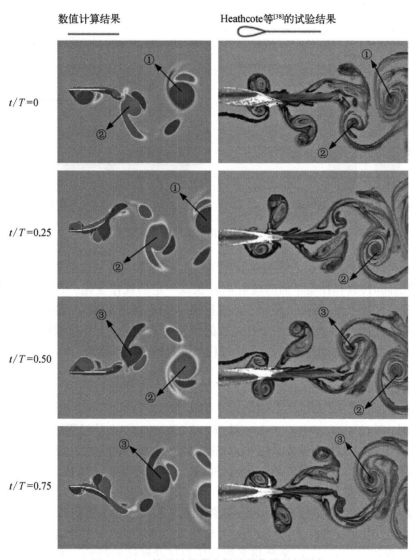

图 6.40 二维柔性扑翼流场的数值模拟结果与
试验的比较($Re = 1\,800$, $Sr = 0.29$)

称面。计算域的初始网格分成两层共 4 套子网格：背景网格为第一层，躯干、前翼和后翼各一簇，为第二层。躯干、前翼和后翼的表面分别划分成 3 291、15 843、16 979 个四边形，壁面附近是伸缩比大的附面层网格，沿壁面法向的第一层网格厚度是气动弦长的 1‰。4 簇网格总共约 104 万网格点、254 万网格单元。

前后翼在扑动平面内绕翼根处的支点上下扑动，扑动角度：

$$\Phi(t) = \Phi_0 \cos(\omega t + \psi) \tag{6.3}$$

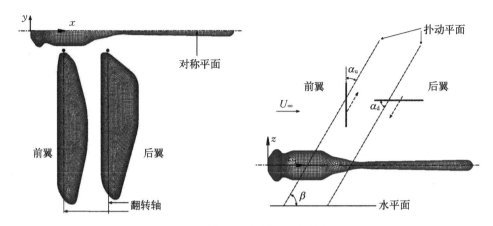

图 6.41　蜻蜓的几何模型和参数定义

其中，$\omega = 2\pi f$；Φ_0、f、ψ 分别为翼的扑动幅度、频率和后翼领先前翼的相位。翼上下扑动的同时，翼和扑动平面的攻角 $\theta(t)$ 也以一定的规律变化。在下扑和上扑的中间，攻角保持不变，而在下扑和上扑过程快结束时，翼开始翻转，翻转轴位于翼平面内距离翼前缘 1/4 弦长处。下扑过程的翻转开始于 τ_d，上扑过程的翻转开始于 τ_u，翻转过程持续时间为 $\Delta\tau_R$。下扑过程结束时的翻转规律为

$$\dot{\theta}(\tau) = 0.5\dot{\theta}_0\{1 - \cos[2\pi(\tau - \tau_d)/\Delta\tau_R]\}, \quad \tau_d \leqslant \tau \leqslant \tau_d + \Delta\tau_R \tag{6.4}$$
$$\dot{\theta}_0 = (\pi - \alpha_u - \alpha_d)/(\Delta\tau_R T)$$

$\tau = \tau_d$ 时，$\theta(\tau) = \alpha_d$；$\tau = \tau_d + \Delta\tau_R$ 时，$\theta(\tau) = \pi - \alpha_u$。上扑过程结束时的翻转规律类似。上述各式中的 τ 为时间 t 在周期时间 T 内所占的比例。设定扑动平面与水平面的夹角 $\beta = 52°$，落在 $40° \sim 70°$ 区间内[40]。扑动频率为 36 Hz，扑动幅度 $\Phi_0 = 34.5°$ 并保持不变。

为了研究蜻蜓的两种不同状态：悬停状态（$J = 0$）和中等前飞速度状态（$J = 0.3$），设定 α_d 和 α_u 为：$J = 0$ 时，$\alpha_d = 52°$，$\alpha_u = 8°$；$J = 0.3$ 时，$\alpha_d = 36°$，$\alpha_u = 22°$。并保持 α_d、α_u 不变，来严格考察相位对气动性能的影响。翼翻转的参数设定 $\tau_d = 0.3$，$\tau_u = 0.8$，$\Delta\tau_R = 0.4$ 为基本值。

由于蜻蜓翼在倾斜的平面内扑动，因此在扑动平面内定义升力阻力，即升力垂直扑动平面，阻力位于扑动平面内并垂直翻转轴，升力阻力在竖直方向和水平方向的分量之和分别为举力和推力。举力用于平衡重力，推力用于平衡前飞空气阻力。举力系数 C_V、推力系数 C_T 分别由升力系数 C_L、阻力系数 C_D 在竖直方向和水平方向的分量合成得到，即为

$$C_V = C_L\cos\beta + C_D\cos\Phi\sin\beta \tag{6.5}$$
$$C_T = C_L\sin\beta - C_D\cos\Phi\cos\beta$$

相应地,周期平均举力系数 $\overline{C}_V$ 和周期平均推力系数 $\overline{C}_T$ 分别由周期平均升力系数 $\overline{C}_L$、周期平均阻力系数 $\overline{C}_D$ 在竖直方向和水平方向的分量合成得到。

由于选取的扑翼运动规律和文献[41]的相同,180°相位的参数也一样,因此,这里先以 $J=0$ 和 $J=0.3$ 时的后翼领先前翼 180° 的两个状态的流场为例,将一周期内前翼和后翼产生的举力系数与文献[41]的结果进行比较,如图 6.42 所示,两者的举力系数随时间变化的趋势完全一致,只是在量值上有一定的差距(两者的模型在形状和尺寸上有差别,尤其是后翼的尺寸差别较大)。

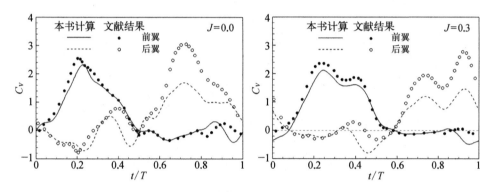

图 6.42　举力系数随时间的变化规律与文献[41]的结果比较

6.3.2.2　气动力周期变化规律

以 0°、90° 和 180° 三种前后翼相位差为例,分析一周期内气动力随时间的变化规律。图 6.43 是悬停状态时这三种相位差下两翼各自的气动力变化曲线和总气动力曲线的比较(图中横坐标以每周期前翼开始下扑的时刻为 0 点)。明显地,从总的气动力曲线来看,一周期内 C_V 和 C_T 都有明显的峰值,其大小是自身重力的数倍。C_V 和 C_T 的主要峰值,180° 相位有两个,分别在 $0.25T$ 和 $0.75T$、$0.4T$ 和 $0.9T$ 左右,相差约半个周期;90° 相位也有两个,分别在 $0.25T$ 和 $0.0T$(亦即 $1.0T$)、$0.65T$ 和 $0.9T$,相差 $1/4$ 周期;到 0° 相位结合为一个更显著的峰值,分别在 $0.25T$、$0.9T$。

在悬停状态,无论是前翼还是后翼,C_V 的产生主要在下扑阶段,且在下扑到中间位置时有最大值,即前翼的最大 C_V 出现在 $0.25T$,后翼领先前翼 0°、90° 和 180° 相位扑动时的最大 C_V 分别出现在 $0.25T$、$0.0T$ 和 $0.75T$;两翼在下扑阶段几乎不产生水平方向的力,上扑过程的 C_T 有峰值出现,前半段为负,后半段为正。

图 6.43(a)、(b)中,通过前翼、后翼分别产生的气动力曲线和总气动力曲线的比较,可看出,总气动力峰值的出现主要是两翼气动力叠加的结果,而不是由两翼间的气动干扰引起的。正是两翼气动力的叠加,使得总气动力在 180° 相位时的两

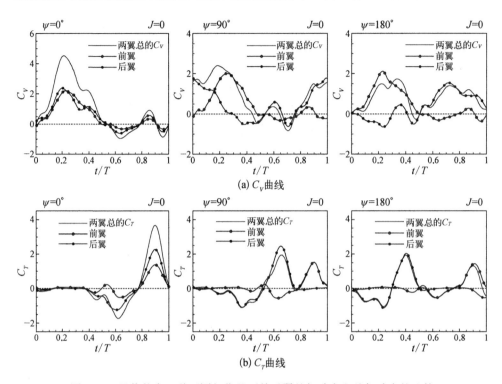

(a) C_V曲线

(b) C_T曲线

图 6.43　悬停状态三种不同相位差下前后翼的气动力和总气动力的比较

个峰值相差半周期,90°相位时相差 1/4 周期,0°相位时结合为一个更显著的峰值,这或许可以用来解释为什么蜻蜓在快速起飞或机动飞行等需要高升力的状态时,前后翼以同相的方式扑动。

图 6.44 是前飞状态时三种相位差下两翼各自的气动力变化曲线和总气动力曲线的比较。和悬停状态一样,翼的举力主要在下扑的过程产生,不同的是,前飞状态时,翼在下扑过程中产生举力的同时还产生推力。而关于总气动力峰值的成因分析,跟悬停状态类似,即不是由气动干扰引起,而是两翼气动力叠加的结果。

由图 6.43 和图 6.44 还可看出,无论是悬停状态还是前飞状态,在各种相位下,前翼气动力和后翼气动力,除了大小稍有差别和相位的不同外,两者的变化趋势大体相同;前翼或后翼,同一翼的气动力在不同相位下的趋势也基本相同。这从另一角度说明,两翼间的气动干扰不是举力或推力产生的主要机制。但是,不能因此而排除前后翼气动干扰的存在:比较前翼和后翼的气动力峰值的大小,不难发现,面积大的后翼,其峰值比面积小的前翼在有的相位下要大[图 6.43(a)$\psi=0°$、图 6.44(a)$\psi=90°$],有的相位下要小[图 6.43(a)$\psi=90°$、图 6.43(a)$\psi=180°$、图 6.44(a)$\psi=0°$、图 6.44(a)$\psi=180°$],说明气动干扰对气动力的产生有一定程度的影响,对此还需做进一步的分析。

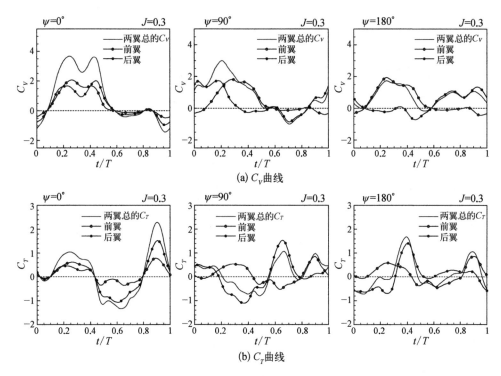

图 6.44　前飞状态三种不同相位差下前后翼的气动力和总气动力的比较

6.3.2.3　流场涡结构及气动力产生机理

由于前翼气动力和后翼气动力的变化趋势大体相同,前翼或后翼的气动力在不同相位下,其趋势也基本相同,这里以前后翼 0° 相位差工况为例,说明流场涡结构。图 6.45(a)、(b) 分别是悬停状态和前飞状态情况一周期内不同时刻的涡量等值面图,涡量值 $|\omega|$ 分别为 $0.95U_{ref}/L$、$0.72U_{ref}/L$。从这些等值面图可清晰地观察到,两翼上下扑动过程中,启动涡(包括平动的和转动的)的形成以及前缘涡、尾涡及翼尖涡的发展和脱落过程。图中标注的名称为:TSV—translational starting vortex,平动启动涡;RSV—rotational starting vortex,转动启动涡;LEV—leading edge vortex,前缘涡;TV—trailing vortex,尾涡;WV—wingtip vortex,翼尖涡;F—forewing,表示前翼,H—hindwing,表示后翼。

结合图 6.46、图 6.47 所示的悬停和前飞状态不同时刻 2/3 翼展截面的压力分布云图,分析流场结构及发展。从最高位置的 0 时刻开始往下加速扑动,在翼周围上部区域形成一个启动涡环,并逐渐发展成前缘涡、尾涡和翼尖涡。前缘涡呈螺旋状附着在翼前缘上表面,并从翼根沿展向发展壮大,形成一低压区(图 6.46、图 6.47),使上下翼面产生压差从而产生举力。到 0.25T 时刻,即下扑到中间位置时,

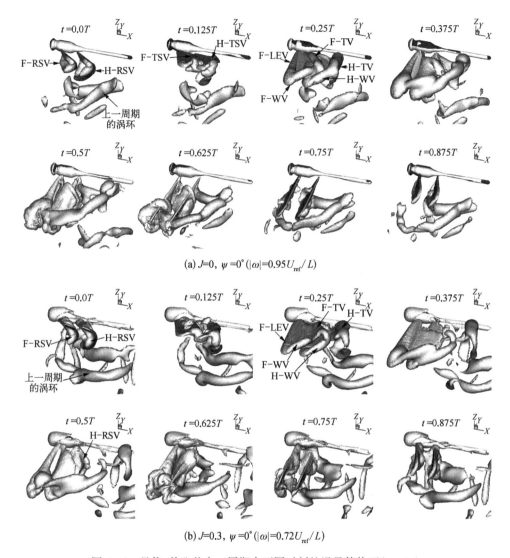

(a) J=0, ψ =0°($|\omega|$=0.95U_{ref}/L)

(b) J=0.3, ψ =0°($|\omega|$=0.72U_{ref}/L)

图 6.45　悬停、前飞状态一周期内不同时刻的涡量等值面(ψ =0°)

前缘涡最为强烈,导致举力峰值出现。此时,悬停状态的翼面基本水平,故无推力产生;而前飞状态翼面前倾,举力出现峰值的同时,推力也有峰值。

　　之后,翼的扑动速度减小,但随即翼的翻转运动开始,转动启动涡产生;该过程及此后片刻,尾涡、翼尖涡和前缘涡先后从上表面脱落。由于翼的加速翻转,使得举力不至于很快减小,而是继续保持一定的量值,在前飞状态,甚至还会再经历一个举力和推力的峰值,之后才逐渐减小,直到翼翻转的加速过程结束。翼的减速翻转开始后,上扑过程随即开始,上下翼面对调,举力系数和推力系数经历短时间的较小负峰值后逐渐回升,此时,从涡量等值面可看出,翼周围无新的涡产生,基本是

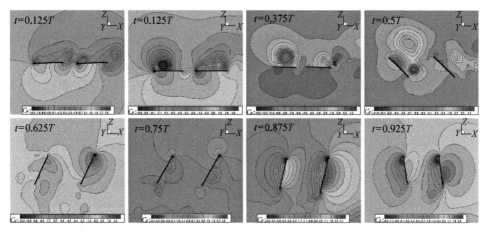

图 6.46　悬停状态一周期内不同时刻 2/3 翼展处流场截面的压力云图($J=0$，$\psi=0°$)

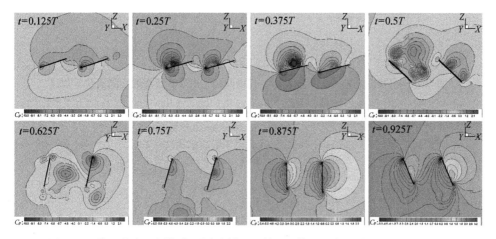

图 6.47　前飞状态一周期内不同时刻 2/3 翼展处截面压力云图($J=0.3$，$\psi=0°$)

附着流，且附着流的状态一直持续到上扑阶段的翼翻转时刻。翼翻转开始后，后缘又出现转动启动涡，翻转运动导致上下翼面有较大压差，且由于此时翼面基本竖直，使得推力剧增，但基本无举力产生。翼的减速翻转开始后即开始下一个扑动周期。

图 6.48 和图 6.49 分别是悬停、前飞状态前后翼下扑和上扑到中间位置时 2/3 翼展截面的涡量等值线图。由图可见，下扑阶段前后两翼上表面都有分离流即前缘涡存在，而上扑阶段，两翼流场基本为附着流，这进一步证实了上文关于流场结构的分析。另外，就下扑阶段产生的前缘涡来看，后翼的前缘涡一般小于前翼；前翼或后翼在不同相位下的涡大小也有差别。涡强度和大小的差别也证实两翼间存在的气动干扰。

前翼下扑　　　前翼上扑　　　后翼下扑　　　后翼上扑

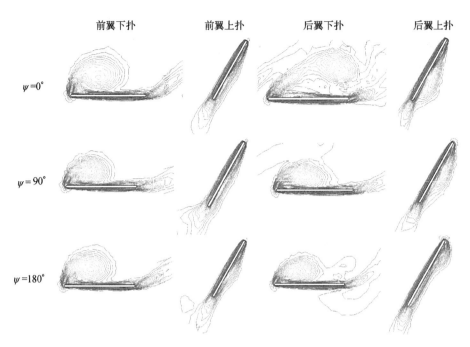

图 6.48　悬停状态前后翼下扑和上扑到中间位置时 2/3 翼展截面的涡量等值线

前翼下扑　　　前翼上扑　　　后翼下扑　　　后翼上扑

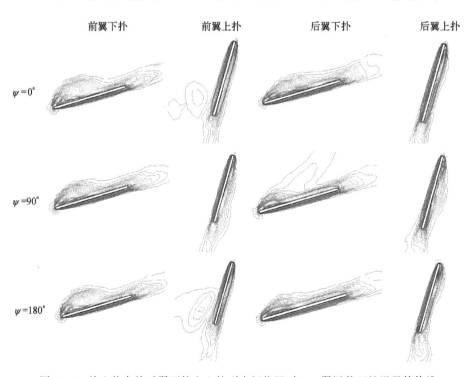

图 6.49　前飞状态前后翼下扑和上扑到中间位置时 2/3 翼展截面的涡量等值线

从上述的分析过程可以得知,蜻蜓翼产生高举力和推力的机制有:下扑过程保持较大攻角产生前缘涡;下扑过程结束阶段的翼翻转保持持续的高举力和推力;以小攻角上扑,保持附着流状态,尽量减小阻力;上扑过程结束阶段的翼翻转产生高推力。

6.3.3　仿生扑翼飞行器非定常气动特性

DelFly 为荷兰代尔夫特理工大学宇航工程学院研发的系列化仿生扑翼微型飞行器。其中典型的原型机 DelFly II 采用了独特的"X"翼气动布局形式,机身两侧两对反向扑动的柔性翼在扑动过程中利用"打开-合拢"高升力空气动力学机制产生飞行中所需要的升力和推力,俯仰和偏航运动分别由水平升降舵和垂直升降舵实现。图 6.50 给出了 DelFly II 仿生扑翼飞行器的总体构型。

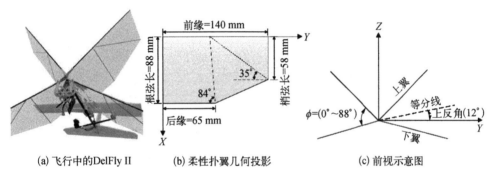

(a) 飞行中的DelFly II　　　(b) 柔性扑翼几何投影　　　　(c) 前视示意图

图 6.50　代尔夫特理工大学 DelFly II 仿生扑翼飞行器(图片来源 www.delfly.nl)

采用"杆-膜"混合各向异性结构的 DelFly 柔性扑翼在气动力、惯性力和结构的耦合作用下会产生复杂的流固耦合现象,从而导致柔性扑翼表面呈现高度非线性形变行为。采用合理的精细化计算策略对柔性扑翼动态扑动过程开展 CFD/CSD 数值仿真研究可明晰非定场流场拓扑结构以及高升力空气动力学机制。传统用于分析气动颤振的"强耦合"或"弱耦合"气动-结构求解方法在各向异性高度非线性形变的柔性扑翼中并不适用;为此,本研究采用"单向耦合"策略,即采用试验的手段获取扑动周期时域范围内的柔性扑翼三维空间形变,随后将精细化处理后的形变特性作为 CFD 计算的输入,通过本书发展的高效高稳健性的动态网格方法对其开展非定常流场解析计算。具体的实验布置和单向耦合策略见图 6.51。

图 6.52 给出了采用本书发展的实验与数值相结合的单向流固耦合策略所计算的 DelFly II 三维空间流场涡量图,从不同的周期时间可以看出,DelFly II 的柔性扑翼在扑动过程中由于流固耦合作用会产生非常复杂的非定常涡系结构且各种涡

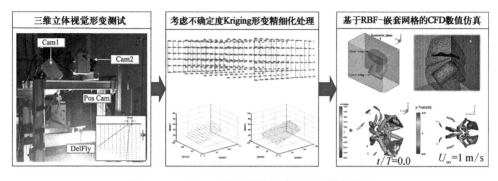

图 6.51　DelFly II 形变测量及单向流固耦合策略

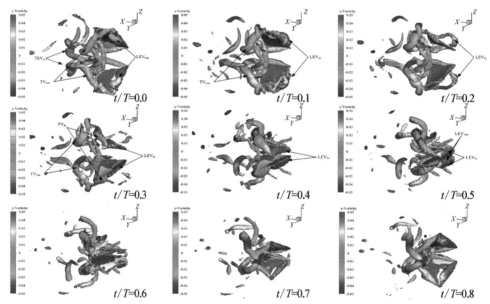

图 6.52　DelFly II 悬停状态下不同周期时间的三维空间流场拓扑结构

存在复杂的干涉行为。此外,数值仿真较好地捕捉了"打开-合拢"高升力机制的前缘、尾缘和翼尖涡系结构以及其"生成-发展-脱落-输运"的空间运动行为特性。

　　为了进一步验证数值计算的可行性和计算精度,图 6.53 显示了 CFD 计算所得的气动力与流场结构以及采用高频响力学天平(ATI nano17)和 Stereo－PIV 测量的真实流场情况的对比。可以看出无论是气动力还是流场数据,CFD 与试验结果均有较好的吻合性。值得注意的是在柔性扑翼"打开"的冲程中[图 6.53(a)中 $t/T=0.5\sim1.0$],CFD 气动力结果低于试验气动力数据,其原因是在 CFD 计算过程中为防止固壁交叉,在网格设置中将上下扑翼留有一定间隙,导致了扑翼间气流有一定泄露从而降低了升力峰值。从流场结构来看[图 6.53(b)],CFD 计算可有效地对柔性扑翼空间涡场主要拟序结构、涡场形态和涡场强度等方面进行高保真度捕捉。

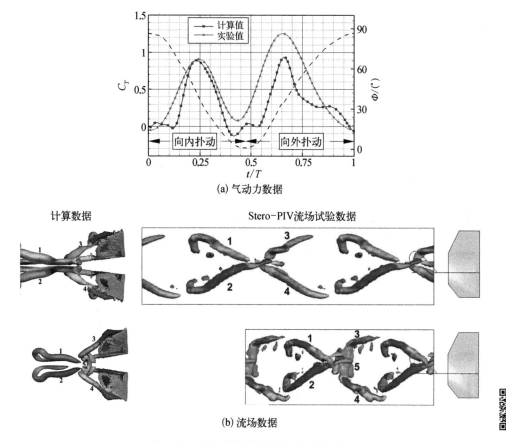

(a) 气动力数据

计算数据　　　　　　　　　　　　Stero-PIV流场试验数据

(b) 流场数据

图 6.53　CFD 计算结果与实验结果对比

6.4　飞行器拖曳系统

拖曳系统为两个或多个物体由一根或若干根较长的绳索或者拖缆连接而成的多体系统。在航空领域,拖曳系统主要涉及软式空中加油、拖曳式诱饵、无人机空中回收等应用。拖曳系统的特殊性在于被拖曳体同时受飞行器尾流场和拖曳系统自身内力的影响,再加上拖曳系统工作期间通常会伴随多架飞行器的超密集编队飞行,拖曳系统的动力学特性会直接影响任务执行成功率和飞行安全。

飞行器拖曳系统属于典型的流固耦合问题,系统的结构变化会受到流场的影响,而结构的变化也会对流场产生影响;针对飞行器拖曳系统在载机外流作用下的动力学问题,开展拖曳系统气动-多体动力学(multi-body dynamics, MBD)耦合数值仿真研究,掌握拖曳系统动力学特性,可为拖曳系统的设计提供技术支持。

6.4.1　CFD‐MBD 耦合数值建模方法

针对飞行器拖曳系统特点,为拖曳系统构建 CFD‐MBD 耦合的数值模拟方法。

6.4.1.1　CFD‐MBD 耦合数值计算框架

将本书发展的非定常空气动力数值模拟方法与意大利米兰理工大学开发的开源多体动力学求解程序 MBDyn 相结合,建立拖曳系统 CFD‐MBD 耦合动态非定常流场计算方法和程序,实现拖曳系统在飞机尾流场下的动态特性计算分析以及收放过程仿真模拟等。本书采用松耦合的形式进行拖曳系统的 CFD‐MBD 耦合求解,即仅在伪时间步迭代结束后进行动力学求解,时间步交互如图 6.54 所示。

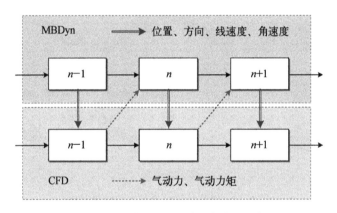

图 6.54　CFD 与 MBDyn 时间步交互示意图

对于 CFD 和 MBD 时间步长不一致的情况,如流场求解时间步长 Δt_{CFD} 和动力学求解时间步长 Δt_{MBD},步长比 $k_{\text{step}} = \Delta t_{\text{CFD}} / \Delta t_{\text{MBD}} > 1$ 的情况,流场每完成一个物理时间步的计算,会执行 k_{step} 次数据交换,每次发送的气动力取上一时间步计算值,并取最后一时间步接收的节点运动对网格位置进行更新。进一步可以根据历史气动力数据进行插值得到更精确的节点气动力,并用插值得到的每一动力学时间步对应的气动力作为动力学求解的输入。程序数据接口的目的在于:明确多体动力学与 CFD 计算的数据交换内容、格式和传输位置,并使用相对独立的代码以避免对求解器产生过多改动。

CFD‐MBD 耦合求解框架和程序流程如图 6.55 所示。

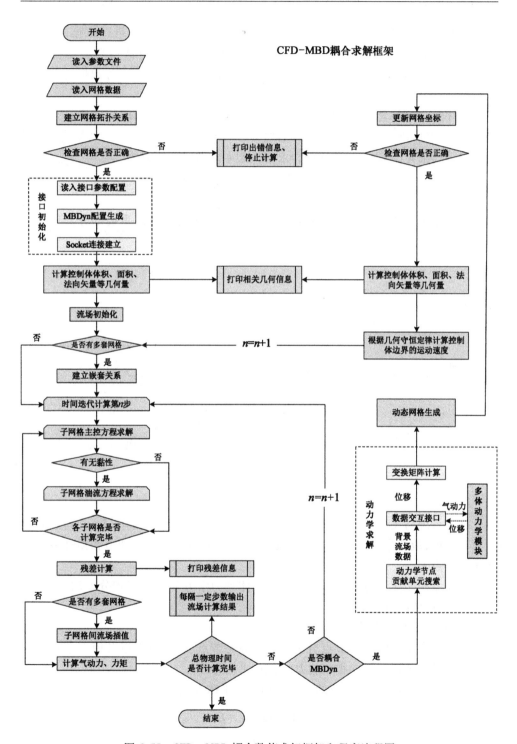

图 6.55　CFD－MBD 耦合数值求解框架和程序流程图

CFD 模块与 MBDyn 在气动力计算完成后通过进程间通信进行数据的传递。气动力数据以数组形式由 CFD 模型发送至 MBDyn,此后 CFD 模型会等待直到 MBDyn 动力学计算完成并传回各节点的位置、方向、速度、角速度等数据。动力学求解模块使用得到的运动数据求解网格运动所需的变换矩阵。

程序统一对各套网格运动进行网格坐标更新,并检查更新后的网格是否符合计算要求,然后进行下一物理时间步计算。

以下详细介绍 CFD - MBD 耦合求解框架中新增的功能模块。

6.4.1.2　拖曳系统多体动力学建模

拖曳系统多体动力学模型是 CFD - MBD 耦合求解框架的重要部分。典型的拖曳系统多体动力学模型如图 6.56 所示。

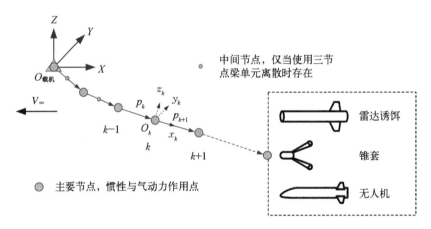

图 6.56　典型的拖曳系统多体动力学模型

拖曳系统与飞行器连接部分可视为固定的静态地节点,使用 clamp 约束固定所有自由度;地节点与节点 1 通过球铰连接,拖曳系统所受的气动力和惯性力施加于主要节点上。

拖曳系统多体动力学建模主要包括多体动力学方程及时间积分方法、刚体旋转处理、初始值问题求解等。

1. 多体动力学控制方程

多体动力学中的结构节点分为三种:静态节点、动态节点以及模态节点。其中静态和动态节点会建立相应的力(力矩)平衡方程。

对于动态节点,每个节点的动量和动量矩平衡方程为

$$m\dot{x} + \omega \times s = \beta \tag{6.6}$$

$$s \times \dot{x} + J\omega = \gamma \tag{6.7}$$

式中，m 为质量；x 为节点位置；静矩 $s = mb_{CM}$，这里 b_{CM} 为质心偏移矢量。惯性矩可表示为

$$J = J_{CM} + mb_{CM} \times (b_{CM} \times)^{\mathrm{T}} \tag{6.8}$$

式（6.7）中的惯性贡献主要取决于元素的类型，例如附加在节点上的刚体。

每个结构节点会向状态矢量 r 添加力和力矩平衡方程。为了在求解器中包含不同的问题，选择虚功率形式的牛顿-欧拉方程更为有利。对于第 i 节点，有 $x_i = x + b_i$，则节点相关的虚转动和位移可以表示为 $\theta_{\delta i} = \theta_\delta$ 和 $\delta x_i = \delta x + \theta_\delta \times b_i$，以虚功率原理的形式可以表示为

$$\begin{aligned} \delta W &= \delta x_i^{\mathrm{T}} f_i + \theta_{\delta i}^{\mathrm{T}} m_i \\ &= \delta x^{\mathrm{T}} f_i + \theta_\delta^{\mathrm{T}} (b_i \times f_i + m_i) \end{aligned} \tag{6.9}$$

其中，$\theta_\delta = \mathrm{ax}(\delta RR^{\mathrm{T}})$ 为节点虚转动；b_i 为节点 i 到 f_i 作用点的距离，于是牛顿-欧拉方程可以表示为

$$\boldsymbol{\beta} = \sum_i f_i \tag{6.10}$$

$$\dot{\boldsymbol{\gamma}} + \dot{x} \times \boldsymbol{\beta} = \sum (b_i \times f_i + m_i) \tag{6.11}$$

其中，等式右侧为节点的外部载荷，f_i 为外部力，m_i 为外部力矩，这里的外部载荷与系统位形有关，并包含了可变形部件的贡献。对于静态节点，式（6.10）和式（6.11）左侧为零。

2. 刚体旋转处理

对刚体旋转进行有效的描述是多体动力学建模的重要内容。MBDyn 主要采用增量形式对旋转进行处理，使用 Cayley-Gibbs-Rodriguez（CGR）矢量旋转参数描述旋转矩阵。旋转的参数化一般分为矢量参数化和非矢量参数化。旋转矢量以及 Cayley、Gibbs、Rodrigues、Wiener 和 Milenkovic 参数都属于矢量参数化[42]。

绕某一定点的旋转可以用通过该定点的旋转轴单位矢量 u 和相对初始位形的旋转角 φ 来表示。旋转角取值范围为 $|\varphi| < \pi$，用 Euler – Rodrigues 旋转公式可表示为

$$R = I + \sin\varphi(u \times) + (1 - \cos\varphi)(u \times)^2 \tag{6.12}$$

令 $u = (x, y, z)$，定义 $u \times$ 为其对应的偏对称矩阵，即

$$u \times = \begin{bmatrix} 0 & -z & y \\ z & 0 & -x \\ -y & x & 0 \end{bmatrix} \tag{6.13}$$

于是轴矢量 $\boldsymbol{a}$ 与旋转矩阵 $\boldsymbol{R}$ 的关系为

$$(\boldsymbol{a} \times) = skw(\boldsymbol{R}) = (\boldsymbol{R} - \boldsymbol{R}^{\mathrm{T}})/2$$

定义旋转参数化矢量 $\boldsymbol{p}$：

$$\boldsymbol{p} = p(\varphi)\boldsymbol{u} \tag{6.14}$$

用旋转参数化矢量 $\boldsymbol{p}$ 改写罗德里格旋转公式可得

$$\boldsymbol{R} = \boldsymbol{I} + \frac{\nu^2}{\varepsilon}(\boldsymbol{p} \times) + \frac{\nu^2}{2}(\boldsymbol{p} \times)^2 \tag{6.15}$$

其中，

$$\nu(\varphi) = \frac{2\sin(\varphi/2)}{p(\varphi)} \tag{6.16}$$

$$\varepsilon(\varphi) = \frac{2\tan(\varphi/2)}{p(\varphi)} \tag{6.17}$$

当 $p(\varphi) = 2\tan(\varphi/2)$ 时，称为 CGR 矢量旋转参数，为便于区分，使用 $\boldsymbol{g}$ 特指 CGR 参数，即 $\boldsymbol{g} = 2\tan(\varphi/2)\boldsymbol{u}$。于是对节点的旋转矩阵有

$$\boldsymbol{R}(\boldsymbol{g}) = \boldsymbol{I} + \frac{4}{4 + \boldsymbol{g}^{\mathrm{T}}\boldsymbol{g}}\left(\boldsymbol{g} \times + \frac{1}{2}\boldsymbol{g} \times \boldsymbol{g} \times\right) \tag{6.18}$$

令节点角速度 $\boldsymbol{\omega} = \boldsymbol{G}(\boldsymbol{g})\dot{\boldsymbol{g}}$，在迭代修正阶段：

$$\boldsymbol{\omega}_k = \boldsymbol{\omega}_\Delta + \boldsymbol{R}_\Delta \boldsymbol{\omega}_k^{(0)} \tag{6.19}$$

其中，$\boldsymbol{\omega}_k^{(0)}$ 为预估角速度，$\boldsymbol{\omega}_\Delta = \boldsymbol{G}(\boldsymbol{g}_\Delta)\dot{\boldsymbol{g}}_\Delta$，并且

$$\boldsymbol{G}(\boldsymbol{g}) = \frac{4}{4 + \boldsymbol{g}^{\mathrm{T}}\boldsymbol{g}}\left(\boldsymbol{I} + \frac{1}{2}\boldsymbol{g} \times\right) \tag{6.20}$$

在时间步 t_k 的预估求解中，令 $\boldsymbol{g}_{k-1} = \boldsymbol{0}$ 和 $\dot{\boldsymbol{g}}_{k-1} = \boldsymbol{\omega}_{k-1}$，可得 $\boldsymbol{g}_{k-2} = \boldsymbol{g}(\boldsymbol{R}_{k-2}\boldsymbol{R}_{k-1}^{\mathrm{T}})$ 和 $\dot{\boldsymbol{g}}_{k-2} = \boldsymbol{G}^{-1}(\boldsymbol{g}_{k-2})\boldsymbol{\omega}_{k-2}$。相对方位的计算使用由时间步预估求解得到的预估值 $\boldsymbol{g}_k^{(0)}$。

3. 初始值问题

多体动力学主要求解问题类型有初始值问题和逆动力学问题。初始值问题即正动力学问题，主要处理的是已知系统上各物体所受力和力矩，求解各物体在此力/力矩作用下的运动，而逆动力学主要关注的问题是，已知系统的运动轨迹及关节速度、加速度等，求解系统各物体所需施加的关节力矩，本课题主要研究初始值

问题。对于初始值问题,采用分析力学的方式列写各物体的牛顿-欧拉方程,然后通过拉格朗日乘子法将约束纳入求解,可列出以下方程组:

$$
\begin{aligned}
& \boldsymbol{M}\dot{\boldsymbol{x}} - \boldsymbol{\beta} = \boldsymbol{0} \\
& \dot{\boldsymbol{\beta}} + \boldsymbol{\phi}_{/x}^{\mathrm{T}}\boldsymbol{\lambda}_\phi + \boldsymbol{\psi}_{/x}^{\mathrm{T}}\boldsymbol{\lambda}_\psi = \boldsymbol{f}(\boldsymbol{x}, \dot{\boldsymbol{x}}, t) \\
& \boldsymbol{\phi}(\boldsymbol{x}, t) = \boldsymbol{0} \\
& \boldsymbol{\psi}(\boldsymbol{x}, \dot{\boldsymbol{x}}, t) = \boldsymbol{0}
\end{aligned}
\tag{6.21}
$$

其中,$\boldsymbol{f}(\boldsymbol{x}, \dot{\boldsymbol{x}}, t)$ 为外部载荷;$\boldsymbol{\phi}(\boldsymbol{x}, t)$ 为完整约束;$\boldsymbol{\psi}(\boldsymbol{x}, \dot{\boldsymbol{x}}, t)$ 为非完整约束。上述方程组属于典型的微分-代数方程组,其中运动方程为常微分形式,完整约束方程为代数形式。写成矩阵形式可得

$$
\begin{bmatrix}
\boldsymbol{M} & -hb_0\boldsymbol{I} & \boldsymbol{0} & \boldsymbol{0} \\
-(hb_0\boldsymbol{f}_{/x} + \boldsymbol{f}_{/\dot{x}}) & \boldsymbol{I} & \boldsymbol{\phi}_{/x}^{\mathrm{T}} & \boldsymbol{\psi}_{/\dot{x}}^{\mathrm{T}} \\
\boldsymbol{\phi}_{/x} & \boldsymbol{0} & \boldsymbol{0} & \boldsymbol{0} \\
\boldsymbol{\psi}_{/x} & \boldsymbol{0} & \boldsymbol{0} & \boldsymbol{0}
\end{bmatrix}
\begin{Bmatrix}
\partial\dot{\boldsymbol{x}} \\
\partial\dot{\boldsymbol{\beta}} \\
\partial\dot{\boldsymbol{\lambda}}_\phi \\
\partial\dot{\boldsymbol{\lambda}}_\psi
\end{Bmatrix}
= \boldsymbol{RHS}'
\tag{6.22}
$$

多体动力学进行迭代求解,每一迭代步进行雅可比矩阵和残差组装后会对上述矩阵进行处理。MBDyn 多体动力学求解流程如图 6.57 所示。

多体动力学求解主要分为初始模型装配、求导、初始计算以及后续迭代求解。初始模型装配需要对物理模型进行检查,对于不满足一致初始条件的情况,程序会通过惩罚函数来确保初始位形和速度符合约束方程。执行完初始装配后,程序需要根据具体的约束类型对方程进行求导得到雅可比矩阵,确保满足微分方程,并在后续求解中更新雅可比矩阵。迭代阶段分为初始计算和后续迭代计算,后续迭代计算采用隐式线性多步算法根据时间步 $k-1$ 和当前时间步 k 的数据进行时间步推进,但对初始时间步的计算来说,它缺少时间步 $k-1$ 的数据,因此需要 Crank-Nicolson 自启动积分格式:

$$
\boldsymbol{y}_k = \boldsymbol{y}_{k-1} + \frac{h}{2}(\dot{\boldsymbol{y}}_k + \dot{\boldsymbol{y}}_{k-1})
\tag{6.23}
$$

在迭代求解阶段,需要判断时间步是否达到要求,若未达要求,则对下一时间步进行预估得到预估值,并进行预估值的修正迭代,在迭代完成后进行残差组装并判断迭代是否收敛,若收敛则使用修正值进行下一时间步的推进,若不收敛,则判断是否达到用户定义的最大迭代数,若未达到最大迭代数则对雅可比矩阵进行组装并进行下一迭代步求解和更新修正值,若达到最大迭代数则退出迭代求解过程。

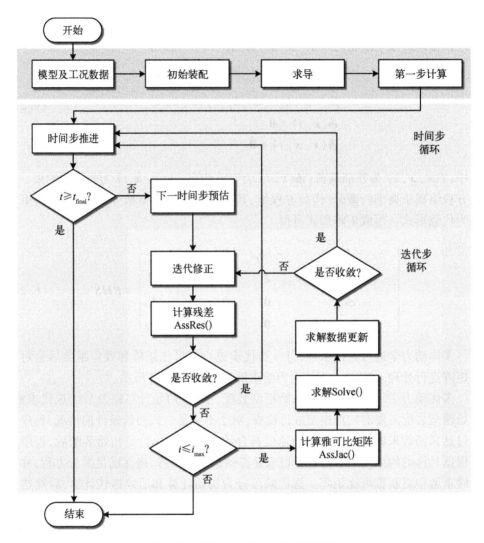

图 6.57　MBDyn 多体动力学求解流程

6.4.1.3　缆索气动力

对被拖曳体的气动力,建立被拖曳体的网格,被拖曳体网格与飞机网格重叠,通过基于嵌套网格方法的 CFD 数值仿真,计算出飞机和被拖曳体共存的流场,得到被拖曳体的气动力和力矩。

对拖曳系统缆索部分,由于其直径相对很小,拖曳缆索作为柔性细长体结构对整体流场的干扰较为有限,若建立缆索网格将其纳入整体流场计算,会大大增加网格量,同时缆索的大变形容易导致计算网格质量下降而影响计算稳定性。因此本书并不针对拖曳缆索生成网格进行流场计算,而是通过经验方法计算缆索气动力。假定缆索为圆截面,且因为直径小而不影响整体流场,缆索微元段仅在法向受其所处位置当地气流的气动阻力,利用 ADT 流场贡献单元搜索技术可获取缆索微元段所在位置的当地流场速度,基于圆柱绕流气动力计算经验式,可得拖曳系统缆索气动力。

1. 法向气动力

第 k 段缆索所受压差阻力可以表示为[43]

$$D_p = \left[\frac{1}{2} \rho_\infty \parallel V_{k/air} - (V_{k/air} \cdot n_k) n_k \parallel d_o l C_{d,k} \right] \times [V_{k/air} - (V_{k/air} \cdot n_k) n_k]$$
$$(6.24)$$

其中,$V_{k/air}$ 为节点相对气流速度,可表示为

$$V_{k/air} = v_k - u_k \qquad (6.25)$$

上式中垂直于缆索的速度分量为 $V_{k/air} - (V_{k/air} \cdot n_k) n_k$；$u_k$ 为节点 k 处气流矢量和；v_k 为节点 k 的速度矢量；ρ_∞ 为空气密度；d_o 为缆索外径；l 为第 k 段长度；n_k 为节点 k-1 指向节点 k 的方向矢量；$C_{d,k}$ 为 k 段缆索法向阻力系数。根据相关试验数据[44],圆柱阻力系数与雷诺数的关系可以由下面的经验式表示:

$$C_d = \begin{cases} 10 \cdot Re_p^{-0.801}, & 10^{-2} < Re_p \leqslant 1 \\ 10 \cdot Re_p^{-0.4083}, & 1 < Re_p \leqslant 180 \\ 1.2, & 180 < Re_p \leqslant 4 \times 10^5 \\ 0.002128 \cdot Re_p^{0.3522}, & 4 \times 10^5 < Re_p \leqslant 4 \times 10^6 \\ 0.45, & Re_p > 4 \times 10^6 \end{cases} \qquad (6.26)$$

这里沿第 k 段缆索法向当地雷诺数为

$$Re_{p,k} = \frac{\rho V_{d,k} d}{\mu} \qquad (6.27)$$

其中,$V_{d,k} = \parallel V_{k/air} - (V_{k/air} \cdot n_k) n_k \parallel$；$d$ 为缆索直径或等效直径；μ 为相应高度的空气黏性系数。

2. 切向摩擦阻力

第 k 段缆索所受摩擦阻力可以表示为

$$D_f = \frac{1}{2} \rho_\infty [V_{k/air} \cdot n_k]^2 \pi d_o l C_{f,k} n_k \qquad (6.28)$$

其中，$C_{f,k}$ 为第 k 段梁切向气动阻力系数，其与雷诺数的关系可以由下面的经验式表示：

$$C_f = \begin{cases} 4.640\,9 \cdot Re_f^{-0.666\,7}, & 10^{-2} < Re_f \leqslant 10^4 \\ 0.046\,4 \cdot Re_f^{-0.166\,7}, & 10^4 < Re_f \leqslant 10^{10} \\ 0.001, & Re_f > 10^{10} \end{cases} \tag{6.29}$$

这里沿第 k 段软管切向当地雷诺数为

$$Re_{f,k} = \frac{\rho V_{f,k} l}{\mu} \tag{6.30}$$

其中，$V_{f,k} = \boldsymbol{V}_{k/air} \cdot \boldsymbol{n}_k$。

6.4.1.4　CFD – MBD 交界面数据交互

进程间通信（interprocess communication，IPC）是指在不同进程之间传播或交换信息。为了完成特定任务，进程间经常需要通信，例如，不同进程有各自的用户地址空间，其变量相对于其他进程来说是独立的，当其他进程需要获取本进程的变量数据时以及当进程需要控制其他进程时执行。

IPC 方式通常有管道（无名管道和命名管道）、消息队列、信号、共享内存、套接字（socket）和 stream 等。由于不同 IPC 方式具有不同适用范围、效率和特点等，应当根据任务需求来确定所需的 IPC 方式。

MBDyn 基于 socket 形式的通信，意味着它不仅可以进行本设备不同进程间数据交互，还可以进行跨设备跨平台的数据交互。MBDyn 与外部求解器的数据交互接口主要由其 mbc 模块来实现。本书主要使用 C++接口 mbcxx。mbcxx 主要提供三种类型的函数：socket 交互函数、数据设置函数以及数据获取函数。其中 socket 交互函数主要为客户端（外部求解器）与服务端（MBDyn）进行连接创建关闭以及通信的控制。主要包含以下几个函数：

（1）Init(host,port)：用于初始化 socket 连接。其中 host 为主机 Ip，port 为主机建立连接的端口；

（2）Initialize(refnode_rot,nodes,labels,rot,accels)：用于初始化传递数据的指针及数据尺寸；

（3）Negotiate()：用于与服务端进行协商，根据 Initialize 函数设置的数据类型配置来检查服务端与客户端传递的数据配置是否一致，例如服务端发送的方位矩阵数据类型与客户端期望接收的方位矩阵数据类型是否一致；

（4）PutForces(bConverged)：发送节点标签（如有）、力和力矩数据至服务端，其中 bConverged 告知服务端外部求解器的求解是否收敛；

（5）GetMotion( )：获取服务端发送的节点位置、速度等数据；

（6）Close( )：关闭 socket 连接。

交互连接状态主要包括 NOT_READY、INITIALIZED、SOCKET_READY、READY 和 CLOSED。MBDyn 作为通信服务端，在其输入配置文件中需要配置外部力，在其启动后会等待客户端进行连接。接口在调用 Initialize、Init 函数进行客户端配置初始化后会与已启动的服务端协商一次，确定服务端发送的数据包含节点标签、方向矩阵及其类型等信息。然后进入循环，并在达到最大迭代步数后关闭连接。

6.4.2　空中加油软管-锥套平衡位置计算

软式空中加油作为拖曳系统的一种，主要由加油吊舱、加油软管和稳定锥套构成，软式空中加油以成熟可靠、可对多受油机同时输油的优点，成为当前各国空军最主要的空中加油方式之一。对软式空中加油在加油机尾流场中的动态特性进行模拟分析可为空中加油安全性设计提供技术指导。

加油软管参数如表 6.1 所示，恢复力的大小决定了软管的动态响应特性，因此本节使用多段首尾相连的三节点梁方式进行多体动力学建模，软管通过球铰与固定于机翼的挂载点相连，软管末端与锥套固连，软管的气动力和惯性力作用于主要节点上，锥套的气动力和惯性力作用于最末端的节点。软式空中加油的多体动力学模型和锥套三维模型分别如图 6.58、图 6.59 所示。

表 6.1　软管-锥套物理参数

软管直径/m	软管长度/m	软管线密度/(kg/m)	锥套质量/kg	锥套直径/m	锥套长度/m
0.05	16	2.375	29	0.61	0.7

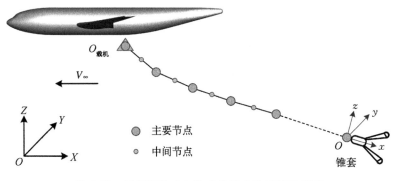

图 6.58　飞行器软式加油多体动力学模型示意图

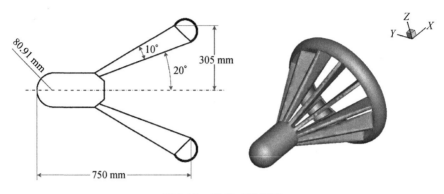

图 6.59　锥套三维模型

　　分别对加油机与锥套划分非结构网格,取加油机半模建立计算域,为捕捉飞机翼尖涡和提高计算锥套所在位置的流场精度,对加油机流场网格布置一大一小两个加密区,加油机半模网格量为 680 万单元;锥套网格第一层高度为 9.548×10^{-5} m,网格总量约 67 万单元;加油机网格和锥套网格重叠,并通过嵌套网格方法进行流场信息交互,网格如图 6.60 所示。在计算过程中,锥套网格根据 MBDyn 计算得到的最后节点的位移和方位进行整体运动。

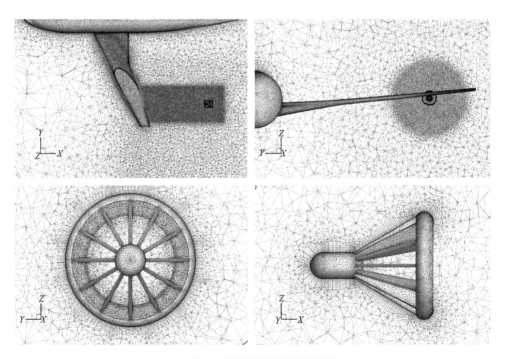

图 6.60　加油机与锥套网格示意图

　　首先求解加油机与锥套的初始稳态流场,并以此为初场进行后续锥套运动时的非定常流场计算。飞行条件为 $Ma = 0.5$, $H = 5$ km, $\alpha = 0°$, $\beta = 0°$,流场时间步长和动力学求解步长均为 $\Delta t = 0.01$ s,湍流模型采用 S–A 模型,采用格点格式、格林高斯梯度重构和 GMRES 迭代求解方法;多体动力学模块则采用 Newton Raphson 非线性求解,软管弯曲刚度 EI 为 100 N/m²,对 0~25 s 的锥套下落并最终趋于平衡位置的过程进行模拟,图 6.61 所示为若干时刻软管、锥套的位置和形态。

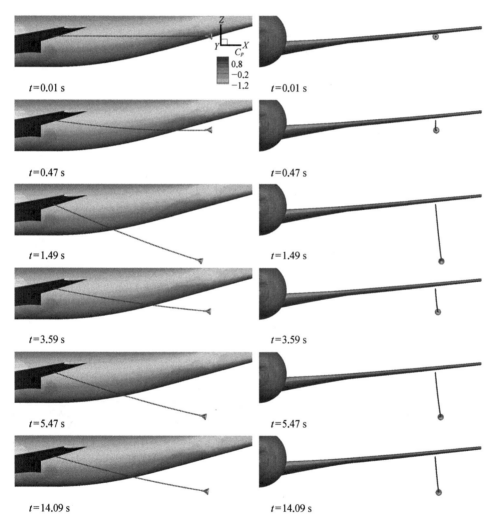

图 6.61　锥套运动并趋于平衡位置的过程(左列:左视图;右:前视图)

　　图 6.62 所示为锥套位移、速度和所受气动力、拉力随时间变化的历程,结合图 6.61 可看出,初始时刻软管处于无应变状态,软管与锥套自水平位置无初速度释

放后,在重力的作用下加速下落,在到达最低位置又往回运动,经历几次振荡后趋于平衡;运动过程中,气动力施加于软管和锥套上,软管逐渐被轴向拉伸,锥套所受软管拉力逐渐与气动力平衡;在软管和锥套的气动阻尼作用下,锥套的运动幅度不断衰减,最终处于与加油机相对静止的平衡位置或小幅震荡状态,并具有一定攻角。锥套所受最大拉力约为 2 352.1 N,平衡状态拉力约为 2 161 N,竖向最大下沉量为-5.117 m,竖向平衡位置为-3.203 m。在展向流动影响下,锥套具有小幅度侧向位移,约为 0.378 5 m。

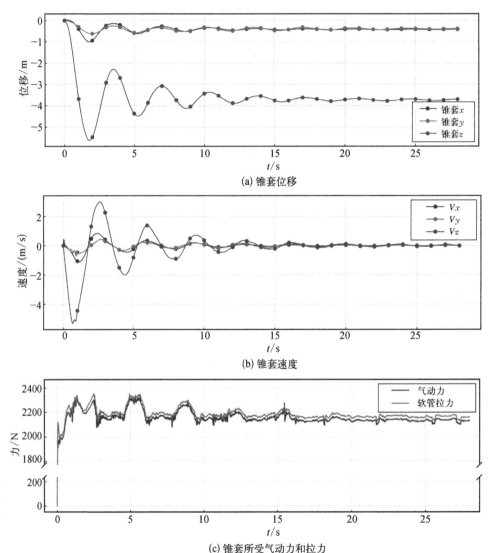

(a) 锥套位移

(b) 锥套速度

(c) 锥套所受气动力和拉力

图 6.62　锥套位移、速度和所受气动力、拉力随时间变化历程

图 6.63 所示为 $Ma = 0.5$、$H = 5\ km$、$\alpha = 0°$、$\beta = 0°$ 情况下,锥套在横截面(yz 平面)内的质心运动轨迹,采用离散节点数为 $N = 20$、30、40 的三节点梁。从中可看出,在前半段时间,不同离散节点数的轨迹无太大差别,随着时间推移,离散节点数 30、40 的运动轨迹差别也不明显,但受累积误差影响,节点数 20 的轨迹与节点数 30、40 的结果有偏离,说明离散节点数多于 30 后,节点数已满足计算精度需要。

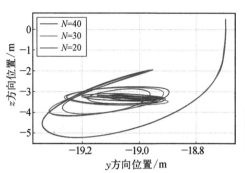

图 6.63　不同软管离散节点数情况下的锥套轨迹曲线

不同飞行高度和速度,会因为动压的不同而导致拖曳系统有不同的载荷和形变特性。为了进一步考察飞行高度和飞行速度对拖曳系统的影响,选取 $Ma = 0.5$,$H = 2\ km$、$3 km$ 和 $5\ km$ 三种高度情况和 $H = 5\ km$,$Ma = 0.5$、0.55 和 0.6 三种速度情况,对锥套趋于平衡位置的过程进行计算,其竖向位移、速度和软管张力变化过程如图 6.64、图 6.65 所示。

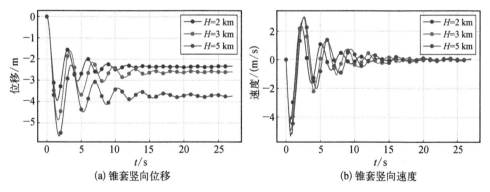

(a) 锥套竖向位移　　　　　　　　　　(b) 锥套竖向速度

图 6.64　三种不同高度下锥套竖向位移和速度的时间变化历程

由图 6.64 可看出,在相同马赫数条件下,随着高度的增加,动压减小,锥套所受气动力变小,锥套竖向平衡位置更低,趋于平衡位置过程的竖向位移振荡幅度更大、震荡次数更多,锥套到达平衡位置所需时间更长。

在相同的 5 km 高度下,$Ma = 0.5$、0.55、0.6 三个不同飞行速度,随着马赫数增大,动压增加,锥套所受气动力变大,锥套竖向平衡位置更高,趋于平衡位置过程的振荡幅度和振荡次数变小;马赫数从 0.5 增加到 0.6,软管拉力也会显著增大,说明拖曳系统的力载荷对飞行速度较敏感,拖曳系统的设计和使用尤其要注意飞行速度影响。

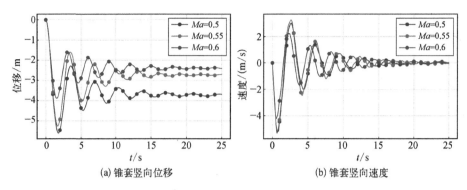

(a) 锥套竖向位移　　　　　　　　　(b) 锥套竖向速度

图 6.65　三种马赫数情况下锥套竖向位移、速度和所受拉力的时间变化历程

6.4.3　无人机空中回收过程

无人机空中回收是一种新型的利用载机进行无人机回收的技术,便捷、高效,但也存在较大的技术风险。当前比较可行的一种空中回收方案是在载机货舱安装机械臂,在空中使用锥套的方式捕获并回收无人机[45]。其过程分为三个阶段:无人机任务执行完后接近载机回收锥套并执行对接;无人机发动机关闭,机翼收折;启动载机回收吊架,将无人机回收至载机货舱。这里对类"小精灵"无人机空中回收的第三阶段开展 CFD - MBD 耦合的数值仿真研究。

图 6.66 所示为载机回收缆索-无人机多体动力学模型示意图和无人机外形尺寸示意图。考虑到回收无人机所用缆索材质较软,缆索弯曲刚度可以忽略,因此缆索模型使用可变位移铰。建立如图 6.67 所示的载机和无人机流场计算网格,载机取全模进行网格划分,机身正下方布置加密区以保证载机流场计算和与无人机网格之间的插值精度,网格量为 655 万;无人机网格量为 185 万。为考察载机流场对无人机回收过程的影响程度,也建立了无载机的均匀流场网格用于对比分析。

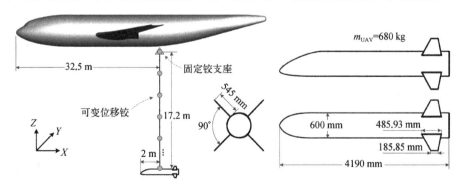

图 6.66　载机-回收缆索-无人机多体动力学模型和无人机外形尺寸

计算参数为来流马赫数 0.3，飞行高度 5 km，攻角和侧滑角均为 0°，雷诺数为 10^6 量级，流场计算采用隐式时间推进和 LU‐SGS 迭代方法，时间步长 $\Delta t_{CFD} = 0.01$ s，流场内迭代确保每个时间步收敛，湍流模型采用 S‐A 模型；多体动力学求解使用 Newton Raphson 非线性求解格式，时间步长 $\Delta t_{MBD} = 0.001$ s，使用黏弹性本构律对缆索进行减振并通过改变本构律的预应变对缆索收放过程进行模拟，待缆索从初始位置稳定后，2 s 时刻开始以 2 m/s 的速度回收，回收过程缆索及无人机位置如图 6.68 所示，载机流场下回收过程无人机的位置和速度随时间变化曲线如图 6.69 所示。

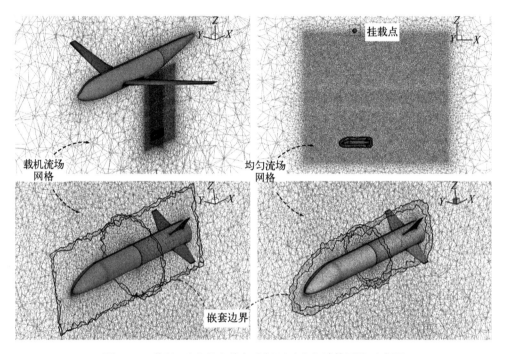

图 6.67　载机-无人机和均匀流场下无人机计算网格示意图

从图 6.68 所示的回收过程缆索位形变化和图 6.69 所示的位置、速度变化可以看出，在载机挂载点拉力、无人机重力和缆索气动力三者共同作用下，缆索由初始时刻的竖直状态变成弹性弯曲状态。无人机受到突风动响应载荷的影响，在水平方向（x 方向）上产生速度和位移的周期性振荡，在竖向（z 方向）上由于初始时刻缆索对无人机的拉力为 0，无人机作自由落体运动并不断拉伸缆索，最终缆索拉力与无人机重力达到平衡，此时无人机垂向上速度会有小幅抖动。开始回收后，随着缆索的回收，无人机在竖直方向上的运动速度突升，并最终保持与缆索回收速度 2 m/s 大体一致的竖向位移速度，在回收结束后恢复至 0 m/s，期间因为惯性原因存在小幅抖动;在水平方向上,受初始气动载荷冲击作用,无人机产生速度和位移的周期性振荡,振荡周期随着缆索长度的减小而缩短。在整个 0 ~ 12 s 模拟期间,无人机在侧向(y 方向)上的位移和速度变化非常小,说明载机流场对无人机侧向运动的影响不明显。

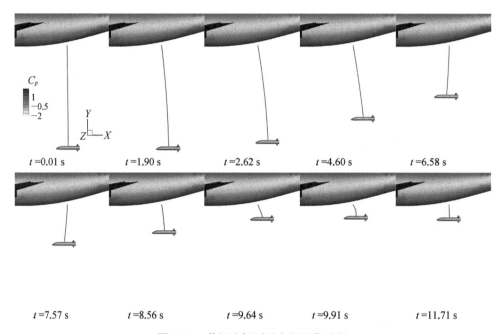

图 6.68　载机流场下无人机回收过程

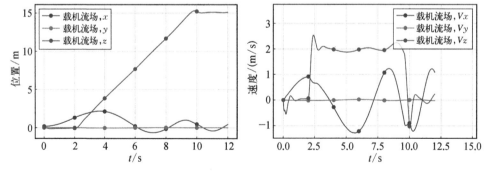

图 6.69　载机流场下无人机回收过程位置和速度的变化历程

　　图 6.70 为无人机在载机流场和均匀流场情况下 0 ~ 12 s 回收过程竖向(z 方向)位置和竖向(z 方向)速度变化曲线对比图。可以看出载机流场和均匀流场对无人机回收的竖向位置变化的影响较小,而对竖向速度会有一定的影响,在均匀流

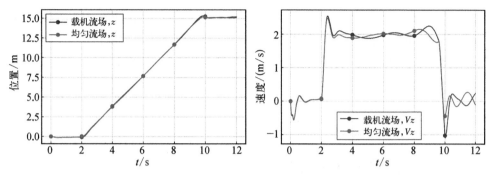

图6.70 载机流场和均匀流场下无人机回收过程竖向位移和速度的变化对比

场中无人机速度变化的幅度比载机流场中的小。

图6.71(a)、(b)分别为载机流场和均匀流场情况下回收过程无人机的气动力和缆索拉力变化曲线图。对比气动力可看出,无论是载机流场还是均匀流场情况,在开始回收后,无人机气动力,尤其是竖向气动力开始出现较大的振荡,原因是无人机运动后,来流速度和运动速度的叠加产生较大气动力的变化。载机流场情况下,回收结束时无人机接近载机,受载机附近流场的影响以及自身竖向速度的振

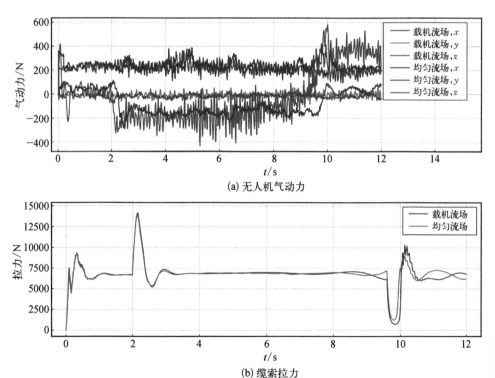

图6.71 载机流场和均匀流场回收过程无人机气动力和缆索拉力变化对比

荡,无人机产生比均匀来流情况下更大的竖向气动力和变化幅度。从拉力对比中可看出,缆索的拉力峰值出现在回收开始时刻,载机流场的拉力峰值比均匀流场稍大,达到 14 155 N,而均匀流场缆索拉力峰值为 13 865 N。在回收结束后,由于无人机惯性原因,会持续往回收方向运动,此时缆索因为松弛导致拉力减小。

6.5 其他应用

6.5.1 起落架/舱门收放过程

气动载荷是飞机部件结构设计的重要依据。起落架舱门打开过程的气动载荷计算为起落架和舱门的相关结构和机构设计提供输入。但舱门开闭、起落架收放过程的流动是典型的动态非定常问题,更因为起落架舱空腔流动的存在,给这类问题的流场计算和载荷分析带来较大的技术困难。这里运用本书发展的非定常流数值模拟手段,针对某型高速无人机,数值模拟该无人机舱门起落架开启(关闭)过程的非定常流场,计算分析起落架和舱门所受气动载荷及其对全机流场和气动力的影响。

分别建立无人机机体、舱门、前后起落架、垂尾等各自独立的计算域和流场计算子网格,运用动态嵌套网格方法建立子网格之间的嵌套关系和处理部件之间的相对运动,图 6.72 所示为收放过程不同时刻动态嵌套网格示意图,可看出,即使针对这类舱门、起落架、机体等部件外形复杂、数量较多的工程问题,所建立的嵌套网格关系正确、合理和有效。

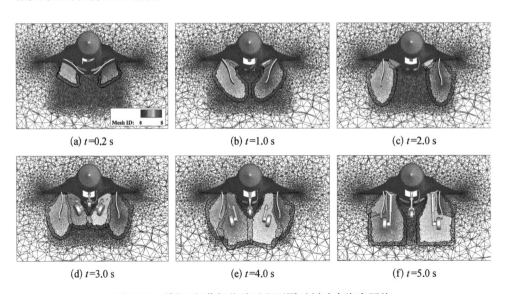

(a) t=0.2 s　　　　　　　　(b) t=1.0 s　　　　　　　　(c) t=2.0 s

(d) t=3.0 s　　　　　　　　(e) t=4.0 s　　　　　　　　(f) t=5.0 s

图 6.72　舱门/起落架收放过程不同时刻动态嵌套网格

本书计算了攻角 3°、侧滑角 3.5°时的工况,分为两个阶段:① 完全关闭/收起状态-舱门完全打开-起落架完全放下;② 完全打开/放下状态-起落架收起-舱门收起关闭。以定常模式计算得到的流场作为收放过程非定常流场计算的初场。图 6.73 所示为舱门/起落架收放过程不同时刻表面压力分布云图及流场流线,图 6.74 为马赫数 0.5 时舱门/起落架在收放过程中所承受的气动力矩随时间的变化历程,其中,气动力矩为舱门和起落架绕各自转轴的力矩,以利于舱门/起落架打开方向为正,参考面积和参考长度都取为 1。由气动力矩曲线可看出,开启过程和收起过程,舱门和起落架所受力矩并不完全是逆向重合的,说明开启过程流场变化的非定常效应是比较明显的。

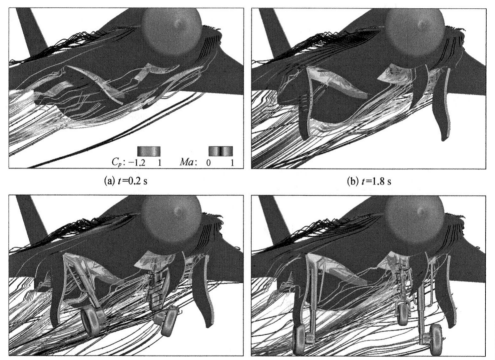

(a) t=0.2 s　　(b) t=1.8 s
(c) t=3.6 s　　(d) t=5.0 s

图 6.73　舱门/起落架收放过程不同时刻表面压力分布云图及流场流线

将舱门和起落架开启全过程中全机所受气动力矩的变化曲线与干净构型全机气动力矩进行对比。三个方向上力矩系数随收放过程的变化曲线如图 6.75 所示,并在图中表示出干净构型的力矩系数,以便于对比。可以发现,由于舱门和起落架的逐渐展开,两者的受力导致展开过程的全机气动力矩都要大于干净构型。此外,$Ma = 0.4$ 和 $Ma = 0.5$ 两种计算条件下,舱门和起落架的展开过程对全机气动力矩

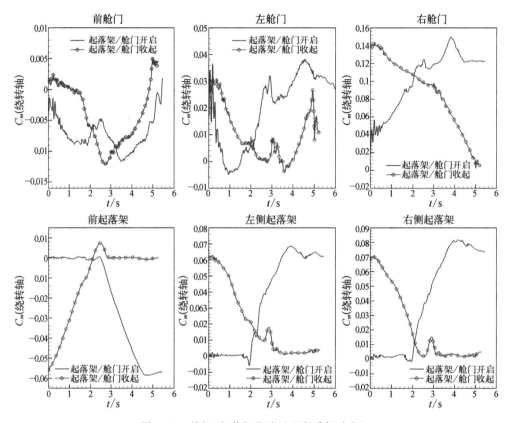

图 6.74　舱门/起落架收放过程所受气动力矩

的影响趋势类似,都是随着舱门和起落架的展开逐渐增加。

6.5.2　螺旋桨/机翼气动干扰

　　以某螺旋桨微型飞行器为例来说明本书发展的非定常空气动力数值模拟方法在螺旋桨/机翼气动干扰问题上的应用。与常规大型螺旋桨飞机相比,螺旋桨微型飞行器的螺旋桨直径与机翼展向尺寸之比要大得多,亦即微型飞行器的绝大部分机翼面积处于螺旋桨产生的滑流中,机翼受滑流的影响非常显著,桨翼的气动干扰问题更为严重。因此,研究微型飞行器的桨翼干扰对微型飞行器的设计和优化有重要的指导意义。

　　图 6.76(a)所示为南京航空航天大学研发的一款 15 cm 级的固定翼微型飞行器,以螺旋桨为驱动力,机翼平面形状为反齐默曼布局;图 6.76(b)为流场计算嵌套网格,螺旋桨网格大约为 150 万单元,机翼网格约为 400 万单元;为准确捕捉到

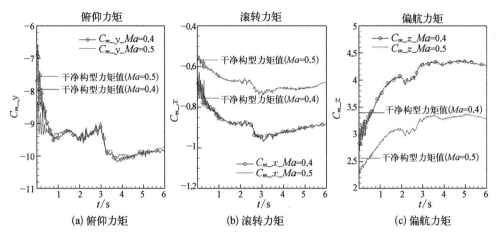

图6.75　舱门/起落架开启过程全机力矩系数变化历程

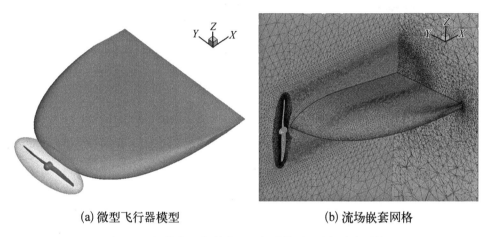

(a) 微型飞行器模型　　　　　　　　(b) 流场嵌套网格

图6.76　螺旋桨固定翼微型飞行器模型及流场嵌套网格

螺旋桨尾迹,机翼网格在螺旋桨滑流区进行了局部加密。

本书数值模拟了来流速度为 10 m/s 时,该微型飞行器包括螺旋桨在内的非定常流场,基于机翼平均气动弦长雷诺数为 1.15×10^5、迎角从 $-5°$ 至 $40°$ 变化。图6.77 为计算得到的升力、阻力和俯仰力矩系数与实验结果的对比。可看出,无论是否包括螺旋桨,数值计算结果和实验值都吻合得比较好;另一方面,对比有无螺旋桨的气动力曲线可知,螺旋桨滑流有效地增大了最大升力系数和提高了机翼的失速迎角。

图6.78 为微型飞行器桨翼组合体流场对称面上的 x 方向和 y 方向速度运动,可看出螺旋桨滑流区域的顺气流速度明显大于滑流外部区域,螺旋桨的作用也使得滑流呈现旋转流动现象;图6.79 为单独螺旋桨流场和桨翼组合体流场的空间涡量分布的对比,可更清晰地看出螺旋桨滑流和桨尖涡的空间分布以及螺旋桨和机

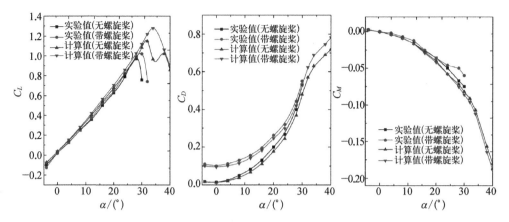

图 6.77 微型飞行器升力、阻力和力矩系数的计算结果与实验值对比

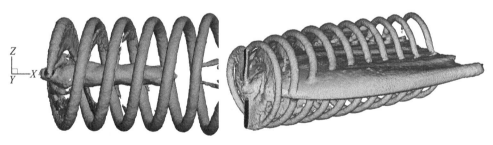

(a) x 方向速度云图   (b) y 方向速度云图

图 6.78 螺旋桨微型飞行器流场空间对称面上的 x 方向和 y 方向速度云图

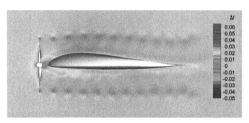

(a) 单独螺旋桨   (b) 螺旋桨和机翼组合体

图 6.79 单独螺旋桨流场和桨翼组合体流场的空间涡量等值面对比

翼之间的干扰情况。

图 6.80 为 0°迎角时,有无螺旋桨滑流时,机翼上表面的极限流线图对比。从该图可看出螺旋桨滑流对机翼表面流谱的影响,无滑流时,绕机翼的低雷诺数流动存在层流分离泡;而有螺旋桨时,其瞬态流场则因为有滑流覆盖而呈现不一样的特征,滑流区内层流分离泡消失。螺旋桨滑流对机翼流场的影响也反映在机翼表面

压力分布的变化上,无螺旋桨滑流机翼上表面压力系数分布曲线上的平坦区反映了绕机翼低雷诺数流动的层流分离泡;而有螺旋桨滑流后,其压力系数曲线的平坦区消失。上述结果表明,螺旋桨产生的滑流对微型飞行器机翼的流动有重要影响,微型飞行器的设计必须详细研究螺旋桨与机翼的气动干扰,并将螺旋桨的滑流效应考虑在机翼的设计过程中。

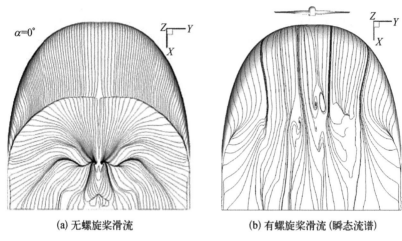

(a) 无螺旋桨滑流　　　　　　　　(b) 有螺旋桨滑流 (瞬态流谱)

图 6.80　螺旋桨滑流对机翼表面流谱的影响

6.5.3　自旋尾翼导弹

图 6.81 所示为自旋尾翼鸭式布局导弹[46]及流场计算网格。自旋尾翼的目的是为了消除鸭翼偏转所引起的尾翼反向诱导滚转力矩。此处计算的几何模型略去

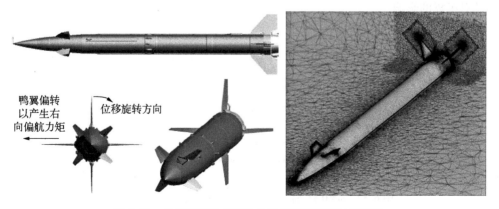

图 6.81　自旋尾翼鸭式部件导弹模型及流场计算网格

了弹身上的细小的附属部件,计算模型中鸭翼偏转 $16°$。流场计算网格分成两部分,尾翼区域和弹身前段,网格总数约为 600 万。来流马赫数为 1.6,攻角为 $4°$,基于弹体长度的雷诺数为 $7.01×10^6$。计算了尾翼旋转速度 $\omega = 0$ 和 $\omega = 2\,500\,r/min$ 两个状态。计算从初场开始,先以定常流场方式计算至收敛状态,即为 $\omega = 0$ 的结果;之后启动尾翼旋转,时间步长为 $0.5°$,计算了 1 个旋转周期。

计算得到的侧向力系数、滚转力矩系数平均值与文献[46]的对比情况如表 6.2 所示。与文献[46]采用精细网格计算的结果相比,本书计算结果与其有一定的差别但在量级上相当,其差别可归因于两方面,一是所用模型由文献图片重建复原而来,且简化了弹身上的细小装置;二是网格还不够细密。若两方面再做改进,则可得到更精确的结果。

表 6.2　侧向力系数、滚转力矩系数平均值与文献的对比

		文献[46](精细网格结果)	本 书 结 果
$\omega = 0$	侧向力系数	0.607	0.578
	滚转力矩系数	0.453	0.412
$\omega = 2\,500\,r/min$	侧向力系数	0.585	0.528
	滚转力矩系数	-0.119	-0.094

图 6.82 所示为 $\omega = 0$ 的定态流场的空间涡量分布、中间截面的马赫数云图及弹体表面的压力系数分布云图,图 6.83 为 $\omega = 2\,500\,r/min$ 状态,某三个瞬态时刻(间隔 $10°$)的空间涡量分布情况;其结果可看出鸭翼产生的旋涡在空间上的分布及对尾翼的影响。

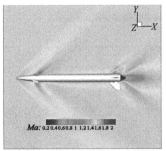

图 6.82　$\omega = 0$ 稳态流场空间涡量分布、截面马赫数云图及表面压力系数分布

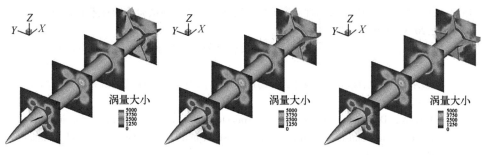

图6.83 $\omega=2\,500\ \text{r/min}$ 状态,三个瞬态时刻(间隔10°)空间涡量分布截面图

参 考 文 献

[1] HEIM E R. CFD wing/pylon/finned store mutual interference wind tunnel experiment[R]. AEDC‑TSR‑91‑P4, 1991.

[2] PANAGIOTOPOULOS E E, KYPARISSIS S D. CFD transonic store separation trajectory predictions with comparison to wind tunnel investigations [J]. International Journal of Engineering, 2010, 3(6): 538‑553.

[3] LIJEWSKI L E. SUHS N E. Time-accurate computational fluid dynamics approach to transonic store separation trajectory prediction[J]. Journal of Aircraft, 1994, 31(4): 886‑891.

[4] CENKO A. Store separation lessons learned during the last 30 years [C]. Nice: 27th International Congress of the Aeronautical Sciences, 2010.

[5] 杨云军,龚安农,白鹏.高超声速空气动力设计与评估方案[M].北京:中国宇航出版社,2019.

[6] 吴继飞.内埋武器舱系统气动特性研究[D].绵阳:中国空气动力研究与发展中心,2012.

[7] 杨党国.内埋武器舱气动声学特性与噪声抑制研究[D].绵阳:中国空气动力研究与发展中心,2010.

[8] 吴继飞,罗新福,徐来武,等.内埋武器舱关键气动及声学问题研究[J].空气动力学学报,2016,34(4): 482‑489.

[9] 艾邦成,宋威,董垒,等.内埋武器机弹分离相容性研究进展综述[J].航空学报,2020,41(10): 17‑36.

[10] STALLINGS R L, WILCOX F J. Experimental cavity pressure distributions at supersonic speeds[R]. NASA TP‑2683, 1987.

[11] 吴继飞,罗新福,徐来武,等.内埋武器分离特性及其改进方法研究[J].空气动力学学报,2014,32(6): 814‑819.

[12] JOHNSON R, STANEK M, GROVE J. Store separation trajectory deviations due to unsteady weapons bay aerodynamics[R]. AIAA 2008‑188, 2008.

[13] 郭亮,王纯,叶斌,等.采用流动控制的超声速内埋物投放特性研究[J].航空学报,2015,36(6): 25‑34.

[14] 宋威,艾邦成,蒋增辉,等.内埋武器投放分离相容性的风洞投放试验预测与评估[J].航空学报,2020,41(6): 152‑163.

[15] 宋威,鲁伟,蒋增辉,等.内埋武器高速风洞弹射投放模型试验关键技术研究[J].力学学报,2018,50(6):1346-1355.

[16] 薛飞,金鑫,王誉超,等.内埋武器高速投放风洞试验技术[J].航空学报,2017,38(1):64-70.

[17] 董金刚,张晨凯,谢峰,等.内埋武器超声速分离机弹干扰特性试验研究[J].实验流体力学,2021,35(3):46-51.

[18] SONG W, DONG J, LU W, et al. Trajectory and attitude deviations for internal store separation due to unsteady and quasi-steady test method[J]. Chinese Journal of Aeronautics, 2022, 35(2):1-8.

[19] 杨磊.基于非结构嵌套网格的六自由度武器投放过程数值研究[D].南京:南京航空航天大学,2014.

[20] 杨俊.超声速内埋武器分离特性数值研究[D].南京:南京航空航天大学,2015.

[21] 屠强.高速内埋弹舱武器分离与开舱过程数值研究[D].南京:南京航空航天大学,2016.

[22] 库茨拉,扎赫尔.可重复使用空间运输系统[M].魏毅寅,张红文,王长青,译.北京:国防工业出版社,2015.

[23] JIA J, FU D, HE Z, et al. Hypersonic aerodynamic interference investigation for a two-stage-to-orbit model[J]. Acta Astronautica, 2020, 168:138-145.

[24] LIU Y, QIAN Z, LU W, et al. Numerical investigation on the safe stage-separation mode for a TSTO vehicle[J]. Aerospace Science and Technology, 2020, 107:106349.

[25] XU G H, ZHAO Q J, GAO Z, et al. Prediction of aerodynamic interactions of helicopter rotor on its fuselage[J]. Chinese Journal of Aeronautics, 2002, 15(1):12-17.

[26] 靳鹏,樊枫.直升机机身干扰对旋翼气动与噪声特性影响研究[J].航空科学技术,2021,32(6):9-20.

[27] LORBER P F, EGOLF T A. An unsteady helicopter rotor-fuselage aerodynamic interaction analysis[J]. Journal of the American Helicopter Society, 1990, 35(3):32-42.

[28] ZORI L A J, RAJAGOPALAN R G. Navier-Stokes calculations of rotor-airframe interaction in forward flight[J]. Journal of the American Helicopter Society, 1995, 40(3):57-67.

[29] 李春华,徐国华.悬停和前飞状态倾转旋翼机的旋翼自由尾迹计算方法[J].空气动力学学报,2005,23(2):152-156.

[30] CHAFFIN M S, BERRY J D. Helicopter fuselage aerodynamics under a rotor by Navier-Stokes simulation[J]. Journal of the American Helicopter Society, 1997, 42(3):235-243.

[31] BOYD J D, BARNWELL R W, GORDON S A. A computational model for rotor-fuselage interaction aerodynamics[R]. AIAA 2000-0256, 2000.

[32] BRAND A G. An experimental investigation of the interaction between a model rotor and airframe in forward flight[D]. Atlanta: Georgia Institute of Technology, 1989.

[33] RAYMOND E M, GORTON S A. Steady and periodic pressure measurements on a generic helicopter fuselage model in the presence of a rotor[R]. NASA TM 2000-210286, 2000.

[34] O'BRIEN D M. Analysis of computational modeling techniques for complete rotorcraft configurations[D]. Atlanta: Georgia Institute of Technology, 2006.

[35] PARK Y M, NAM H J, KWON O J. Simulation of unsteady rotor-fuselage interactions using unstructured adaptive meshes [C]. Phoenix: Annual Forum of the American Helicopter

Society, 2003.

[36] TRIANTAFYLLOU G S. Optimal thrust development in oscillating foils with application to fish propulsion[J]. Journal of Fluids and Structures, 1993, 7: 205 – 224.

[37] TAYLOR G K. Flying and swimming animals cruise at a strouhal number tuned for high power efficiency[J]. Nature, 2003, 425: 707 – 711.

[38] HEATHCOTE S, GURSUL I. Flexible flapping airfoil propulsion at low reynolds numbers[J]. AIAA Journal, 2007, 45(5): 1066 – 1079.

[39] PLATZER M F, JONES K D. Flapping wing aerodynamics: progress and challenges[R]. AIAA 2006 – 0500, 2006.

[40] RUPPELL G. Kinematic analysis of symmetrical flight manoeuvers of odonata[J]. Journal of Experimental Biology, 1989, 144: 13 – 42.

[41] WANG J K, SUN M. A computational study of the aerodynamics and forewing-hindwing interaction of a model dragonfly in forward flight[J]. Journal of Experimental Biology, 2005, 208: 3785 – 3804.

[42] BAUCHAU O A. The vectorial parameterization of rotation[J]. Nonlinear Dynamics, 2003, 32(1): 71 – 92.

[43] 王海涛,董新民,窦和锋,等.软管锥套式空中加油系统建模与特性分析[J].北京航空航天大学学报,2014,40(1): 92 – 98.

[44] VASSBERG J, YEH D, BLAIR A, et al. Numerical simulations of KC – 10 wing-mount aerial refueling hose-drogue dynamics with a reel take-up system[C]. Orlando: 21st AIAA Applied Aerodynamics Conference, 2003.

[45] 李俊国.蜂群式固定翼无人机空基回收系统设计及动力学分析[D].哈尔滨:哈尔滨工业大学,2017.

[46] BLADES E, MARCUM D. Navier-Stokes simulation of a missile with a free-spinning tail using unstructured grid[R]. AIAA 2004 – 720, 2004.

第7章　非定常离散伴随敏感性
导数求解方法

现代飞行器面临着越来越复杂的空气动力学问题,其精细化设计要求对高保真度数值计算和设计优化技术提出了迫切需求[1-3]。现阶段,基于梯度的优化设计方法可能是唯一可行的解决大规模参数高精度优化设计的技术途径,而其中计算分析目标函数对设计变量的敏感性导数是重要和关键的环节,直接影响和决定优化方法的效率和精度。常见的有限差分、复变量、自动微分等敏感性导数分析方法,计算量与设计变量数量相关;而半解析的伴随优化方法,计算量与设计变量数量无关,应用于现代飞行器大规模变量高保真设计优化有巨大优势[4-6]。特别是对于非定常问题的气动外形优化设计,例如直升机旋翼[7-11]、涡轮机叶片[12-18]、扑翼[19-22]、气动噪声[23-26]等,伴随优化方法可以大幅缩短优化设计周期。

本章针对非定常空气动力问题,构建非定常时均目标函数,推导建立离散伴随敏感性导数计算式,发展流场离散伴随方程和网格伴随方程数值计算格式及求解策略,为基于梯度的优化设计构建高效、高精度的敏感性导数计算分析模块。

需要指出的是,虽然本章构建的是非定常离散伴随敏感性导数求解方法,但定常流动作为非定常问题的一个特例,也都包括在整个框架之中。

7.1　时均目标函数

定常问题的多目标函数可写成:

$$f = \sum_{j=1}^{J} \omega_j (C_j - C_j^*)^{p_j} \tag{7.1}$$

其中, ω_j 为权重; C_j 为气动力系数,上标 $*$ 表示用户指定的目标值; p_j 为指定的指数以保证目标函数为凸函数。对优化问题,可定义多个类似 f 的目标函数或约束条件。

对非定常气动优化问题,时均气动参数是衡量性能的重要指标。类似的,定义非定常气动优化问题的目标函数为

$$F_{obj} = \frac{1}{t_2 - t_1} \int_{t_1}^{t_2} f \mathrm{d}t \tag{7.2}$$

在时间段 $[t_1, t_2]$ 内按照时间步长 Δt 将目标函数离散,即为

$$F_{obj} = \frac{1}{N_2 - N_1} \sum_{n=N_1}^{N_2} f^n \tag{7.3}$$

将非定常气动优化设计问题,当成是受非定常流体控制方程和动态网格方程约束的时均目标函数最小值优化问题,即

$$\begin{cases} \min F_{obj}(\boldsymbol{D}), \ F_{obj}(\boldsymbol{D}) = \frac{1}{(N_2 - N_1)} \sum_{n=N_1}^{N_2} f^n(\boldsymbol{W}^n, \boldsymbol{X}^n, \boldsymbol{D}) \\ \text{subject to:} \ \frac{1}{\Delta t} \sum_{h=0}^{k} \left[\phi_{n-h} V^{n-h} (\boldsymbol{W}^{n-h} - \boldsymbol{W}^{n-1}) \right] + \boldsymbol{RES}(\boldsymbol{W}^n) + \boldsymbol{RES}^n_{\text{GCL}} \boldsymbol{W}^{n-1} = 0 \\ \boldsymbol{G}(\boldsymbol{X}^0, \boldsymbol{X}^n, \boldsymbol{D}) = 0 \end{cases}$$
$$\tag{7.4}$$

式中,f^n 为第 n 时间步跟流场变量 $\boldsymbol{W}$、网格 $\boldsymbol{X}$ 和设计变量 $\boldsymbol{D}$ 有关的目标函数值;式(7.4)中第二行为非定常流体离散求解方程,$\boldsymbol{RES}^n$、$\boldsymbol{RES}^n_{\text{GCL}}$ 分别为流场残值和动网格下的几何守恒定律项;第三行为动态网格方程,$\boldsymbol{G}$ 为其残值。$N_2 = N_1 + M$(M 为该段时间内的时间步数)。

一般而言,M 的取值通常为整数倍周期 T 的时间跨度。然而对于许多非定常问题,例如气流分离、机翼颤振等,周期性现象都是被动发生的,即非定常目标函数的周期与设计变量 $\boldsymbol{D}$ 息息相关:

$$T = T(\boldsymbol{D})$$

该周期无法提前精确地知道,因而,只能预估一个大致的时间跨度 M 进行时均计算,时均值及其敏感性导数都会存在误差。

这里以一个简单正弦函数作为说明,如图 7.1 所示。对于当前这个有具体周期的目标函数而言,即便在 10 个周期后,当且仅当 $M = nT$ 时,时均计算值才等于精确值,而随着 M 取值的增大,误差有所减小,但无法消除。

对于非定常时均目标值的计算,采用窗函数[27-29]加权平均可以大大提高时均目标值及其梯度的精度。窗函数的定义如下:

$$\begin{aligned} &\omega(\tau) = 0, \ \tau \notin (0, 1) \\ &\int_0^1 \omega(\tau) \, \mathrm{d}\tau = 1 \end{aligned} \tag{7.5}$$

其中,τ 为无量纲时间。实际上,式(7.2)可以表示为

$$F_{obj} = \int_0^1 \omega(\tau) f \mathrm{d}\tau \tag{7.6}$$

$$\omega(\tau) = 1$$

因此,常规的时均值表达式可以认为对目标函数乘上了一个方波窗函数(又叫

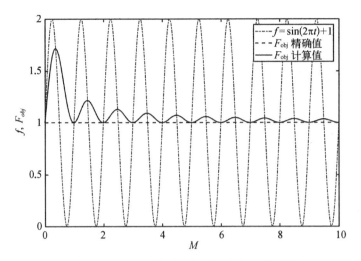

图 7.1　时均近似值随取样时间跨度 M 关系图

Square 窗函数)。目前常用的窗函数有以下几种:

(1) Square 窗: $\omega(\tau) = 1$, $\tau \in (0, 1)$;

(2) Hann 窗: $\omega(\tau) = 1 - \cos(2\pi\tau)$, $\tau \in (0, 1)$;

(3) Hann – Squared 窗: $\omega(\tau) = \dfrac{2}{3}[1 - \cos(2\pi\tau)]^2$, $\tau \in (0, 1)$;

(4) Bump 窗: $\omega(\tau) = \dfrac{1}{A}e^{-1/(\tau - \tau^2)}$, $\tau \in (0, 1)$。

各个窗函数的权重系数如图 7.2 所示,可以看出,窗函数加权的作用是保证首

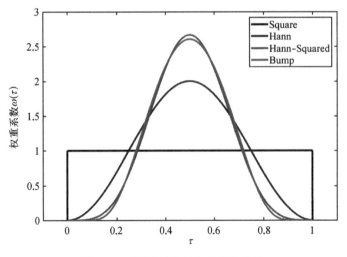

图 7.2　不同窗函数的权重系数曲线

尾的值为 0，且提高中间取值的占比，这样，即使所取的时间跨度 $M \neq nT(\boldsymbol{D})$，该段曲线也是周期性的。

同样以上述简单正弦函数为例，如图 7.3 所示，可以看出除 Square 窗函数外，其他窗函数加权时均值就能在 4 个周期时达到精确值，且之后精度不随 M 变化而变化。因此在使用窗函数加权平均后，无需满足 $M = nT(\boldsymbol{D})$ 的要求，也能保证时均目标函数的精度。

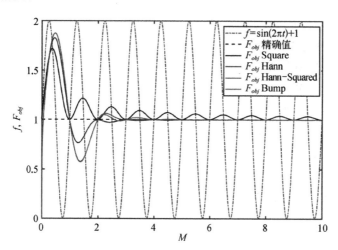

图 7.3　不同窗函数下时均值随取样时间跨度 M 关系对比图

7.2　敏感性导数离散伴随计算式推导

基于最优控制理论，可找到适当的 $\boldsymbol{W}$ 和 $\boldsymbol{D}$ 使得受约束的目标函数值最小，达到解决式（7.4）最小值优化问题的目的。目标函数对设计变量的梯度计算，可以直接应用有限差分或复变量法来完成，但该类方法的计算量与设计变量的数量相关，一般而言，气动外形优化设计的设计变量往往是比较多的，尤其当应用基于求解欧拉或 N‑S 方程的流场求解方法计算梯度时，会引起计算量的急剧增加，使其难以满足工程实际使用要求。

通过拉格朗日乘子 $\boldsymbol{\varLambda}_f$、$\boldsymbol{\varLambda}_g$ 将式（7.4）中的约束引入到目标函数中，形成新的拉格朗日函数 L，即

$$L(\boldsymbol{D}, \boldsymbol{W}, \boldsymbol{X}, \boldsymbol{\varLambda}_f, \boldsymbol{\varLambda}_g)$$

$$= \sum_{n=1}^{M} f^n \Delta t$$

$$+ \sum_{n=1}^{M} [\boldsymbol{\varLambda}_f^n]^{\mathrm{T}} \left(\frac{1}{\Delta t} \sum_{h=0}^{k} [\phi_{n-h} V^{n-h} (\boldsymbol{W}^{n-h} - \boldsymbol{W}^{n-1})] + \boldsymbol{RES}(\boldsymbol{W}^n) + \boldsymbol{RES}_{\mathrm{GCL}}^n \boldsymbol{W}^{n-1} \right) \Delta t$$

$$+ \sum_{n=1}^{M} \left[\boldsymbol{\Lambda}_g^n \right]^{\mathrm{T}} \boldsymbol{G}^n \Delta t$$

$$+ \left(f^0 + \left[\boldsymbol{\Lambda}_f^0 \right]^{\mathrm{T}} \boldsymbol{RES}^0 \right) \Delta t + \left[\boldsymbol{\Lambda}_g^0 \right]^{\mathrm{T}} \boldsymbol{G}^0 \Delta t \tag{7.7}$$

式中, $\boldsymbol{\Lambda}_f^n$、$\boldsymbol{\Lambda}_g^n$ 分别为第 n 时间步流体方程和动态网格方程的伴随变量; $\boldsymbol{RES}^0 = 0$ 为初始时间流场状态条件。

基于:

(1) $f^n \equiv 0$, 若 $n < 1 \parallel n > M$;

(2) f^n 与 $\boldsymbol{W}^n$、$\boldsymbol{X}^n$、$\boldsymbol{D}$ 有关;

(3) $\boldsymbol{RES}^0$ 与 $\boldsymbol{W}^0$、$\boldsymbol{X}^0$、$\boldsymbol{D}$ 有关;

(4) $\boldsymbol{RES}^n$ 与 $\boldsymbol{W}^n$、$\boldsymbol{D}$、$\boldsymbol{X}^{n-h}(h = 0 \cdots k)$ 有关;

(5) $\boldsymbol{RES}_{\mathrm{GCL}}^n$ 与 $\boldsymbol{D}$、$\boldsymbol{X}^{n-h}(h = 0 \cdots k)$ 有关;

(6) $\boldsymbol{G}^n$ 与 $\boldsymbol{X}^n$、$\boldsymbol{X}^0$、$\boldsymbol{D}$ 有关;

(7) $\boldsymbol{G}^0$ 与 $\boldsymbol{X}^0$、$\boldsymbol{D}$ 有关;

(8) $\boldsymbol{W}^0$、$\boldsymbol{X}^0$、$\boldsymbol{W}^n$、$\boldsymbol{X}^n$ 分别与 $\boldsymbol{D}$ 有关。

L 对设计变量 $\boldsymbol{D}$ 的敏感性导数为

$$\frac{\mathrm{d}L}{\mathrm{d}D} =$$

$$\sum_{n=1}^{M} \left(\frac{\partial f^n}{\partial D} + \frac{\partial f^n}{\partial W^n} \frac{\partial W^n}{\partial D} + \frac{\partial f^n}{\partial X^n} \frac{\partial X^n}{\partial D} \right) \Delta t$$

$$+ \sum_{n=1}^{M} \frac{1}{\Delta t} [\boldsymbol{\Lambda}_f^n]^{\mathrm{T}} \left(\sum_{h=0}^{k} \left[\phi_{n-h} V^{n-h} \left(\frac{\partial W^{n-h}}{\partial D} - \frac{\partial W^{n-1}}{\partial D} \right) \right] \underline{\sum_{h=0}^{k} \left[\phi_{n-h} (W^{n-h} - W^{n-1}) \frac{\partial V^{n-h}}{\partial X^{n-h}} \frac{\partial X^{n-h}}{\partial D} \right]} \right) \Delta t$$

$$+ \sum_{n=1}^{M} \left([\boldsymbol{\Lambda}_f^n]^{\mathrm{T}} \frac{\partial \boldsymbol{RES}^n}{\partial D} + [\boldsymbol{\Lambda}_f^n]^{\mathrm{T}} \frac{\partial \boldsymbol{RES}^n}{\partial W^n} \frac{\partial W^n}{\partial D} + \underline{[\boldsymbol{\Lambda}_f^n]^{\mathrm{T}} \sum_{h=0}^{k} \frac{\partial \boldsymbol{RES}^n}{\partial X^{n-h}} \frac{\partial X^{n-h}}{\partial D}} \right) \Delta t$$

$$+ \sum_{n=1}^{M} \left([\boldsymbol{\Lambda}_f^n]^{\mathrm{T}} \frac{\partial \boldsymbol{RES}_{\mathrm{GCL}}^n}{\partial D} W^{n-1} + [\boldsymbol{\Lambda}_f^n]^{\mathrm{T}} \underline{\left(\sum_{h=0}^{k} \frac{\partial \boldsymbol{RES}_{\mathrm{GCL}}^n}{\partial X^{n-h}} \frac{\partial X^{n-h}}{\partial D} \right) W^{n-1}} + \underline{[\boldsymbol{\Lambda}_f^n]^{\mathrm{T}} \boldsymbol{RES}_{\mathrm{GCL}}^n \frac{\partial W^{n-1}}{\partial D}} \right) \Delta t$$

$$+ \sum_{n=1}^{M} [\boldsymbol{\Lambda}_g^n]^{\mathrm{T}} \left(\frac{\partial G^n}{\partial D} + \frac{\partial G^n}{\partial X^n} \frac{\partial X^n}{\partial D} + \underline{\frac{\partial G^n}{\partial X^0} \frac{\partial X^0}{\partial D}} \right) \Delta t$$

$$+ \left(\frac{\partial f^0}{\partial D} + \frac{\partial f^0}{\partial W^0} \frac{\partial W^0}{\partial D} + \frac{\partial f^0}{\partial X^0} \frac{\partial X^0}{\partial D} + [\boldsymbol{\Lambda}_f^0]^{\mathrm{T}} \left(\frac{\partial \boldsymbol{RES}^0}{\partial D} + \frac{\partial \boldsymbol{RES}^0}{\partial W^0} \frac{\partial W^0}{\partial D} + \frac{\partial \boldsymbol{RES}^0}{\partial X^0} \frac{\partial X^0}{\partial D} \right) \right) \Delta t$$

$$+ [\boldsymbol{\Lambda}_g^0]^{\mathrm{T}} \left(\frac{\partial G^0}{\partial D} + \frac{\partial G^0}{\partial X^0} \frac{\partial X^0}{\partial D} \right) \Delta t \tag{7.8}$$

式中划线部分, 每个时间层 n 都会涉及其他时间层 $(n-h)$ 内的守恒变量和网格变量信息, 使得表达式不直观。由于整个敏感性导数的表达式中, 划线部分都要在所有时间层上积分, 这里, 引入一种时间层叠加的方式, 通过对时间层展开使守恒变量和网格变量合并在同一时间层内。

以 $\sum\limits_{n=1}^{M}\dfrac{1}{\Delta t}[\boldsymbol{\Lambda}_f^n]^{\mathrm{T}}\sum\limits_{h=0}^{k}\left[\boldsymbol{\phi}_{n-h}V^{n-h}\left(\dfrac{\partial \boldsymbol{W}^{n-h}}{\partial \boldsymbol{D}}-\dfrac{\partial \boldsymbol{W}^{n-1}}{\partial \boldsymbol{D}}\right)\right]$ 为例,对 M 个时间层展开:

$$\sum_{n=1}^{M}\frac{1}{\Delta t}[\boldsymbol{\Lambda}_f^n]^{\mathrm{T}}\sum_{h=0}^{k}\left[\boldsymbol{\phi}_{n-h}V^{n-h}\left(\frac{\partial \boldsymbol{W}^{n-h}}{\partial \boldsymbol{D}}-\frac{\partial \boldsymbol{W}^{n-1}}{\partial \boldsymbol{D}}\right)\right]=$$

$$\begin{cases} \cdots \\ +\dfrac{1}{\Delta t}[\boldsymbol{\Lambda}_f^{n+2}]^{\mathrm{T}}\left[\boldsymbol{\phi}_n V^{n+2}\left(\dfrac{\partial \boldsymbol{W}^{n+2}}{\partial \boldsymbol{D}}-\dfrac{\partial \boldsymbol{W}^{n+1}}{\partial \boldsymbol{D}}\right)+\boldsymbol{\phi}_{n-2}V^n\left(\dfrac{\partial \boldsymbol{W}^n}{\partial \boldsymbol{D}}-\dfrac{\partial \boldsymbol{W}^{n+1}}{\partial \boldsymbol{D}}\right)+\cdots\right] \\ +\dfrac{1}{\Delta t}[\boldsymbol{\Lambda}_f^{n+1}]^{\mathrm{T}}\left[\boldsymbol{\phi}_n V^{n+1}\left(\dfrac{\partial \boldsymbol{W}^{n+1}}{\partial \boldsymbol{D}}-\dfrac{\partial \boldsymbol{W}^n}{\partial \boldsymbol{D}}\right)+\boldsymbol{\phi}_{n-2}V^{n-1}\left(\dfrac{\partial \boldsymbol{W}^{n-1}}{\partial \boldsymbol{D}}-\dfrac{\partial \boldsymbol{W}^n}{\partial \boldsymbol{D}}\right)+\cdots\right] \\ +\dfrac{1}{\Delta t}[\boldsymbol{\Lambda}_f^n]^{\mathrm{T}}\left[\boldsymbol{\phi}_n V^n\left(\dfrac{\partial \boldsymbol{W}^n}{\partial \boldsymbol{D}}-\dfrac{\partial \boldsymbol{W}^{n-1}}{\partial \boldsymbol{D}}\right)+\boldsymbol{\phi}_{n-2}V^{n-2}\left(\dfrac{\partial \boldsymbol{W}^{n-2}}{\partial \boldsymbol{D}}-\dfrac{\partial \boldsymbol{W}^{n-1}}{\partial \boldsymbol{D}}\right)+\cdots\right] \\ +\cdots \end{cases}$$

如上式中加双下划线部分所示,在 $n+k,\cdots,n+1$ 和 n 时间层上都存在 $\dfrac{\partial \boldsymbol{W}^n}{\partial \boldsymbol{D}}$ 项,将这部分组合在一起,对上式进行调整组合后可以得到:

$$\begin{aligned} &\sum_{n=1}^{M}\frac{1}{\Delta t}[\boldsymbol{\Lambda}_f^n]^{\mathrm{T}}\sum_{h=0}^{k}\left[\boldsymbol{\phi}_{n-h}V^{n-h}\left(\frac{\partial \boldsymbol{W}^{n-h}}{\partial \boldsymbol{D}}-\frac{\partial \boldsymbol{W}^{n-1}}{\partial \boldsymbol{D}}\right)\right] \\ &=\sum_{n=1}^{M}\left(\frac{1}{\Delta t}\sum_{h=0}^{k}\boldsymbol{\phi}_{n-h}([\boldsymbol{\Lambda}_f^{n+h}]^{\mathrm{T}}V^n-[\boldsymbol{\Lambda}_f^{n+1}]^{\mathrm{T}}V^{n+1+h})\right)\frac{\partial \boldsymbol{W}^n}{\partial \boldsymbol{D}} \\ &\quad +\sum_{h=2}^{k}\frac{1}{\Delta t}(\boldsymbol{\phi}_{0-h}[\boldsymbol{\Lambda}_f^h]^{\mathrm{T}}V^0)\frac{\partial \boldsymbol{W}^0}{\partial \boldsymbol{D}}-\frac{1}{\Delta t}\boldsymbol{\phi}_0[\boldsymbol{\Lambda}_f^1]^{\mathrm{T}}V^1\frac{\partial \boldsymbol{W}^0}{\partial \boldsymbol{D}} \end{aligned} \tag{7.9}$$

因此,对原敏感性导数表达式(7.8)中划线部分都采用时间层叠加的方式进行类似组合处理,可以整理得到如下敏感性导数计算式:

$$\begin{aligned} \frac{\mathrm{d}L}{\mathrm{d}\boldsymbol{D}}=&\sum_{n=1}^{M}\left(\frac{\partial f^n}{\partial \boldsymbol{D}}+\frac{\partial f^n}{\partial \boldsymbol{W}^n}\frac{\partial \boldsymbol{W}^n}{\partial \boldsymbol{D}}+\frac{\partial f^n}{\partial \boldsymbol{X}^n}\frac{\partial \boldsymbol{X}^n}{\partial \boldsymbol{D}}\right)\Delta t \qquad \boxed{\leftarrow f^n} \\ &+\sum_{n=1}^{M}\left(\frac{1}{\Delta t}\sum_{h=0}^{k}\boldsymbol{\phi}_{n-h}([\boldsymbol{\Lambda}_f^{n+h}]^{\mathrm{T}}V^n-[\boldsymbol{\Lambda}_f^{n+1}]^{\mathrm{T}}V^{n+1+h})\frac{\partial \boldsymbol{W}^n}{\partial \boldsymbol{D}}\right)\Delta t \\ &+\sum_{h=2}^{k}(\boldsymbol{\phi}_{0-h}[\boldsymbol{\Lambda}_f^h]^{\mathrm{T}}V^0)\frac{\partial \boldsymbol{W}^0}{\partial \boldsymbol{D}}-\boldsymbol{\phi}_0[\boldsymbol{\Lambda}_f^1]^{\mathrm{T}}V^1\frac{\partial \boldsymbol{W}^0}{\partial \boldsymbol{D}} \\ &+\sum_{n=1}^{M}\left(\frac{1}{\Delta t}\sum_{h=0}^{k}\boldsymbol{\phi}_{n-h}[\boldsymbol{\Lambda}_f^{n+h}]^{\mathrm{T}}(\boldsymbol{W}^n-\boldsymbol{W}^{n-1+h})\frac{\partial V^n}{\partial \boldsymbol{X}^n}\frac{\partial \boldsymbol{X}^n}{\partial \boldsymbol{D}}\right)\Delta t \end{aligned}$$

$$+ \sum_{h=2}^{k} \left[\phi_{0-h} [\Lambda_f^h]^{\mathrm{T}} (W^0 - W^{-1+h}) \right] \frac{\partial V^0}{\partial X^0} \frac{\partial X^0}{\partial D} \qquad \boxed{\leftarrow [\Lambda_f^n]^{\mathrm{T}} \left(\frac{1}{\Delta t} \sum_{h=0}^{k} \left[\phi_{n-h} V^{n-h} (W^{n-h} - W^{n-1}) \right] \right)}$$

$$+ \sum_{n=1}^{M} \left([\Lambda_f^n]^{\mathrm{T}} \frac{\partial RES^n}{\partial D} + [\Lambda_f^n]^{\mathrm{T}} \frac{\partial RES^n}{\partial W^n} \frac{\partial W^n}{\partial D} + \sum_{h=0}^{k} [\Lambda_f^{n+h}]^{\mathrm{T}} \frac{\partial RES^{n+h}}{\partial X^n} \frac{\partial X^n}{\partial D} \right) \Delta t$$

$$+ \sum_{h=1}^{k} [\Lambda_f^h]^{\mathrm{T}} \frac{\partial RES^h}{\partial X^0} \frac{\partial X^0}{\partial D} \Delta t \qquad \boxed{\leftarrow [\Lambda_f^n]^{\mathrm{T}} RES(W^n)}$$

$$+ \sum_{n=1}^{M} \left([\Lambda_f^n]^{\mathrm{T}} \frac{\partial RES_{\mathrm{GCL}}^n}{\partial D} W^{n-1} + \left(\sum_{h=0}^{k} [\Lambda_f^{n+h}]^{\mathrm{T}} \frac{\partial RES_{\mathrm{GCL}}^{n+h}}{\partial X^n} W^{n+h-1} \right) \frac{\partial X^n}{\partial D} + \Lambda_f^{n+1\mathrm{T}} RES_{\mathrm{GCL}}^{n+1} \frac{\partial W^n}{\partial D} \right) \Delta t$$

$$+ [\Lambda_f^1]^{\mathrm{T}} RES_{\mathrm{GCL}}^1 \frac{\partial W^0}{\partial D} \Delta t + \sum_{h=1}^{k} [\Lambda_f^h]^{\mathrm{T}} \frac{\partial RES_{\mathrm{GCL}}^h}{\partial X^0} W^{h-1} \frac{\partial X^0}{\partial D} \Delta t \qquad \boxed{\leftarrow [\Lambda_f^n]^{\mathrm{T}} RES_{\mathrm{GCL}}^n W^{n-1}}$$

$$+ \sum_{n=1}^{M} [\Lambda_g^n]^{\mathrm{T}} \left(\frac{\partial G^n}{\partial D} + \frac{\partial G^n}{\partial X^n} \frac{\partial X^n}{\partial D} + \frac{\partial G^n}{\partial X^0} \frac{\partial X^0}{\partial D} \right) \Delta t \qquad \boxed{\leftarrow [\Lambda_g^n]^{\mathrm{T}} G^n}$$

$$+ \left(\frac{\partial f^0}{\partial D} + \frac{\partial f^0}{\partial W^0} \frac{\partial W^0}{\partial D} + \frac{\partial f^0}{\partial X^0} \frac{\partial X^0}{\partial D} + [\Lambda_f^0]^{\mathrm{T}} \left(\frac{\partial RES^0}{\partial D} + \frac{\partial RES^0}{\partial W^0} \frac{\partial W^0}{\partial D} + \frac{\partial RES^0}{\partial X^0} \frac{\partial X^0}{\partial D} \right) \right) \Delta t \boxed{\leftarrow f^0 + [\Lambda_f^0]^{\mathrm{T}} RES^0}$$

$$+ [\Lambda_g^0]^{\mathrm{T}} \left(\frac{\partial G^0}{\partial D} + \frac{\partial G^0}{\partial X^0} \frac{\partial X^0}{\partial D} \right) \Delta t \qquad \boxed{\leftarrow [\Lambda_g^0]^{\mathrm{T}} G^0}$$

上式中的加双下划线部分为时间叠加处理后整理分离出的 $n = 0$ 的项。

将 $\frac{\partial W}{\partial D}$、$\frac{\partial X}{\partial D}$ 相关的项整理在一起得

$$\frac{\mathrm{d}L}{\mathrm{d}D} = \sum_{n=1}^{M} \left(\begin{array}{c} \frac{\partial f^n}{\partial W^n} + \frac{1}{\Delta t} \sum_{h=0}^{k} \phi_{n-h} \left([\Lambda_f^{n+h}]^{\mathrm{T}} V^n - [\Lambda_f^{n+1}]^{\mathrm{T}} V^{n+1+h} \right) \\ + [\Lambda_f^n]^{\mathrm{T}} \frac{\partial RES^n}{\partial W^n} + [\Lambda_f^{n+1}]^{\mathrm{T}} RES_{\mathrm{GCL}}^{n+1} \end{array} \right) \frac{\partial W^n}{\partial D} \Delta t$$

$$+ \sum_{n=1}^{M} \left(\begin{array}{c} \frac{\partial f^n}{\partial X^n} + \frac{1}{\Delta t} \sum_{h=0}^{k} \phi_{n-h} [\Lambda_f^{n+h}]^{\mathrm{T}} (W^n - W^{n-1+h}) \frac{\partial V^n}{\partial X^n} \\ + \sum_{h=0}^{k} [\Lambda_f^{n+h}]^{\mathrm{T}} \left(\frac{\partial RES^{n+h}}{\partial X^n} + \frac{\partial RES_{\mathrm{GCL}}^{n+h}}{\partial X^n} W^{n+h-1} \right) + [\Lambda_g^n]^{\mathrm{T}} \frac{\partial G^n}{\partial X^n} \end{array} \right) \frac{\partial X^n}{\partial D} \Delta t$$

$$+ \left(\begin{array}{c} \frac{1}{\Delta t} \sum_{h=2}^{k} \left[\phi_{0-h} [\Lambda_f^h]^{\mathrm{T}} (W^0 - W^{-1+h}) \right] \frac{\partial V^0}{\partial X^0} + \sum_{n=1}^{M} [\Lambda_g^n]^{\mathrm{T}} \frac{\partial G^n}{\partial X^0} + \frac{\partial f^0}{\partial X^0} + [\Lambda_f^0]^{\mathrm{T}} \frac{\partial RES^0}{\partial X^0} \\ + [\Lambda_g^0]^{\mathrm{T}} \frac{\partial G^0}{\partial X^0} + \sum_{h=1}^{k} [\Lambda_f^h]^{\mathrm{T}} \left(\frac{\partial RES^h}{\partial X^0} + \frac{\partial RES_{\mathrm{GCL}}^h}{\partial X^0} W^{h-1} \right) \end{array} \right) \frac{\partial X^0}{\partial D} \Delta t$$

$$+ \left(\frac{1}{\Delta t} \sum_{h=2}^{k} (\phi_{0-h} [\Lambda_f^h]^{\mathrm{T}} V^0) - \frac{1}{\Delta t} \phi_0 [\Lambda_f^1]^{\mathrm{T}} V^1 + [\Lambda_f^1]^{\mathrm{T}} RES_{\mathrm{GCL}}^1 + \frac{\partial f^0}{\partial W^0} + [\Lambda_f^0]^{\mathrm{T}} \frac{\partial RES^0}{\partial W^0} \right) \frac{\partial W^0}{\partial D} \Delta t$$

$$+ \sum_{n=1}^{M} \left(\frac{\partial f^n}{\partial \boldsymbol{D}} + [\boldsymbol{\Lambda}_f^n]^{\mathrm{T}} \frac{\partial \boldsymbol{RES}^n}{\partial \boldsymbol{D}} + [\boldsymbol{\Lambda}_f^n]^{\mathrm{T}} \frac{\partial \boldsymbol{RES}_{\mathrm{GCL}}^n}{\partial \boldsymbol{D}} \boldsymbol{W}^{n-1} + [\boldsymbol{\Lambda}_g^n]^{\mathrm{T}} \frac{\partial \boldsymbol{G}^n}{\partial \boldsymbol{D}} \right) \Delta t$$

$$+ \left(\frac{\partial f^0}{\partial \boldsymbol{D}} + [\boldsymbol{\Lambda}_f^0]^{\mathrm{T}} \frac{\partial \boldsymbol{RES}^0}{\partial \boldsymbol{D}} + [\boldsymbol{\Lambda}_g^0]^{\mathrm{T}} \frac{\partial \boldsymbol{G}^0}{\partial \boldsymbol{D}} \right) \Delta t$$

因为 $\boldsymbol{\Lambda}_f$、$\boldsymbol{\Lambda}_g$ 可取任意值,为了避免计算 $\dfrac{\partial \boldsymbol{W}}{\partial \boldsymbol{D}}$、$\dfrac{\partial \boldsymbol{X}}{\partial \boldsymbol{D}}$,可令 $\dfrac{\partial \boldsymbol{W}}{\partial \boldsymbol{D}}$、$\dfrac{\partial \boldsymbol{X}}{\partial \boldsymbol{D}}$ 的系数为零,即选取某组合适的 $\boldsymbol{\Lambda}_f$、$\boldsymbol{\Lambda}_g$ 值使得

$$\begin{cases} \dfrac{\partial f^n}{\partial \boldsymbol{W}^n} + \dfrac{1}{\Delta t} \sum_{h=0}^{k} \phi_{n-h} ([\boldsymbol{\Lambda}_f^{n+h}]^{\mathrm{T}} V^n - [\boldsymbol{\Lambda}_f^{n+1}]^{\mathrm{T}} V^{n+1+h}) \\ \qquad + [\boldsymbol{\Lambda}_f^n]^{\mathrm{T}} \dfrac{\partial \boldsymbol{RES}^n}{\partial \boldsymbol{W}^n} + [\boldsymbol{\Lambda}_f^{n+1}]^{\mathrm{T}} \boldsymbol{RES}_{\mathrm{GCL}}^{n+1} = 0, \qquad 1 \leqslant n \leqslant M \\ \dfrac{1}{\Delta t} \sum_{h=2}^{k} (\phi_{0-h}[\boldsymbol{\Lambda}_f^h]^{\mathrm{T}} V^0) - \dfrac{1}{\Delta t} \phi_0 [\boldsymbol{\Lambda}_f^1]^{\mathrm{T}} V^1 + [\boldsymbol{\Lambda}_f^1]^{\mathrm{T}} \boldsymbol{RES}_{\mathrm{GCL}}^1 \\ \qquad + \dfrac{\partial f^0}{\partial \boldsymbol{W}^0} + [\boldsymbol{\Lambda}_f^0]^{\mathrm{T}} \dfrac{\partial \boldsymbol{RES}^0}{\partial \boldsymbol{W}^0} = 0, \qquad\qquad n = 0 \end{cases} \tag{7.10}$$

$$\begin{cases} \dfrac{\partial f^n}{\partial \boldsymbol{X}^n} + \dfrac{1}{\Delta t} \sum_{h=0}^{k} \phi_{n-h} [\boldsymbol{\Lambda}_f^{n+h}]^{\mathrm{T}} (\boldsymbol{W}^n - \boldsymbol{W}^{n-1+h}) \dfrac{\partial V^n}{\partial \boldsymbol{X}^n} \\ \qquad + \sum_{h=0}^{k} [\boldsymbol{\Lambda}_f^{n+h}]^{\mathrm{T}} \left(\dfrac{\partial \boldsymbol{RES}^{n+h}}{\partial \boldsymbol{X}^n} + \dfrac{\partial \boldsymbol{RES}_{\mathrm{GCL}}^{n+h}}{\partial \boldsymbol{X}^n} \boldsymbol{W}^{n+h-1} \right) + [\boldsymbol{\Lambda}_g^n]^{\mathrm{T}} \dfrac{\partial \boldsymbol{G}^n}{\partial \boldsymbol{X}^n} = 0, \qquad 1 \leqslant n \leqslant M \\ \dfrac{1}{\Delta t} \sum_{h=2}^{k} [\phi_{0-h}[\boldsymbol{\Lambda}_f^h]^{\mathrm{T}} (\boldsymbol{W}^0 - \boldsymbol{W}^{-1+h})] \dfrac{\partial V^0}{\partial \boldsymbol{X}^0} + \sum_{n=1}^{M} [\boldsymbol{\Lambda}_g^n]^{\mathrm{T}} \dfrac{\partial \boldsymbol{G}^n}{\partial \boldsymbol{X}^0} + \dfrac{\partial f^0}{\partial \boldsymbol{X}^0} + [\boldsymbol{\Lambda}_f^0]^{\mathrm{T}} \dfrac{\partial \boldsymbol{RES}^0}{\partial \boldsymbol{X}^0} \\ \qquad + [\boldsymbol{\Lambda}_g^0]^{\mathrm{T}} \dfrac{\partial \boldsymbol{G}^0}{\partial \boldsymbol{X}^0} + \sum_{h=1}^{k} [\boldsymbol{\Lambda}_f^h]^{\mathrm{T}} \left(\dfrac{\partial \boldsymbol{RES}^h}{\partial \boldsymbol{X}^0} + \dfrac{\partial \boldsymbol{RES}_{\mathrm{GCL}}^h}{\partial \boldsymbol{X}^0} \boldsymbol{W}^{h-1} \right) = 0, \qquad n = 0 \end{cases}$$

$$\tag{7.11}$$

式(7.10)和式(7.11)分别为 n 时间层的流场伴随方程和网格伴随方程。

至此,通过求解上述两个伴随方程得到 $\boldsymbol{\Lambda}_f^n$、$\boldsymbol{\Lambda}_g^n$ 之后,时均目标函数对设计变量的敏感性导数计算式为

$$\frac{\mathrm{d}L}{\mathrm{d}\boldsymbol{D}} = \sum_{n=1}^{M} \left(\frac{\partial f^n}{\partial \boldsymbol{D}} + [\boldsymbol{\Lambda}_f^n]^{\mathrm{T}} \frac{\partial \boldsymbol{RES}^n}{\partial \boldsymbol{D}} + [\boldsymbol{\Lambda}_f^n]^{\mathrm{T}} \frac{\partial \boldsymbol{RES}_{\mathrm{GCL}}^n}{\partial \boldsymbol{D}} \boldsymbol{W}^{n-1} + [\boldsymbol{\Lambda}_g^n]^{\mathrm{T}} \frac{\partial \boldsymbol{G}^n}{\partial \boldsymbol{D}} \right) \Delta t$$

$$+ \left(\frac{\partial f^0}{\partial \boldsymbol{D}} + [\boldsymbol{\Lambda}_f^0]^{\mathrm{T}} \frac{\partial \boldsymbol{RES}^0}{\partial \boldsymbol{D}} + [\boldsymbol{\Lambda}_g^0]^{\mathrm{T}} \frac{\partial \boldsymbol{G}^0}{\partial \boldsymbol{D}} \right) \Delta t \tag{7.12}$$

作为非定常问题的特殊情况,式中加单下划线部分为定常问题的敏感性导数计算式。

7.3 流场离散伴随方程求解

为方便求解,将流场伴随方程(7.10)整理重写成(取转置):

$$
\frac{1}{\Delta t}\sum_{h=0}^{k}\phi_{n-h}(V^n\Lambda_f^{n+h} - V^{n+1+h}\Lambda_f^{n+1}) + \underline{\left[\frac{\partial RES^n}{\partial W^n}\right]^T\Lambda_f^n} + RES_{GCL}^{n+1}\Lambda_f^{n+1} = \underline{-\left[\frac{\partial f^n}{\partial W^n}\right]^T}, \quad 1 \leqslant n \leqslant M
$$

$$
\frac{1}{\Delta t}\sum_{h=2}^{k}(\phi_{0-h}V^0\Lambda_f^h) - \frac{1}{\Delta t}\phi_0 V^1\Lambda_f^1 + RES_{GCL}^1\Lambda_f^1 + \left[\frac{\partial RES^0}{\partial W^0}\right]^T\Lambda_f^0 = -\left[\frac{\partial f^0}{\partial W^0}\right]^T, \qquad n = 0
$$

$$(7.13)$$

式中加单下划线部分为定常流场伴随方程。

流场伴随方程需要在时间方向上逆向积分求解,如图 7.5 所示,与非定常流场求解方法类似,流场伴随方程在每个时间层上运用伪时间内迭代求解,即

$$
\underline{\left[\Gamma_W\frac{V^n}{\Delta\tau} + \frac{\phi_n V^n}{\Delta t} + \frac{\partial RES^n}{\partial W^n}\right]^T\Delta\Lambda_f} = \underline{-\left[\frac{\partial f^n}{\partial W^n}\right]^T - \left[\frac{\partial RES^n}{\partial W^n}\right]^T\Lambda_f^{n,m}}
$$

$$
- \frac{1}{\Delta t}\left[\phi_n(V^n\Lambda_f^{n,m} - V^{n+1}\Lambda_f^{n+1}) + \sum_{h=1}^{k}\phi_{n-h}(V^n\Lambda_f^{n+h} - V^{n+1+h}\Lambda_f^{n+1})\right]
$$

$$
- RES_{GCL}^{n+1}\Lambda_f^{n+1}, \qquad\qquad 1 \leqslant n \leqslant M
$$

$$
\left[\Gamma_W\frac{V^0}{\Delta\tau} + \frac{\partial RES^0}{\partial W^0}\right]^T\Delta\Lambda_f^0 = -\left[\frac{\partial f^0}{\partial W^0}\right]^T - \left[\frac{\partial RES^0}{\partial W^0}\right]^T\Lambda_f^{0,m}
$$

$$
- \frac{1}{\Delta t}\sum_{h=2}^{k}(\phi_{0-h}V^0\Lambda_f^h) + \frac{1}{\Delta t}\phi_0 V^1\Lambda_f^1 - RES_{GCL}^1\Lambda_f^1, \qquad\qquad n = 0
$$

$$(7.14)$$

式中,$\Delta\Lambda = \Lambda^{n,m+1} - \Lambda^{n,m}$。

需要注意的是,为节省计算量、数据存在量以及保证代数方程组系数矩阵的对角占优,上式左边的 $\dfrac{\partial RES}{\partial W}$ 项用一阶精度来构造,虽是一阶精度,但并不影响最终结果的精度;而方程右边的 $\dfrac{\partial RES}{\partial W}$ 项则必须保持和流场计算一样的高阶精度,否则会带来极大的误差;但该雅可比矩阵无需显式构造,只需将其与向量 Λ_f 的乘积计算出来,累加入右端残差项中即可。

由于每一步迭代都需要进行矩阵 $\left[\dfrac{\partial RES}{\partial W}\right]^{\mathrm{T}}$ 与向量 Λ^n 间相乘的计算,且这一计算关系到伴随变量的求解及对后面梯度计算的精度有着重要的影响,所以有必要在此进行详细讨论。令向量:

$$Z = \frac{\partial RES}{\partial W}\Lambda, \quad \bar{Z} = \left[\frac{\partial RES}{\partial W}\right]^{\mathrm{T}}\Lambda$$

其中,向量 $\bar{Z}$ 是我们需要累加到右端项的残差向量,可以先从推导 Z 向量的基础上进行分析。

以如图 7.4 所示的格点格式为例(格心格式类似),i、j 为控制体中心点,同时可以知晓其邻居单元中心点。对于控制体 i,其残差 RES_i 可以表示为包围该控制体的所有控制面上的通量之和(通量计算已乘上控制面面积):

$$RES_i(W) = \sum_{j=1}^{nface} \widetilde{F}(W)_{ij} - \sum_{j=1}^{nface} F_{vij} = \sum_{j=1}^{nface} F_{ij} \tag{7.15}$$

其中,

$$\widetilde{F}(W)_{ij} = \frac{1}{2}\left[\widetilde{F}(W_L) + \widetilde{F}(W_R)\right] - \frac{1}{2}\Gamma_{\mathrm{W}}\mid \Gamma_{\mathrm{W}}^{-1}\widetilde{A}_{\mathrm{W}}\mid (W_R - W_L)$$

W_R、W_L 分别为通过梯度重构和插值得到的交界面 ij 两侧的流场状态量,从而实现流场计算的高阶精度。其插值计算式为

$$W_L = W_i + \varphi_i\nabla W_i \cdot r_L$$
$$W_R = W_j + \varphi_j\nabla W_j \cdot r_R$$

式中,φ 为限制器;∇W_i、∇W_j 分别为左右控制体内流场变量的梯度,重构时涉及周围所有邻居控制体的流场值。

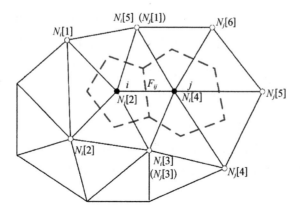

图 7.4　邻居单元中心(节点)示意图

每个控制体的残差计算过程为：扫描全部控制面，计算每个面上的通量，然后将此通量按左加右减的方式累加到面两侧的控制体中心上，最后完成每个控制体单元的残差计算。比如，对任意控制面 ij，其两侧控制体分别为 i 和 j，则两个控制体中心所对应的残差为

$$\begin{cases} \boldsymbol{RES}_i := \boldsymbol{RES}_i + \boldsymbol{F}_{ij} \\ \boldsymbol{RES}_j := \boldsymbol{RES}_j - \boldsymbol{F}_{ij} \end{cases} \tag{7.16}$$

根据此计算方法，可以得到向量 $\boldsymbol{Z}$ 与控制体 i、j 对应的分向量的计算方法：

$$\begin{cases} \boldsymbol{Z}_i := \boldsymbol{Z}_i + \sum_{k \in N(\boldsymbol{F}_{ij})} \dfrac{\partial \boldsymbol{F}_{ij}}{\partial \boldsymbol{W}_k} \boldsymbol{\Lambda}_k \\ \boldsymbol{Z}_j := \boldsymbol{Z}_j - \sum_{k \in N(\boldsymbol{F}_{ij})} \dfrac{\partial \boldsymbol{F}_{ij}}{\partial \boldsymbol{W}_k} \boldsymbol{\Lambda}_k \end{cases} \Rightarrow \begin{cases} \boldsymbol{Z}_i := \boldsymbol{Z}_i + \sum_{k \in N(\boldsymbol{F}_{ij})} \dfrac{\partial \tilde{\boldsymbol{F}}(\boldsymbol{W})_{ij}}{\partial \boldsymbol{W}_k} \boldsymbol{\Lambda}_k + \sum_{k \in N(\boldsymbol{F}_{ij})} \dfrac{\partial \boldsymbol{F}_{vij}}{\partial \boldsymbol{W}_k} \boldsymbol{\Lambda}_k \\ \boldsymbol{Z}_j := \boldsymbol{Z}_j - \sum_{k \in N(\boldsymbol{F}_{ij})} \dfrac{\partial \tilde{\boldsymbol{F}}(\boldsymbol{W})_{ij}}{\partial \boldsymbol{W}_k} \boldsymbol{\Lambda}_k - \sum_{k \in N(\boldsymbol{F}_{ij})} \dfrac{\partial \boldsymbol{F}_{vij}}{\partial \boldsymbol{W}_k} \boldsymbol{\Lambda}_k \end{cases} \tag{7.17}$$

其中，$N(\boldsymbol{F}_{ij})$ 为通量 $\boldsymbol{F}_{ij}$ 计算有关的单元集合（以图 7.4 为例，通量 $\boldsymbol{F}_{ij}$ 的计算与单元 $N_i[1]$、$N_i[2]$、$N_i[3]$（$N_j[3]$）、$N_i[4]$（j）、$N_i[5]$（$N_j[1]$）、$N_j[2]$（i）、$N_j[4]$、$N_j[5]$、$N_j[6]$ 有关，其中 $N_i[1]$、$N_i[2]$、$N_i[3]$、$N_i[4]$、$N_i[5]$ 为单元 i 的邻居，$N_j[1]$、$N_j[2]$、$N_j[3]$、$N_j[4]$、$N_j[5]$、$N_j[6]$ 为单元 j 的邻居）。

首先考虑对流通量雅可比矩阵 $\dfrac{\partial \tilde{\boldsymbol{F}}(\boldsymbol{W})_{ij}}{\partial \boldsymbol{W}_k}$，由于控制面对流通量由左右流场状态量求得，而左右流场状态量又由各邻居控制体流场状态量插值得到，所以上式可进一步展开为

$$\begin{cases} \boldsymbol{Z}_i := \boldsymbol{Z}_i + \dfrac{\partial \tilde{\boldsymbol{F}}(\boldsymbol{W})_{ij}}{\partial \boldsymbol{W}_L} \sum_{k \in N_i} \dfrac{\partial \boldsymbol{W}_L}{\partial \boldsymbol{W}_k} \boldsymbol{\Lambda}_k + \dfrac{\partial \tilde{\boldsymbol{F}}(\boldsymbol{W})_{ij}}{\partial \boldsymbol{W}_R} \sum_{k \in N_j} \dfrac{\partial \boldsymbol{W}_R}{\partial \boldsymbol{W}_k} \boldsymbol{\Lambda}_k \\ \boldsymbol{Z}_j := \boldsymbol{Z}_j - \dfrac{\partial \tilde{\boldsymbol{F}}(\boldsymbol{W})_{ij}}{\partial \boldsymbol{W}_L} \sum_{k \in N_i} \dfrac{\partial \boldsymbol{W}_L}{\partial \boldsymbol{W}_k} \boldsymbol{\Lambda}_k - \dfrac{\partial \tilde{\boldsymbol{F}}(\boldsymbol{W})_{ij}}{\partial \boldsymbol{W}_R} \sum_{k \in N_j} \dfrac{\partial \boldsymbol{W}_R}{\partial \boldsymbol{W}_k} \boldsymbol{\Lambda}_k \end{cases} \tag{7.18}$$

其中，N_i 为 $\boldsymbol{W}_L = \boldsymbol{W}_i + \nabla \boldsymbol{W}_i \cdot \boldsymbol{r}_L$ 计算涉及的单元集合，亦即控制体 i 自身与 $\nabla \boldsymbol{W}_i$ 梯度重构所需的所有邻居组成的集合；N_j 为 $\boldsymbol{W}_j + \nabla \boldsymbol{W}_j \cdot \boldsymbol{r}_R$ 计算涉及的控制体集合，亦即控制体 j 自身与 $\nabla \boldsymbol{W}_j$ 梯度重构所需的所有邻居组成的集合。

式（7.17）和式（7.18）中的控制面两侧的流场状态量对单元上的流场状态量的雅可比矩阵为

$$
\left.\frac{\partial \boldsymbol{W}_L}{\partial \boldsymbol{W}_k}\right|_{ij} = \delta_{ik} + \frac{\partial \varphi_i}{\partial \boldsymbol{W}_k} \nabla \boldsymbol{W}_i \cdot \boldsymbol{r}_L + \varphi_i \frac{\partial(\nabla \boldsymbol{W}_i)}{\partial \boldsymbol{W}_k} \cdot \boldsymbol{r}_L
$$

$$
\left.\frac{\partial \boldsymbol{W}_R}{\partial \boldsymbol{W}_k}\right|_{ij} = \delta_{jk} + \frac{\partial \varphi_j}{\partial \boldsymbol{W}_k} \nabla \boldsymbol{W}_j \cdot \boldsymbol{r}_R + \varphi_j \frac{\partial(\nabla \boldsymbol{W}_j)}{\partial \boldsymbol{W}_k} \cdot \boldsymbol{r}_R
$$

$$(7.19)$$

式中,δ_{ik} 为克罗内克数,当 $k = i$ 时,$\delta_{ik} = 1$。由于限制器构造的复杂性,可假设限制器与控制体流场状态量无关,该项导数忽略。则式(7.19)可变为

$$
\left.\frac{\partial \boldsymbol{W}_L}{\partial \boldsymbol{W}_k}\right|_{ij} = \delta_{ik} + \varphi_i \frac{\partial(\nabla \boldsymbol{W}_i)}{\partial \boldsymbol{W}_k} \cdot \boldsymbol{r}_L
$$

$$
\left.\frac{\partial \boldsymbol{W}_R}{\partial \boldsymbol{W}_k}\right|_{ij} = \delta_{jk} + \varphi_j \frac{\partial(\nabla \boldsymbol{W}_j)}{\partial \boldsymbol{W}_k} \cdot \boldsymbol{r}_R
$$

$$(7.20)$$

当采用 Green‑Gauss 方法计算控制体流场状态量的梯度时,即

$$
\nabla \boldsymbol{W}_i = \frac{1}{V_i} \sum_{k=1}^{N_i} \frac{1}{2}(\boldsymbol{W}_i + \boldsymbol{W}_k) \boldsymbol{n}_{ik} S_{ik}
$$

$$(7.21)$$

那么,梯度对控制体流场状态量的导数可计算为

$$
\frac{\partial(\nabla \boldsymbol{W}_i)}{\partial \boldsymbol{W}_k} =
\begin{cases}
\dfrac{1}{2V_i} \boldsymbol{n}_{ik} S_{ik}, & k \neq i \\[3mm]
\dfrac{1}{2V_i} \displaystyle\sum_{k=1}^{N_i} \boldsymbol{n}_{ik} S_{ik}, & k = i
\end{cases}
$$

$$(7.22)$$

再考虑黏性通量雅可比矩阵 $\dfrac{\partial \boldsymbol{F}_{vij}}{\partial \boldsymbol{W}_k}$。第 2 章黏性通量计算方法中,控制体交界面处的速度、温度的梯度通过将左右控制体的梯度平均并沿 $\boldsymbol{r}_{ij}$ 修正得到,即

$$
(\nabla q)_{ij} = \overline{(\nabla q)_{ij}} - \left[\overline{(\nabla q)_{ij}} \cdot \boldsymbol{r}_{ij} - \frac{q_j - q_i}{|\boldsymbol{r}_j - \boldsymbol{r}_i|} \right] \cdot \boldsymbol{r}_{ij}
$$

由于此梯度过于复杂,在雅可比矩阵计算时依旧对此梯度做 TSL 近似:

$$
(\nabla q)_{ij}^{\text{TSL}} \approx \frac{q_j - q_i}{|\boldsymbol{r}_j - \boldsymbol{r}_i|}
$$

因此,黏性通量 $\boldsymbol{F}_{vij}$ 仅与单元 i 和 j 有关,则黏性通量雅可比矩阵为

$$\frac{\partial \boldsymbol{F}_{vij}}{\partial \boldsymbol{W}_{i/j}} = \mp \frac{\mu + \mu_t}{|\boldsymbol{r}_j - \boldsymbol{r}_i|} \begin{bmatrix} 0 & 0 & 0 & 0 & 0 \\ 0 & \theta_x & \eta_z & \eta_y & 0 \\ 0 & \eta_z & \theta_y & \eta_x & 0 \\ 0 & \eta_y & \eta_x & \theta_z & 0 \\ \phi_\rho^\pm \theta & \dfrac{\mp |\boldsymbol{r}_j - \boldsymbol{r}_i|}{2(\mu + \mu_t)} T_x + \pi_x & \dfrac{\mp |\boldsymbol{r}_j - \boldsymbol{r}_i|}{2(\mu + \mu_t)} T_y + \pi_y & \dfrac{\mp |\boldsymbol{r}_j - \boldsymbol{r}_i|}{2(\mu + \mu_t)} T_z + \pi_z & \phi_p^\pm \theta \end{bmatrix} \frac{\partial \boldsymbol{Q}_{i/j}}{\partial \boldsymbol{W}_{i/j}}$$

$$(7.23)$$

至此,扫描所有控制面,分别对每个控制面 ij 计算对流通量雅可比矩阵 $\dfrac{\partial \tilde{\boldsymbol{F}}(\boldsymbol{W})_{ij}}{\partial \boldsymbol{W}}$ 和黏性通量雅可比矩阵 $\dfrac{\partial \boldsymbol{F}_{vij}}{\partial \boldsymbol{W}}$ 与向量 $\boldsymbol{\Lambda}_f$ 的乘积,就可完成向量 $\boldsymbol{Z}$ 的计算。

通过对向量 $\boldsymbol{Z}$ 中残差雅可比矩阵 $\dfrac{\partial \boldsymbol{RES}}{\partial \boldsymbol{W}}$ 取转置,可得到向量 $\overline{\boldsymbol{Z}}$ 的与节点 k 相对应的分向量的计算式为

$$\overline{\boldsymbol{Z}}_k := \overline{\boldsymbol{Z}}_k + \left(\left[\frac{\partial \boldsymbol{W}_L}{\partial \boldsymbol{W}_k} \bigg|_{ij} \right]^{\mathrm{T}} \left[\frac{\partial \tilde{\boldsymbol{F}}(\boldsymbol{W})_{ij}}{\partial \boldsymbol{W}_L} \right]^{\mathrm{T}} + \left[\frac{\partial \boldsymbol{W}_R}{\partial \boldsymbol{W}_k} \bigg|_{ij} \right]^{\mathrm{T}} \left[\frac{\partial \tilde{\boldsymbol{F}}(\boldsymbol{W})_{ij}}{\partial \boldsymbol{W}_R} \right]^{\mathrm{T}} + \left[\frac{\partial \boldsymbol{F}_{vij}}{\partial \boldsymbol{W}_k} \right]^{\mathrm{T}} \right)$$
$$(\boldsymbol{\Lambda}_i - \boldsymbol{\Lambda}_j), \quad k \in N(\boldsymbol{F}_{ij}) \qquad (7.24)$$

此式也可以展开为

$$\begin{cases} \overline{\boldsymbol{Z}}_k := \overline{\boldsymbol{Z}}_k + \left(\left[\dfrac{\partial \boldsymbol{W}_L}{\partial \boldsymbol{W}_k} \bigg|_{ij} \right]^{\mathrm{T}} \left[\dfrac{\partial \tilde{\boldsymbol{F}}(\boldsymbol{W})_{ij}}{\partial \boldsymbol{W}_L} \right]^{\mathrm{T}} + \delta_{ik} \left[\dfrac{\partial \boldsymbol{F}_{vij}}{\partial \boldsymbol{W}_i} \right]^{\mathrm{T}} \right) (\boldsymbol{\Lambda}_i - \boldsymbol{\Lambda}_j), \quad k \in N_i \\[4mm] \overline{\boldsymbol{Z}}_k := \overline{\boldsymbol{Z}}_k + \left(\left[\dfrac{\partial \boldsymbol{W}_R}{\partial \boldsymbol{W}_k} \bigg|_{ij} \right]^{\mathrm{T}} \left[\dfrac{\partial \tilde{\boldsymbol{F}}(\boldsymbol{W})_{ij}}{\partial \boldsymbol{W}_R} \right]^{\mathrm{T}} + \delta_{jk} \left[\dfrac{\partial \boldsymbol{F}_{vij}}{\partial \boldsymbol{W}_j} \right]^{\mathrm{T}} \right) (\boldsymbol{\Lambda}_i - \boldsymbol{\Lambda}_j), \quad k \in N_j \end{cases}$$

$$(7.25)$$

$$\delta_{ik} = \begin{cases} 1, & k = i \\ 0, & k \neq i \end{cases} \qquad \delta_{jk} = \begin{cases} 1, & k = j \\ 0, & k \neq j \end{cases}$$

至此,完成了伴随方程右端项中通量对流场变量的雅可比矩阵的转置矩阵 $\left[\dfrac{\partial \boldsymbol{RES}}{\partial \boldsymbol{W}} \right]^{\mathrm{T}}$ 与伴随向量 $\boldsymbol{\Lambda}^n$ 乘积的运算 $\left(\text{即得到右手端残差累加项 } \overline{\boldsymbol{Z}} = \left[\dfrac{\partial \boldsymbol{RES}}{\partial \boldsymbol{W}} \right]^{\mathrm{T}} \boldsymbol{\Lambda} \right)$。

7.4　网格离散伴随方程求解

网格伴随方程(7.11)经过整理后,可写成:

$$\left[\frac{\partial \boldsymbol{G}^n}{\partial \boldsymbol{X}^n}\right]^{\mathrm{T}} \boldsymbol{\Lambda}_g^n = -\left[\frac{\partial f^n}{\partial \boldsymbol{X}^n}\right]^{\mathrm{T}} - \frac{1}{\Delta t}\sum_{h=0}^{k}\left\{\left[\phi_{n-h}(\boldsymbol{W}^n - \boldsymbol{W}^{n-1+h})\frac{\partial \boldsymbol{V}^n}{\partial \boldsymbol{X}^n}\right]^{\mathrm{T}}\boldsymbol{\Lambda}_f^{n+h}\right\}$$

$$- \sum_{h=0}^{k}\left\{\left[\frac{\partial \boldsymbol{RES}^{n+h}}{\partial \boldsymbol{X}^n} + \frac{\partial \boldsymbol{RES}_{\mathrm{GCL}}^{n+h}}{\partial \boldsymbol{X}^n}\boldsymbol{W}^{n+h-1}\right]^{\mathrm{T}}\boldsymbol{\Lambda}_f^{n+h}\right\}, \quad 1 \leqslant n \leqslant M$$

$$\left[\frac{\partial \boldsymbol{G}^0}{\partial \boldsymbol{X}^0}\right]^{\mathrm{T}} \boldsymbol{\Lambda}_g^0 = -\sum_{n=1}^{M}\left[\frac{\partial \boldsymbol{G}^n}{\partial \boldsymbol{X}^0}\right]^{\mathrm{T}}\boldsymbol{\Lambda}_g^n - \left[\frac{\partial f^0}{\partial \boldsymbol{X}^0}\right]^{\mathrm{T}} - \left[\frac{\partial \boldsymbol{RES}^0}{\partial \boldsymbol{X}^0}\right]^{\mathrm{T}}\boldsymbol{\Lambda}_f^0$$

$$- \sum_{h=1}^{k}\left\{\left[\frac{\partial \boldsymbol{RES}^h}{\partial \boldsymbol{X}^0} + \frac{\partial \boldsymbol{RES}_{\mathrm{GCL}}^h}{\partial \boldsymbol{X}^0}\boldsymbol{W}^{h-1}\right]^{\mathrm{T}}\boldsymbol{\Lambda}_f^h\right\}$$

$$- \frac{1}{\Delta t}\sum_{h=2}^{k}\left\{\left[\phi_{0-h}(\boldsymbol{W}^0 - \boldsymbol{W}^{-1+h})\frac{\partial \boldsymbol{V}^0}{\partial \boldsymbol{X}^0}\right]^{\mathrm{T}}\boldsymbol{\Lambda}_f^h\right\}, \quad n = 0 \quad (7.26)$$

网格伴随方程中的计算项取决于网格节点的运动方法,需要针对第 4 章建立的各自的网格运动方法推导出相应的表达式[30-33]。这里分为静态网格、刚体运动网格和变形网格三部分分别讨论。

7.4.1　静态网格

静态网格用于定常问题及不涉及边界运动的非定常问题,即在计算过程中无网格变形问题,仅在初始时间层进行外形优化时发生网格变形,此时初始时间层上的网格控制方程为 $\boldsymbol{G}^0(\boldsymbol{X}^0, \boldsymbol{D}) \equiv \boldsymbol{X}_{\mathrm{surf}}^0 - \boldsymbol{K}^0\boldsymbol{X}^0$,同时各时间层内 $\boldsymbol{RES}_{\mathrm{GCL}} = 0$,体积 V 为常数。因此,可以推导静态网格下的网格离散伴随方程如下:

$$\left[\boldsymbol{K}^0 + \frac{\partial \boldsymbol{K}^0}{\partial \boldsymbol{X}^0}\boldsymbol{X}^0\right]^{\mathrm{T}}\boldsymbol{\Lambda}_g^0 = \left[\frac{\partial f^0}{\partial \boldsymbol{X}^0}\right]^{\mathrm{T}} + \left[\frac{\partial \boldsymbol{RES}^0}{\partial \boldsymbol{X}^0}\right]^{\mathrm{T}}\boldsymbol{\Lambda}_f^0 + \sum_{h=1}^{k}\left\{\left[\frac{\partial \boldsymbol{RES}^h}{\partial \boldsymbol{X}^0}\right]^{\mathrm{T}}\boldsymbol{\Lambda}_f^h\right\}$$

$$+ \frac{1}{\Delta t}\sum_{h=2}^{k}\left\{\left[\phi_{0-h}(\boldsymbol{W}^0 - \boldsymbol{W}^{-1+h})\frac{\partial \boldsymbol{V}^0}{\partial \boldsymbol{X}^0}\right]^{\mathrm{T}}\boldsymbol{\Lambda}_f^h\right\}$$

$$- \sum_{n=1}^{M}\left\{\left[\frac{\partial f^n}{\partial \boldsymbol{X}^0}\right]^{\mathrm{T}} + \frac{1}{\Delta t}\sum_{h=0}^{k}\left\{\left[\phi_{n-h}(\boldsymbol{W}^n - \boldsymbol{W}^{n-1+h})\frac{\partial \boldsymbol{V}^n}{\partial \boldsymbol{X}^n}\right]^{\mathrm{T}}\boldsymbol{\Lambda}_f^{n+h}\right\} + \sum_{h=0}^{k}\left[\frac{\partial \boldsymbol{RES}^{n+h}}{\partial \boldsymbol{X}^0}\right]^{\mathrm{T}}\boldsymbol{\Lambda}_f^{n+h}\right\}$$

$$(7.27)$$

此时对应的敏感性导数为

$$\frac{\mathrm{d}L}{\mathrm{d}\boldsymbol{D}} = \sum_{n=1}^{M}\left(\frac{\partial f^n}{\partial \boldsymbol{D}} + [\boldsymbol{\Lambda}_f^n]^{\mathrm{T}}\frac{\partial \boldsymbol{RES}^n}{\partial \boldsymbol{D}}\right)\Delta t$$

$$+ \left[\frac{\partial f^0}{\partial \boldsymbol{D}} + [\boldsymbol{\Lambda}_f^0]^{\mathrm{T}}\frac{\partial \boldsymbol{RES}^0}{\partial \boldsymbol{D}} + [\boldsymbol{\Lambda}_g]^{\mathrm{T}}\left(\frac{\partial \boldsymbol{X}_{\mathrm{surf}}}{\partial \boldsymbol{D}} - \frac{\partial \boldsymbol{K}}{\partial \boldsymbol{D}}\boldsymbol{X}\right)\right]\Delta t \quad (7.28)$$

若不需要进行外形优化（如优化的是迎角、马赫数等与外形无关的参数），则不存在上述网格伴随方程，敏感性导数也与 $\boldsymbol{\Lambda}_g$ 无关。

7.4.2　刚体运动网格

刚体运动网格用于涉及边界运动的非定常问题，且整个计算域网格随物体一起做刚性运动，在非定常计算过程中，不涉及网格变形，网格运动方程为 $\boldsymbol{G}^n(\boldsymbol{X}^n,\boldsymbol{X}^0,\boldsymbol{D})\equiv\boldsymbol{R}^n\boldsymbol{X}^0+\boldsymbol{\tau}^n-\boldsymbol{X}^n$。在初始时间层中，根据是否需要进行外形优化，网格运动方程可以分为两类：① 无需进行外形优化（即优化迎角、马赫数等来流参数），此时 $\boldsymbol{G}^0\equiv0$；② 需要进行外形优化，则网格运动方程由变形网格 $\boldsymbol{G}^0(\boldsymbol{X}^0,\boldsymbol{D})\equiv\boldsymbol{X}_{\mathrm{surf}}^0-\boldsymbol{K}^0\boldsymbol{X}^0$ 来表示。

因此，可以推导出刚体运动网格下的网格离散伴随方程为

$$
\begin{aligned}
\boldsymbol{\Lambda}_g^n={}&\left[\frac{\partial f^n}{\partial \boldsymbol{X}^n}\right]^{\mathrm{T}}+\frac{1}{\Delta t}\sum_{h=0}^{k}\left\{\left[\phi_{n-h}(\boldsymbol{W}^n-\boldsymbol{W}^{n-1+h})\frac{\partial \boldsymbol{V}^n}{\partial \boldsymbol{X}^n}\right]^{\mathrm{T}}\boldsymbol{\Lambda}_f^{n+h}\right\}\\
&+\sum_{h=0}^{k}\left\{\left[\frac{\partial \boldsymbol{RES}^{n+h}}{\partial \boldsymbol{X}^n}+\frac{\partial \boldsymbol{RES}_{\mathrm{GCL}}^{n+h}}{\partial \boldsymbol{X}^n}\boldsymbol{W}^{n+h-1}\right]^{\mathrm{T}}\boldsymbol{\Lambda}_f^{n+h}\right\},\quad 1\leqslant n\leqslant M
\end{aligned}
\tag{7.29}
$$

进行外形优化时，还需考虑，

$$
\begin{aligned}
\left[\boldsymbol{K}^0+\frac{\partial \boldsymbol{K}^0}{\partial \boldsymbol{X}^0}\boldsymbol{X}^0\right]^{\mathrm{T}}\boldsymbol{\Lambda}_g^0={}&\sum_{n=1}^{M}\left[\boldsymbol{R}^n\right]^{\mathrm{T}}\boldsymbol{\Lambda}_g^n+\left[\frac{\partial f^0}{\partial \boldsymbol{X}^0}\right]^{\mathrm{T}}+\left[\frac{\partial \boldsymbol{RES}^0}{\partial \boldsymbol{X}^0}\right]^{\mathrm{T}}\boldsymbol{\Lambda}_f^0\\
&+\sum_{h=1}^{k}\left\{\left[\frac{\partial \boldsymbol{RES}^h}{\partial \boldsymbol{X}^0}+\frac{\partial \boldsymbol{RES}_{\mathrm{GCL}}^h}{\partial \boldsymbol{X}^0}\boldsymbol{W}^{h-1}\right]^{\mathrm{T}}\boldsymbol{\Lambda}_f^h\right\}+\frac{1}{\Delta t}\sum_{h=2}^{k}\left\{\left[\phi_{0-h}(\boldsymbol{W}^0-\boldsymbol{W}^{-1+h})\frac{\partial \boldsymbol{V}^0}{\partial \boldsymbol{X}^0}\right]^{\mathrm{T}}\boldsymbol{\Lambda}_f^h\right\},\quad n=0
\end{aligned}
\tag{7.30}
$$

不需要外形优化时则不存在 $\boldsymbol{\Lambda}_g^0$。

相应地，可以得到需要外形优化时的敏感性导数为

$$
\begin{aligned}
\frac{\mathrm{d}L}{\mathrm{d}\boldsymbol{D}}={}&\sum_{n=1}^{M}\left(\frac{\partial f^n}{\partial \boldsymbol{D}}+\left[\boldsymbol{\Lambda}_f^n\right]^{\mathrm{T}}\frac{\partial \boldsymbol{RES}^n}{\partial \boldsymbol{D}}+\left[\boldsymbol{\Lambda}_f^n\right]^{\mathrm{T}}\frac{\partial \boldsymbol{RES}_{\mathrm{GCL}}^n}{\partial \boldsymbol{D}}\boldsymbol{W}^{n-1}+\left[\boldsymbol{\Lambda}_g^n\right]^{\mathrm{T}}\frac{\partial(\boldsymbol{R}^n\boldsymbol{X}^0+\boldsymbol{\tau}^n)}{\partial \boldsymbol{D}}\right)\Delta t\\
&+\left[\frac{\partial f^0}{\partial \boldsymbol{D}}+\left[\boldsymbol{\Lambda}_f^0\right]^{\mathrm{T}}\frac{\partial \boldsymbol{RES}^0}{\partial \boldsymbol{D}}+\left[\boldsymbol{\Lambda}_g^0\right]^{\mathrm{T}}\left(\frac{\partial \boldsymbol{X}_{\mathrm{surf}}^0}{\partial \boldsymbol{D}}-\frac{\partial \boldsymbol{K}^0}{\partial \boldsymbol{D}}\boldsymbol{X}^0\right)\right]\Delta t
\end{aligned}
\tag{7.31}
$$

不需要外形优化时，敏感性导数为

$$
\begin{aligned}
\frac{\mathrm{d}L}{\mathrm{d}\boldsymbol{D}}={}&\sum_{n=1}^{M}\left[\frac{\partial f^n}{\partial \boldsymbol{D}}+\left[\boldsymbol{\Lambda}_f^n\right]^{\mathrm{T}}\frac{\partial \boldsymbol{RES}^n}{\partial \boldsymbol{D}}+\left[\boldsymbol{\Lambda}_f^n\right]^{\mathrm{T}}\frac{\partial \boldsymbol{RES}_{\mathrm{GCL}}^n}{\partial \boldsymbol{D}}\boldsymbol{W}^{n-1}+\left[\boldsymbol{\Lambda}_g^n\right]^{\mathrm{T}}\left(\frac{\partial \boldsymbol{R}^n}{\partial \boldsymbol{D}}\boldsymbol{X}^0+\frac{\partial \boldsymbol{\tau}^n}{\partial \boldsymbol{D}}\right)\right]\Delta t\\
&+\left(\frac{\partial f^0}{\partial \boldsymbol{D}}+\left[\boldsymbol{\Lambda}_f^0\right]^{\mathrm{T}}\frac{\partial \boldsymbol{RES}^0}{\partial \boldsymbol{D}}\right)\Delta t
\end{aligned}
\tag{7.32}
$$

7.4.3　变形网格

变形网格用于涉及边界运动的非定常问题,且整个计算域网格随物体的运动而发生变形,即整个非定常计算过程都涉及网格变形,网格运动方程为 $G^n(X^n, X^0, D) \equiv X^n_{\mathrm{surf}} - K^0 X^n$,同时物面网格可能受物面运动方程控制,即 $X^n_{\mathrm{surf}} = R^n X^0_{\mathrm{surf}} + \tau^n$。

因此,可以推导变形网格下的网格离散伴随方程为

$$
\begin{cases}
[K^0]^{\mathrm{T}} \Lambda^n_g = \left[\dfrac{\partial f^n}{\partial X^n}\right]^{\mathrm{T}} + \dfrac{1}{\Delta t} \sum_{h=0}^{k} \left\{ \left[\phi_{n-h}(W^n - W^{n-1+h}) \dfrac{\partial V^n}{\partial X^n} \right]^{\mathrm{T}} \Lambda^{n+h}_f \right\} \\
\qquad + \sum_{h=0}^{k} \left\{ \left[\dfrac{\partial RES^{n+h}}{\partial X^n} + \dfrac{\partial RES^{n+h}_{\mathrm{GCL}}}{\partial X^n} W^{n+h-1} \right]^{\mathrm{T}} \Lambda^{n+h}_f \right\}, \qquad 1 \leqslant n \leqslant M \\
\left[K^0 + \dfrac{\partial K^0}{\partial X^0} X^0 \right]^{\mathrm{T}} \Lambda^0_g = -\sum_{n=1}^{M} \left\{ \left[\dfrac{\partial K^0}{\partial X^0} X^n \right]^{\mathrm{T}} \Lambda^n_g \right\} + \left[\dfrac{\partial f^0}{\partial X^0} \right]^{\mathrm{T}} + \left[\dfrac{\partial RES^0}{\partial X^0} \right]^{\mathrm{T}} \Lambda^0_f \\
\qquad + \sum_{h=1}^{k} \left\{ \left[\dfrac{\partial RES^h}{\partial X^0} + \dfrac{\partial RES^h_{\mathrm{GCL}}}{\partial X^0} W^{h-1} \right]^{\mathrm{T}} \Lambda^h_f \right\} \\
\qquad + \dfrac{1}{\Delta t} \sum_{h=2}^{k} \left\{ \left[\phi_{0-h}(W^0 - W^{-1+h}) \dfrac{\partial V^0}{\partial X^0} \right]^{\mathrm{T}} \Lambda^h_f \right\}, \quad n = 0
\end{cases}
$$

$$(7.33)$$

相应地,可以得到需要外形优化时的敏感性导数为

$$
\begin{aligned}
\frac{\mathrm{d}L}{\mathrm{d}D} &= \sum_{n=1}^{M} \left[\frac{\partial f^n}{\partial D} + [\Lambda^n_f]^{\mathrm{T}} \frac{\partial RES^n}{\partial D} + [\Lambda^n_f]^{\mathrm{T}} \frac{\partial RES^n_{\mathrm{GCL}}}{\partial D} W^{n-1} \right. \\
&\quad + \left. [\Lambda^n_g]^{\mathrm{T}} \left(\frac{\partial(R^n X^0_{\mathrm{surf}} + \tau^n)}{\partial D} - \frac{\partial K^0}{\partial D} X^n \right) \right] \Delta t \\
&\quad + \left[\frac{\partial f^0}{\partial D} + [\Lambda^0_f]^{\mathrm{T}} \frac{\partial RES^0}{\partial D} + [\Lambda^0_g]^{\mathrm{T}} \left(\frac{\partial X^0_{\mathrm{surf}}}{\partial D} - \frac{\partial K^0}{\partial D} X^0 \right) \right] \Delta t
\end{aligned}
$$

$$(7.34)$$

可以发现:① 当不考虑物面边界运动时,$R^n = I$ 且 $\tau^n = 0$,此时上述方程与静态网格相对应;② 当边界随物体一起刚性运动时,此时上述方程与刚体运动网格相对应。

7.5 离散伴随方程逆向积分求解策略

7.5.1 全局时间逆向求解法

为了得到式(7.12)的敏感性导数,需要求解流场离散伴随方程与网格离散伴随方程以得到一个周期内各个时间层上对应的伴随算子 Λ_f^n、Λ_g^n。这里以流场离散伴随方程为例,说明时间逆向求解的思路。回顾流场离散伴随方程(7.13),

$$\frac{1}{\Delta t}\sum_{h=0}^{k}\phi_{n-h}(V^n\Lambda_f^{n+h} - V^{n+1+h}\Lambda_f^{n+1}) + \underline{\left[\frac{\partial RES^n}{\partial W^n}\right]^T\Lambda_f^n} + RES_{GCL}^{n+1}\Lambda_f^{n+1} - \underline{\left[\frac{\partial f^n}{\partial W^n}\right]^T}, \quad 1 \leqslant n \leqslant M$$

$$\frac{1}{\Delta t}\sum_{h=2}^{k}(\phi_{0-h}V^0\Lambda_f^h) - \frac{1}{\Delta t}\phi_0 V^1\Lambda_f^1 + RES_{GCL}^1\Lambda_f^1 + \left[\frac{\partial RES^0}{\partial W^0}\right]^T\Lambda_f^0 = -\left[\frac{\partial f^0}{\partial W^0}\right]^T, \quad n = 0$$

该方程中 Λ_f^n 的求解涉及第 n 时间层之后其他时间层的伴随算子 Λ_f^{n+h},如在 $n = 0$ 时间层上求解 Λ_f^0,必须先得到 $\Lambda_f^h(h = 1, 2, \cdots, k)$。同时各个时间层上的流场离散伴随方程需要相应时间层上的流场信息 $\left(\text{如} \dfrac{\partial RES^n}{\partial W^n} \text{等}\right)$,这些流场信息需事先通过求解非定常流体控制方程(2.14)得到。

基于上述思想,可以建立一种在时间方向上逆向求解流场伴随方程的解法。如图 7.5 所示,首先按时间推进法求解一个周期内各个时间层上的非定常流场控制方程,得到各个时间层上的流场信息、雅可比矩阵等。然后从 n 时间层开始向初始时间层逆向求解伴随方程,即先求得 Λ_f^n,再求得 Λ_f^{n-1}、$\Lambda_f^{n-2}\cdots$,最后求得 Λ_f^0。流场离散伴随方程(7.13)的求解过程如下:

$$\begin{cases} n = M: \dfrac{1}{\Delta t}\phi_n V^n\Lambda_f^n + \left[\dfrac{\partial RES^n}{\partial W^n}\right]^T\Lambda_f^n = -\left[\dfrac{\partial f^n}{\partial W^n}\right]^T \\[3mm] M - k \leqslant n < M: \\[2mm] \dfrac{1}{\Delta t}\sum_{h=0}^{M-n}\phi_{n-h}(V^n\Lambda_f^{n+h} - V^{n+1+h}\Lambda_f^{n+1}) + \left[\dfrac{\partial RES^n}{\partial W^n}\right]^T\Lambda_f^n + RES_{GCL}^{n+1}\Lambda_f^{n+1} = -\left[\dfrac{\partial f^n}{\partial W^n}\right]^T \\[3mm] 1 \leqslant n < M - k: \\[2mm] \dfrac{1}{\Delta t}\sum_{h=0}^{k}\phi_{n-h}(V^n\Lambda_f^{n+h} - V^{n+1+h}\Lambda_f^{n+1}) + \left[\dfrac{\partial RES^n}{\partial W^n}\right]^T\Lambda_f^n + RES_{GCL}^{n+1}\Lambda_f^{n+1} = -\left[\dfrac{\partial f^n}{\partial W^n}\right]^T \\[3mm] n = 0: \dfrac{1}{\Delta t}\sum_{h=2}^{k}(\phi_{0-h}V^0\Lambda_f^h) - \dfrac{1}{\Delta t}\phi_0 V^1\Lambda_f^1 + RES_{GCL}^1\Lambda_f^1 + \left[\dfrac{\partial RES^0}{\partial W^0}\right]^T\Lambda_f^0 = -\left[\dfrac{\partial f^0}{\partial W^0}\right]^T \end{cases}$$

$$(7.35)$$

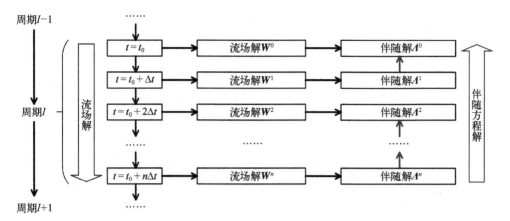

图 7.5　非定常伴随方程在全局时间方向逆向求解

同理,可以得到网格离散伴随方程的逆向求解过程:

$$
\begin{cases}
M-k<n\leqslant M: \\
\left[\dfrac{\partial \boldsymbol{G}^n}{\partial \boldsymbol{X}^n}\right]^{\mathrm{T}}\boldsymbol{\varLambda}_g^n = -\left[\dfrac{\partial f^n}{\partial \boldsymbol{X}^n}\right]^{\mathrm{T}} - \dfrac{1}{\Delta t}\sum_{h=0}^{k}\left\{\left[\phi_{n-h}\left(\boldsymbol{W}^n-\boldsymbol{W}^{n-1+h}\right)\dfrac{\partial \boldsymbol{V}^n}{\partial \boldsymbol{X}^n}\right]^{\mathrm{T}}\boldsymbol{\varLambda}_f^{n+h}\right\} \\
\qquad\qquad - \sum_{h=0}^{M-n}\left\{\left[\dfrac{\partial \boldsymbol{RES}^{n+h}}{\partial \boldsymbol{X}^n}+\dfrac{\partial \boldsymbol{RES}_{\mathrm{GCL}}^{n+h}}{\partial \boldsymbol{X}^n}\boldsymbol{W}^{n+h-1}\right]^{\mathrm{T}}\boldsymbol{\varLambda}_f^{n+h}\right\} \\
1\leqslant n\leqslant M-k: \\
\left[\dfrac{\partial \boldsymbol{G}^n}{\partial \boldsymbol{X}^n}\right]^{\mathrm{T}}\boldsymbol{\varLambda}_g^n = -\left[\dfrac{\partial f^n}{\partial \boldsymbol{X}^n}\right]^{\mathrm{T}} - \dfrac{1}{\Delta t}\sum_{h=0}^{k}\left\{\left[\phi_{n-h}\left(\boldsymbol{W}^n-\boldsymbol{W}^{n-1+h}\right)\dfrac{\partial \boldsymbol{V}^n}{\partial \boldsymbol{X}^n}\right]^{\mathrm{T}}\boldsymbol{\varLambda}_f^{n+h}\right\} \\
\qquad\qquad - \sum_{h=0}^{k}\left\{\left[\dfrac{\partial \boldsymbol{RES}^{n+h}}{\partial \boldsymbol{X}^n}+\dfrac{\partial \boldsymbol{RES}_{\mathrm{GCL}}^{n+h}}{\partial \boldsymbol{X}^n}\boldsymbol{W}^{n+h-1}\right]^{\mathrm{T}}\boldsymbol{\varLambda}_f^{n+h}\right\} \\
n=0: \\
\left[\dfrac{\partial \boldsymbol{G}^0}{\partial \boldsymbol{X}^0}\right]^{\mathrm{T}}\boldsymbol{\varLambda}_g^0 = -\sum_{n=1}^{M}\left[\dfrac{\partial \boldsymbol{G}^n}{\partial \boldsymbol{X}^0}\right]^{\mathrm{T}}\boldsymbol{\varLambda}_g^n - \left[\dfrac{\partial f^0}{\partial \boldsymbol{X}^0}\right]^{\mathrm{T}} - \left[\dfrac{\partial \boldsymbol{RES}^0}{\partial \boldsymbol{X}^0}\right]^{\mathrm{T}}\boldsymbol{\varLambda}_f^0 \\
\quad - \sum_{h=1}^{k}\left\{\left[\dfrac{\partial \boldsymbol{RES}^h}{\partial \boldsymbol{X}^0}+\dfrac{\partial \boldsymbol{RES}_{\mathrm{GCL}}^h}{\partial \boldsymbol{X}^0}\boldsymbol{W}^{h-1}\right]^{\mathrm{T}}\boldsymbol{\varLambda}_f^h\right\} - \dfrac{1}{\Delta t}\sum_{h=2}^{k}\left\{\left[\phi_{0-h}\left(\boldsymbol{W}^0-\boldsymbol{W}^{-1+h}\right)\dfrac{\partial \boldsymbol{V}^0}{\partial \boldsymbol{X}^0}\right]^{\mathrm{T}}\boldsymbol{\varLambda}_f^h\right\}
\end{cases}
$$

$$(7.36)$$

结合式(7.35)和式(7.36)可以看出,流场伴随算子 $\boldsymbol{\varLambda}_f^n$ 的计算过程与网格伴随算子 $\boldsymbol{\varLambda}_g^n$ 无关,而 $\boldsymbol{\varLambda}_g^n$ 的求解依赖于 $\boldsymbol{\varLambda}_f^n$,因此需要先计算流场伴随方程,后计算网格伴随方程。在所有时间层上逆向求解完两个伴随方程之后,将伴随算子代入式

(7.12)中计算得到敏感性导数,然后对设计变量 $\boldsymbol{D}$ 进行优化。

以上伴随方程的求解思路称为"全局时间逆向求解法",这种方法比较直观,且容易理解、易于编程实现。但是,由于流场离散伴随方程需要求解流场信息 $\boldsymbol{W}^n$ 等、网格离散伴随方程需要求解网格信息 $\boldsymbol{X}^n$ 等,为了节省计算量,这要求在一个周期内的非定常流体控制方程计算过程中,要将所有时间层上的流场信息和网格信息全部存储下来,以用于流场和网格伴随方程的求解。如果一个周期内的时间步过多,这对于内存空间的需求是极其庞大的。考虑这样一个例子:某三维优化问题,有 2 000 万控制体单元,需要计算 1 000 物理时间步,假设湍流模型为 S-A 模型,则每个控制体处需要存储 5 个守恒量和 1 个湍流变量(暂时忽略雅可比矩阵的存储),如果涉及动态网格问题,每个网格点至少还要存储 3 个网格运动速度,在这种情况下,需要占用的内存大小为 2 000 万×1 000×(5+1+3)×8 字节=1.31 TB。而在实际优化过程中,我们可能需要更多的网格点以及更多的物理时间步,这对于内存的需求是无法接受的。

为了减少内存消耗,一种补救办法是将每个时间层的流场信息和网格信息写入到文件中,而不是暂存在内存中,以磁盘消耗代替内存消耗,等到需要求解伴随方程时,再从文件中逆向读取相应的信息。这种方法虽然可以缓解内存消耗,但由于涉及文件的输入输出操作,一定程度上会降低计算速率,特别是在并行求解过程中,除去文件存储读取的时间消耗,建立并行线程之间的通信也会进一步降低计算速率。目前 FUN3D 软件采用的是一种异步读写策略,流场求解器在写入流场信息到文件的同时开始计算下一时间层的流场,伴随求解器在流场计算的同时预先取出先前时间层的信息。这种策略虽然可降低内存空间的消耗,但仍需大量的磁盘存储空间,且文件读写耗时费力,仍非最佳解决方案。

7.5.2 局部时间逆向求解法

由于全局时间逆向求解法的大量内存需求,使得伴随方法在大规模三维优化问题上实现较为困难,这就要求找到新的求解策略以减缓内存消耗。这里引入一种"局部时间逆向求解法"[34,35]。

考虑原来一个优化周期 T 内的非定常流场计算,按时间步长 Δt 等分成了 M 个时间层,全局时间法即在整个周期内进行逆向积分。现在,将这一整个优化周期 T 等分成 K 个子区间($K \leqslant M$, $M \% K = 0$),每个子区间包含 $N = M/K$ 个时间步长。对于第 m 个子区间,可以得到局部的敏感性导数 $\dfrac{\mathrm{d}L^m}{\mathrm{d}D}$,

$$\frac{\mathrm{d}L^m}{\mathrm{d}\boldsymbol{D}} = \begin{cases} \displaystyle\sum_{n=(m-1)N+1}^{mN} \left(\frac{\partial f^n}{\partial \boldsymbol{D}} + [\boldsymbol{\Lambda}_f^n]^{\mathrm{T}} \frac{\partial \boldsymbol{RES}^n}{\partial \boldsymbol{D}} + [\boldsymbol{\Lambda}_f^n]^{\mathrm{T}} \frac{\partial \boldsymbol{RES}_{\mathrm{GCL}}^n}{\partial \boldsymbol{D}} \boldsymbol{W}^{n-1} \right. \\ \qquad \left. + [\boldsymbol{\Lambda}_g^n]^{\mathrm{T}} \frac{\partial \boldsymbol{G}^n}{\partial \boldsymbol{D}} \right) \Delta t, \qquad\qquad\qquad\qquad 2 \leqslant m \leqslant K \\[4pt] \displaystyle\sum_{n=1}^{N} \left(\frac{\partial f^n}{\partial \boldsymbol{D}} + [\boldsymbol{\Lambda}_f^n]^{\mathrm{T}} \frac{\partial \boldsymbol{RES}^n}{\partial \boldsymbol{D}} + [\boldsymbol{\Lambda}_f^n]^{\mathrm{T}} \frac{\partial \boldsymbol{RES}_{\mathrm{GCL}}^n}{\partial \boldsymbol{D}} \boldsymbol{W}^{n-1} + [\boldsymbol{\Lambda}_g^n]^{\mathrm{T}} \frac{\partial \boldsymbol{G}^n}{\partial \boldsymbol{D}} \right) \Delta t \\ \qquad + \left(\frac{\partial f^0}{\partial \boldsymbol{D}} + [\boldsymbol{\Lambda}_f^0]^{\mathrm{T}} \frac{\partial \boldsymbol{RES}^0}{\partial \boldsymbol{D}} + [\boldsymbol{\Lambda}_g^0]^{\mathrm{T}} \frac{\partial \boldsymbol{G}^0}{\partial \boldsymbol{D}} \right) \Delta t, \qquad\qquad m = 1 \end{cases}$$

$$(7.37)$$

此时,敏感性导数(7.12)可以表示成:

$$\frac{\mathrm{d}L}{\mathrm{d}\boldsymbol{D}} = \sum_{m=1}^{K} \frac{\mathrm{d}L^m}{\mathrm{d}\boldsymbol{D}} \tag{7.38}$$

同样仅考虑流场离散伴随方程,在所有子区间上的求解顺序为

$$\begin{cases} n = M = KN: \\ \dfrac{1}{\Delta t}\phi_n V^n \boldsymbol{\Lambda}_f^n + \left[\dfrac{\partial \boldsymbol{RES}^n}{\partial \boldsymbol{W}^n} \right]^{\mathrm{T}} \boldsymbol{\Lambda}_f^n = - \left[\dfrac{\partial f^n}{\partial \boldsymbol{W}^n} \right]^{\mathrm{T}} \\ KN - k \leqslant n < KN: \\ \dfrac{1}{\Delta t}\displaystyle\sum_{h=0}^{M-n} \phi_{n-h}(V^n \boldsymbol{\Lambda}_f^{n+h} - V^{n+1+h}\boldsymbol{\Lambda}_f^{n+1}) + \left[\dfrac{\partial \boldsymbol{RES}^n}{\partial \boldsymbol{W}^n} \right]^{\mathrm{T}} \boldsymbol{\Lambda}_f^n + \boldsymbol{RES}_{\mathrm{GCL}}^{n+1}\boldsymbol{\Lambda}_f^{n+1} = - \left[\dfrac{\partial f^n}{\partial \boldsymbol{W}^n} \right]^{\mathrm{T}} \\ (m-1)N + 1 \leqslant n \leqslant mN: \\ \dfrac{1}{\Delta t}\displaystyle\sum_{h=0}^{k} \phi_{n-h}(V^n \boldsymbol{\Lambda}_f^{n+h} - V^{n+1+h}\boldsymbol{\Lambda}_f^{n+1}) + \left[\dfrac{\partial \boldsymbol{RES}^n}{\partial \boldsymbol{W}^n} \right]^{\mathrm{T}} \boldsymbol{\Lambda}_f^n + \boldsymbol{RES}_{\mathrm{GCL}}^{n+1}\boldsymbol{\Lambda}_f^{n+1} = - \left[\dfrac{\partial f^n}{\partial \boldsymbol{W}^n} \right]^{\mathrm{T}} \\ n = 0: \dfrac{1}{\Delta t}\displaystyle\sum_{h=2}^{k} (\phi_{0-h}V^0 \boldsymbol{\Lambda}_f^h) - \dfrac{1}{\Delta t}\phi_0 V^1 \boldsymbol{\Lambda}_f^1 + \boldsymbol{RES}_{\mathrm{GCL}}^1 \boldsymbol{\Lambda}_f^1 + \left[\dfrac{\partial \boldsymbol{RES}^0}{\partial \boldsymbol{W}^0} \right]^{\mathrm{T}} \boldsymbol{\Lambda}_f^0 = - \left[\dfrac{\partial f^0}{\partial \boldsymbol{W}^0} \right]^{\mathrm{T}} \end{cases}$$

$$(7.39)$$

此表达式与全局时间法的式(7.35)等价。上式中的第三个方程为第 m 个子区间上的流场伴随方程,将其写成如下形式:

$$\begin{cases} mN - k < n \leqslant mN: \\ \dfrac{1}{\Delta t}\displaystyle\sum_{h=0}^{k} \phi_{n-h}(V^n \boldsymbol{\Lambda}_f^{n+h} - V^{n+1+h}\boldsymbol{\Lambda}_f^{n+1}) + \left[\dfrac{\partial \boldsymbol{RES}^n}{\partial \boldsymbol{W}^n} \right]^{\mathrm{T}} \boldsymbol{\Lambda}_f^n + \boldsymbol{RES}_{\mathrm{GCL}}^{n+1}\boldsymbol{\Lambda}_f^{n+1} = - \left[\dfrac{\partial f^n}{\partial \boldsymbol{W}^n} \right]^{\mathrm{T}} \\ (m-1)N + 1 \leqslant n \leqslant mN - k: \\ \dfrac{1}{\Delta t}\displaystyle\sum_{h=0}^{k} \phi_{n-h}(V^n \boldsymbol{\Lambda}_f^{n+h} - V^{n+1+h}\boldsymbol{\Lambda}_f^{n+1}) + \left[\dfrac{\partial \boldsymbol{RES}^n}{\partial \boldsymbol{W}^n} \right]^{\mathrm{T}} \boldsymbol{\Lambda}_f^n + \boldsymbol{RES}_{\mathrm{GCL}}^{n+1}\boldsymbol{\Lambda}_f^{n+1} = - \left[\dfrac{\partial f^n}{\partial \boldsymbol{W}^n} \right]^{\mathrm{T}} \end{cases}$$

$$(7.40)$$

可以看出当 $n > mN - k$ 时,方程会涉及第 $m + 1$ 个子区间上的伴随算子信息,且随着时间精度的增加所需求的伴随算子信息量会更多。这也是流场伴随方程需要在时间方向上逆向求解的原因。需要注意的是,划分子区间并不会影响非定常流体控制方程的解,因为第 m 个子区间最后 k 项的流场解将作为第 $m + 1$ 个子区间流场的初始条件,在时间上推进积分与原控制方程是等价的。

在这里,用 $\tilde{\boldsymbol{\varLambda}}_f^h$ 近似替换 $n > mN - k$ 时的 $\boldsymbol{\varLambda}_f^{n+h}(h = 1, 2, \cdots, k)$,将第 m 个子区间上的方程与 $m + 1$ 个子区间上的方程解耦,则式(7.40)可以表示成:

$$
\begin{cases}
mN - k < n \leqslant mN: \\
\dfrac{1}{\Delta t}\sum_{h=1}^{k}\phi_{n-h}(V^n\tilde{\boldsymbol{\varLambda}}_f^{n+h} - V^{n+1+h}\tilde{\boldsymbol{\varLambda}}_f^{n+1}) + \dfrac{1}{\Delta t}\phi_n(V^n\hat{\boldsymbol{\varLambda}}_f^n - V^{n+1}\tilde{\boldsymbol{\varLambda}}_f^{n+1}) \\
+ \left[\dfrac{\partial \boldsymbol{RES}^n}{\partial \boldsymbol{W}^n}\right]^{\mathrm{T}}\hat{\boldsymbol{\varLambda}}_f^n + \boldsymbol{RES}_{\mathrm{GCL}}^{n+1}\hat{\boldsymbol{\varLambda}}_f^{n+1} = -\left[\dfrac{\partial f^n}{\partial \boldsymbol{W}^n}\right]^{\mathrm{T}} \\
(m-1)N + 1 \leqslant n \leqslant mN - k: \\
\dfrac{1}{\Delta t}\sum_{h=0}^{k}\phi_{n-h}(V^n\hat{\boldsymbol{\varLambda}}_f^{n+h} - V^{n+1+h}\hat{\boldsymbol{\varLambda}}_f^{n+1}) + \left[\dfrac{\partial \boldsymbol{RES}^n}{\partial \boldsymbol{W}^n}\right]^{\mathrm{T}}\hat{\boldsymbol{\varLambda}}_f^n + \boldsymbol{RES}_{\mathrm{GCL}}^{n+1}\hat{\boldsymbol{\varLambda}}_f^{n+1} = -\left[\dfrac{\partial f^n}{\partial \boldsymbol{W}^n}\right]^{\mathrm{T}}
\end{cases}
$$

$$(7.41)$$

其中,$\hat{\boldsymbol{\varLambda}}_f^n$ 为伴随算子 $\boldsymbol{\varLambda}_f^n$ 的近似解。由此,可以得到相应的近似局部敏感性导数和近似全局敏感性导数:

$$
\dfrac{\mathrm{d}\hat{L}^m}{\mathrm{d}\hat{\boldsymbol{D}}} =
\begin{cases}
\displaystyle\sum_{n=(m-1)N+1}^{mN}\left(\dfrac{\partial f^n}{\partial \hat{\boldsymbol{D}}} + [\hat{\boldsymbol{\varLambda}}_f^n]^{\mathrm{T}}\dfrac{\partial \boldsymbol{RES}^n}{\partial \hat{\boldsymbol{D}}} + [\hat{\boldsymbol{\varLambda}}_f^n]^{\mathrm{T}}\dfrac{\partial \boldsymbol{RES}_{\mathrm{GCL}}^n}{\partial \hat{\boldsymbol{D}}}\boldsymbol{W}^{n-1}\right. \\
\left.\quad + [\hat{\boldsymbol{\varLambda}}_g^n]^{\mathrm{T}}\dfrac{\partial \boldsymbol{G}^n}{\partial \hat{\boldsymbol{D}}}\right)\Delta t, \qquad\qquad\qquad\qquad\qquad\qquad 2 \leqslant m \leqslant K \\
\displaystyle\sum_{n=1}^{N}\left(\dfrac{\partial f^n}{\partial \hat{\boldsymbol{D}}} + [\hat{\boldsymbol{\varLambda}}_f^n]^{\mathrm{T}}\dfrac{\partial \boldsymbol{RES}^n}{\partial \hat{\boldsymbol{D}}} + [\hat{\boldsymbol{\varLambda}}_f^n]^{\mathrm{T}}\dfrac{\partial \boldsymbol{RES}_{\mathrm{GCL}}^n}{\partial \hat{\boldsymbol{D}}}\boldsymbol{W}^{n-1}\right. \\
\left.\quad + [\hat{\boldsymbol{\varLambda}}_g^n]^{\mathrm{T}}\dfrac{\partial \boldsymbol{G}^n}{\partial \hat{\boldsymbol{D}}}\right)\Delta t + \left(\dfrac{\partial f^0}{\partial \hat{\boldsymbol{D}}} + [\hat{\boldsymbol{\varLambda}}_f^0]^{\mathrm{T}}\dfrac{\partial \boldsymbol{RES}^0}{\partial \hat{\boldsymbol{D}}} + [\hat{\boldsymbol{\varLambda}}_g^0]^{\mathrm{T}}\dfrac{\partial \boldsymbol{G}^0}{\partial \hat{\boldsymbol{D}}}\right)\Delta t, \quad m = 1
\end{cases}
$$

$$(7.42)$$

$$
\dfrac{\mathrm{d}\hat{L}}{\mathrm{d}\hat{\boldsymbol{D}}} = \sum_{m=1}^{K}\dfrac{\mathrm{d}\hat{L}^m}{\mathrm{d}\hat{\boldsymbol{D}}}
\tag{7.43}
$$

7.5.2.1 Simplified 局部时间法

需要注意的是,在式(7.41)中,当 $mN - k < n \leqslant mN$ 时,方程涉及 $m + 1$ 子区

间内的 $V^{n+h}(h = 1, 2, \cdots, k)$ 和 $\boldsymbol{RES}_{\text{GCL}}^{mN+1}$。一种最简单的局部时间法——Simplified 局部时间法，令 $\tilde{\boldsymbol{\Lambda}}_f^h = 0$，此时 m 子区间内的方程将不涉及下一子区间内的值。相对应地，Simplified 局部时间法的网格离散方程可以写成式(7.44)，其 $m + 1$ 子区间内的值也无需考虑。特别地，$\hat{\boldsymbol{\Lambda}}_g^0$ 的计算需要全局时间上的网格伴随算子 $\hat{\boldsymbol{\Lambda}}_g^n$，由于各个时间层上的网格伴随算子 $\hat{\boldsymbol{\Lambda}}_g^n$ 之间不相关，因此，在每个子区间内的每个时间层的网格伴随算子 $\hat{\boldsymbol{\Lambda}}_g^n$ 求解之后，将其累加到式(7.44)第三个方程等式右端的第一项上，等所有子区间处理完毕，即可得到 $\hat{\boldsymbol{\Lambda}}_g^0$（图 7.6）。

$$
\begin{cases}
mN - k < n \leqslant mN: \\[6pt]
\left[\dfrac{\partial \boldsymbol{G}^n}{\partial \boldsymbol{X}^n}\right]^{\mathrm{T}} \boldsymbol{\Lambda}_g^n = -\left[\dfrac{\partial f^n}{\partial \boldsymbol{X}^n}\right]^{\mathrm{T}} - \left[\phi_n(\boldsymbol{W}^n - \boldsymbol{W}^{n-1})\dfrac{\partial \boldsymbol{V}^n}{\partial \boldsymbol{X}^n}\right]^{\mathrm{T}} \hat{\boldsymbol{\Lambda}}_f^n - \left[\dfrac{\partial \boldsymbol{RES}^n}{\partial \boldsymbol{X}^n} + \dfrac{\partial \boldsymbol{RES}_{\text{GCL}}^n}{\partial \boldsymbol{X}^n}\boldsymbol{W}^{n-1}\right]^{\mathrm{T}} \hat{\boldsymbol{\Lambda}}_f^n \\[12pt]
\qquad\quad -\dfrac{1}{\Delta t}\displaystyle\sum_{h=1}^{k}\left\{\left[\phi_{n-h}(\boldsymbol{W}^n - \boldsymbol{W}^{n-1+h})\dfrac{\partial \boldsymbol{V}^n}{\partial \boldsymbol{X}^n}\right]^{\mathrm{T}} \tilde{\boldsymbol{\Lambda}}_f^{n+h}\right\} \\[12pt]
\qquad\quad -\displaystyle\sum_{h=1}^{k}\left\{\left[\dfrac{\partial \boldsymbol{RES}^{n+h}}{\partial \boldsymbol{X}^n} + \dfrac{\partial \boldsymbol{RES}_{\text{GCL}}^{n+h}}{\partial \boldsymbol{X}^n}\boldsymbol{W}^{n+h-1}\right]^{\mathrm{T}} \tilde{\boldsymbol{\Lambda}}_f^{n+h}\right\} \\[12pt]
(m-1)N + 1 \leqslant n \leqslant mN - k: \\[6pt]
\left[\dfrac{\partial \boldsymbol{G}^n}{\partial \boldsymbol{X}^n}\right]^{\mathrm{T}} \boldsymbol{\Lambda}_g^n = -\left[\dfrac{\partial f^n}{\partial \boldsymbol{X}^n}\right]^{\mathrm{T}} \\[12pt]
\qquad\quad -\dfrac{1}{\Delta t}\displaystyle\sum_{h=0}^{k}\left\{\left[\phi_{n-h}(\boldsymbol{W}^n - \boldsymbol{W}^{n-1+h})\dfrac{\partial \boldsymbol{V}^n}{\partial \boldsymbol{X}^n}\right]^{\mathrm{T}} \hat{\boldsymbol{\Lambda}}_f^{n+h}\right\} \\[12pt]
\qquad\quad -\displaystyle\sum_{h=0}^{k}\left\{\left[\dfrac{\partial \boldsymbol{RES}^{n+h}}{\partial \boldsymbol{X}^n} + \dfrac{\partial \boldsymbol{RES}_{\text{GCL}}^{n+h}}{\partial \boldsymbol{X}^n}\boldsymbol{W}^{n+h-1}\right]^{\mathrm{T}} \hat{\boldsymbol{\Lambda}}_f^{n+h}\right\} \\[12pt]
n = 0: \\[6pt]
\left[\dfrac{\partial \boldsymbol{G}^0}{\partial \boldsymbol{X}^0}\right]^{\mathrm{T}} \hat{\boldsymbol{\Lambda}}_g^0 = -\displaystyle\sum_{n=1}^{M}\left\{\left[\dfrac{\partial \boldsymbol{G}^n}{\partial \boldsymbol{X}^0}\right]^{\mathrm{T}} \hat{\boldsymbol{\Lambda}}_g^n\right\} - \left[\dfrac{\partial f^0}{\partial \boldsymbol{X}^0}\right]^{\mathrm{T}} - \left[\dfrac{\partial \boldsymbol{RES}^0}{\partial \boldsymbol{X}^0}\right]^{\mathrm{T}} \hat{\boldsymbol{\Lambda}}_f^0 \\[12pt]
\qquad\quad -\displaystyle\sum_{h=1}^{k}\left\{\left[\dfrac{\partial \boldsymbol{RES}^h}{\partial \boldsymbol{X}^0} + \dfrac{\partial \boldsymbol{RES}_{\text{GCL}}^h}{\partial \boldsymbol{X}^0}\boldsymbol{W}^{h-1}\right]^{\mathrm{T}} \hat{\boldsymbol{\Lambda}}_f^h\right\} \\[12pt]
\qquad\quad -\dfrac{1}{\Delta t}\displaystyle\sum_{h=2}^{k}\left\{\left[\phi_{0-h}(\boldsymbol{W}^0 - \boldsymbol{W}^{-1+h})\dfrac{\partial \boldsymbol{V}^0}{\partial \boldsymbol{X}^0}\right]^{\mathrm{T}} \hat{\boldsymbol{\Lambda}}_f^h\right\}
\end{cases} \tag{7.44}
$$

假定全局时间法在整个周期内的内存消耗量是 $O(M)$，则 Simplified 局部时间法的内存消耗量是 $O(M/K)$，即等分的子区间越多，所需的内存消耗越低，当 $K = 1$ 时，Simplified 局部时间法等同于全局时间法。但是，由于得到的是近似解，$\hat{\boldsymbol{\Lambda}}_f^n \neq \boldsymbol{\Lambda}_f^n$，$\dfrac{\mathrm{d}\hat{L}}{\mathrm{d}\hat{D}} \neq \dfrac{\mathrm{d}L}{\mathrm{d}D}$，因此等分的子区间越多，得到近似解的精度就越低。

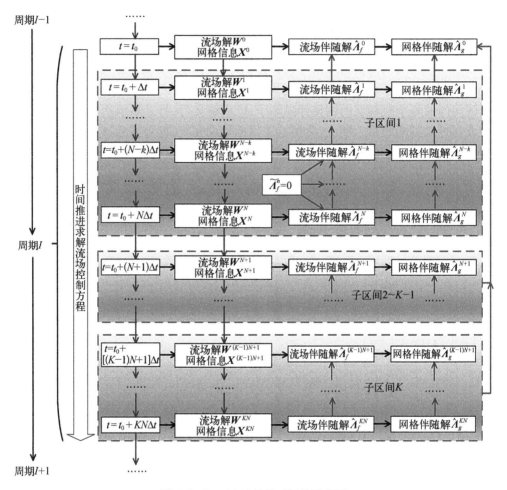

图 7.6　Simplified 局部时间法示意图

7.5.2.2　Modified 局部时间法

另一种改进的局部时间法——Modified 局部时间法,假定当前优化周期为第 I 个周期,用上一个优化周期的近似伴随解代替 $\tilde{\boldsymbol{\Lambda}}_f^h$,即 $\tilde{\boldsymbol{\Lambda}}_f^h = (\hat{\boldsymbol{\Lambda}}_f^{n+h})_{I-1}$, $mN - k < n \leqslant mN$。 这样的好处是,当优化过程在第 I 个优化周期收敛时,可以认为 $(\hat{\boldsymbol{\Lambda}}_f^n)_{I-1} = (\hat{\boldsymbol{\Lambda}}_f^n)_I = \hat{\boldsymbol{\Lambda}}_f^n$,这就使得 $\tilde{\boldsymbol{\Lambda}}_f^h = (\hat{\boldsymbol{\Lambda}}_f^{n+h})_{I-1} = (\hat{\boldsymbol{\Lambda}}_f^{n+h})_I = \hat{\boldsymbol{\Lambda}}_f^{n+h}$, $mN - k < n \leqslant mN$。 由于每个子区间的 $\tilde{\boldsymbol{\Lambda}}_f^h$ 都收敛于 $\hat{\boldsymbol{\Lambda}}_f^{n+h}$,则方程(7.41)是收敛于方程(7.40),即优化收敛之后,Modified 局部时间法找到的设计变量点与全局世间法的设计变量点是等价的,这样就保证了优化的精度。

相比于 Simplified 局部时间法的缺点是,Modified 局部时间法需要考虑 $m + 1$

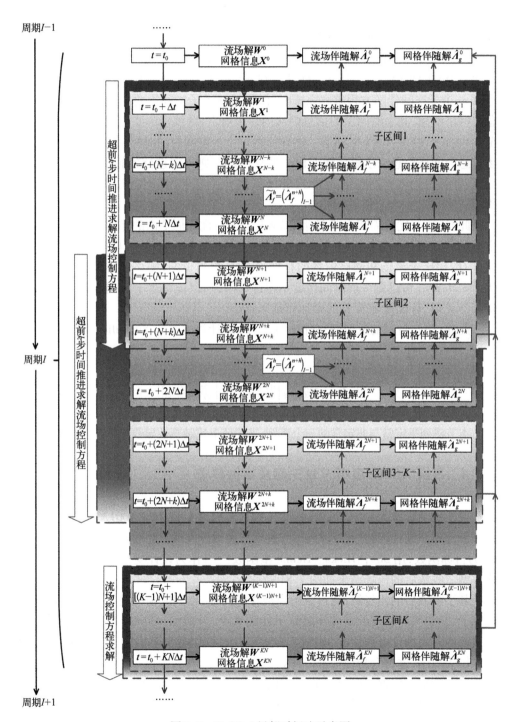

图 7.7　Modified 局部时间法示意图

子区间的流场伴随方程(7.41)中的 $V^{n+h}(h=1, 2, \cdots, k)$ 和 $\boldsymbol{RES}_{\mathrm{GCL}}^{mN+1}$，以及网格伴随方程(7.44)中的 $\boldsymbol{RES}^{n+h}$、$\boldsymbol{RES}_{\mathrm{GCL}}^{n+h}$ 和 $\boldsymbol{W}^{m+h-1}$。这里采用一种超前 k 步流场求解方法，对于优化周期的 K 个 $N=M/K$ 大小的子空间，每次非定常流场计算都超前子区间 k 个时间步(k 为时间精度，即计算到 $n=m \times N+k$ 时间层)，如图 7.7 所示。当第 m 个子空间伴随方程求解完毕时，保留 $m+1$ 子空间需要的时间层的流场信息与网格信息，其余时间层的信息则从内存中清空，继续求解非定常流场控制方程至 $n=(m+1) \times N+k$ 时间层。这样使得每个子空间内的时间层 n 都有所需的流场信息与网格信息来求解伴随方程。当 $m=K$ 时，则无需进行超前 k 个时间步流场计算，即每个优化周期中非定常流场计算到 $n=M=NK$ 时间层为止，如图 7.7 所示。

此时，每个优化周期内要多存储 $k \times K$ 个上一优化周期内的伴随算子值，以及 k 个流场、网格信息，存储量可表示为 $O_1(k \times K)+O(k+M/K)$，其中伴随算子的存储量 O_1 相比于流场和网格信息的存储量 O 是相当少的，则存储量可近似认为是 $O(k+M/K)$，考虑到一般时间精度不超过 3 阶，当保证每个子区间内的时间层数 $M/K>k$ 时，存储量随着 K 的增加而越来越小。

此外，初始时刻的近似网格伴随算子 $\hat{\boldsymbol{\Lambda}}_g^0$ 的计算方法与 Simplified 局部时间法一致，即由各时间层累加得到。

7.6　敏感性导数计算验证

本节将列举定常与非定常的三个算例，来验证上述敏感性导数计算方法的精确性。

7.6.1　NACA0012 翼型定常无黏跨声速绕流

首先验证定常无黏流场的敏感性导数计算精度。以 NACA0012 翼型为例，建立一套无黏非结构网格[图 7.8(a)]，来流马赫数为 0.8。选取翼型所受阻力系数 C_d 为目标函数，用 38 个 Hicks - Henne 型函数[36,37]作为设计变量对翼型建立参数化模型。收敛后的流场结果如图 7.8(b)所示。

基于收敛后的流场解，通过求解离散伴随方程，得到流场中关于守恒变量的伴随算子，其中关于密度的离散伴随算子如图 7.9(a)所示。同时，可以求解得到翼型表面的阻力梯度分布情况，如图 7.9(b)所示，可以看出阻力对于激波处以及前后缘较为敏感，这符合物理情况。

将上述结果根据式(7.12)映射到设计变量空间上，即可得到阻力关于所有设计变量的敏感性导数，其结果如图 7.10 所示。这里选用有限差分法对敏感性导数的精度进行验证，有限差分法的步长 δ 分别取为 1×10^{-3}、1×10^{-4}、1×10^{-6} 和 $1 \times$

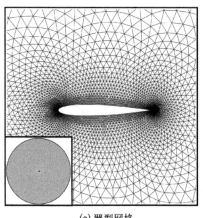

(a) 翼型网格

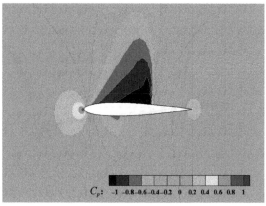

(b) 压力系数分布云图

图 7.8　NACA0012 算例网格及流场

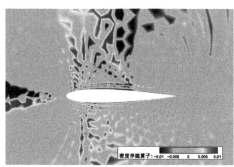

(a) 密度伴随算子云图

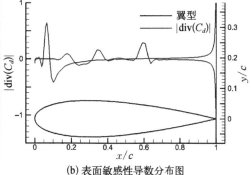

(b) 表面敏感性导数分布图

图 7.9　离散伴随算子云图及翼型表面敏感性导数分布情况

10^{-11}。可以看出,离散伴随方法得到的敏感性导数与有限差分法($\delta = 1 \times 10^{-4}$, $\delta = 1 \times 10^{-6}$)基本重合,表明离散伴随方法对于无黏定常流场可以计算得到精确的敏感性导数。同时需要指出的是,对于有限差分法而言,步长 δ 过大会引入较大的截断误差(如图 7.10 中 $\delta = 1 \times 10^{-3}$),过小则会引入严重的消去误差(如图 7.10 中 $\delta = 1 \times 10^{-11}$),都会影响敏感性导数的精度。因此,后续内容将采用步长 $\delta = 1 \times 10^{-6}$ 的有限差分法敏感性导数结果作为对比验证。

7.6.2　RAE2822 翼型定常黏性跨声速绕流

另一个算例是验证定常湍流流场离散伴随方法计算敏感性导数的精确性。由于湍流模型的解会影响 RANS 方程中的黏性通量,因而需要考虑湍流模型的伴随解。虽然可以采用"冻结湍流假设"[38,39] 忽略湍流变量伴随算子对目标函数敏感

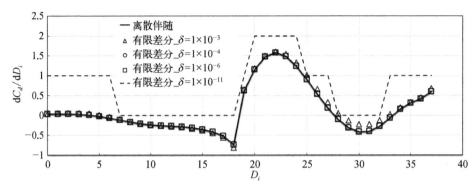

图 7.10　阻力关于设计变量的敏感性导数对比

性导数的影响,但会造成一定的精度损失。本算例也将对比分析考虑湍流变量算子的敏感性导数精度情况。

这里选用经典的 RAE2822 跨声速翼型,生成一套用于黏性湍流流场计算的非结构网格[y^+<1,如图 7.11(a)所示],来流马赫数为 0.8,采用 S - A 湍流模型计算定常黏性流场。同样地,选取翼型所受阻力系数 C_d 为目标函数,用 38 个 Hicks - Henne 型函数作为设计变量对翼型建立参数化模型。流场收敛后的压力系数云图如图 7.11(b)所示。

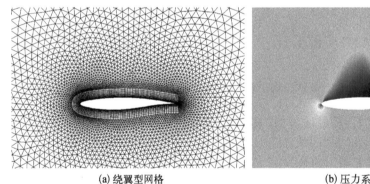

(a) 绕翼型网格　　　　　　　　　　(b) 压力系数分布云图

图 7.11　RAE2822 翼型网格及流场情况

基于收敛的流场结果,分别基于"考虑湍流伴随"和"冻结湍流假设"计算阻力系数关于各设计变量的敏感性导数。首先,翼型表面的密度伴随算子分布如图7.12(a)所示,可以看出,对湍流伴随算子的不同处理方式得到的流场伴随方程解的差异很大。当采用"冻结湍流假设"时,翼型表面整体的流场伴随算子均偏小,仅在前后缘和激波处与"考虑湍流伴随"的结果相同。因此,这使其沿翼型表面分布的阻力梯度大小基本小于"考虑湍流伴随"的结果,如图 7.12(b)所示。阻力系数关于各设计变量的敏感性导数如图 7.13 所示,同样采取步长 $\delta = 1 \times 10^{-6}$ 的有限差分法计算得到的敏感性导数作为基准进行对比。可以看出,"考虑湍流伴随"可以得到较为精确的敏感性导数,而采用"冻结湍流假设"会使得各设计变量的敏感性导数普遍偏小,这与上文的分析结果相符。尽管"冻结湍流假设"仅会使敏感性导数在流场变化剧烈区域或敏感区域(如激波处)偏小,但该误差的存在也会导致整体优化方向的改变,无法得到精确的最优解。

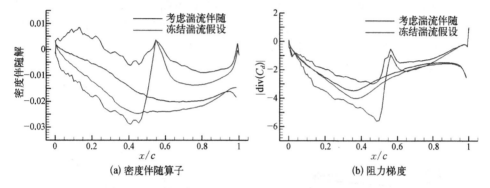

(a) 密度伴随算子　　　　　　(b) 阻力梯度

图 7.12　翼型表面密度伴随算子分布及阻力梯度分布

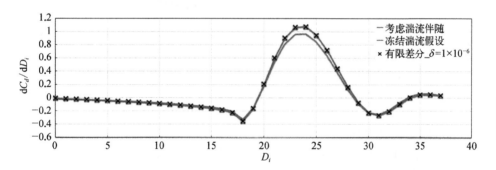

图 7.13　阻力关于设计变量的敏感性导数对比

7.6.3　NACA64A010 翼型非定常湍流强迫俯仰运动

在验证定常流场敏感性导数计算精度的基础上,本节将对非定常动态问题的敏感性导数计算精确性加以验证。

这里采用经典的 NACA64A010 翼型强迫俯仰运动试验工况[40]作为算例验证。来流马赫数为 0.796,雷诺数 $Re = 1.25 \times 10^{7}$,俯仰运动中心为翼型四分之一弦线处,运动频率为 34.4 Hz,俯仰幅度为 1.01°。这里俯仰运动分别采用"刚性运动网格"和基于线弹性体模型的"变形网格"来实现。

　　为了体现离散伴随方法的网格适应性,仍生成一套用于黏性流场计算的非结构网格($y^+<1$),如图 7.14(a)所示。采用 S - A 湍流模型封闭非定常 RANS 方程,共计算 10 个周期的非定常流场,每个周期包含 25 个物理时间步,采用双时间步推进,保证每个物理时间步内流场残差收敛到三阶以上。非定常结果稳定后,取最后一个周期的升力随攻角变化情况与试验结果[40]进行对比,见图 7.14(b),由于俯仰过程中激波不断移动所产生的非线性气动特性使得升力随攻角呈现如图所示的迟滞环现象,在物理时间上,该环状曲线是以逆时针方向行进的。该现象亦可以从图 7.15 中的压力云图变化情况看出,单个周期内当俯仰角度恢复 0°时激波位置仍然是不相同的。从图 7.14(b)对比结果表明,无论是"刚性运动网格"或是"变形网格"方式的结果均与实验值较为吻合。

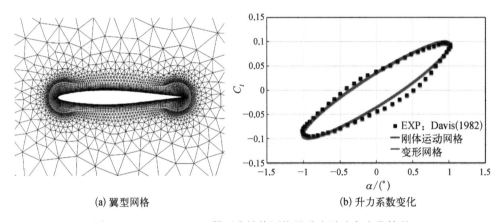

(a) 翼型网格　　　　　　　　(b) 升力系数变化

图 7.14　NACA64A010 翼型非结构网格及升力随攻角变化情况

　　选取阻力系数的 Hann - Squared 窗函数加权时均值作为非定常目标函数,采用自由变形法(free form deformation,FFD)(见第 9 章)对翼型生成 21×6 个控制点建立相应参数化模型(图 7.16),令每个控制点的 y 坐标作为设计变量。基于已有流场结果在逆时间方向上推进求解流场与网格离散伴随方程,最终得到的翼型表面阻力梯度分布情况如图 7.17 所示。可以看出,两种网格运动方式得到的结果基本重合,表明上文不同动态网格策略对应的网格离散伴随方程均能较好地计算出网格伴随算子及翼型表面阻力梯度分布。同样地,将阻力梯度分布映射到设计变量空间上,得到的窗函数加权平均阻力系数时均值相对于各设计变量的敏感性导数如图 7.18 所示,同样采取步长 $\delta = 1 \times 10^{-6}$ 的有限差分法计算得到的敏感性导数作为基准进行对比,可以看出两种动态网格方式得到的敏感性导数相一致,这与上述结果相符。尽管在个别点处离散伴随得到的敏感性导数与有限差分法的结果有所偏差,但整体而言是基本重合的,表明该离散伴随求解体系在非定常动态黏性流场下具备精确计算目标函数对设计变量敏感性导数的能力。

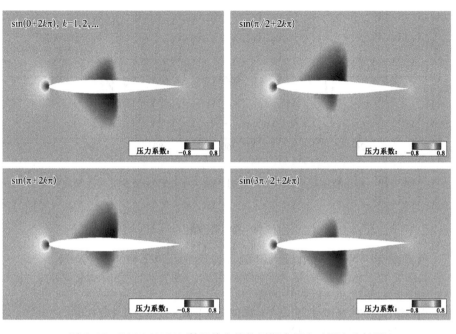

图 7.15　NACA64A010 翼型单个俯仰周期内压力云图变化情况

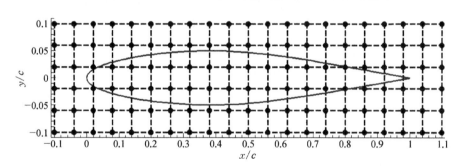

图 7.16　NACA64A010 参数化建模 FFD 控制点分布情况

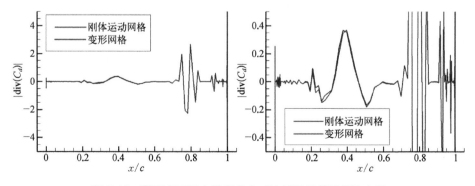

图 7.17　翼型表面阻力梯度分布对比情况及其局部放大图

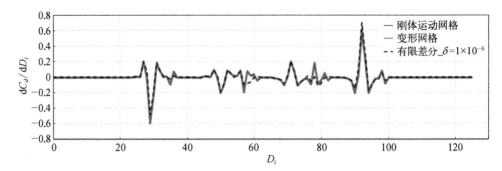

图 7.18　窗函数加权平均阻力系数时均值关于设计变量的敏感性导数对比

参 考 文 献

[1]　阎超. 航空 CFD 四十年的成就与困境[J]. 航空学报,2022,43(10):026490.

[2]　吴文华,范召林,陈德华,等. 基于伴随算子的大飞机气动布局精细优化设计[J]. 空气动力学学报,2012,30(6):719 - 724.

[3]　白俊强,雷锐午,杨体浩,等. 基于伴随理论的大型客机气动优化设计研究进展[J]. 航空学报,2019,40(1):103 - 120.

[4]　SKINNER S, ZARE-BEHTASH H. State-of-the-art in aerdynamic shape optimisation methods [J]. Applied Soft Computing, 2018, 62:933 - 962.

[5]　陈颂,白俊强,史亚云,等. 民用客机机翼/机身/平尾构型气动外形优化设计[J]. 航空学报,2015,36(10):3195 - 3207.

[6]　吴文华,陶洋,陈德华,等. 基于伴随算子的气动布局优化技术及其在大飞机机翼减阻中的应用[J]. 航空动力学报,2011,26(7):1583 - 1589.

[7]　CHOI S, LEE K, POTSDAM M, et al. Helicopter rotor design using a time-spectral and adjoint-based method[J]. Journal of Aircraft, 2014, 51(2):412 - 423.

[8]　MISHRA A, MAVRIPLIS D, SITARAMAN J. Time-dependent aeroelastic adjoint-based aerodynamic shape optimization of helicopter rotors in forward flight[J]. AIAA Journal, 2016, 54(12):3813 - 3827.

[9]　DJEDDI R, EKICI K. Helicopter rotor optimization via operator overloading-based discrete adjoint approach[R]. AIAA Scitech 2021 Forum, 2021.

[10]　FITZGIBBON T, WOODGATE M, BARAKOS G, et al. Rotor-blade planform design based on an overset harmonic-balance-adjoint optimization framework[J]. AIAA Journal, 2021, 59(9):3431 - 3447.

[11]　NIELSEN E, LEE-RAUSCH E, JONES W. Adjoint-based design of rotors in a noninertial reference frame[J]. Journal of Aircraft, 2010, 47(2):638 - 646.

[12]　VERSTRAETE T, MUELLER L, MUELLER J. Multidisciplinary adjoint optimization of trubomachinery components including aerodynamic and stress performance[C]. Denver:35th AIAA Applied Aerodynamics Conference, 2017.

[13]　NTANAKAS G, MEYER M. Towards unsteady adjoint analysis for turbomachinery applications

[C]. Barcelona: 11th World Congress on Computational Mechanics, 2014.

[14] MUELLER L, ALSALIHI Z, VERSTRAETE T. Multidisciplinary optimization of a turbocharger radial turbine[J]. Journal of Turbomachinery, 2013, 135(2): 021022.

[15] VITALE S, PINI M, COLONNA P. Multistage Turbomachinery design using the discrete adjoint method within the open-source software SU2[J]. Journal of Propulsion and Power, 2020, 36(3): 465-478.

[16] RUBINO A, VITALE S, COLONNA P, et al. Fully-turbulent adjoint method for the unsteady shape optimization of multi-row turbomachinery[J]. Aerospace Science and Technology, 2020, 106: 106132.

[17] RUBINO A, COLONNA P, PINI M. Adjoint-based unsteady optimization of turbomachinery operating with nonideal compressible flows[J]. Journal of Propulsion and Power, 2021, 37 (6): 910-918.

[18] RUBINO A, PINI M, COLONNA P, et al. Adjoint-based fluid dynamic design optimization in quasi-periodic unsteady flow problems using a harmonic balance method[J]. Journal of Computational Physics, 2018, 372: 220-235.

[19] LEE B, PADULO M, LIOU M. Non-sinusoidal trajectory optimization of flapping airfoil using unsteady adjoint approach[C]. Orlando: 49th AIAA Aerospace Sciences Meeting including the New Horizons Forum and Aerospace Exposition, 2012.

[20] XU M, WEI M. A continuous adjoint-based approach for the optimization of wing flapping [C]. Atlanta: 32nd AIAA Applied Aerodynamics Conference, 2014.

[21] LEE B, LIOU M. Unsteady adjoint approach for design optimization of flapping airfoils[J]. AIAA Journal, 2012, 50(11): 2460-2475.

[22] JONES M, YAMALEEV N. Adjoint-based optimization of three-dimensional flapping-wing flows[J]. AIAA Journal, 2015, 53(4): 934-947.

[23] 邱昇. 基于伴随方法的涡扇发动机涵道的气动噪声优化设计研究[D]. 上海: 上海交通大学, 2013.

[24] ZHOU B, ALBRING T, GAUGER N, et al. A discrete adjoint framework for unsteady aerodynamic and aeroacoustic optimization[C]. Dallas: 16th AIAA/ISSMO Multidisciplinary Analysis and Optimization Conference, 2015.

[25] ZHOU B, ALBRING T, GAUGER N, et al. An efficient unsteady aerodynamic and aeroacoustic design framework using discrete adjoint[C]. Washington: 17th AIAA/ISSMO Multidisciplinary Analysis and Optimization Conference, 2016.

[26] 李博, 张彭俊燚, 万振华, 等. 基于伴随方法的方腔噪声主动控制研究[J]. 空气动力学学报, 2020, 38(5): 964-970.

[27] KRAKOS J, WANG Q, HALL S, et al. Sensitivity analysis of limit cycle oscillations[C]. Hawaii: 20th AIAA Computational Fluid Dynamics Conference, 2011.

[28] SCHOTTHOFER S, ZHOU B, ALBRING T, et al. Regularization for adjoint-based unsteady aerodynamic optimization using windowing techniques[J]. AIAA Journal, 2021, 59(7): 2517-2531.

[29] SCHOTTHOFER S, ZHOU B, ALBRING T, et al. Windowing regularization techniques for unsteady aerodynamic shape optimization[R]. AIAA Aviation 2020 Forum, 2020.

[30] NIELSEN E, DISKIN B, YAMALEEV N. Discrete adjoint-based design optimization of unsteady turbulent flows on dynamic unstructured grids[J]. AIAA Journal, 2010, 48(6): 1195 - 1206.

[31] NIELSEN E, PARK M. Using an adjoint approach to eliminate mesh sensitivities in computational design[J]. AIAA Journal, 2006, 44(5): 948 - 953.

[32] ECONOMON T, PALACIOS F, ALONSO J. Unsteady continuous adjoint approach for aerodynamic design on dynamic meshes[J]. AIAA Journal, 2015, 53(9): 2437 - 2453.

[33] WANG L, MAVRIPLIS D, ANDERSON W. Adjoint sensitivity formulation for discontinuous galerkin discretizations in unsteady inviscid flow problems[J]. AIAA Journal, 2010, 48(12): 2867 - 2883.

[34] YAMALEEV N, DISKIN B, NIELSEN E. Local-in-Time adjoint-based method for design optimization of unsteady flows[J]. Journal of Computational Physics, 2010, 229(14): 5394 - 5407.

[35] CHEN C, YAJI K, YAMADA T, et al. Local-in-time adjoint-based topology optimization of unsteady fluid flows using the lattice Boltzmann method[J]. Mechanical Engineering Journal, 2017, 4(3): 1 - 17.

[36] WU H, YANG S, LIU F, et al. Comparison of three geometric representations of airfoils for aerodynamic optimization [C]. Orlando: 16th AIAA Computational Fluid Dynamics Conference, 2003.

[37] 许平, 姜长生. 基于遗传算法及 Hicks - Henne 型函数的层流翼型优化设计[J]. 空军工程大学学报, 2009, 10(1): 13 - 16.

[38] PAPOUTSIS-KIACHAGIAS E, ZYMARIS A, KAVVADIAS I, et al. The continuous adjoint approach to the $k - \varepsilon$ turbulence model for shape optimization and optimal active control of turbulent flows[J]. Engineering Optimization, 2015, 47(3): 370 - 389.

[39] LYU Z, KENWAY G, PAIGE C, et al. Automatic differentiation adjoint of Reynolds-Averaged Navier-Stokes equations with a turbulence model[C]. San Diego: 21st AIAA Computational Fluid Dynamics Conference, 2013.

[40] DAVIS S. NACA 64A010 (NASA Ames Model) oscillatory pitching, compendium of unsteady aerodynamic measurements[R]. Advisory Group for Aerospace Research and Development, TR - AGARD - R - 702, 1982.

第8章 基于伴随误差分析的网格自适应加密技术

许多航空工程应用关注飞行器某些特定的目标函数,如升力、阻力与力矩等,通常要求目标函数的计算误差缩小到一定范围以内。为了提高目标函数的计算精度,通常采取整体增加网格密度的方式,网格量整体增加,不可避免地额外消耗很多计算资源。

因此,为了在满足计算精度要求的同时,最大可能地减少数值计算所需的时间与资源,网格自适应的技术概念被提出,网格自适应仅在局部特征区域进行网格加密以减小流场局部误差,提高精度的同时,并不需额外增加太多计算量,从而避免不必要的计算资源消耗。

目前,常规的自适应方法都基于流场特征,如激波、边界层、旋涡、尾流、滑移线或驻点等,进行自适应加密。基于流场特征的网格自适应方法假定局部误差与流动特征相关,利用流场特征探测器(如梯度探测器、熵增探测器、法向马赫数探测器等)标识需要加密网格的流场区域,通过局部网格加密,提高流场特征的捕捉精度,减小流场局部误差。但该方法仅能减小流场特征处的误差,忽略了影响目标函数全局误差的其他区域[1,2]。因此,降低流场特征处的局部误差并不一定能有效减小升力、阻力等全局目标函数的误差;仅捕捉流场特征的自适应方法,只能减小某些流场特征的局部误差,并不能保证目标函数的精度。

为提高目标函数的计算精度,基于伴随误差分析的网格自适应技术被提出,其基本思路如图 8.1 所示。该方法通过伴随方程直接建立流场残差、局部误差与目标函数全局误差之间的关系,利用伴随方程可直接度量局部误差对全局误差的影响,对目标函数的全局误差进行估计和结果修正。如果对目标函数的误差设定上限,在对全局误差产生较大影响的区域进行自适应加密网格,使各个网格单元的计算误差均匀分布,同时将全局误差减小到容许的误差内,这样可以在减少计算网格的同时保证目标函数的计算精度。相比于基于流场特征的网格自适应,取得相同计算精度所需要的网格量更少。这种基于伴随理论的网格自适应技术直接和所关心的全局目标函数(如升力、阻力、动量系数等)相关,并不一定能捕捉到所有的流场细节特征,但是能对目标函数的全局误差进行精确的估计并对计算结果进行修正,使气动性能指标的计算精度更高,同时最大程度地优化网格数量。因此,相比于基于流场特征的网格自适应,该方法自动终止自适应过程的判据更加合理,能够更有效地提高飞行器气动特性的计算精度。

国内外很多学者对基于伴随误差分析的网格自适应和误差修正技术进行了研究。NASA 兰利研究中心的 Park、Nielsen 和 Aftosmis 等一直致力于基于伴随方程的网格自适应研究[3-10]，现在已经具有三维复杂流动的自适应能力，其二维无黏和三维无黏流动的非结构网格自适应已经相当成熟，且对各向异性网格和三维黏性流动也提出了开创性的工作。Park 和 Darmofal 对一个简单外形的声爆问题进行了自适应探索[6]，目标函数选择表面压力积分，用基于伴随的自适应方法得到了使目标函数误差较小的网格，结果表明自适应之后的网格已经间接显示了激波和膨胀波的分布情况。除此之外，麻省理工学院（MIT）的 Venditti、Darmofal 和 Fidkowski 等团队也一直致力于网格自适应的研究，Venditti 等发展了基于伴随的网格自适应在二维、三维无黏流动的应用[11,12]，Darmofal 等研究了伴随估计的敏感性问题[13]，Modisette 等还对黏性流动的自适应进行了初步探索[14]，Oliver 等将伴随自适应与高阶算法相结合，大幅提高了目标函数计算的准确性[15,16]；Yamaleev 等针对非定常问题研究了二维各向异性非结构网格的伴随自适应和误差修正[17]。

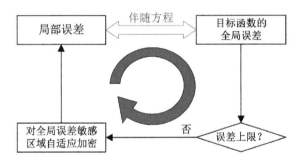

图 8.1　基于伴随误差分析的网格自适应加密技术基本思路

另一方面，相比于结构网格以及常规非结构网格，笛卡儿直角网格生成自动化程度高，网格质量好，网格量少且容易实现自适应加密，更满足网格自适应对效率和自动化程度的需求。因此，本章结合课题组在飞行器空气动力数值仿真技术、离散伴随求解方法以及笛卡儿网格自动生成技术的研究进展和成果，介绍基于伴随误差分析的网格自适应加密方法的流程和算法及其在超声速声爆预测中的应用。为便于陈述，先简单给出该网格自适应方法总体流程，如图 8.2 所示。

（1）自动生成初始笛卡儿网格，并求解其流场。

（2）根据目标函数，采用第 7 章所述方法建立并求解离散伴随方程，得到伴随算子以及敏感性导数。

（3）把初始粗网格剖分细化得到内嵌的细网格，通过高阶多项式插值法构造细网格上的伴随解，对目标函数进行修正，得到目标函数预估值。

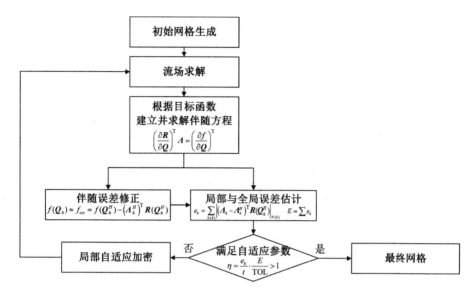

图 8.2　基于伴随误差分析的网格自适应加密技术流程图

（4）把目标函数剩余误差作为自适应参数，计算局部自适应参数与全局自适应参数。

（5）判断是否满足自适应判据，若不满足，则标记需要加密的粗网格并加密，随后进行下一轮自适应，直至满足判据，得到最终网格。

8.1　流体控制方程及求解

积分形式的三维可压缩雷诺平均 N－S 方程为

$$\int_{\Omega} \frac{\partial \boldsymbol{W}}{\partial t} \mathrm{d}V + \oint_{\partial\Omega} \boldsymbol{F}(\boldsymbol{W}) \mathrm{d}S = \oint_{\partial\Omega} \boldsymbol{F}_v \mathrm{d}S \tag{8.1}$$

其中，$\boldsymbol{W}$ 为守恒变量；$\boldsymbol{F}(\boldsymbol{W})$ 和 $\boldsymbol{F}_v$ 分别为对流通量和黏性通量；Ω 为控制体。为便于构造适合全流场的数值格式，以及考虑利用当地时间步长、预处理、多重网格等加速收敛技术，该方程的求解采用时间推进求解的方式进行。在空间上采用有限体积法进行离散，运用 Roe 迎风格式计算控制体交界面对流通量，为保证二阶空间精度，交界面两侧流场值由最小二乘法或高斯积分法重构的流场梯度线性插值得到，并使用 Venkatakrishnan 限制器防止新的极值出现；时间方向上运用后向差分隐式格式离散，得到的离散方程可表示为

$$\left(\frac{V}{\Delta t} \boldsymbol{I} + \frac{\partial \boldsymbol{RES}}{\partial \boldsymbol{W}} \right) \Delta \boldsymbol{W} = -\boldsymbol{RES}(\boldsymbol{W}) \tag{8.2}$$

其中, t 为时间; $\boldsymbol{RES}$ 为累加的控制体残差。离散后的方程采用 GMRES 方法迭代求解,收敛后 $\boldsymbol{RES}$ 趋于零。详细的流场求解方法参考第 2 章,此处不再赘述。

8.2　伴随误差分析

8.2.1　目标函数

基于伴随误差分析的网格自适应方法建立了局部误差与所关心的目标函数的直接关系,利用伴随方程可直接度量局部误差对全局误差的影响,从而对目标函数的全局误差进行估计。目标函数可以是物面积分的升力、阻力和动量系数等气动力,也可以是流场中某些特定的需要关注的变量,如发动机风扇入口的总压损失或质量流量,或是流场任一指定截面上的压力特征等。

在求得流场的离散解之后,目标函数 f 可以表示为离散解的函数:

$$f = f(\boldsymbol{W}) \tag{8.3}$$

8.2.2　伴随方程的建立与求解

对目标函数(8.3)求导,可得

$$\frac{\partial f}{\partial \boldsymbol{W}} = \left(\frac{\partial f}{\partial \boldsymbol{RES}}\right)^{\mathrm{T}} \frac{\partial \boldsymbol{RES}}{\partial \boldsymbol{W}} \tag{8.4}$$

定义伴随变量 $\boldsymbol{\Lambda}$ 为目标函数对流场残差的导数:

$$\boldsymbol{\Lambda} \triangleq \frac{\partial f}{\partial \boldsymbol{RES}} \tag{8.5}$$

结合式(8.4)和式(8.5),即可建立伴随方程:

$$\left(\frac{\partial \boldsymbol{RES}}{\partial \boldsymbol{W}}\right)^{\mathrm{T}} \boldsymbol{\Lambda} = \left(\frac{\partial f}{\partial \boldsymbol{W}}\right)^{\mathrm{T}} \tag{8.6}$$

自此,通过伴随方程,建立了流场变量、局部残差和目标函数之间的关系。为方便式(8.6)的求解,引入时间,构造与流体控制方程类似的时间推进求解的离散方程:

$$\left(\frac{V}{\Delta t}\boldsymbol{I} + \frac{\partial \boldsymbol{RES}}{\partial \boldsymbol{W}}\right)^{\mathrm{T}} \Delta\boldsymbol{\Lambda} = \left(\frac{\partial f}{\partial \boldsymbol{W}}\right)^{\mathrm{T}} - \left(\frac{\partial \boldsymbol{RES}}{\partial \boldsymbol{W}}\right)^{\mathrm{T}} \boldsymbol{\Lambda}^{n} \tag{8.7}$$

式中，$\Delta\Lambda = \Lambda^{n+1} - \Lambda^n$，方程左侧雅可比矩阵用一阶精度格式构造，右侧则为二阶格式以保证精度，伴随方程的求解与主控方程求解一致，采用 GMRES 迭代求解，详细的求解流程参考第 7 章，此处不再赘述。

8.2.3　伴随误差修正

考虑平均网格尺寸为 H 的粗网格 Ω_H，在该网格上的目标函数值为 $f(W_H)$，其中 W_H 为该粗网格上得到的离散解向量。为了提高预测精度，在粗网格的基础上，通过单元细分的方式进行加密，如图 8.3 右上角所示，得到平均网格尺寸为 h、网格量约为原来的 8 倍的密网格 Ω_h，密网格下得到的函数值为 $f(W_h)$。尽管该值更加接近目标值，但是由于网格量的增加，计算所需时间也会大大增加。我们希望能够只求解粗网格的流场，然后通过合适的方法对密网格上的解进行预测，并计算离散误差 $|f(W_h) - f(W_H)|$。

将密网格下的函数值 $f(W_h)$ 在 W_h^H 处泰勒展开，忽略高阶项后为

$$f(W_h) \approx f(W_h^H) + \left.\frac{\partial f(W_h)}{\partial W_h}\right|_{W_h^H} (W_h - W_h^H) \tag{8.8}$$

其中，W_h^H 为粗网格下的流场解通过重构得到的密网格下的流场解；$\partial f(W_h)/\partial W_h|_{W_h^H}$ 为密网格下的目标函数值对通过粗网格流场解重构得到的细网格流场解的敏感度。

类似地，密网格下的残差方程也可近似为

$$RES(W_h) = 0 \approx RES(W_h^H) + \left.\frac{\partial RES(W_h)}{\partial W_h}\right|_{W_h^H} (W_h - W_h^H) \tag{8.9}$$

结合式 (8.8) 和式 (8.9)，即可得到通过粗网格下的函数值与流场解，预测的细网格下的函数值：

$$f(W_h) \approx f(W_h^H) - (\Lambda_h|_{W_h^H})^{\mathrm{T}} RES(W_h^H) \tag{8.10}$$

其中，表征目标函数对流场残差的敏感度的离散伴随变量 $\Lambda_{W_h^H}$ 可通过求解以下伴随方程得

$$\left(\left.\frac{\partial RES(W_h)}{\partial W_h}\right|_{W_h^H}\right)^{\mathrm{T}} \Lambda_h|_{W_h^H} = \left(\left.\frac{\partial f(W_h)}{\partial W_h}\right|_{W_h^H}\right)^{\mathrm{T}} \tag{8.11}$$

显然，要求解式 (8.10)，仍然需要求解密网格上的伴随方程 (8.11)，而这又是需要避免的。于是，类似地，不直接求解密网格上的伴随变量，而是用粗网格上的伴随

变量 $\boldsymbol{\Lambda}_H$，通过插值的方法近似，重构的伴随变量用 $\boldsymbol{\Lambda}_h^H$ 表示。

$$\left(\frac{\partial \boldsymbol{RES}(\boldsymbol{W}_H)}{\partial \boldsymbol{W}_H}\right)^{\mathrm{T}} \boldsymbol{\Lambda}_H = \left(\frac{\partial f(\boldsymbol{W}_H)}{\partial \boldsymbol{W}_H}\right)^{\mathrm{T}} \tag{8.12}$$

将重构的伴随变量 $\boldsymbol{\Lambda}_h^H$ 代入式(8.10)，即在不需要直接求解密网格流场情况下，得到密网格下的预测值：

$$f(\boldsymbol{W}_h) \approx f_{est} = f(\boldsymbol{W}_h^H) - (\boldsymbol{\Lambda}_h^H)^{\mathrm{T}} \boldsymbol{RES}(\boldsymbol{W}_h^H) \tag{8.13}$$

其中，f_{est} 表示可计算的目标函数（即图8.3中粗线所示），等于插值得到的密网格函数值 $f(\boldsymbol{W}_h^H)$ 减去伴随修正项 $(\boldsymbol{\Lambda}_h^H)^{\mathrm{T}} \boldsymbol{RES}(\boldsymbol{W}_h^H)$。

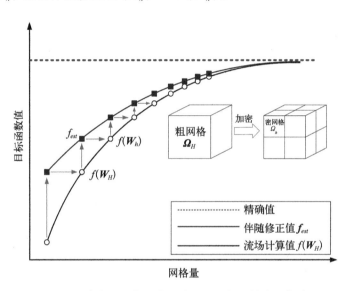

图 8.3　直角网格伴随自适应过程目标函数变化曲线

为了兼顾插值的鲁棒性和准确性，采用高阶多项式插值法获得密网格下的重构解，即 $\boldsymbol{Q}_P$ 和 $\boldsymbol{\Lambda}_P$，将其代入式(8.13)，则可得到高阶目标函数估计值：

$$f(\boldsymbol{W}_h) \approx f_{est} = f(\boldsymbol{Q}_P) - (\boldsymbol{\Lambda}_P)^{\mathrm{T}} \boldsymbol{RES}(\boldsymbol{W}_P) \tag{8.14}$$

需要注意的是，为了保证目标函数的准确性，要求粗网格具有一定的分辨率，使得插值方法能够较好地获得细网格上的重构解。

8.2.4　误差估计

尽管通过式(8.13)得到了目标函数在密网格下的修正后的估计值，但是即使插值足够精确,对于非线性的目标函数仍会存在一定的剩余误差。直角网格伴随自适应技术将剩余误差作为自适应参数,通过局部加密逐渐减小各个网格单元的剩余误差,以提高目标函数估计值的计算精度。

结合式(8.10)和式(8.13),得到目标函数修正后的剩余误差:

$$f(\boldsymbol{W}_h) - f_{est} \approx f_{err} = (\boldsymbol{\Lambda}_h - \boldsymbol{\Lambda}_h^H)^{\mathrm{T}} \boldsymbol{RES}(\boldsymbol{W}_h^H) \tag{8.15}$$

由式(8.15)可见,伴随方法不仅给出了修正项,同时也得到了剩余误差项。

至此,通过单元细分的方式,每个粗网格单元 k 的局部误差上限可以通过剩余误差确定,为粗网格单元 k 细分的密网格单元剩余误差之和:

$$e_k = \sum_{N(k)} \left| (\boldsymbol{\Lambda}_h - \boldsymbol{\Lambda}_h^H)^{\mathrm{T}} \boldsymbol{RES}(\boldsymbol{W}_h^H) \right|_{N(k)} \tag{8.16}$$

其中, $N(k)$ 为粗网格单元 k 细分的密网格单元数量。

同样,采用高阶多项式插值代替计算代价较大的 $\boldsymbol{\Lambda}_h$,可得

$$e_k = \sum_{N(k)} \left| (\boldsymbol{\Lambda}_P - \boldsymbol{\Lambda}_L)^{\mathrm{T}} \boldsymbol{RES}(\boldsymbol{Q}_P) \right|_{N(k)} \tag{8.17}$$

最后,定义目标估计的全局误差为每个粗网格单元的局部误差之和:

$$E = \sum e_k \tag{8.18}$$

8.3　直角网格自适应策略

为了对比直角网格伴随自适应技术与常规基于流场特征的网格自适应,本节简要介绍两者的自适应判据的选择以及自适应策略。

8.3.1　初始直角网格生成

笛卡儿直角网格兼具传统结构与非结构网格的优点,包括网格单元规则、生成过程简单、易于实现网格自适应等。笛卡儿网格的生成过程是利用 quadtree(二维)或 octree(三维)不断细分计算域的过程[18-20],本节简要介绍其流程,如图 8.4所示。

1. 几何模型和数据结构的管理

采用常用的立体制板(stereo lithography,STL)格式的文件作为几何输入文件,该格式是通过将几何表面三角化输出的方式来进行外形描述,几乎所有的几何建模和网格生成工具都能生成或转换得到这种通用的几何文件。STL 文件由一个个非结构的三角面组成,每个三角面包含三个顶点的坐标和外法矢的信息。因此,只

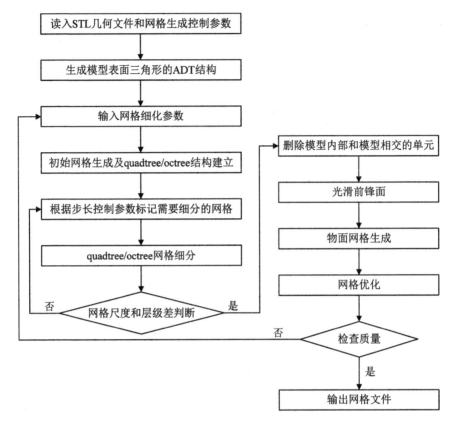

图 8.4　笛卡儿直角网格自动生成流程

需提供 STL 文件即可驱动网格生成和对流场计算模型进行气动计算分析。

采用第 5 章提及的交替数字树(alternating digital tree, ADT)数据结构[21]来管理物面边界信息,使直角网格单元搜索相交物面边的操作能快速进行。导入几何模型并使用 ADT 管理几何信息后,采用八叉树结构(图 8.5)定义网格的拓扑关系。完整的直角网格由包含整个计算域的根节点逐步加密得到。根节点在叉树中的深度为 0,八叉树中除根节点外的每个单元都根据预先设定的规则通过八等分其父单元得到,其单元深度也比父单元深度大 1。如图 8.5 所示,八叉树中的每个单元都包含了以下信息:父单元的序号、八个子单元的序号、单元中心坐标、单元尺寸信息、单元在八叉树中的深度和单元类型。尽管单元的数据由八叉树结构组织管理,但全部的单元信息都存储在连续的内存之中。

2. 网格初始化和几何自适应

从八叉树的根节点(层数为 0)开始生成初始的第一层均匀网格。首先确定计算域的范围,然后将树中的每个作为叶子节点的直角网格单元加密,直至所有单元层数加密至设定的初始层数。此时的网格单元呈均匀分布且网格单元任意方向上

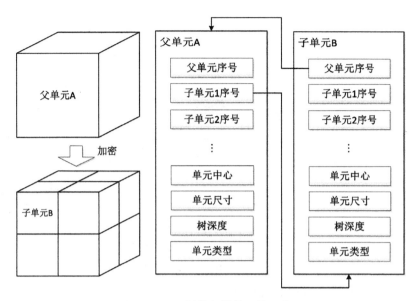

图 8.5　八叉树数据结构和单元信息

的邻居也一一对应,整个初始网格的生成过程不考虑几何边界的存在。

　　初始均匀网格的细致程度还不足以精确描述几何外形,因此需进行几何自适应。几何自适应是通过加密具有显著几何特征的物面边界单元实现的。执行过程中要使用 ADT 搜索单元相交的几何三角片。如果无相交三角片则跳过。如果有相交的情况存在,则通过对网格单元和几何三角片的特征进行分析,来判断是否加密,判据如下:

　　(1) 单元的层数小于设定的物面边界单元最小层数;

　　(2) 单元边长大于其相交三角片中最短边的边长;

　　(3) 与单元相交的三角片外法矢最大夹角大于指定阈值 θ_a;

　　(4) 相邻的单元相交的几何三角片外法矢的最大夹角大于指定阈值 θ_b。

　　这里给定 $\theta_a = \theta_b = 5°$。如果满足以上四个要求,则加密该单元。这里需要注意的是几何加密的过程中需要考虑两个问题:如果邻居网格单元大于本单元(邻居网格单元在树中的深度小),则先加密邻居网格单元;加密一个单元应同时加密周围几层单元,从而保证网格大小的变化相对平缓。NACA0012 翼型和 ONERA M6 机翼几何自适应后的面网格结果如图 8.6 所示。

　　3. 网格单元的分类与光顺

　　为满足后续处理的需要,必须将几何自适应生成的网格单元进行分类。直角网格单元主要分为三类:流场内非切割单元、固壁内非切割单元和物面边界单元。使用 ADT 算法搜索确定与物面相交的单元,即为物面边界单元。当所有的物面边界单元都判断完毕,流场内外非切割单元便组成了各自的单连通域。非切割单元

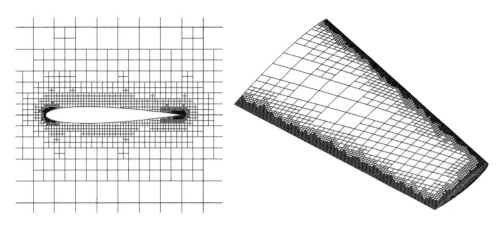

图 8.6　几何自适应后的面网格

使用光线投射算法进行类型判断,并使用染色算法快速确定其单连通域内其他单元的类型。最后删除固壁内非切割单元。

为方便后续物面边界单元的处理并提高计算的稳定性,网格分类完成后需进行光顺操作。为简便起见,图 8.7 中以二维网格为例,给出了需光顺处理的四种情况:

(1) 当相邻单元的层数差大于 1,加密层数小的单元(网格大的单元),见图 8.7(a);

(2) 当物面边界单元的层数小于其流场内非切割邻居的层数,这种情况会影响后续物面边界的进一步处理,会导致畸变的网格生成,故加密该物面边界单元,见图 8.7(b);

(3) 对于单元及其四个同层邻居,若该单元有子单元而邻居都没有,则粗化该单元,也就是合并其子单元,见图 8.7(c);

(4) 对于单元及其至少三个同层邻居,若该单元没有子单元而邻居都有,则加密该单元,见图 8.7(d)。

在直角网格的生成过程中会不断调用网格加密的操作,加密过程通过递归的方式进行,设计适当的算法就可以避免(1)中的情况出现。而这里进行的光顺,则主要处理(2)、(3)和(4)中的情况。需要指出的是,通过网格分类得到类型信息后需要进行光顺。但如果光顺过程中又生成了新的网格,则需要将新的网格进行分类。如此分类和光顺交替进行,直到光顺过程不再生成新的单元为止,从而保证所有网格的类型得以确定。

4. 取消悬挂点

在网格分层细化的过程中,直接采用八叉树会产生悬挂点,如图 8.8(a)所示,网格单元 A 与网格单元 B 和 C 共线,同属于 A 单元的网格边 ac 与 bc 存在悬挂点

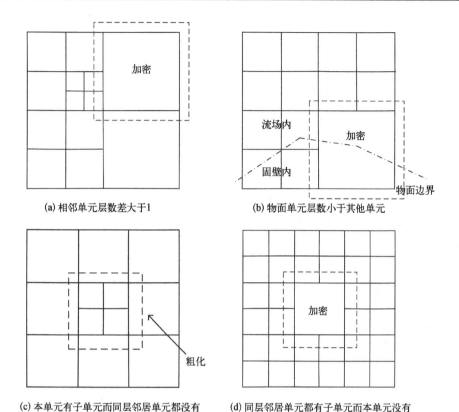

(a) 相邻单元层数差大于1　　　　　　　　(b) 物面单元层数小于其他单元

(c) 本单元有子单元而同层邻居单元都没有　　(d) 同层邻居单元都有子单元而本单元没有

图 8.7　网格光顺的几种情况

c,一条边上的悬挂点越多,跨面的左右单元面积差越大。网格单元尺寸的剧烈变化不利于流场计算的稳定性和梯度构建精度。对于最终网格,限制了单元大小的增长。为了消除悬挂点 c,对生成的直角网格进行搜索,确定加密区的边界网格,对最外层的网格单元进行重新分割,添加新点,进行取消悬挂点处理[图 8.8(b)]。

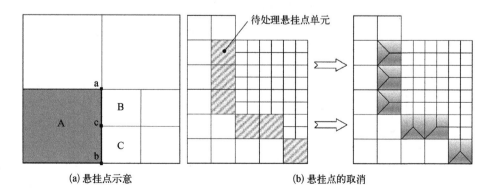

(a) 悬挂点示意　　　　　　　　(b) 悬挂点的取消

图 8.8　悬挂点示意及其取消

5. 物面边界切割处理

对物面边界的处理,考虑到技术成熟度、精确性与鲁棒性,采用新颖的切割法处理物面边界。物面边界单元的切割操作本质上就是将八叉树中所有与物面边界相交的直角网格单元转换成采用"cell-to-face"数据结构存储的常规非结构单元。整个切割过程的核心是每个物面边界单元所包含的网格面信息的生成,提出一种近似于"路径追踪"的算法来实现单元切割和固壁面生成,以有效处理各种边界相交情况。

如图 8.9(a)所示,首先从起始端点 A(可从任意端点)出发,由于已知网格边的信息便可按逆时针方向找到点 B。以此类推,最终又会回到起点 A,从而得到该面的所有信息。对于与物面相交的固壁面操作时,由于固壁面已经生成,故可得到位于该面上且属于固壁面网格边的信息。如图 8.9(b)通过光线投射算法,可找到流场内部的端点,以其为起点,再根据已知的所有网格边的信息进行"路径追踪"操作。当搜索得到的顶点形成闭环,则搜索结束,将得到的顶点连成线段,从而组成流场内网格面。如果还有网格端点没有参与加入闭环,则以该端点为起点重新进行构建流场内部面的操作,如图 8.9(c)所示。这样,即使是很复杂的切割情况,也可以通过这种通用的算法进行处理。

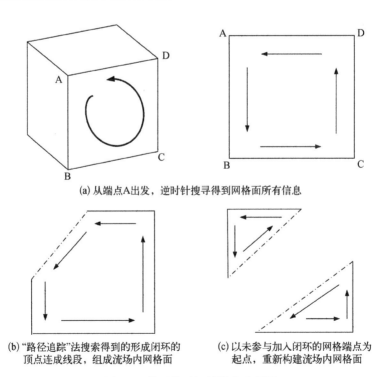

(a) 从端点A出发,逆时针搜寻得到网格面所有信息

(b) "路径追踪"法搜索得到的形成闭环的　　　(c) 以未参与加入闭环的网格端点为
顶点连成线段,组成流场内网格面　　　　　　起点,重新构建流场内网格面

图 8.9　物面单元切割算法示意图

基于上述算法开发的笛卡儿直角网格生成程序适用于复杂构型,具有广泛的适用性,图 8.10 所示为几个典型构型的初始直角网格例子。

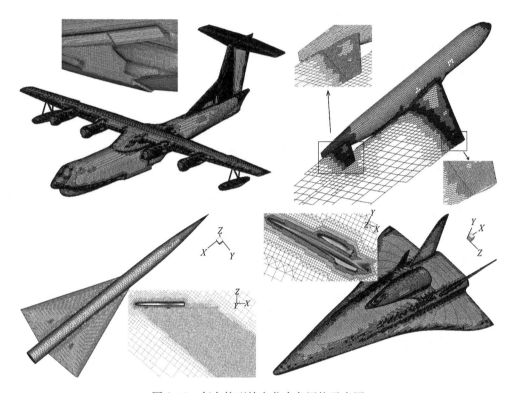

图 8.10　复杂构型笛卡儿直角网格示意图

8.3.2　基于流场特征的网格自适应

基于流场特征的网格自适应一般在大梯度区域对网格进行加密,如激波、边界层、尾流等,认为局部误差与流场特征量相关,利用流场特征作为自适应判据,标记需要加密的区域,通过局部网格加密以减小流场局部误差。因此,该方法的关键在于建立合适的自适应参数以精确地捕捉相应的流场特征。考虑到单元尺寸的影响,自适应参数的表达式定义为

$$\tau_{dk} = \mid \nabla g \mid l_k^{\frac{r+1}{r}} \tag{8.19}$$

其中,g 为流场压力、密度或速度量等;l_k 为该粗网格单元 k 体积的算术立方根;r 为调节参数。以所有粗网格单元的 τ_{dk} 的均方差作为基准:

$$\tau_d = \sqrt{\frac{\sum_{k=1}^{N} \tau_{dk}^2}{N}} \tag{8.20}$$

其中, N 为粗网格单元总数。

于是,基于流场特征的自适应判据为

$$\eta = \frac{\tau_{dk}}{\tau_d} \tag{8.21}$$

当 $\eta > 1$ 时,则认为粗网格单元 k 需要被加密。

采用基于流场特征的网格自适应方法对初始网格进行自适应加密,得到的网格如图 8.11 所示。相比于初始网格,该网格自适应方法在流场域中所有满足判据的区域进行了细致的局部加密,能够较精确地捕捉到相应的流场特征。

8.3.3　基于伴随的网格自适应

与基于流场特征的网格自适应不同,如 8.2.4 节所述,基于伴随误差分析的网格自适应方法关注的是目标函数,通过局部加密网格来减小剩余误差,从而提高目标函数伴随修正后的精度。基于式(8.17)和式(8.18),在得到粗网格上的局部和全局误差估计之后,根据设定的目标函数全局误差容忍上限 TOL,和每个粗网格单元的平均局部误差上限 $t = \text{TOL}/N$(其中 N 为粗网格网格量),定义局部误差自适应参数为

$$\eta_k = \frac{e_k}{t} \tag{8.22}$$

当 $\eta_k > 1$ 时,表明目标函数的局部误差大于平均局部误差上限,此粗网格单元将被加密。

对于目标函数的全局误差,同样定义一个全局误差自适应参数:

$$\eta_g = \frac{E}{\text{TOL}} \tag{8.23}$$

当 $\eta_g > 1$ 时,表明目标函数的全局误差大于给定的容忍上限,网格需要进一步加密。

由于单独使用局部或全局自适应参数,会导致网格被过度加密或加密程度不够,为此,结合局部和全局自适应参数,给定一个综合自适应参数:

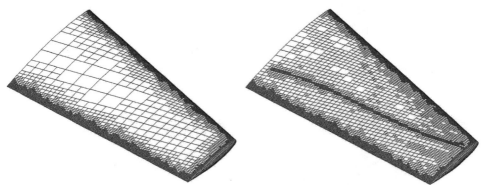

(a) ONERA M6机翼跨声速绕流，基于速度散度（左：初始网格，右：自适应后网格）

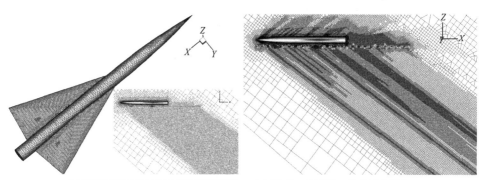

(b) 声爆预测会议(AIAA SBPW)提供的model 4构型，超声速，基于压力梯度

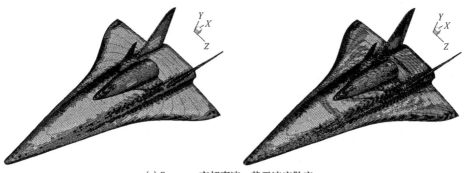

(c) Sanger，高超声速，基于速度散度

图 8.11　采用基于流场特征的网格自适应方法得到的网格

$$\eta = \eta_k \eta_g \qquad (8.24)$$

当 $\eta > 1$ 时, 则认为粗网格单元 k 需要被加密。

以 AIAA 声爆预测会议提供的翼身组合体 model 4 构型为例, 采用基于伴随的网格自适应方法得到的网格如图 8.12 所示。从图中可见, 相比于基于流场特征的网格自适应,基于伴随误差分析的网格自适应方法在激波区域加密程度较低,自适应加密范围主要集中在对目标函数影响较大的区域,因此,该方法对流场特征的捕捉不一定更精确,但能更好捕捉影响目标函数的因素,能以更少的网格量达到更高的目标函数计算精度,在提高计算精度的同时有效提高效率。

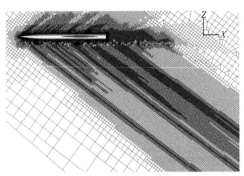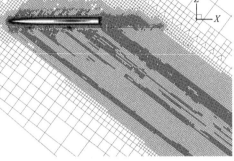

(a) 基于压力梯度的网格自适应结果　　　　(b) 基于伴随误差分析的网格自适应结果

图 8.12　两种网格自适应方法得到的网格对比

8.4　离散伴随网格自适应在超声速声爆预测上的应用

8.4.1　超声速民机声爆预测问题

超声速民机能够大大节约飞行时间,一直存在着可观的市场需求。虽然自"协和"号最后一次飞行后,没有任何新的超声速民用飞机问世,但全球各先进航空大国一直没有放弃其市场需求和相关技术的研究。技术的进步和全球商务旅行的蓬勃发展,或将促使超声速民机重新崛起。根据国内外学者,如朱自强等[22]、韩忠华等[23]、钱战森等[24]、Smith[25]以及 Sun 等[26]对超声速民机相关技术发展的综述,低声爆设计是公认的超声速民用飞机关键技术之一。

地面声爆强度的准确预测,是评估和降低声爆水平的前提。声爆传播距离长,且受大气变化和地球湍流边界层等因素影响,声爆预测存在较大的困难。国内钱战森等[27]、王刚等[28]、冯晓强等[29]、兰世隆[30]以及国外 Plotkin[31]、Maglieri 等[32]学者对声爆预测技术进行了研究和总结,至今已发展出多种声爆预测技术。其中一种兼顾效率与精度的声爆预测方法是基于计算流体力学(CFD)近场计算和远场声爆预测相结合的方法,该方法把声爆的计算分为两个区域,即近场声爆的产生与远场声爆的传播[33]。利用近场 CFD 计算取得距离机身 3~5 倍机身长度处的较弱的过压信号,作为远场声爆传播程序的输入。很显然,该方法对地面声爆强度的预测精度取决于近场过压信号的精度,因此,对近场 CFD 计算格式和网格分辨率提出了较高的要求。另一方面,在超声速民机多学科设计优化中,声爆是其中重要的设计约束或优化目标,这也对近场计算网格生成和 CFD 计算提出了自动化和效率的要求。美国 DARPA 开展的 SSBD (Shaped Sonic Boom Demonstrator)项目进行的 CFD 分析[34,35]也表明了高精度的声爆预测对高分辨率网格的依赖性,但是较大的网格量导致的计算时间增加,使声爆约束难以被包含进项目开发的多学科设计优化框架中。因此,自动化程度高、既快速又能保证精度的近场过压信号流场计算成为超声速民机设计亟须解决的关键问题和研究热点之一。

目前,国内外已开展了不少面向声爆预测的超声速近场高效高精度计算技术及应用研究,包括基于常规结构网格、非结构网格的近场计算研究[36-38]、直角网格结合流场自适应加密的近场计算研究[39-41]、非结构网格或直角网格结合伴随自适应加密的近场计算研究[42-44]。

这里以几个超声速声爆有关的模型为例,介绍基于直角网格及伴随误差分析的网格自适应方法在声爆预测问题上的算例验证和应用情况[45,46],以说明该方法的应用能力。

需要说明的是,对用于声爆预测的近场流场计算而言,基于伴随误差分析的网格自适应方法中,目标函数一般取为近场过压信号分布,即过压值的平方在指定区域上的积分:

$$f = \iint_S (\Delta p / p_\infty)^2 \mathrm{d}s \tag{8.25}$$

其中,过压值 $\Delta p / p_\infty = (p - p_\infty) / p_\infty$。

8.4.2　典型算例验证

8.4.2.1　三角翼翼身组合体模型

第一个算例为 Hunton 等[47]开展的一系列不同平面构型的翼身组合体声爆试验中的 model 4 三角翼翼身组合体,几何外形以及尺寸如图 8.13 所示。计算来流马赫数为 1.68,攻角为 0°,测量机身正下方 $H/L = 3.1$ 和 $H/L = 3.6$ 处的过压信号。

为了更直观地验证伴随自适应技术的优势,采用四种不同的策略建立近场流场计算网格,分别为常规初始网格[如图 8.14(a)所示,初始局部加密,不采用网格自适应]、旋转计算域初始网格[如图 8.14(b)所示,将计算域旋转一定角度,再生成网格,使得直角网格单元与马赫角大致平行,不采用网格自适应]、在旋转计算域

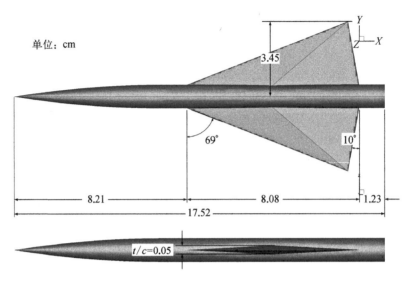

图 8.13　69° Delta Wing-Body(model 4)模型几何外形

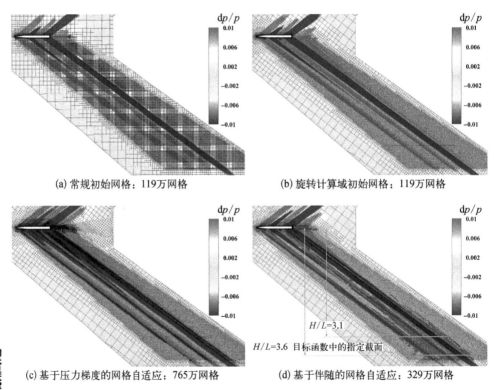

(a) 常规初始网格：119万网格　　　　　　(b) 旋转计算域初始网格：119万网格

(c) 基于压力梯度的网格自适应：765万网格　　(d) 基于伴随的网格自适应：329万网格

图 8.14　四种不同网格划分策略的对称面网格以及过压值云图

初始网格的基础上采用基于压力梯度的网格自适应[图 8.14(c)]以及基于伴随的网格自适应[图 8.14(d)]进行网格加密,通过比较分析计算得到的近场压力分布以及计算耗时,考察这四种网格策略效率与准确性。对于基于伴随的网格自适应,目标函数(8.25)中的指定截面即为关注的 $H/L = 3.1$ 和 $H/L = 3.6$ 截面,图中给出的是最终网格。

　　四种不同网格计算结果如图 8.14 所示,对比图 8.14(a)和(b)可以发现,当通过旋转使直角网格单元与激波大致平行时,机身正下方激波以及膨胀波的强度与位置的捕捉明显更加精确,尤其是距离机身较远处。图 8.14(c)和(d)所示的网格自适应得到的最终网格,都明显在激波处进行了局部加密,使得激波和膨胀波的捕捉更加细致,尤其是机翼所导致的。但是基于压力梯度的网格自适应得到的网格在空间分布以及过渡上更加流畅、激波处的加密程度更加精细,而伴随自适应则相反;伴随自适应加密的范围主要集中在所关注的区域,表明其他区域对目标函数的误差贡献较小,而基于压力梯度的网格自适应的加密范围明显更广,如对非关注截面的紧靠机身的区域也进行了较精细的加密。因此,基于压力梯度的网格自适应得到的最终网格的网格量约为伴随自适应的两倍。

　　以机身正下方 $H/L = 3.1$ 截面为例,图 8.15 对比了四种网格与风洞试验得到的过压信号分布曲线,其中三次压力突变分别表示头部激波、机翼激波以及尾部激波。通过对比,常规体加密的初始网格得到的结果最差,仅仅大致捕捉到了激波位置,对过压值峰值以及激波导致的压力突变都没有捕捉到,激波处的压力变化很平缓。而在相同网格量下,仅将计算域基于马赫角旋转后再生成网格,对压力突变的

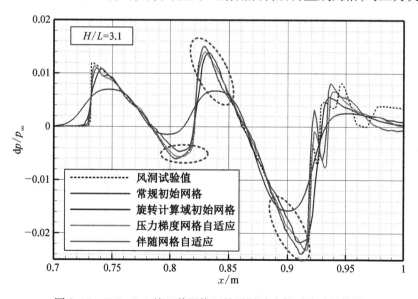

图 8.15　$H/L = 3.1$ 处四种网格以及风洞试验得到的过压信号

捕捉明显提高,逐渐逼近试验值,主要因为此时激波处的直角网格单元的通量和梯度的计算更加准确。但此时激波处压力变化仍较平缓,且过压值幅值也不精确。最后,对比两种网格自适应方法的结果可以发现,两者对于激波位置及其导致的压力阶跃的捕捉都更加精确。但是两者在头部激波和尾部激波幅值的捕捉上与试验值相比仍有误差,且如图 8.15 中红色虚线框内所示,基于伴随的网格自适应对于机翼附近的激波以及各激波与膨胀波之间压力的变化的捕捉更加精确,明显优于压力梯度网格自适应。

为了进一步研究直角网格伴随自适应,图 8.16 给出了各次自适应后得到的 $H/L = 3.1$ 处的过压信号,并与风洞试验进行了对比。可以发现,随着自适应次数的增加,与试验值的吻合度越来越高,且在第 5 次自适应后,基本与试验值重合。采用机翼参考面积无量纲化的目标函数的收敛曲线如图 8.17(a) 所示,也可以发现,自适应 5 次后,目标函数趋于恒定值,变化较小。从图 8.17(a) 中还能够看出,随着自适应次数的增加,粗网格下得到的伴随修正值能够较好地预测下一步加密后的目标函数值。图 8.17(b) 对比了伴随网格自适应与压力梯度网格自适应的相对误差收敛情况,其中压力梯度网格自适应的相对误差是以采用 Richardson 外插法[48]得到的目标函数外插值为基准,伴随网格自适应的相对误差定义为

$$\text{Relative Error} = \mid f(\boldsymbol{Q}_h) - f_{est} \mid \tag{8.26}$$
$$= \mid f(\boldsymbol{Q}_h) - [f(\boldsymbol{Q}_h^H) - (\boldsymbol{\psi}_h^H)^{\mathrm{T}} \boldsymbol{R}(\boldsymbol{Q}_h^H)] \mid$$

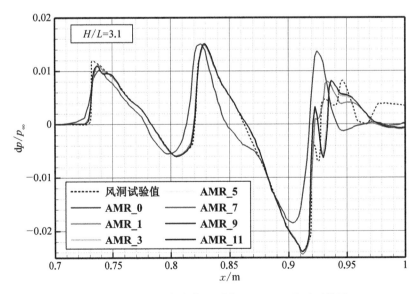

图 8.16　不同自适应次数得到的 $H/L = 3.1$ 处过压信号

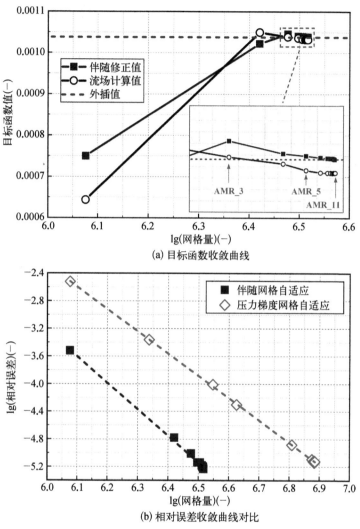

(a) 目标函数收敛曲线

(b) 相对误差收敛曲线对比

图 8.17　$H/L = 3.1$ 处目标函数收敛曲线和伴随自适应与
压力梯度自适应的误差收敛对比

　　不难发现,相同网格量下,伴随网格自适应的计算精度比压力梯度网格自适应高一阶多,误差修正效果显著,且更大的斜率表明收敛速度更快。这意味着基于直角网格伴随自适应的声爆预测方法能够以更少的网格量,更快地达到目标计算精度。

　　为了更直观地验证直角网格伴随自适应技术的高效性,表 8.1 统计了四种网格的网格量并简单比较了它们的近场计算精度和计算耗时,所有工况都是在 12 线程、主频为 4.1 GHz 的工作站上进行计算,其中前两种网格均计算了 3 000 步并收敛,压力梯度自适应进行了 15 次,伴随网格自适应 11 次后终止。不难看出,基于马赫角旋转计算域得到的网格能够显著提高激波的捕捉精度。基于伴随的网格自适应由于加密区域仅集中于对目标函数敏感度较大的区域,网格量更少,于是计算耗时更少,且由图8.17(b)可见其计算精度更高。由图8.16和图8.17也可看出,伴随自适应5次即可达到所需精度,那么计算耗时仅为6 h,只有常规压力梯度自适应的1/4。因此,由于其快速性与准确性,该方法在超声速民机声爆预测中有着很好的发展前景。

表8.1　四种网格最终网格量、计算精度和计算耗时明细表

	常规初始 网格	旋转计算域 初始网格	压力梯度 网格自适应	伴随网格 自适应
网格量/×10⁴	119	119	765	329
计算精度	很差	一般	较精确	更精确
计算耗时/h	2	2	28	12(6)

8.4.2.2　带动力C25D模型

第二个算例为带有发动机喷流的C25D超声速民机模型[49],以验证直角网格伴随自适应技术应用于超声速民机的可行性。该模型取自第二届AIAA声爆预测会议(2nd AIAA Sonic Boom Prediction Workshop, SBPW2),几何外形如图8.18所示,作为特征长度的机身总长 L_{ref} = 32.92 m,参考面积 S_{ref} = 37.16 m²(半模)。风洞试验由NASA[50]提供,计算工况为:来流马赫数为1.6、攻角为3.375°、来流压力为10 674.3 Pa;发动机风扇入口截面总压比为3.260 6、马赫数为0.609 3;发动机尾喷口截面总压比为14.54、总温比为7.872 2、马赫数为0.662。

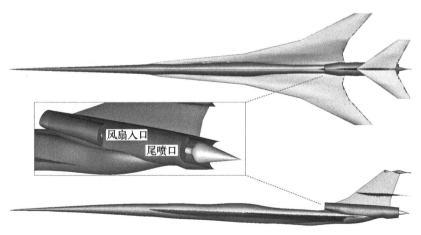

图8.18　带有发动机短舱的C25D几何外形

　　初始网格如图 8.19(a)所示,为了保证粗网格具有一定的分辨率,设置了三个体加密区域,其中一个用于捕捉常规激波以及膨胀波的传播,另外两个网格单元更小的区域用于捕捉发动机喷流对激波的传播的影响,总网格量为 356 万。根据计算得到的过压值云图以及两个高度处的过压信号,发现尾部后方区域过压信号的变化很剧烈,这意味着发动机喷流会导致额外激波的产生,且对飞机尾部激波与膨胀波系的传播造成明显的影响,但由于此时网格分辨率不高,并没有得到较好的捕捉。图 8.19(b)则是网格自适应 20 次后得到的最终网格,可以发现在关注的两个高度附近的激波处进行了精细的局部加密,更精确地捕捉到压力的变化,但是网格量也增加到 3 500 多万。通过图 8.19(b)右上角的马赫数云图可以发现,发动机喷流区域网格也得到了一定的加密,尽管对于喷流内部的菱形激波以及马赫盘结构都没有捕捉到,但是能够较好地捕捉处于轻微过膨胀状态的发动机喷流的外轮廓边界,且尾部区域复杂的流场结构足以说明发动机喷流会与上方尾翼造成的激波相互干扰,波浪形的喷流边界也会带来额外的激波与膨胀波系。

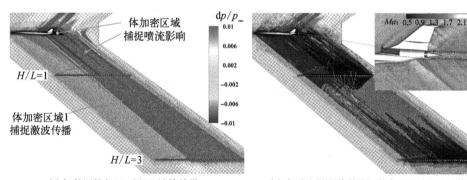

(a) 初始网格(356万)以及计算结果　　　　　　(b) 自适应得到的最终网格(3500万)以及计算结果

图 8.19　C25D 模型初始网格与最终的自适应网格示意以及各自计算结果

　　由于一般声爆预测的近场过压信号取为机身下方三倍特征长度处,以 $H/L = 3$ 为例,给出了目标函数收敛曲线,对不同自适应次数得到的过压信号与试验值进行对比分析,如图 8.20 所示。类似地,随着自适应次数的增加,目标函数逐渐收敛,伴随修正值对下一步密网格的预测也越来越准确。13 次自适应后,网格量达到 1 800 多万,目标函数基本不再有较大的变化,逐渐收敛,且随后的过压信号也基本与试验值重合[图 8.20(b)],因此可以认为此时已满足要求。对于 $x < 148$ m 的区域,机头、机翼以及发动机之前的机身造成的激波与膨胀波的捕捉,较为容易,经过 5 次自适应后就已较精确,但是对于尾部激波,即 $x > 148$ m 的图中虚线框内区域,捕捉较难,即使是目前 20 次自适应得到的网格,对该区域内激波位置以及峰值的捕捉与试验值都有偏差。这主要是因为对发动机喷流的模拟不够精确,而喷流与尾翼的相互干扰对激波和膨胀波的影响又较大,所以必将出现偏差。调研发现,对于考虑发动机喷流的声爆预测,仅以过压值为目标函数,发动机入口、风扇入口以及尾喷口的质量流量可能难以收敛,从而导致不准确的喷流模拟。文献[51]加入了与发动机进出口质量流量相关的目标函数,结果表明进气道以及喷流区域的网格得到了更好的局部加密,精确捕捉到了尾喷流内部的菱形激波与马赫盘结构,因此对尾部过压信号的捕捉更加精确。

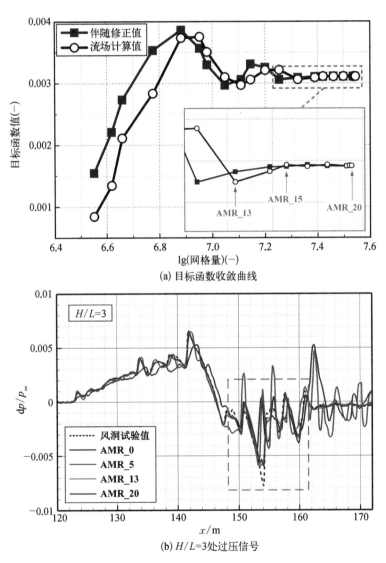

(a) 目标函数收敛曲线

(b) H/L=3处过压信号

图 8.20　目标函数收敛曲线以及不同自适应次数得到的 H/L=3 处过压信号

8.4.3　发动机短舱布局对声爆强度的影响研究

由于较高的飞行速度,超声速民机的短舱与机翼和机身之间存在不可忽视的气动干扰现象,且发动机高速尾喷流也会改变主流场中的复杂激波系结构,从而可能影响超声速民机的声爆特性,因此有必要对超声速民机的短舱布局展开研究。这里主要探讨短舱与机翼、机身不同相对位置以及发动机数量对声爆强度的影响。

8.4.3.1　计算模型与工况

采用的超声速民机基础构型为第一届 AIAA 声爆预测会议(1st AIAA Sonic Boom Prediction Workshop, SBPW - 1)提供的 LM1021 构型[52],整体外形如图 8.21 所示。图 8.21 和表 8.2 给出了若干种不同发动机短舱布局形式,包括翼上式与翼下式、三发与双发以及不同展向与弦向位置的具体参数,其中展向位置改变的同时保证翼下短舱外露于机翼的长度不变。

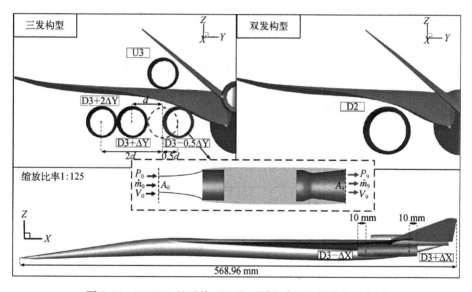

图 8.21　LM1021 基础构型以及不同发动机短舱布局示意图

表 8.2　各构型短舱相对基础构型的偏移量

构　　型	展向偏移量/d	轴向偏移量/d	纵向偏移量/d
baseline	0	0	0
D3-ΔX	0	-0.7	0

构　　型	展向偏移量/d	轴向偏移量/d	纵向偏移量/d
D3+ΔX	0	0.7	0
D3−0.5ΔY	−0.5	0.12	0
D3+ΔY	1	0.5	0
D3+2ΔY	2	1	0
U3	0	0	1.54
D2	0	0	0

注：上表偏移量均为以喷管直径 d 为基准的相对量。编号含义如下：轴向从机头到机尾方向为正，展向从翼根到翼梢方向为正，采用右手坐标系。D(down) 表示短舱置于机翼下方，U(up) 表示置于机翼上方；随后的 3/2 表示发动机数量；ΔX/ΔY 表示短舱沿弦向/展向移动，其中，ΔY 等于一个喷管直径；+/− 表示发动机沿对应坐标轴正/负向移动。

针对三发与双发布局，为了保证总推力相同，假设在截面积改变前后，忽略短舱外阻力的变化，而只需保证内流对短舱内表面的作用力，即内推力相同，每个发动机进口流量捕获面积和尾喷口面积需放大 1.5 倍。

对表 8.2 所列的各个短舱布局构型开展数值模拟，利用网格伴随自适应技术提高局部网格分辨率，从而较精确地得到近场过压信号，通过对比来分析发动机短舱布局以及喷流对声爆特性的影响。计算来流马赫数为 1.6，发动机风扇入口以及尾喷口边界条件参考 AIAA 第二届声爆预测会议提供的 C25D 的发动机边界条件[53]，详细的来流条件以及发动机动力参数如表 8.3 所示。

表 8.3　自由来流条件以及发动机动力参数

参　　数	数　　值	参　　数	数　　值
来流马赫数	1.6	雷诺数	$8.1×10^6$
来流静温	211.96 K	来流静压	25 894.936 Pa
发动机风扇入口静压比	3.260 6	发动机风扇入口密度比	14.54
发动机尾喷口总压比	14.54	发动机尾喷口总温比	7.872 2
发动机风扇入口马赫数	0.609 3	发动机尾喷口马赫数	0.662 0

8.4.3.2　发动机尾喷流的影响

首先对比分析有无发动机喷流的结果，以探究尾喷流对声爆强度的影响。图 8.22 所示为基础构型有无喷流两种情况下的过压值云图，可以发现，发动机尾喷流对前半机身下方的激波与膨胀波系基本没有影响,而机身后半部分则受到了显著影响,形成了更复杂的流场结构。图 8.22(c)和(d)给出的尾部区域的马赫数云图表明了其复杂性,从左往右对对称面上的激波与膨胀波系依次进行分析:首先,机翼下方的发动机进气道唇口激波与机翼下表面和后半机身引起的膨胀波相互干扰;随后是尾翼前缘激波与翼下发动机尾喷管后缘激波,在一小段距离后两者合并成一道强激波,削弱并截断了上翘的机身尾部引起的膨胀波,尾翼的后半部分都在该激波的影响范围内,因此对称面上尾翼引起的膨胀波也被其削弱;接着是机尾发动机喷管后缘激波与机身尾部激波、尾翼后缘激波合并成的一道激波;最后是欠膨胀状态的喷流导致的膨胀波与激波系,但是由于后面的网格尺寸较大,对此波系的捕捉精度欠佳。

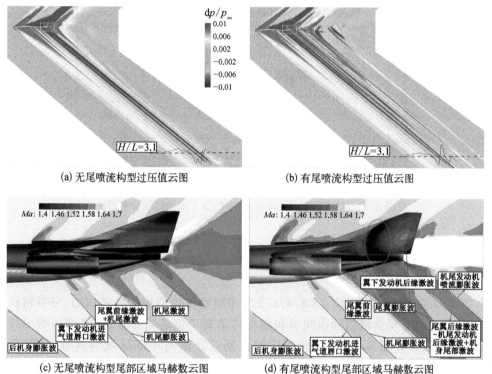

(a) 无尾喷流构型过压值云图　　　　　　(b) 有尾喷流构型过压值云图

(c) 无尾喷流构型尾部区域马赫数云图　　(d) 有尾喷流构型尾部区域马赫数云图

图 8.22　基础构型无尾喷流与有尾喷流时的近场过压值与马赫数云图

图 8.23 更直观地给出了基础构型有无喷流状态在 $H/L = 3.1$ 处的过压信号对比,可以看出在 $X/L < 4.82$ 的区域并没有受到发动机喷流的影响,此区域内有无喷流的过压信号分布几乎重合。发动机喷流与翼身组合体带来的激波与膨胀波系相互干扰的区域主要集中在 $X/L > 4.82$ 的区域,喷流的引入明显增大了过压值,

尤其是在 $X/L = 4.89$ 处由于上述较强的喷管后缘激波,过压值达到峰值。另一方面,尽管机身附近的尾部区域有着复杂的流场结构,但是随着远离机身距离的增加,激波与膨胀波逐渐削弱和相互合并,在 $H/L = 3.1$ 截面只形成了 $X/L = 4.89$ 处一道强激波。而对于无喷流构型,在 $X/L = 4.99$ 以及 $X/L = 5.06$ 处还能明显捕捉到机身尾部激波以及后体激波。对 $X/L > 5.06$ 的区域,无喷流构型的过压值基本不再变化,而带有喷流的构型则由于欠膨胀尾喷流的存在而产生压力突变,声爆强度必定大于无喷流的情况。

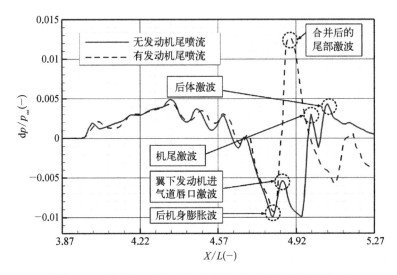

图 8.23　基础构型有无喷流在 $H/L = 3.1$ 处的过压信号对比

8.4.3.3　发动机短舱位置的影响

1. 弦向位置

对于弦向位置的影响,将 8.4.3.2 节中带喷流构型作为参考构型,分别将机翼下方的两个发动机沿轴向向前和向后移动 0.7 倍的喷管直径,得到构型 D3-ΔX 与 D3+ΔX,图 8.24 为两种构型的近场过压值与尾部区域马赫数云图,图 8.25 给出了两种构型在 $H/L = 3.1$ 处的过压信号,并与基础构型进行对比。结果显示,前半部分流场结构基本没有变化,而对于后半机身,短舱后移的构型 D3+ΔX 引起的膨胀波区域增大,随后的激波也增强。将图 8.24(d)与图 8.22(d)对比,可以看出相比于基础参考构型,短舱后移,发动机进气道唇口激波与机翼下表面和后半机身引起的膨胀波相互干扰的区域随之减小,此处的膨胀波的削弱程度降低。因此,如图 8.25 所示,在 $X/L = 4.81$ 处的膨胀波强度增加,且影响范围更大。

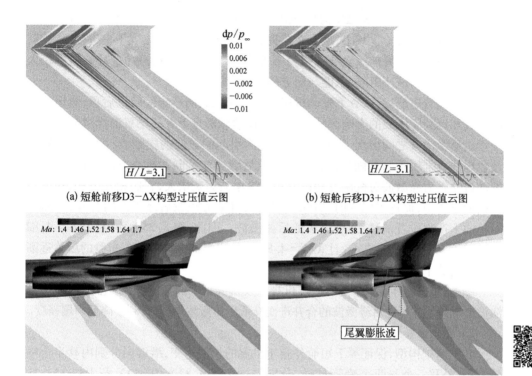

(a) 短舱前移D3−ΔX构型过压值云图

(b) 短舱后移D3+ΔX构型过压值云图

(c) 短舱前移D3−ΔX构型尾部马赫数云图

(d) 短舱后移D3+ΔX构型尾部马赫数云图

图 8.24　改变弦向布局位置的 D3−ΔX 与 D3+ΔX 构型近场过压值与马赫数云图

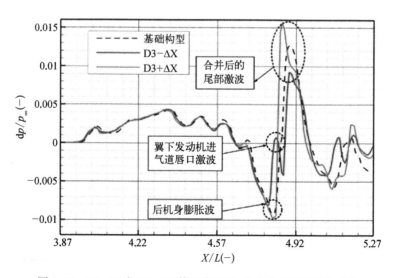

图 8.25　D3−ΔX 与 D3+ΔX 构型在 $H/L=3.1$ 处的过压信号对比

对于短舱前移的 D3-ΔX 构型,如图 8.24(c)所示,由于此时进气道唇口激波与后半机身膨胀波干扰减小,从而在监视截面 X/L = 4.82 处出现了一道较小激波,喷管后缘激波与尾翼前缘激波在机身下方合并成一道较强的激波,且被随后较大的尾翼膨胀波区域所阻隔,未能与后方的激波合并。

但是随着短舱后移,翼下发动机尾喷管后缘激波的影响区域也后移,对尾翼前缘激波和尾翼膨胀波的影响都减小,因此,在紧靠机身下方的尾翼前缘激波与翼下发动机后缘激波之间出现了一道由尾翼表面引起的较弱的膨胀波[图 8.24(d)中蓝色虚线方框所示],但随后便被翼下短舱后缘激波截断。另一方面,后移的翼下发动机喷管后缘激波对机尾发动机喷管后缘激波影响增大,它们相互叠加,在向下传播的过程中,促进了尾翼前、后缘激波与机身上方短舱后缘激波的合并,从而在对称面上产生位置前移、强度更大的后体激波。因此,图 8.25 所示的 X/L = 4.82处的过压峰值更大、更靠前,且 X/L = 4.89 处的尾翼前缘激波随着短舱的后移逐渐被随后的翼下短舱后缘激波合并。

综上,短舱前移有利于削弱后半机身以及机翼带来的膨胀波,避免尾翼前、后缘激波与机身上方短舱后缘激波的合并进而降低后体激波强度,有利于降低声爆强度。

2. 展向位置

基于基础构型,保证翼下短舱外露于机翼的长度不变,沿展向分别内移半个喷管直径、外移一个与两个喷管直径,分别得到 D3-0.5ΔY、D3+ΔY 与 D3+2ΔY 构型,计算结果如图 8.26 和图 8.27 所示。

分析喷管位置从内向外变化(包括基础构型)的四个构型发现,当翼下短舱距离机身较近时,发动机进气道唇口激波与机翼和机身引起的膨胀波之间的相互干扰明显[图 8.26(a)],在膨胀波之后 X/L = 4.82 处存在一个较小的唇口激波,而随着翼下短舱的外移,该激波在对称面上的强度及其对后机身膨胀波的影响逐渐减弱且对尾翼的影响区域逐渐后移。对于构型 D3+ΔY,该激波影响区域移动至尾翼中后部分,与机尾激波合并后又与尾翼前缘激波再次合并为一道强激波并阻断尾翼膨胀波。对于构型 D3+2ΔY,翼下发动机后缘激波对尾翼的影响区域继续后移至尾翼后缘且强度降低,该激波与机尾激波合并后的激波强度减弱,以至其无法与尾翼前缘激波合并,尾翼引起的膨胀波区域增大[图 8.26(b)中虚线方框所示],故图 8.27 中该构型下 X/L = 4.82 膨胀波后也观察到一个较小的激波。针对 X/L = 4.89 处的尾部激波,构型 D3-0.5ΔY 的喷管距离机身最近且激波强度最强,而构型 D3+ΔY 的机尾处存在多个激波合并导致激波强度要大于基础构型,但仍小于喷管内移构型,构型 D3+2ΔY 喷管后缘激波在对称面中影响最小、强度最弱。

综上,将翼下短舱沿展向向外移动一定距离使机尾各激波不再合并有利于降低后体激波强度,从而降低声爆强度。

(a) 近场过压值云图（依次为1：D3−0.5ΔY，2：D3+ΔY，3：D3+2ΔY构型）

(b) 尾部区域马赫数云图（依次为1：D3−0.5ΔY，D3+ΔY 与 D3+2ΔY 构型）

图 8.26　改变短舱展向布局位置的 D3−0.5ΔY 与 D3+ΔY 与 D3+2ΔY 构型近场过压值与马赫数云图

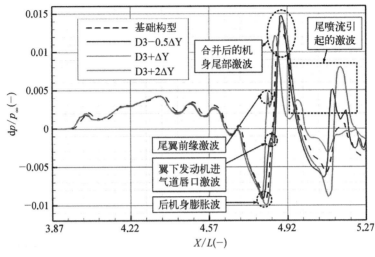

图 8.27　D3-0.5ΔY、D3+ΔY 与 D3+2ΔY 构型
在 H/L=3.1 处的过压信号对比

3. 翼上式布局

翼上式短舱布局 U3 将机翼处的短舱放置于机翼上方,与基础构型相比,不改变机翼与短舱的展向、弦向位置及纵向距离,图 8.28 为其近场过压值与尾部区域马赫数云图,图 8.29 对比了翼上式与基础翼吊式两构型在 H/L = 3.1 处的近场过压信号。由于发动机放于机翼上方,发动机进气道唇口激波被机翼阻隔,机翼以及后半机身引起的膨胀波没有受到影响,在图 8.29 中体现为在 X/L = 4.82 附近完整的膨胀波。对比图 8.22(d)和图 8.28(b)所示两者尾部区域的马赫数云图,发动机上置后短舱与尾翼的间距减小,此时尾翼同时受到机翼处发动机后缘激波及其尾喷流的影响。另一方面,由于发动机短舱上置,其后缘激波对机身正下方的影响

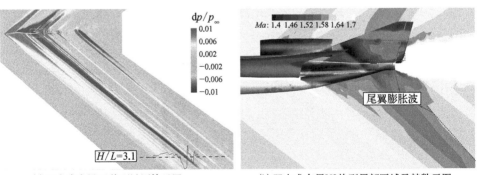

(a) 翼上式布局U3构型过压值云图　　　　　(b) 翼上式布局U3构型尾部区域马赫数云图

图 8.28　翼上式布局 U3 构型近场过压值与马赫数云图

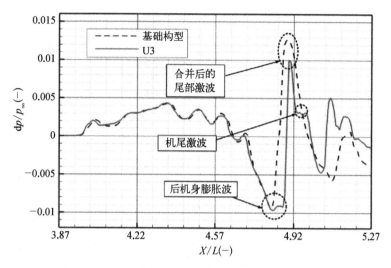

图 8.29　翼上式布局 U3 构型在 $H/L=3.1$ 处的过压信号

后移且减弱,图 8.29 所示的近场过压信号在 $X/L=4.89$ 的后体激波强度降低。因此,翼上式布局有利于降低声爆强度,但该布局由于不能充分利用进气道唇口激波与机翼下表面之间的有利干扰,可能会损失部分气动性能,并且尾喷流会直接影响到尾翼,需要对结构布置及热防护额外考虑,此外舵效也会受到影响。

8.4.3.4　发动机数量的影响

在保证总推力相等的前提下,将基础构型安装于后机身上方的短舱去除,同时按 8.4.3.1 节所述等比例放大翼吊发动机短舱、进气道与喷口面积,得到双发的 D2 构型以研究发动机数量对声爆强度的影响,图 8.30 和图 8.31 给出了双发构型的流场计算结果以及近场过压信号。由于去除了机身上方的短舱,在过压值云图中双发构型的机身尾部区域激波与膨胀波系发生了很大变化。进一步对比图 8.22(d)与图 8.30(b)的两构型的尾部区域马赫数云图发现,双发构型更大的短舱尺寸使得进气道唇口激波更强,并与机身腹部产生的激波合并,在图 8.31 所示 $H/L=3.1$ 处的近场过压信号 $X/L=4.73$ 处出现了一道较强的激波,并直接截断了机翼以及后半机身引起的膨胀波。此外,由于双发构型尾喷口处的压力大于三发构型,喷流的欠膨胀状态更严重,发动机后缘激波的激波角减小,使得尾翼上受其影响的区域后移且范围更小,所以只有尾翼后缘激波主要受其影响。

另一方面,由于后机身上方的发动机被移除,其较强的后缘激波以及喷流带来的影响也随之消失。因此,如图 8.31 所示,双发构型在 $X/L=4.89$ 处的后体激波强度降低。综上,尽管双发构型减小了后体激波,但是又带来了较强的进气道唇口激波,声爆强度并无明显减弱;考虑到双发构型的发动机尺寸与噪声更大,气动阻

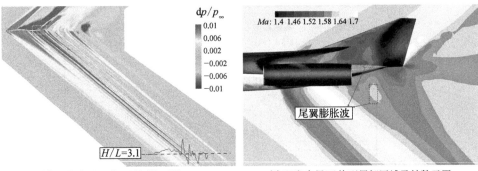

(a) 双发布局D2构型过压值云图　　　　　(b) 双发布局D2构型尾部区域马赫数云图

图 8.30　双发布局 D2 构型近场过压值与马赫数云图

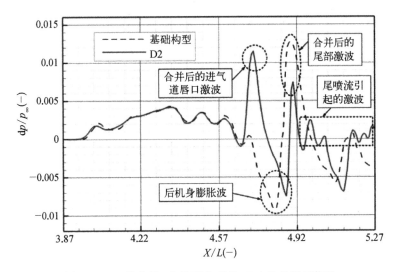

图 8.31　双发布局 D2 构型在 $H/L=3.1$ 处的过压信号

力也更大,相比三发构型,翼下双发布局并非最佳方案。

8.5　本 章 小 结

　　本章基于飞行器空气动力数值仿真、离散伴随求解方法以及笛卡儿网格自动生成技术的研究进展和成果,构建了基于伴随误差分析的网格自适应加密方法的流程和算法。基于伴随误差分析的网格自适应技术,利用伴随方程直接度量局部误差对目标函数全局误差的影响,对目标函数的全局误差进行估计和结果修正,通过局部加密网格来减小剩余误差,从而提高目标函数伴随修正后的精度。因此,该方法仅在对目标函数误差敏感度影响较大的区域进行局部加密,虽然不一定能捕捉到所有的流场细节特征,但是能对目标函数的全局误差进行精确的估计并对计算结果进行修正。相比于基于流场特征的网格自适应,该方法计算精度更高、收敛更快、效率更高。

将该方法应用于超声速声爆预测问题,选取了两个算例对该网格自适应方法的高效性与准确性进行了验证,应用该方法探讨了短舱布局对超声速声爆强度的影响,均得到了令人满意的结果,这表明基于伴随误差分析的网格自适应技术是一种可用于声爆预测的高精度、高效率的超声速近场求解方法。

参 考 文 献

[1] RANNACHER R. Adaptive galerkin finite element methods for partial differential equations [J]. Journal of Computational and Applied Mathematics, 2001, 128: 205 – 233.

[2] WARREN G P, ANDERSONT W K, THOMAS J L. Grid convergence for adaptive methods [C]. Honolulu: 10th Computational Fluid Dynamics Conference, 1991.

[3] PARK M. Adjoint-based, three-dimensional error prediction and grid adaptation[J]. AIAA Journal, 2004, 42(9): 1854 – 1862.

[4] NIELSEN E J, ANDERSON W K. Recent improvements in aerodynamic design optimization on unstructured meshes[J]. AIAA Journal, 2002, 40(6): 1155 – 1163.

[5] PARK M. Three-dimensional turbulent RANS adjoint-based error correction [C]. Orlando: 16th AIAA Computational Fluid Dynamics Conference, 2003.

[6] DANNENHOFFER J, AFTOSMIS M. Automatic creation of quadrilateral patches on boundary representations[C]. Reno: 46th AIAA Aerospace Sciences Meeting and Exhibit, 2008.

[7] PARK M, DARMOFAL D. Output-adaptive tetrahedral cut-cell validation for sonic boom prediction[C]. Honolulu: 26th AIAA Applied Aerodynamics Conference, 2008.

[8] PARK M, DARMOFAL D. Validation of an output-adaptive, tetrahedral cut-cell method for sonic boom prediction[J]. AIAA Journal, 2010, 48(9): 1928 – 1945.

[9] AFTOSMIS M, NEMEC M, CLIFF S. Adjoint-based low-boom design with Cart3D [C]. Honolulu: 29th AIAA applied aerodynamics conference, 2011.

[10] LEE-RAUSCH E, PARK M, JONES W, et al. Application of parallel adjoint-based error estimation and anisotropic grid adaptation for three-dimensional aerospace configurations[C]. Toronto: 23rd AIAA Applied Aerodynamics Conference, 2005.

[11] VENDITTI D, DARMOFAL D. A grid adaptive methodology for functional outputs of compressible flow simulations [C]. Anaheim: 15th AIAA Computational Fluid Dynamics Conference, 2001.

[12] VENDITTI D, DARMOFAL D. Grid adaptation for functional outputs of 2 – D compressible flow simulations[C]. Denver: Fluids 2000 Conference and Exhibit, 2000.

[13] DARMOFAL D, VENDITTI D. Output-based error estimation and adaptation for aerodynamics [C]. Vienna: 5th World Congress on Computational Mechanics, 2002.

[14] MODISETTE J, DARMOFAL D. An output-based adaptive and higher-order method for a rotor in hover[C]. Honolulu: 26th AIAA applied aerodynamics conference, 2008.

[15] OLIVER T, DARMOFAL D. An unsteady adaptation algorithm for discontinuous Galerkin discretizations of the RANS equations[C]. Miami: 18th AIAA Computational Fluid Dynamics Conference, 2007.

[16] YANO M, MODISETTE J, DARMOFAL D. The importance of mesh adaptation for higher-order discretizations of aerodynamic flows[C]. Honolulu: 20th AIAA Computational Fluid Dynamics Conference, 2011.

[17] YAMALEEV N, DISKIN B, PATHAK K. Error minimization via adjoint-based anisotropic grid adaptation[C]. Chicago: 40th Fluid Dynamics Conference and Exhibit, 2010.

[18] LYU F X, XIAO T H, YU X Q. A fast and automatic full-potential finite volume solver on Cartesian grids for unconventional configurations[J]. Chinese Journal of Aeronautics, 2017, 30(3): 951 – 963.

[19] 吕凡熹,肖天航,余雄庆.基于自适应直角网格的二维全速势方程有限体积解法[J].计算力学学报,2016,33(3): 424 – 430.

[20] 吕凡熹,李正洲,邓经枢,等.面向飞行器概念设计的全速域气动分析工具[J].空气动力学学报,2017,35(5): 625 – 632.

[21] BONET J, PERAIRE J. An alternating digital tree (ADT) algorithm for 3D geometric searching and intersection problems[J]. International Journal for Numerical Methods in Engineering, 1991, 31(1): 1 – 17.

[22] 朱自强,兰世隆.超声速民机和降低音爆研究[J].航空学报,2015,36(8): 2507 – 2528.

[23] 韩忠华,乔建领,丁玉临,等.新一代环保型超声速客机气动相关关键技术与研究进展[J].空气动力学学报,2019,37(4): 620 – 635.

[24] 钱战森,韩忠华.声爆研究的现状与挑战[J].空气动力学学报,2019,37(4): 601 – 619.

[25] SMITH H. A review of supersonic business jet design issues[J]. Aeronautical Journal, 2007, 111(1126): 761 – 776.

[26] SUN Y, SMITH H. Review and prospect of supersonic business jet design[J]. Progress in Aerospace Sciences, 2017, 90: 12 – 38.

[27] 钱战森,刘中臣,冷岩,等.OS – X0试验飞行器声爆特性飞行测量与数值模拟分析[J].空气动力学学报,2019,37(4): 675 – 682.

[28] 王刚,马博平,雷知锦,等.典型标模音爆的数值预测与分析[J].航空学报,2018,39(1): 169 – 181.

[29] 冯晓强,李占科,宋笔锋.超音速客机音爆问题初步研究[J].飞行力学,2010,28(6): 21 – 23.

[30] 兰世隆.超声速民机声爆理论、预测和最小化方法概述[J].空气动力学学报,2019,37(4): 646 – 655.

[31] PLOTKIN K J. Review of sonic boom theory[C]. San Antonio: 12th Aeroacoustic Conference, 1989.

[32] MAGLIERI D J, BOBBITT P J, PLOTKIN K J, et al. Sonic boom: six decades of research[R]. NASA/SP – 2014 – 622, 2014.

[33] PLOTKIN K J. State of the art of sonic boom modeling[J]. The Journal of the Acoustical Society of America, 2002, 111(1): 530 – 536.

[34] HAERING E A, MURRAY J E, PURIFOY D D, et al. Airborne shaped sonic boom

demonstration pressure measurements with computational fluid dynamics comparisons［C］. Reno：43rd AIAA Aerospace Sciences Meeting and Exhibit，2005.

［35］ MEREDITH K B, DAHLIN J A, GRAHAM D H, et al. Computational fluid dynamics comparison and flight test measurement of F－5E off-body pressures［C］. Reno：43rd AIAA Aerospace Sciences Meeting and Exhibit，2005.

［36］ PARK M A, CAMPBELL R L, ELMILIGUI A, et al. Specialized CFD grid generation methods for near-field sonic boom prediction［C］. National Harbor：52nd Aerospace Sciences Meeting，2014.

［37］ ISHIKAWA H, MAKINO Y, ITO T, et al. Sonic boom prediction using multi-block structured grids CFD code considering jet-on effects［C］. San Antonio：Collection of Technical Papers — AIAA Applied Aerodynamics Conference，2009.

［38］ CLIFF S E, THOMAS S D. Euler/experiment correlations of sonic boom pressure signatures ［J］. Journal of Aircraft，1993,30(5)：669－675.

［39］ NAYANI S N, CAMPBELL R L. Evaluation of grid modification methods for on- and off-track sonic boom analysis［C］. Grapevine：51st AIAA Aerospace Sciences Meeting Including the New Horizons Forum and Aerospace Exposition，2013.

［40］ CLIFF S E, THOMAS S D, MCMULLEN M S, et al. Assessment of unstructured Euler methods for sonic boom pressure signatures using grid refinement and domain rotation methods ［R］. NASA TM－2008－214568，2008.

［41］ OZCER I A, KANDIL O A. FUN3D/OptiGRID coupling for unstructured grid adaptation for sonic boom problems［C］. Reno：46th AIAA Aerospace Sciences Meeting and Exhibit，2008.

［42］ JONES W T, NIELSEN E J, PARK M A. Validation of 3D adjoint based error estimation and mesh adaptation for sonic boom prediction［C］. Reno：44th AIAA Aerospace Sciences Meeting，2006.

［43］ NEMEC M, AFTOSMIS M J, WINTZER M. Adjoint-based adaptive mesh refinement for complex geometries［C］. Reno：46th AIAA Aerospace Sciences Meeting and Exhibit，2008.

［44］ WINTZER M, NEMEC M, AFTOSMIS M J. Adjoint-based adaptive mesh refinement for sonic boom prediction［C］. Honolulu：26th AIAA Applied Aerodynamics Conference，2008.

［45］ 朱震浩,肖天航,徐雅楠,等.基于直角网格伴随自适应的声爆预测［J/OL］.北京航空航天大学学报：1－13［2022－06－10］.

［46］ 肖天航,徐雅楠,朱震浩,等.超声速民机发动机短舱布局对声爆强度影响研究［J/OL］.北京航空航天大学学报：1－17［2022－06－10］.

［47］ HUNTON L W, HICKS R M, MENDOZA J P. Some effects of wing planform on sonic boom ［R］. NASA Technical Note，1973.

［48］ CELIK I, KARATEKIN O. Numerical experiments on application of richardson extrapolation with nonuniform grids［J］. Journal of Fluids Engineering, Transactions of the ASME，1997，119(3)：584－590.

［49］ ORDAZ I, WINTZER M, RALLABHANDI S K. Full-carpet design of a low-boom demonstrator concept［C］. Dallas：33rd AIAA Applied Aerodynamics Conference，2015.

［50］ WINTZER M, ORDAZ I, FENBERT J W. Under-track CFD-based shape optimization for a low-boom demonstrator concept ［C］. Dallas：33rd AIAA Applied Aerodynamics

Conference, 2015.

[51] NEMEC M, RODRIGUEZ D L, AFTOSMIS M J. Adjoint-based mesh adaptation and shape optimization for simulations with propulsion[C]. Dallas: AIAA Aviation 2019 Forum, 2019.

[52] CLIFF S E, DURSTON D, CHAN W M, et al. Computational and experimental assessment of models for the first AIAA sonic boom prediction workshop [C]. National Harbor: 52nd Aerospace Sciences Meeting, 2014.

[53] PARK M A, MORGENSTERN J M. Summary and statistical analysis of the first AIAA sonic boom prediction workshop[J]. Journal of Aircraft, 2016, 53(2): 578 – 598.

第9章　基于非定常离散伴随的
气动外形优化

9.1　离散伴随气动外形优化设计框架

基于离散伴随的气动外形优化设计技术实际上是一系列技术点的集合,包括多个技术模块,其总体框架如图9.1所示,具体为:① 针对初始复杂工程对象模型,通过一定的气动外形参数化描述方法建立起几何构型与一系列设计变量的映射关系;② 基于几何构型生成初始计算网格,运用 CFD 求解器得到精确的流场信息和表面压力分布,进而计算出目标函数值;③ 由伴随求解模块解算出离散伴随算子,进而一次性计算出目标函数关于所有设计变量的梯度,传入最速下降法、序列二次规划等寻优算法中得到优化后的设计变量;④ 由建立好的参数化模型将新一轮的设计变量反映射成新的气动外形,运用动态网格变形技术根据优化后的气动外形自动调整计算网格,开始新一轮的流场计算和目标函数计算,直至目标函数达到最大/最小值后得到最终优化的气动外形。

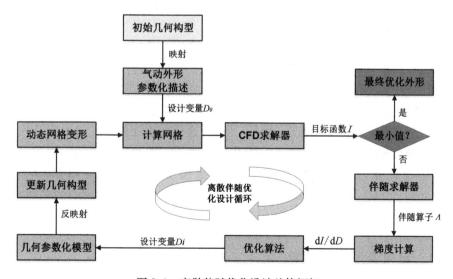

图 9.1　离散伴随优化设计总体框架

由于整个离散伴随优化设计循环是基于高保真的 CFD 数值模拟进行的,优化结果的精度较高,同时,伴随求解器可以同时获得目标函数对所有设计变量的敏感性梯度,其计算量与设计变量数目无关,因而可以同时对多个几何部件开展优化设计工作,充分考虑多部件间的干扰影响,最终得到整个工程对象模型的最优气动外形。

在离散伴随优化设计循环中,最重要的技术难点是离散伴随敏感度计算方法(伴随求解器的建立)、高效稳健的动态网格变形方法、气动外形参数化描述方法、行之有效的优化算法等。前两者分别在第 7 章和第 4 章做了相应说明,因此本章主要介绍参数化建模与优化算法,并完整构建离散伴随气动优化设计框架。

9.2　参数化建模

几何外形参数化建模是气动外形设计优化的重要环节。现阶段,由于计算机技术的发展,几何外形的生成可以在几秒内得到解决。对于优化工具来说,最好能将几何外形与数值计算、优化相结合,进行参数化建模,以达到事半功倍的效果。参数化建模是用若干个设计变量,建立起几何外形与数学模型之间的联系,通过修改数学模型中各个设计变量的值,来有效地改变几何外形。在优化过程中,对设计变量进行优化后,就可以根据由设计变量建立的数学模型去优化几何外形。

20 世纪 30 年代,NACA 四位、五位翼型就是根据最大厚度、弯度及其相对位置等设计变量,通过参数化多项式建立起来的[1]。至今,已出现了多种参数化建模方法,对二维曲线来说,有 Bézier 样条线(Bézier spline)、B -样条线(B-spline)、非均匀有理基样条线(nonuniform rational basis spline, NURBS)等,对应地,三维曲面有放样曲面、Coons 曲面、Bézier 曲面、B -样条线曲面与 NURBS 曲面等,具体内容可以参考文献[2]。这些参数化曲线、曲面根据自身的特性,有着一定的适应范围,有的是对全局产生影响,有的则具有局部影响特性。尽管二维、三维的参数化建模方法很多,但核心思想都是建立控制多边形(图 9.2 虚线)和基于各个控制点坐标的多项式方程,来生成相应的曲线/曲面。但是,这些方法的设计变量大多是控制点坐标,缺少直观性,同时要建立已有的几何外形与该类数学模型的映射关系。目前,应用于优化工具中最主流的参数化建模方法是自由变形法(free-form deformation, FFD)与类-形函数变换法(class- and shape- function transformation, CST),下面将具体介绍。

9.2.1　自由变形法(FFD)

由 Sederberg 等[3]于 1986 年提出的自由变形法是一种不依赖 CAD 模型的参数化建模方法,通过控制与几何外形相关的点坐标,来全局性地改变外形,具有很

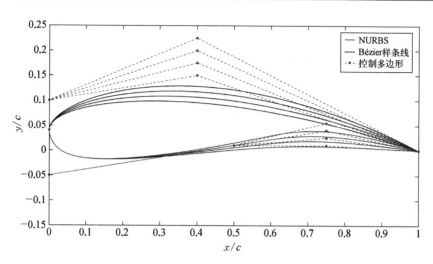

图 9.2　NURBS、Bézier 样条线及控制多边形示意图

强的稳健性,被国内外学者用于气动外形伴随优化研究中[4-8]。该方法简单有效,较易理解。这里首先从二维入手对其简单介绍。

自由变形法首先需要确定一个变形区域,通常二维情况下是一个四边形,三维情况下则是六面体。变形区域覆盖了需要优化的几何外形。根据定义的变形区域的最大最小坐标,将该区域的笛卡儿坐标沿 x 轴与 y 轴归一化为 $u \in [0, 1]$、$t \in [0, 1]$,如下式所示:

$$u = \frac{x - x_{\min}}{x_{\max} - x_{\min}}, \quad t = \frac{y - y_{\min}}{y_{\max} - y_{\min}} \tag{9.1}$$

在归一化的变形区域内,将该区域划分成 $N \times M$ 个控制点网格 $\boldsymbol{a}^{(i, j)}$(图 9.3 所示是 10×2 个控制点),每个控制点对区域的影响受 Bernstein 多项式控制,将所有点在区域内的影响累加起来,就可以得到变形区域内几何外形笛卡儿坐标与各控制点的表达式:

$$\boldsymbol{X}(u, t) = \sum_{i=0}^{N} \sum_{j=0}^{M} \boldsymbol{a}^{(i, j)} f_i(u) g_j(t) \tag{9.2}$$

其中,$f_i(u)$ 与 $g_j(t)$ 分别为 Bernstein 多项式:

$$f_i(u) = \binom{n}{i} u^i (1 - u)^{n-i}, \quad \binom{n}{i} = \frac{n!}{i! \ (n - i)!}$$

$$g_j(t) = \binom{m}{j} t^j (1 - t)^{m-j}, \quad \binom{m}{j} = \frac{m!}{j! \ (m - j)!} \tag{9.3}$$

多项式中的 n 和 m 为两个方向设定的阶数,其与布置的控制点数量有关:

$$n = N - 1, \quad m = M - 1 \tag{9.4}$$

式(9.2)中的乘积 $f_i(u)g_j(t)$ 实际上反映的是控制点 $\boldsymbol{a}^{(i,j)}$ 在控制点网格中的影响权重,或者说网格点对控制点的敏感性程度。每个控制点 $\boldsymbol{a}^{(i,j)}$ 对自己周围的影响程度大,随着距离增加,影响程度逐渐减小。需要注意的是,在变形过程中,影响权重保持不变,因此只需计算一次即可。

根据式(9.2),改变控制点的位置就能改变几何外形(图9.3),因此该方法非常简单易懂,且与伴随优化非常契合,可以得到几何外形对设计变量的导数解析式。

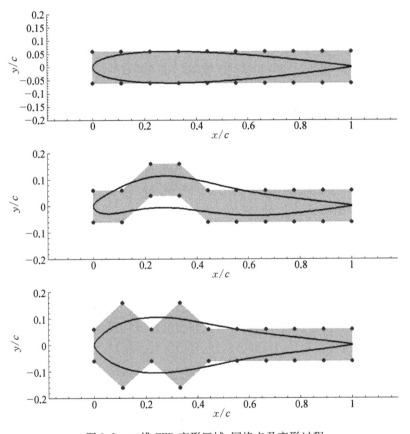

图 9.3　二维 FFD 变形区域、网格点及变形过程

上述是最简单的基于 Bernstein 多项式的 FFD 方法得到的二维曲线参数化建模方法,这种方法具有全局影响特性。B-样条线[9,10]和 NURBS[11-13]同样也是基于 Bernstein 多项式构造更复杂多项式的参数化方法,且都具有局部影响特性。由于通用性,可以将 B-样条线和 NURBS 引入到 FFD 方法中,增加局部影响特性,且

仅需替换表达式(9.2)中的 Bernstein 多项式即可,具体方法如下。

(1) 应用 B-样条线,将 Bernstein 多项式 $f_i(u)$ 与 $g_j(t)$ 替换成 B-样条线基函数 $B_{i,d}(u)$ 与 $B_{j,d}(t)$, d 为阶数,两个方向上的阶数可以不同。

$$B_{i,0}(u) = \begin{cases} 1, & u_i \leqslant u \leqslant u_{i+1} \\ 0, & \text{其他} \end{cases}, \quad B_{i,d}(u) = \frac{u - u_i}{u_{i+d} - u_i} B_{i,d-1}(u) + \frac{u_{i+d+1} - u}{u_{i+d+1} - u_{i+1}} B_{i+1,d-1}(u)$$

$$B_{j,0}(t) = \begin{cases} 1, & t_j \leqslant t \leqslant t_{j+1} \\ 0, & \text{其他} \end{cases}, \quad B_{j,d}(t) = \frac{t - t_j}{t_{j+d} - t_j} B_{j,d-1}(t) + \frac{t_{j+d+1} - t}{t_{j+d+1} - t_{j+1}} B_{j+1,d-1}(t)$$

$$(9.5)$$

其中,u_i、t_j 为异于控制点的节点处的归一化坐标,如图 9.4 所示,以 u 向为例,阶数为 d,分为 N 个控制点,则共需要 $N + d + 1$ 个节点,对于 B-样条线而言,节点坐标在 $u \in [0, 1]$ 上等分得到。

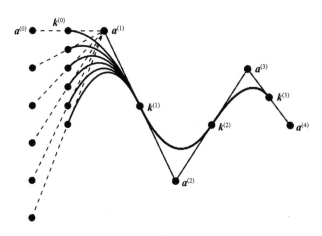

图 9.4　B-样条线中节点 k 示意图

(2) 由于 B-样条线无法表示隐式的圆锥曲线,例如圆、椭圆、双曲线等,因此,在对其进行特殊修正后,可以得到 NURBS 曲线。同样地,NURBS 可以与 FFD 方法相结合,将 Bernstein 多项式替换成 NURBS 基函数 $N_{i,d_1;j,d_2}(u, t)$:

$$N_{i,d_1;j,d_2}(u, t) = \frac{B_{i,d_1}(u)B_{j,d_2}(t)w_{i,j}}{\sum\limits_{i=0}^{N}\sum\limits_{j=0}^{M}B_{i,d_1}(u)B_{j,d_2}(t)w_{i,j}} \tag{9.6}$$

通过将 B-样条线与 NURBS 引入到 FFD 方法中,可以实现对外形的局部控制。此外,由于 FFD 方法仅对划定的变形区域中的几何外形起作用,亦可以通过控制变形区域实现局部控制,如图 9.5 所示,仅将翼型后缘部分作为变形区域,对

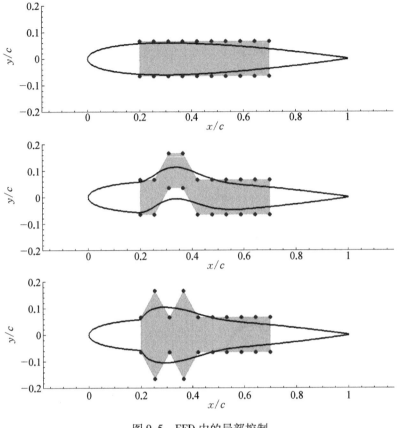

图 9.5　FFD 中的局部控制

比图 9.3 可以看出局部控制的实现结果。

　　三维与二维类似,仅需多出一个维度的控制区域即可,此时几何外形的笛卡儿坐标与控制点的关系如下:

$$X(u, t, s) = \sum_{i=0}^{N} \sum_{j=0}^{M} \sum_{k=0}^{P} a^{(i, j, k)} f_i(u) g_j(t) h_k(s) \tag{9.7}$$

同样可将 B-样条线与 NURBS 应用到三维 FFD 方法中,这里不再赘述。值得注意的是,三维控制区域可以是任意形状的六面体(图 9.6),甚至可以是曲面围成的控制区域。因此在计算控制点的影响权重时,需要建立合适的映射关系,将网格点的笛卡儿坐标转换为归一化的 $[u, t, s] \in [0, 1]$ 坐标。

　　FFD 法具有很强的鲁棒性,可以适用于任意复杂模型的参数化建模,同时可以定义多个控制区域实现多个部件的参数化控制。如图 9.7 所示,定义了两个控制区域,分别为 10×8×2 个控制点控制外侧机翼、弹体和挂架,6×4×2 个控制点控制水平尾翼,整个参数化变形过程中表现良好。

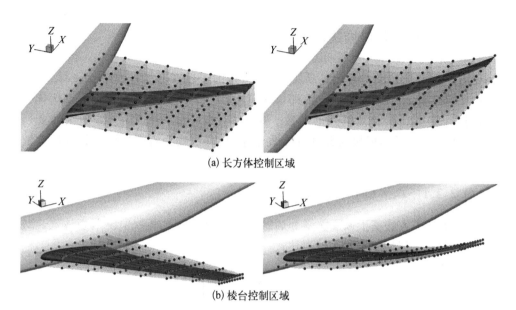

(a) 长方体控制区域

(b) 棱台控制区域

图 9.6　不同控制区域形状下 DLR－F6 机翼的 FFD 变形过程

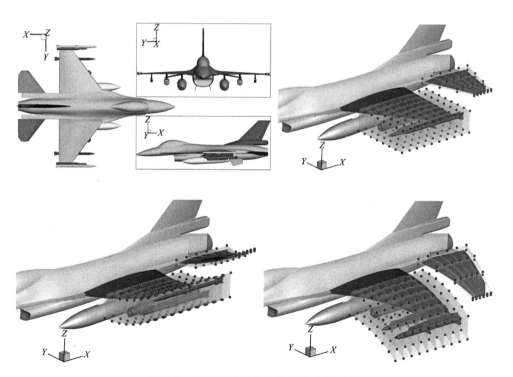

图 9.7　复杂模型的多部件 FFD 变形过程

9.2.2 类-形函数变换法(CST)

虽然 FFD 方法非常强大且易于实现,但是由于设计变量是控制点坐标,对于用户来说并不是直观的设计变量,即与几何外形参数联系不大,只能在后期优化完后进行计算得到相关几何外形参数。2006 年,波音公司提出了类-形函数变换法[14],通过类函数与形状函数进行参数化建模,可以较为直观地用几何外形参数作为设计变量。

9.2.2.1 二维 CST 参数化建模方法

最初,CST 方法基于弧形前缘和后缘厚度的翼型建立其数学模型表达式。对于二维翼型,可以用如下通用的表达式表示[15,16]:

$$\frac{z}{c} = \sqrt{\frac{x}{c}} \cdot \left(1 - \frac{x}{c}\right) \cdot \sum_{i=0}^{N} \left[A_i \left(\frac{x}{c}\right)^i\right] + \frac{x}{c} \cdot \frac{\Delta z_{TE}}{c} \tag{9.8}$$

其中,$\sqrt{\dfrac{x}{c}}$ 表示的是弧形前缘;$\left(1 - \dfrac{x}{c}\right)$ 描述了尖后缘;Δz_{TE} 为后缘厚度;$\dfrac{\Delta z_{TE}}{c}$ 代表后缘相对厚度;$\displaystyle\sum_{i=0}^{N}\left[A_i\left(\dfrac{x}{c}\right)^i\right]$ 表示一般性函数用于描述具体的外形[17]。式(9.8)可以写成更一般的表达式:

$$z(x) = C_{N_2}^{N_1}(x) \cdot S(x) + x \cdot \Delta z_{TE}$$
$$C_{N_2}^{N_1}(x) = x^{N_1} \cdot (1 - x)^{N_2} \tag{9.9}$$
$$S(x) = \sum_{i=0}^{N} \left[A_i x^i\right]$$

其中,z 和 x 都是无量纲量;$C_{N_2}^{N_1}(x)$ 是类函数;N_1 与 N_2 为类参数;$S(x)$ 为形状函数。

通常对于带弧形前缘和后缘厚度的翼型,类参数设为 $N_1 = 0.5$, $N_2 = 1.0$。不同的类参数下的基本形状如表 9.1 所示,超声速翼型可以设为 $N_1 = 1.0$, $N_2 = 1.0$,圆或椭圆外形设为 $N_1 = 0.5$, $N_2 = 0.5$。

形状函数 $S(x)$,可以用多种代数多项式表示。在 CST 方法中,用的最广泛的形状函数是 Bernstein 多项式,它具有良好的数学特性以及数值稳定性。通常对 Bernstein 多项式乘上权重系数 A_i 来构造形状函数,且将权重系数作为设计变量来控制 CST 参数化建模,此时形状函数表示为

表 9.1　不同类别参数下的外形

N_1	N_2	形　状	N_1	N_2	形　状
0.5	1.0		1.0	1.0	
0.5	0.5		0.75	0.75	
1.0	1.000 1		0.75	0.25	

$$S(x) = \sum_{i=0}^{n} \left[A_i \cdot \binom{n}{i} \cdot x^i (1-x)^{n-i} \right] \tag{9.10}$$

根据 Bernstein 多项式的阶数 n，CST 方法共需要 $n+1$ 个设计变量，即权重系数 A_i。根据基础的形状函数可以得到翼型的两个直观变量，第一个权重系数 A_0 与前缘半径 R_{LE} 有关：

$$S(0) = A_0 = \sqrt{\frac{2R_{LE}}{c}} \tag{9.11}$$

而最后一个权重系数与后缘角 θ 和后缘高度 Δz_{TE} 有关：

$$S(1) = A_n = -\tan\theta + \frac{\Delta z_{TE}}{c} \tag{9.12}$$

综上，对于翼型的 CST 参数化建模表达式可以写成：

$$z(x) = x^{0.5}(1-x)^{1.0} \sum_{i=0}^{n} \left[A_i \cdot \binom{n}{i} \cdot x^i (1-x)^{n-i} \right] + x \cdot \Delta z_{TE} \tag{9.13}$$

式(9.13)在其设计空间中可以表示为任意翼型，具体几何参数如图 9.8 所示。通过修改类函数与形状函数，可以将 CST 方法应用到任意截面外形上。

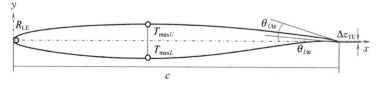

图 9.8　CST 参数化建模翼型变量定义

在优化时,根据已有的外形坐标 (x_i, z_i), $i = 1, 2, \cdots, N$, 可以反求出对应的设计变量 A_i。将式(9.13)中后缘厚度部分移至等式左侧,可以构造成矩阵形式:

$$\boldsymbol{B} \cdot \boldsymbol{A} = \boldsymbol{z} \tag{9.14}$$

其中,

$$\boldsymbol{z} = \begin{pmatrix} z_1 - \Delta z_{te} x_1 \\ z_2 - \Delta z_{te} x_2 \\ \vdots \\ z_N - \Delta z_{te} x_N \end{pmatrix}, \quad \boldsymbol{A} = (A_0, A_1, \cdots, A_n)^{\mathrm{T}} \tag{9.15}$$

$$B_{i,j} = x_i^{0.5} (1 - x_i)^{1.0} \binom{n}{j-1} x^{j-1} (1 - x)^{n-j+1}, \quad i = 1, 2, \cdots, N; j = 1, 2, \cdots, n+1 \tag{9.16}$$

则式(9.14)可用最小二乘法求解得到已知几何外形的设计变量 $\boldsymbol{A}$。之后在优化过程中,通过改变设计变量 A_i 就可以控制几何外形。由于要显式地建立起几何外形与 CST 数学模型的关系,该方法也称为一种基于 CAD 模型(CAD - Based)的参数化建模方法。

9.2.2.2　三维 CST 几何参数化建模方法

在已有二维 CST 几何参数化建模方法的基础上,可以建立三维 CST 几何参数化建模方法。一般的三维外形可以看作一系列平行截面沿着轴线方向的组合。通过在不同的轴向位置处利用类别函数与形状函数描述不同的截面形状,得到相应的解析形状函数面,从而得到整个三维外形的解析描述形式。

采用 9.2.2.1 节的二维 CST 几何参数化建模方法表征截面形状沿轴向的变化,将式(9.13)中的 A_i 沿轴线采用 Bernstein 多项式的形式进行展开,如式(9.17)所示:

$$A_i = S(y) = \sum_{i=0}^{m} \left[B_{ij} \cdot \binom{m}{j} \cdot y^j (1 - y)^{m-j} \right] \tag{9.17}$$

其中,y 为归一化的轴线坐标,代入上述解析表达式并展开,可得

$$z(x, y) = C_{N_2}^{N_1}(x) \sum_{i=0}^{n} \sum_{j=0}^{m} B_{ij} S_i(x) S_j(y) + \Delta z_{m, n}(x, y) \tag{9.18}$$

式(9.18)即为扩展后的三维曲面解析数学形式。其中,B_{ij} 为三维外形的离散控制权重因子;n 为各截面侧向控制点展开阶数;m 为轴向控制点展开阶数;$\Delta z_{m,n}(x, y)$ 为三维几何外形的修正量,实际建模中一般根据几何特征来确定。

9.2.2.3　典型部件几何参数化建模

对于机头、机身、机翼、尾翼以及发动机短舱等典型飞行器部件,三维 CST 几何参数化建模方法具有很强的几何外形表达能力,但是具体建模方法要根据部件的几何特征确定[18]。

1. 机翼

按照三维 CST 参数化建模基本思路,可以将机翼看作沿翼展方向的一系列翼型组成的几何外形,但考虑到实际机翼的外形特征,各站位处翼型还需要考虑相应的扭转与机翼上反带来的总体位置偏移量,所有横截面还需要通过各站位处翼型的前缘坐标实现最终的参数化建模[19]。

机翼扭转可以通过翼型坐标旋转变化实现,如式(9.19)所示:

$$\begin{cases} x' = x \cdot \cos(-\Delta\alpha_T) - z \cdot \sin(-\Delta\alpha_T) \\ z' = x \cdot \sin(-\Delta\alpha_T) + z \cdot \cos(-\Delta\alpha_T) \end{cases} \tag{9.19}$$

其中,$\Delta\alpha_T$ 为翼型所处站位处机翼扭转角度。但是进行坐标变换会造成翼型的无量纲弦长与前缘点坐标的改变,影响机翼的建模精度。

因此为了保证各站位处翼型无量纲弦长恒定,可以将机翼扭转角对翼型坐标的影响写作解析表达式中的修正项,同时将机翼上反的偏移量也视作修正项,则式(9.13)改写为

$$z(x) = x^{0.5}(1-x)^{1.0} \sum_{i=0}^{n} \left[A_i \cdot \binom{n}{i} \cdot x^i (1-x)^{n-i} \right] + x \cdot (\Delta z_{\text{TE}} - \tan\alpha_{\text{Twist}}) + z_n \tag{9.20}$$

其中,α_{Twist} 为机翼当前站位处扭转角;z_n 为机翼上反带来的翼型在 z 轴方向的无量纲偏移量。

得到机翼各截面翼型的解析表达式之后,将式(9.20)中的形状函数权重系数 A_i 展开,即可得到三维机翼的无量纲曲面解析表达式,如式(9.21)所示:

$$z(x, y) = C_{N_2}^{N_1}(x) \sum_{i=0}^{n} \sum_{j=0}^{m} \left[B_{ij} S_i(x) S_j(y) \right] + x \cdot \left\{ \Delta z_{te}(y) - \tan[\alpha_{\text{Twist}}(y)] \right\} + z_n(y) \tag{9.21}$$

其中,y 为无量纲的展向坐标;α_{Twist}、$z_n(y)$ 表示相应修正量沿机翼翼展方向的分布。

再根据机翼的翼展、弦长分布与前缘半径等几何外形参数,即可得到机翼在笛卡儿坐标系下的解析表达式:

$$\begin{cases} X = x \cdot C_{\text{local}}(y) + X_{\text{LE}}(y) \\ Y = \dfrac{b}{2} \cdot y \\ Z_{U,L} = z_{U,L}(x, y) \cdot C_{\text{local}}(y) \end{cases} \tag{9.22}$$

其中，$C_{\text{local}}(y)$ 为机翼各截面翼型的当地弦长沿展向的分布；$X_{\text{LE}}(y)$ 为各截面翼型前缘坐标沿展向的分布；b 为机翼的展长；下标 U、L 则分别表示机翼上下表面。

尾翼、鸭翼等部件也可以按照机翼的几何参数化建模思路，根据部件相应的几何特征，对式（9.22）进行简化或者对修正项进行增减，得到相应的解析表达式，完成几何参数化建模。

CST 参数化建模方法通过一组方程来描述完整的机翼曲面外形，这样的建模方式避免了不同控制点之间插值造成的曲面不光顺、不连续，同时减少了设计变量的数量，并可以根据形状函数中多项式的阶数灵活确定设计变量的规模。

2. 机身

机身类部件也可以看作一系列横截面沿轴向分布组成的三维外形。机身部件的几何参数化定义，需要给定控制横截面站位 $(L_1, L_2, \cdots, L_{N-1})$，以及各站位上下横截面形状参数 $(N_{U1}, N_{U2}, \cdots, N_{UN}; N_{L1}, N_{L2}, \cdots, N_{LN})$、截面宽度 $(W_1, W_2, \cdots, W_N)$、上下截面高度 $(H_{U1}, H_{U2}, \cdots, H_{UN}; H_{L1}, H_{L2}, \cdots, H_{LN})$ 等参数[20]。

机身的几何参数化建模以机头顶点作为坐标原点，此时机身类部件的三维外形表达如式（9.23）所示：

$$\begin{cases} X(x, y) = x \cdot L \\ Y(x, y) = -(1 - 2y) \cdot \dfrac{W(x)}{2} \\ Z_U(x, y) = [4y(1 - y)]^{N_U(x)} \cdot H_U(x) \\ Z_L(x, y) = [4y(1 - y)]^{N_L(x)} \cdot H_L(x) \end{cases} \tag{9.23}$$

式中，x、$y \in [0, 1]$，$W(x)$、$H_U(x)$、$H_L(x)$、$N_U(x)$、$N_L(x)$ 为截面控制参数沿轴向的分布规律。

上述几何参数沿轴向的分布可以通过下述方法得到。

1）采用样条曲线拟合各截面的控制参数，得到相应的表达式

各站位的形状参数 $(N_{U1}, N_{U2}, \cdots, N_{UN})$、$(N_{L1}, N_{L2}, \cdots, N_{LN})$，采用样条曲线拟合的方法，得到沿轴向各节点处的形状控制参数。

2）采用 CST 解析表达式描述纵向、侧向轮廓

对于特定类型的机身部件，可以通过引入形状控制参数 (M_1, M_2)、(T_{U1}, T_{U2})

和(T_{L1}, T_{L2}),采用二维 CST 参数化方法来表征几何参数沿轴向的变化,得到沿轴向各横截面的宽度、上下表面高度分布等几何参数,解析式分别为式(9.24)、式(9.25)与式(9.26)。

$$W(x) = C_{M_2}^{M_1}(x) \cdot \sum_{t=0}^{w} b_t x^t (1-x)^{w-t} + \Delta z_M(x) \qquad (9.24)$$

$$H_U(x) = C_{T_{U2}}^{T_{U1}}(x) \cdot \sum_{t=0}^{w} b_t x^t (1-x)^{w-t} \qquad (9.25)$$

$$H_L(x) = C_{T_{L2}}^{T_{L1}}(x) \cdot \sum_{t=0}^{w} b_t x^t (1-x)^{w-t} \qquad (9.26)$$

3)采用特定表达式描述纵向、侧向轮廓

对于部分机身部件,其纵向与侧向轮廓线可以由特定解析表达式进行描述。此外对于采用机身/推进一体化设计的下表面机身,为了达到对来流的预压缩以及机身前体与发动机进气道的耦合,其纵向轮廓线需要根据设计状态点进行计算来得到机身前体下表面各级角度。

3. 回转体部件

短舱部件可以近似视为简单的回转体结构,回转体结构可以通过平行形状绕轴线旋转形成,这类结构相对简单,给定长度 L、直径 D 和回转平面形状即可完成对回转体结构的短舱进行几何参数化定义。

短舱类部件作为回转体结构,指定 x 轴作为中轴线,短舱进气端面与中轴线的交点作为原点,则三维外形表达式如式(9.27)所示:

$$\begin{cases} X = x \cdot L \\ Y = \cos(2\pi y)[1 + z(x)] \cdot \dfrac{D}{2} \\ Z = \sin(2\pi y)[1 + z(x)] \cdot \dfrac{D}{2} \end{cases} \qquad (9.27)$$

式中,x、$y \in [0, 1]$,$z(x)$ 为回转面的轮廓函数,$z(x)$ 表达式可以采用 CST 解析表达式,或取为一般性轮廓函数。

9.2.2.4　飞行器几何参数化建模

完整的飞行器是不同部件的组合。完成各部件单独的几何参数化建模后,需要对部件进行旋转和平移操作,组合得到装配后的目标飞行器[21,22]。以式(9.28)表示的几何构型控制点 P 为例,相应的旋转矩阵为式(9.29),相应平移矩阵为式

(9.30)：

$$\boldsymbol{P} = \begin{bmatrix} x_1 & y_1 & z_1 \\ x_2 & y_2 & z_2 \\ \vdots & \vdots & \vdots \\ x_n & y_n & z_n \end{bmatrix} \tag{9.28}$$

$$\boldsymbol{M}_r = \begin{bmatrix} \cos\theta_z\cos\theta_y & \sin\theta_z & -\cos\theta_z\cos\theta_y \\ -\sin\theta_z\cos\theta_y\cos\theta_x + \sin\theta_y\sin\theta_x & \cos\theta_z\cos\theta_x & -\sin\theta_z\sin\theta_y\cos\theta_x + \cos\theta_y\sin\theta_x \\ \sin\theta_z\cos\theta_y\sin\theta_x + \sin\theta_y\cos\theta_x & -\cos\theta_z\sin\theta_x & -\sin\theta_z\sin\theta_y\sin\theta_x + \cos\theta_y\cos\theta_x \end{bmatrix}$$

$$\tag{9.29}$$

$$\boldsymbol{M}_d = \begin{bmatrix} \mathrm{d}x & \mathrm{d}y & \mathrm{d}z \end{bmatrix} \tag{9.30}$$

控制点进行旋转、平移操作后，即可得到移动后的几何构型新控制点 $\boldsymbol{P}_{\text{new}}$：

$$\boldsymbol{P}_{\text{new}} = \boldsymbol{P}\boldsymbol{M}_r + \boldsymbol{M}_d \tag{9.31}$$

典型部件组合装配过程如图 9.9 所示。根据 CST 几何参数化建模方法与部件组合装配思路，可以给出对飞行器几何参数化建模的设计方案，总体方案按照"几何参数化定义"-"几何参数化建模"-"参数化模型后处理"的总流程进行设计，如图9.10 所示。

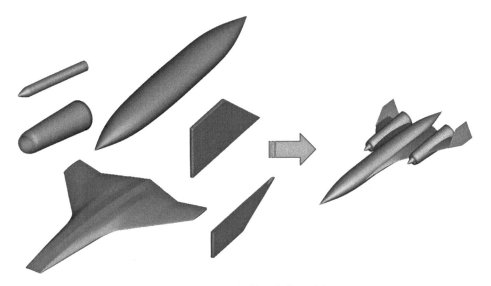

图 9.9　飞行器部件组合装配过程

根据飞行器相应几何特征，设定特征几何参数作为设计变量，定义飞行器几何

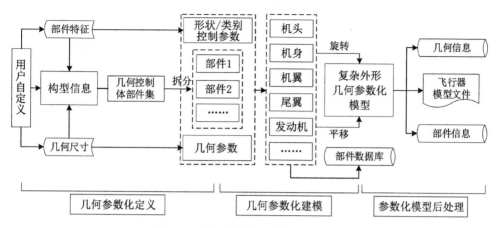

图 9.10　几何参数化建模流程设计方案

参数化模型,通过变更相应设计变量即可快速构建相应的飞行器几何外形模型。以图 9.9 展示的飞行器为例,以机身长度、翼展与机翼前缘后掠角这三个几何参数为设计变量,考虑飞行器各部件组合与几何尺寸的约束,构建的变参数几何模型如图 9.11 所示。

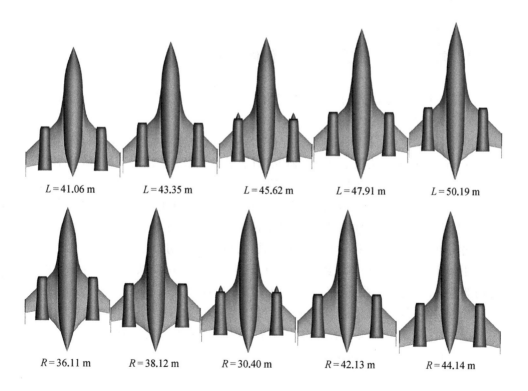

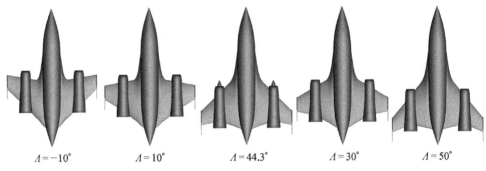

$\varLambda = -10°$ $\varLambda = 10°$ $\varLambda = 44.3°$ $\varLambda = 30°$ $\varLambda = 50°$

图 9.11　某空天飞行器全机参数化模型

（L、R、$\varLambda$ 分别为机身长度、翼展和前缘后掠角）

9.3　基于梯度的优化算法

优化算法是寻找最优设计变量必不可少的条件,由于本书介绍的是基于离散伴随求解敏感性导数的气动优化方法,这里先简单给出常见的基于梯度的无约束问题最优化算法,然后详细介绍本书所用的针对非线性约束优化问题的序列二次规划寻优算法。

9.3.1　常见的基于梯度的无约束优化算法

常见的基于梯度的无约束问题最优化算法有: 最速下降法、牛顿法、拟牛顿法和序列二次规划方法等[23]。

最速下降法(steepest descent)最早在 1847 年由法国著名数学家 Cauchy 提出,后来,Curry[24]对该方法做了进一步研究,目前已经成为最广泛使用的、最基本的算法,对其他算法的研究起到举足轻重的启发作用。该方法的基本思想是,考虑任意无约束问题 $\min f(\boldsymbol{x})$, $\boldsymbol{x} \in R^n$, 找到一个目标值下降最快的方向,以尽快达到极小值点。因此,该算法的重点是如何找到最速下降方向。最速下降法最显著的优点是算法简单、计算量小、编程实现简单。其次,该方法对初始点的选取没有特殊的要求,因而该算法具有整体收敛性。然而,最速下降法实际反映的是目标函数的一种局部特性,从局部来看,最速下降方向确实是目标函数值下降最快的方向,但从全局看,它的整体收敛是比较慢的,这可以通过收敛性验证,详细可参考文献[23]。因此,最速下降法一般适用于计算过程的前期迭代或作为间差步骤,越接近极值点时,收敛的速度越慢。

启发于最速下降法,牛顿法(Newton method)的基本思想是,在极小点附近用二阶 Taylor 多项式近似目标函数 $f(x)$，进而迭代求出极小点的估计值。牛顿法的优点在于，迭代过程得到的估计值是收敛的，牛顿法整体的收敛速度很快，而且至少二阶收敛，详细可参考文献[23]。牛顿法还具有二次终止性，对于二次凸函数问题，经过有限次迭代必定会达到极值点。但是，牛顿法的收敛速度受初始点的影响明显，当初始点离极值点较远时，牛顿法的搜索方向不一定是下降方向，可能会收敛困难。最重要的是，牛顿法需要计算二阶导数 Hessian 矩阵的逆矩阵，计算量大，在气动外形优化中实用性差。

　　为了克服牛顿法需要计算二阶偏导数的缺点，人们提出了拟牛顿法（Quasi-Newton method）[25-27]。它的基本思想是用不包含二阶导数的矩阵 U 近似牛顿法中的 Hessian 矩阵的逆。根据构造近似矩阵的方法可以归纳为不同的拟牛顿法，主要包括 DFP 方法[28,29]和 BFGS 法[30-33]等，经过大量理论证明和实践检验，这些方法已成为广泛使用的有效的无约束问题优化算法。当然，拟牛顿法的缺点也较为明显，即所需存储量大，对于 d 维的参数，需要保存一个 $O(d^2)$ 大小的近似矩阵，对于大规模参数优化问题可能会有内存消耗上的困难。为了解决这一缺点，人们还提出了 L-BFGS 法（Limited-memory BFGS）[34,35]，整体思路上是类似的。

　　上述讲的优化算法多用于无约束情况下的最优化问题，而大多数情况下，气动外形优化问题是有约束条件的，例如约束恒定升力系数（等式约束）或约束最小升阻比，且基本上约束条件也和目标函数一样是非线性函数。面对这类优化问题，常用的方法是利用目标函数和约束条件构造增广目标函数，借此将约束最优化问题转换为无约束最优化问题，例如罚函数法、Lagrange 乘子法、序列二次规划法（sequential quadratic programming, SQP）等。其中，序列二次规划算法[36-39]是目前公认的求解约束非线性优化问题最有效的方法之一。相比于其他算法，其优点是收敛性好、计算效率高、边界搜索能力强。

　　本书主要应用序列二次规划算法进行寻优，以下对该方法进行详细介绍。

9.3.2　序列二次规划算法

　　序列二次规划算法的基本思想是，将复杂的非线性约束最优化问题转化为比较简单的二次规划（quardratic programming, QP）子问题求解。所谓二次规划问题，即目标函数是二次型函数，约束函数为线性函数的最优化问题，因而规划问题是最简单的非线性约束最优化问题。

　　考虑如下非线性约束极小点优化问题：

$$\min f(\boldsymbol{x})$$
$$\text{s.t.} \quad g_u(\boldsymbol{x}) \leqslant 0, \ u = 1, 2, \cdots, p \tag{9.32}$$
$$h_v(\boldsymbol{x}) = 0, \ v = 1, 2, \cdots, m$$

在 x^k 处将目标函数二阶 Taylor 展开,并将约束条件简化成线性函数,可以得到如下 QP 问题:

$$\min f(\boldsymbol{x}) = \frac{1}{2}(\boldsymbol{x} - \boldsymbol{x}^k)^{\mathrm{T}}\ \nabla^2 f(\boldsymbol{x}^k)(\boldsymbol{x} - \boldsymbol{x}^k)\ +\ \nabla f(\boldsymbol{x}^k)^{\mathrm{T}}(\boldsymbol{x} - \boldsymbol{x}^k)$$

$$\text{s. t.}\qquad \nabla g_u(\boldsymbol{x})^{\mathrm{T}}(\boldsymbol{x} - \boldsymbol{x}^k) + g_u(\boldsymbol{x}^k) \leqslant 0,\ u = 1, 2, \cdots, p$$

$$\nabla h_v(\boldsymbol{x})^{\mathrm{T}}(\boldsymbol{x} - \boldsymbol{x}^k) + h_v(\boldsymbol{x}^k) = 0,\ v = 1, 2, \cdots, m$$

(9.33)

于是就得到原约束最优化问题的近似问题,当然其解不一定是原问题的可行点。不妨令 $\boldsymbol{s} = \boldsymbol{x} - \boldsymbol{x}^k$,将上述 QP 问题转变为关于变量 $\boldsymbol{s}$ 的问题,即

$$\min f(\boldsymbol{x}) = \frac{1}{2}\boldsymbol{s}^{\mathrm{T}}\ \nabla^2 f(\boldsymbol{x}^k)\boldsymbol{s}\ +\ \nabla f(\boldsymbol{x}^k)^{\mathrm{T}}\boldsymbol{s}$$

$$\text{s. t.}\qquad \nabla g_u(\boldsymbol{x})^{\mathrm{T}}\boldsymbol{s} + g_u(\boldsymbol{x}^k) \leqslant 0,\ u = 1, 2, \cdots, p$$

$$\nabla h_v(\boldsymbol{x})^{\mathrm{T}}\boldsymbol{s} + h_v(\boldsymbol{x}^k) = 0,\ v = 1, 2, \cdots, m$$

(9.34)

接下来将 QP 问题写成一般形式,令

$$\boldsymbol{H} = \nabla^2 f(\boldsymbol{x}^k)$$
$$\boldsymbol{C} = \nabla f(\boldsymbol{x}^k)$$
$$\boldsymbol{A} = [\ \nabla g_1(\boldsymbol{x}^k),\ \nabla g_2(\boldsymbol{x}^k),\ \cdots,\ \nabla g_p(\boldsymbol{x}^k)\ ]^{\mathrm{T}}$$
$$\boldsymbol{B} = [\ g_1(\boldsymbol{x}^k),\ g_2(\boldsymbol{x}^k),\ \cdots,\ g_p(\boldsymbol{x}^k)\ ]^{\mathrm{T}}$$
$$\boldsymbol{A}_{eq} = [\ \nabla h_1(\boldsymbol{x}^k),\ \nabla h_2(\boldsymbol{x}^k),\ \cdots,\ \nabla h_m(\boldsymbol{x}^k)\ ]^{\mathrm{T}}$$
$$\boldsymbol{B}_{eq} = [\ h_1(\boldsymbol{x}^k), h_2(\boldsymbol{x}^k),\ \cdots,\ h_m(\boldsymbol{x}^k)\ ]^{\mathrm{T}}$$

(9.35)

于是可以将式(9.34)表示成:

$$\min \frac{1}{2}\boldsymbol{s}^{\mathrm{T}}\boldsymbol{H}\boldsymbol{s} + \boldsymbol{C}^{\mathrm{T}}\boldsymbol{s}$$

$$\text{s. t.}\qquad \boldsymbol{A}\boldsymbol{s} \leqslant -\boldsymbol{B}$$

$$\boldsymbol{A}_{eq}\boldsymbol{s} = -\boldsymbol{B}_{eq}$$

(9.36)

求解此 QP 问题,将其最优解 $\boldsymbol{s}^*$ 作为原问题的下一个搜索方向 $\boldsymbol{s}^k$,并在该方向上进行一维搜索,就可以得到原问题的下一近似点 $\boldsymbol{x}^{k+1}$,经过多次迭代后可以达到极小点。然而,序列二次规划的难点在于:① 需要计算二阶导数矩阵 $\boldsymbol{H}$;② 如何求解 QP 问题。其中第一个难点可以用拟牛顿法的思想来处理,这里不过多赘述。下面介绍一下如何求解 QP 问题。

一般来说,QP 问题的求解可以分为如下两类。

1. 等式约束二次规划问题

$$\min \frac{1}{2} s^{\mathrm{T}} H s + C^{\mathrm{T}} s \tag{9.37}$$

$$\mathrm{s.\,t.} \quad A_{eq} s = - B_{eq}$$

参考伴随方法的思想,将上式写成 Lagrange 函数:

$$\min L(s, \lambda) = \frac{1}{2} s^{\mathrm{T}} H s + C^{\mathrm{T}} s + \lambda^{\mathrm{T}} (A_{eq} s + B_{eq}) \tag{9.38}$$

根据多元函数的极值条件$\nabla L(s, \lambda) = 0$, 可得

$$\begin{aligned} H s + C + A_{eq}^{\mathrm{T}} \lambda = 0 \\ A_{eq} s + B_{eq} = 0 \end{aligned} \Rightarrow \begin{pmatrix} H & A_{eq}^{\mathrm{T}} \\ A_{eq} & 0 \end{pmatrix} \begin{pmatrix} s \\ \lambda \end{pmatrix} = \begin{pmatrix} - C \\ - B_{eq} \end{pmatrix} \tag{9.39}$$

于是得到了关于$[s, \lambda]$的 $n+m$ 维线性方程组,若其系数矩阵线性无关,那么该方程必有唯一解,可以利用消元法或迭代法求解。根据 Karush-Kuhn-Tucker(KKT) 条件[40],若解得的 Lagrange 乘子向量λ^{k+1}不为零向量,则s^{k+1}就是等式约束二次规划问题的最优解。

2. 一般约束二次规划问题

一般约束二次规划问题的通用形式已在式(9.36)给出,求解该类问题的思想是将其转变为等式约束问题,在不等式约束条件中找到在迭代点x^k处有用的约束,将等式约束和有用的不等式约束组合成新的约束条件,构成如下新的等式约束二次规划问题:

$$\min f(x) = \frac{1}{2} s^{\mathrm{T}} H s + C^{\mathrm{T}} s \tag{9.40}$$

$$\mathrm{s.\,t.} \quad \sum_{i \in E \cup I_k} \sum_{j=1}^{n} a_{ij} s_j = - b_j$$

其中,E 为等式约束下的集合;I_k 为不等式约束中有用的约束集合。于是,一般约束二次规划问题就转化成等式约束二次规划问题。

总的来说,序列二次规划法首先在迭代点x^k处先得到近似矩阵H^k,再构造相应的二次规划子问题,求解得到其最优解s^*作为 $k+1$ 迭代的搜索方向s^k,然后在该方向上对原约束最优化问题进行一维搜索,得到下一迭代点x^{k+1},直至收敛,得到最终极小点。其流程可参考图 9.12。

序列二次规划法由于较强的收敛性被广泛用于非线性约束优化问题。如果用于无约束优化问题,序列二次规划法实际上就降为了牛顿法。一般来说,二次规划子问题无法利用原问题的稀疏性、对称性等良好特性,因而随着设计参数规模的扩大,其计算量和内存消耗量都会随之增大。

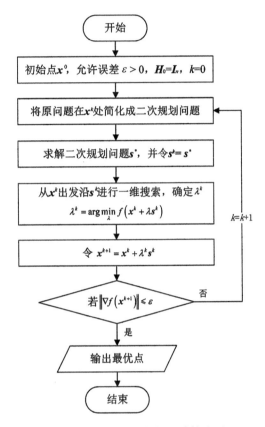

图 9.12　序列二次规划法计算流程

9.4　离散伴随外形优化设计示例

基于第 7 章已验证的离散伴随敏感性导数求解方法,以及本章介绍的离散伴随气动外形优化设计框架与关键技术,采用若干典型算例来验证所发展的非定常离散伴随气动外形优化设计理论与方法的可行性与稳健性。

9.4.1　翼型跨声速减阻设计

首先介绍二维定常黏性绕流下的气动外形优化示例。本书选用的是经典的 RAE2822 跨声速翼型的典型工况,其网格建模、来流条件等参考 7.6.2 节。计算得到定常流场,翼型所受的气动力系数为: $C_l = 0.724$, $C_d = 0.013\,46$, $C_{mz} = 0.092\,8$。基于定常气动力数据,设定如下优化目标函数及约束条件:

（1）目标函数：阻力系数最小化（$\min C_d$）；

（2）气动约束 1：升力系数恒定（$C_l = 0.724$）；

（3）气动约束 2：低头力矩系数不高于原始翼型（$C_{mz} < 0.0928$）；

（4）几何约束：翼型最大相对厚度大于 12%。

由于是求解带约束的最优解问题，采用 SQP 优化算法基于梯度进行寻优，离散伴随敏感性导数求解时考虑湍流伴随算子。采用 38 个 Hicks-Henne 型函数作为设计变量对翼型建立参数化模型。各优化迭代步得到的优化构型对应的目标值和约束条件如图 9.13 所示，经过 23 次有效优化设计迭代后，目标函数值趋于收敛，最终翼型所受阻力系数减少至 0.01084，降低了 19.47%，同时各气动与几何约束均满足设计要求。最优气动外形与原始构型的对比见图 9.14(a)，翼型上表面均向下发生偏移，使得最大相对厚度有所减小，在翼型后缘部分尤为明显，最优翼型气动外形趋于超临界翼型。但在满足气动和几何约束的范围内，翼型上表面的

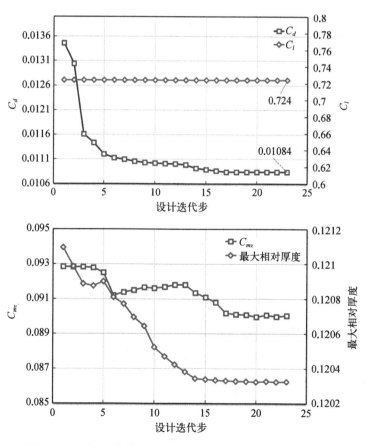

图 9.13　目标函数值及约束变量随优化设计迭代的演变过程

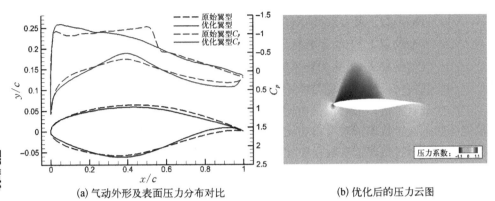

(a) 气动外形及表面压力分布对比　　　　　　(b) 优化后的压力云图

图 9.14　RAE2822 优化结果

激波被完全消除[见图 9.14(a)表面压力分布及图 9.14(b)中压力分布],去除波阻在目标函数中的占比,从而达到阻力最小化的设计目标。

9.4.2　翼型大攻角分离流动减阻设计

另一算例为二维翼型非定常气流分离条件下的外形优化示例。采用 NACA0012 翼型作为基础构型,来流马赫数为 0.3,雷诺数取为 $Re = 1\,000$。建立一套网格量为 248×94 的 O 型结构网格,如图 9.15 所示,$y^+ < 0.1$。设定来流攻角为 $\alpha = 17°$,在亚声速条件下翼型上表面会产生类似涡街的非定常分离流动,如图 9.16(a)所示。为捕捉该非定常分离流现象,采用双时间步隐式推进求解,物理时间步长为 $5×10^{-4}$ s,伪迭代步满足残差下降 3 阶以上。此外,在非定常流场特征稳定后,启用 Hann-Squared 窗函数对气动力等监测值进行加权平均,得到的气动特性曲线如图 9.16(b)所示,很明显,气动力存在大幅度的振荡,最终得到的时均升力系

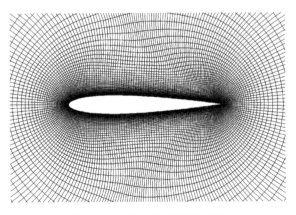

图 9.15　NACA0012 翼型网格

数 $\overline{C_l}$ = 0.758、时均阻力系数 $\overline{C_d}$ = 0.336。设定如下优化目标函数及约束条件:

（1）目标函数:时均阻力系数最小化 ($\min \overline{C_d}$);

（2）气动约束:时均升力系数 $\overline{C_l}$ > 0.66。

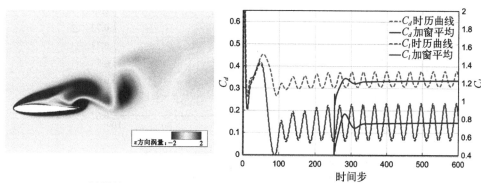

| (a) 涡量云图 | (b) 升阻力时历曲线及均值 |

图 9.16 NACA0012 大攻角气流分离非定常结果

由于是带约束的最优解问题,采用 SQP 优化算法基于梯度进行寻优。选取阻力系数的 Hann‑Squared 窗函数加权时均值作为非定常目标函数,采用 FFD 法对翼型生成 21×11 个控制点建立相应参数化模型(图 9.17),令每个控制点的 y 坐标作为设计变量。各优化迭代步得到的优化构型对应的时均阻力系数和升力系数如图 9.18 所示,经过优化后的时均阻力系数下降至 0.298(减少了 11.31%),升力系数满足约束条件。值得一提的是,10 次设计优化迭代之后的时均阻力系数已经有了大幅的降低,而随着伴随优化的继续进行,阻力减少的过程趋于缓慢。最终,优化后的翼型如图 9.19 所示,翼型最大相对厚度有所降低,后缘相对弯度增大。对比优化前后的气动特性可知(图 9.20),翼型非定常气动力波动量变化不大,即优化前后气动力幅值差别不大,而时均值有所减小。

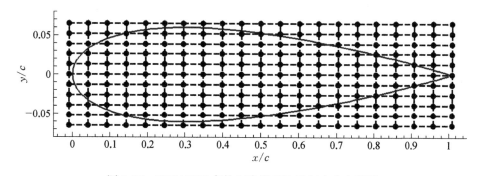

图 9.17 NACA0012 参数化建模 FFD 控制点分布情况

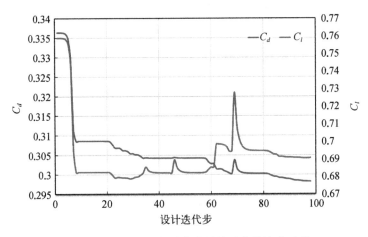

图 9.18　升阻力系数随优化设计迭代的演变过程

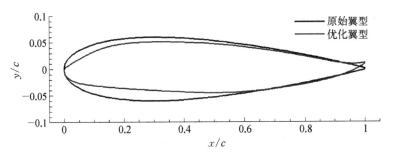

图 9.19　NACA0012 气动外形优化结果对比

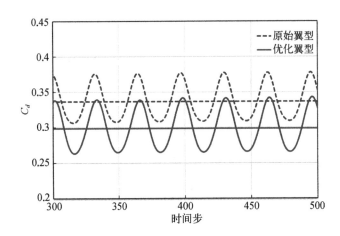

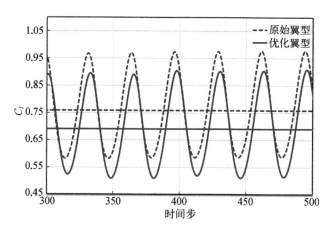

图 9.20 优化前后阻力系数、升力系数时历曲线及均值对比

9.4.3 升沉俯仰翼型推进系数优化设计

本节介绍二维动态非定常问题的气动外形优化示例。采用 NACA0012 翼型作为基础构型,翼型做如下升沉俯仰运动:

（1）升沉运动：$H(t) = -H_0\cos\omega t$;

（2）俯仰运动：$\alpha(t) = \alpha_0\cos(\omega t + \phi)$。

缩减频率 $k = \dfrac{\omega c}{2U_\infty} = 1.0$, c 为翼型弦长,U_∞ 为来流速度,来流马赫数 $Ma_\infty = 0.01$,基于弦长的雷诺数 $Re = 10\,000$,来流攻角为 $0°$。翼型升沉(扑动)幅度 $H_0 = 0.4c$,俯仰幅度 $\alpha_0 = 5°$,俯仰初始相位角 $\phi = 90°$。

建立一套 O 型结构网格,如图 9.15 所示。采用双时间步隐式推进求解,每个运动周期分成 50 个物理时间步,伪迭代步满足残差下降 3 阶以上,假定流场为层流流场。在非定常流场特征稳定后,启用 Hann‑Squared 窗函数对气动力等监测值进行加权平均,最终得到的窗函数加权时均推力系数 $\overline{C_t} = 0.190\,4$、时均升力 $\overline{C_l} = -0.017\,3$。设定如下优化目标函数及约束条件:

（1）目标函数：时均推力系数最大化（$\max\overline{C_t}$）;

（2）几何约束：翼型最大相对厚度大于 12%。

采用 SQP 优化算法基于梯度进行寻优,选取推力系数的 Hann‑Squared 窗函数加权时均值作为非定常目标函数,采用 FFD 法对翼型生成 21×11 个控制点建立相应参数化模型（图 9.17）,令每个控制点的 y 坐标作为设计变量。各优化迭代步得到的优化构型对应的时均推力系数和升力系数如图 9.21 所示,经过 38

次优化设计迭代后趋于收敛,时均推力系数 $\overline{C_t}$ 提升至 0.211 3(增长 10.98%),同时时均升力系数也有所增加,为 $\overline{C_l}$ = - 0.006 7,更趋于定常流动时的零升力。此外,最后翼型最大相对厚度为 14.22%,满足约束条件。优化前后翼型几何外形对比如图 9.22 所示,最优外形前后缘变薄,而中段厚度增大。对比优化前后的气动特性可知(图 9.23),翼型升沉俯仰运动过程中的气动力波动量变化不大,即优化前后气动力幅值差别不大,而时均值有所增加。由时历曲线图9.23 可知,优化前后气动力变化的差别主要在推力系数达到极值点时刻,其马赫数云图分布对比以及翼型表面压力分布对比如图 9.24 所示,可以看出在层流流动下,优化前后的流场特征基本不变,但优化后翼型前缘至中部的相对厚度发生较大变化,使得压力分布沿推力方向积分得到的结果占比增大,亦即增加了推力。

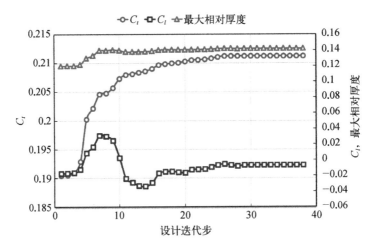

图 9.21　时均推力系数及约束变量随优化设计迭代的演变过程

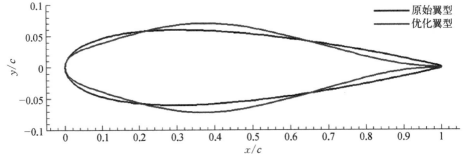

图 9.22　NACA0012 气动外形优化结果对比

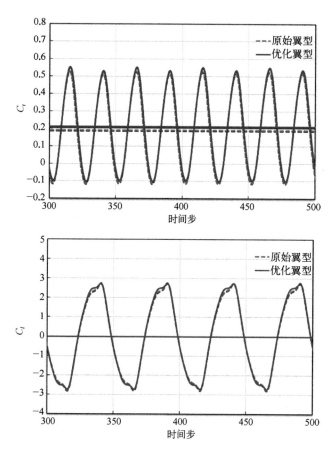

图 9.23　优化前后推力系数、升力系数时历曲线及均值对比

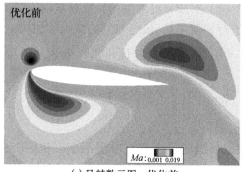

(a) 马赫数云图：优化前

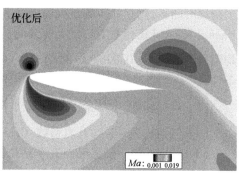

(b) 马赫数云图：优化后

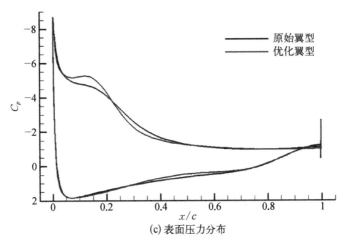

(c) 表面压力分布

图 9.24　优化前后翼型上升到最大推力时刻的
马赫数云图及表面压力分布对比

9.4.4　机翼强迫俯仰运动减阻设计

以三维 ONERA M6 机翼强迫俯仰振荡运动的动态非定常跨声速绕流问题作为三维非定常离散伴随优化的示例。来流马赫数 $Ma_\infty = 0.839\,5$，雷诺数为 $Re = 11.72 \times 10^6$，攻角为 $3.06°$。机翼绕翼根弦线四分之一处做如下强迫俯仰运动：

$$\alpha(t) = \alpha_0 \sin \omega t$$

其中，ω 取值对应的缩减频率 $k = 0.168\,2$，俯仰幅度 $\alpha_0 = 2.5°$。

建立非结构黏性网格进行求解，基于三维 FFD 法建立参数化模型，分别如图 9.25(a) 和图 9.25(b) 所示。采用双时间步隐式推进求解，每个运动周期分成 25 个物理时间步，伪迭代步满足残差下降 3 阶以上。在非定常流场特征稳定后，启用 Hann – Squared 窗函数对气动力等监测值进行加权平均，最终得到的窗函数加权时均阻力系数 $\overline{C_d} = 0.020\,94$、时均升力 $\overline{C_l} = 0.256\,3$。设定优化目标函数及约束条件：

（1）目标函数：时均阻力系数最小化（$\min \overline{C_d}$）；

（2）气动约束：时均升力系数 $\overline{C_l} > 0.256$；

（3）几何约束：机翼展向五个站位截面翼型的最大相对厚度不小于初始值，且截面积不小于初始值，即① 站位 1($y/b = 0$)：厚度 >7.7%，截面积 >0.044 9 m^2；② 站位 2($y/b = 0.2$)：厚度 >7.2%，截面积 >0.038 5 m^2；③ 站位 3($y/b = 0.4$)：厚度 >

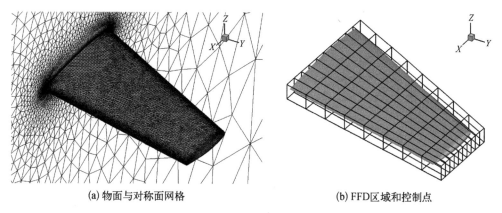

(a) 物面与对称面网格　　　　　　　　(b) FFD区域和控制点

图 9.25　ONERA M6 机翼网格与 FFD 控制点分布示意图

6.6%,截面积>0.032 7 m^2;④ 站位 4(y/b=0.6):厚度>6.0%,截面积>0.027 3 m^2;⑤ 站位 5(y/b=0.8):厚度>5.4%,截面积>0.022 4 m^2。

采用 SQP 优化算法基于梯度进行寻优,设计变量的定义与 9.4.3 节定常工况相同。各优化迭代步得到的优化构型对应的时均阻力系数和升力系数如图9.26 所示,经过 30 次优化设计迭代后收敛,时均阻力系数 $\overline{C_d}$ 减少至 0.016 63(降低了 20.58%),同时时均升力系数收敛于 $\overline{C_l}$ = 0.257 7,相比于初始构型有些许增加,满足设定的气动约束要求。此外,机翼各站位截面的几何变量均满足约束条件。非定常流场特征稳定时优化前后气动力的时历曲线对比情况见图9.27,可以看出阻力的震荡幅值大幅度减小,且阻力的峰值明显降低,使得时均阻力系数显著减少。此外,升力系数时历曲线特征几乎没有变化,保证了时均升力要求。

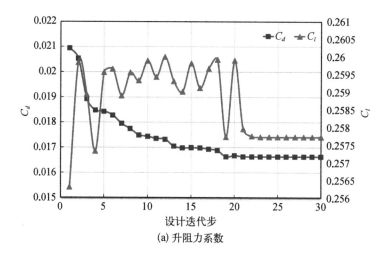

(a) 升阻力系数

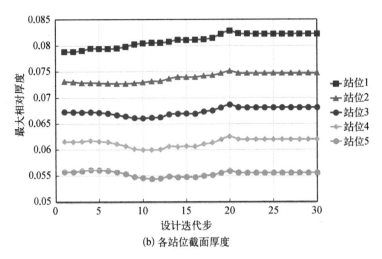

(b) 各站位截面厚度

图 9.26 目标函数及约束变量随优化设计迭代的演变过程

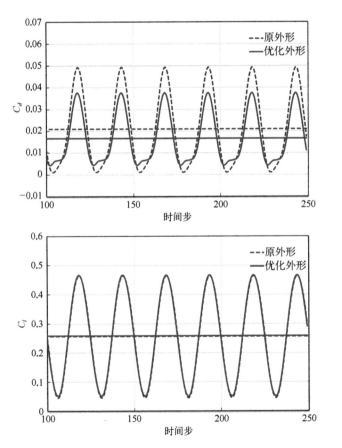

图 9.27 优化前后阻力系数、升力系数时历曲线及均值对比

为了方便处理,选取机翼位于平衡位置时刻的外形和表面压力分布进行对比分析。优化前后翼型几何外形对比如图 9.28 所示,由于强迫俯仰运动产生的迟滞现象,在平衡位置处的机翼上表面激波尚未消除,但从表面压力云图和各站位截面压力分布曲线可以看出激波强度明显减小,且激波位置后移,均有利于降低波阻。从优化前后外形对比看来,机翼外形发生了负扭转,翼梢剖面相对迎角减小,一定程度上有助于减缓翼尖失速,同时,各截面翼型的厚度分布较为合理,利于结构设计和内部载荷布置。

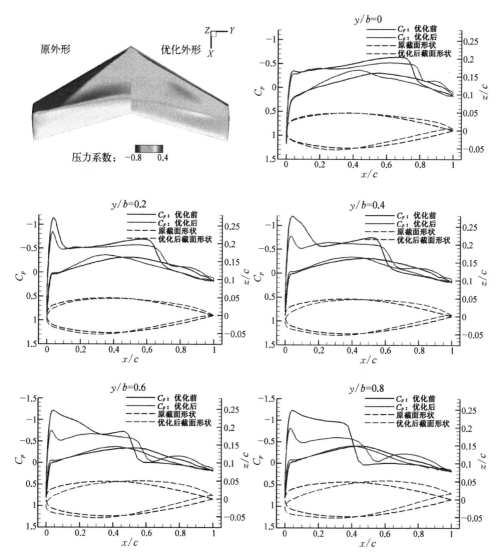

图 9.28　平衡位置处优化前后机翼表面及各站位截面处压力分布对比

参 考 文 献

[1]　JACOBS E, WARD K, PINKERTON R. The characteristics of 78 related airfoil sections from tests in the variable-density wind tunnel[R]. Report No. 460, NACA, 1933.

[2]　SÓBESTER A, FORRESTER A. Aircraft aerodynamic design: geometry and optimization [M]. New York: John Wiley & Sons, 2014: 41 - 89.

[3]　SEDERBERG T, PARRY S. Free-form deformation of solid geometric models[J]. ACM SIGGRAPH Computer Graphics, 1986, 20(4): 151 - 160.

[4]　唐静,邓有奇,马明生,等. 飞翼气动优化中参数化和网格变形技术[J]. 航空学报,2015, 36(5): 1480 - 1490.

[5]　陈颂,白俊强,史亚云,等. 民用客机机翼/机身/平尾构型气动外形优化设计[J]. 航空学报,2015,36(10): 3195 - 3207.

[6]　高昌,李正洲,黄江涛,等. 基于连续伴随方法的高超声速飞行器高精度气动优化[J]. 航空学报,2021,42(7): 171 - 182.

[7]　HALILA G, MARTINS J, FIDKOWSKI K. Adjoint-based aerodynamic shape optimization including transition to turbulence effects[J]. Aerospace Science and Technology, 2020, 107: 106243.

[8]　SHI Y, MADER C, HE S, et al. Natural laminar-flow airfoil optimization design using a discrete adjoint approach[J]. AIAA Journal, 2020, 58(11): 4702 - 4722.

[9]　GORDAN W, RIESENFELD R. B-spline curves and surfaces[J]. Comuter Aided Geometric Design, 1974, 23(91): 95 - 126.

[10]　XU S, TIMME S, MYKHASKIV O, et al. Wing-body junction optimisation with CAD-Based parametrisation including a moving intersection[J]. Aerospace Science and Technology, 2017, 68: 543 - 551.

[11]　PIEGL L. On NURBS: a survey[J]. IEEE Computer Graphics and Applications, 1991, 11 (1): 55 - 71.

[12]　BAZILEVS Y, HSU M, KIENDL J, et al. 3D simulation of wind turbine rotors at full scale. part II: fluid — structure interaction modeling with composite blades[J]. International Journal for Numerical Methods in Fluids, 2011, 65(1 - 3): 236 - 253.

[13]　XU S, RADFORD D, MEYER M, et al. CAD-based adjoint shape optimisation of a one-stage turbine with geometric constraints[C]. Montreal: ASME Turbo Expo 2015: Turbine Technical Conference and Exposition, 2015.

[14]　KULFAN B, BUSSOLETTI J. "Fundamental" parameteric geometry representations for aircraft component shapes [C]. Portsmouth: 11th AIAA/ISSMO Multidisciplinary Analysis and Optimization Conference, 2006.

[15]　SOBIECZKY H. Parametric airfoils and wings[M]. Berlin: Springer, 1998.

[16]　SOBIECZKY H. Aerodynamic design and optimization accelerated by parametric geometry tools [C]. Barcelona: ECCOMAS 2000, 2000.

[17]　KULFAN B. A universal parametric geometry representation method — "CST"[R]. AIAA - 2007 - 62, 2007.

[18] KULFAN B. Recent extensions and applications of the "CST" universal parametric geometry representation method[J]. Aeronautical Journal, 2010, 114(1153): 157 - 176.

[19] ZHU F. Geometric parameterisation and aerodynamic shape optimisation [D]. Sheffield: University of Sheffield, 2014.

[20] 钱晓强. 临近空间高速飞机概念设计工具集开发[D]. 南京: 南京航空航天大学, 2020.

[21] MORRIS C C, ALLISON D L, SCHETZ J A, et al. Parametric geometry model for design studies of tailless supersonic aircraft[J]. Journal of Aircraft, 2014, 51(5): 1455 - 1466.

[22] 粟华. 飞行器高拟真度多学科设计优化技术研究[D]. 西安: 西北工业大学, 2014.

[23] 陈宝林. 最优化理论与算法[M]. 北京: 清华大学出版社, 2005.

[24] CURRY H B. The method of steepest descent for nonlinear minimization problems [J]. Quarterly of Applied Mathematics, 1994, 2(3): 258 - 261.

[25] DENNIS J, MORE J. Quasi-Newton methods, motivation and theory [J]. SIAM Review, 1977, 19(1): 46 - 89.

[26] GREENSTADT J. Variations on variable-metric methods (with discussion)[J]. Mathematics of Computation, 1970, 24: 1 - 22.

[27] NOCEDAL J. Theory of algorithms for unconstrained optimization[M]. Cambridge: Cambridge University Press, 1992: 199 - 242.

[28] DAVIDON W. Variable metric method for minimization[J]. SIAM Journal on Optimization, 1991, 1(1): 1 - 17.

[29] FLETCHER R, POWELL M. A rapidly convergent descent method for minimization[J]. The Computer Journal, 1963, 6(2): 163 - 168.

[30] BROYDEN C. The convergence of an algorithm for solving sparse nonlinear systems [J]. Mathematics of Computation, 1971, 25(114): 285.

[31] FLETCHER R. A new approach to variable metric algorithms [J]. The Computer Journal, 1970, 13(3): 317 - 322.

[32] GOLDFARB D. A family of variable-metric methods derived by variational means [J]. Mathematics of Computation, 1970, 24(109): 23 - 26.

[33] SHANNO D, KETTLER P. Optimal conditioning of quasi-Newton methods[J]. Mathematics of Computation, 1970, 24(111): 657 - 664.

[34] LIU D C, NOCEDAL J. On the limited memory method for large scale optimization [J]. Mathematical Programming, 1989, 45(3): 503 - 528.

[35] PYTLAK R. Conjugate gradient algorithms in nonconvex optimization[M]. Berlin: Springer, 2009: 159 - 190.

[36] SUN W, YUAN Y. Sequential quadratic programming in: optimization theory and methods [M]. Berlin: Springer, 2006: 523 - 560.

[37] BOGGS P, TOLLE J. Sequential quadratic programming[J]. Acta Numerica, 1995, 4: 1 - 51.

[38] GILL P, MURRAY W, SAUNDERS M. SNOPT: an SQP algorithm for large-scale constrained optimization[J]. SIAM Review, 2005, 47(1): 99 - 131.

[39] NOCEDAL J, WRIGHT S. Numerical optimization[M]. Berlin: Springer, 2006.

[40] BOLTYANSKI V, MARTINI H, SOLTAN V. Geometric methods and optimization problems [M]. Berlin: Springer, 1998: 78 - 92.